Informatik für Maschinenbauer

Peter Kopacek
Robert Probst
Martin Zauner

Springer-Verlag Wien GmbH

Univ.-Prof. Dipl.-Ing. Dr. techn. Peter Kopacek
Univ.-Ass. Dipl.-Ing. Dr. techn. Robert Probst
Institut für Handhabungsgeräte und Robotertechnik
Technische Universität Wien
Wien, Österreich

Dipl.-Ing. Dr. techn. Martin Zauner
Abteilung für System- und Automatisierungstechnik
Wissenschaftliche Landesakademie für Niederösterreich
Krems, Österreich

Reproduktionsfertige Vorlage von den Autoren

Gedruckt auf säurefreiem, chlorfrei gebleichtem Papier – TCF

Mit 126 Abbildungen

Die Deutsche Bibliothek – CIP-Einheitsaufnahme

Kopacek, Peter:
Informatik für Maschinenbauer / P. Kopacek, R. Probst und
M. Zauner. – Wien ; New York : Springer, 1995
   ISBN 978-3-211-82755-0   ISBN 978-3-7091-9444-7 (eBook)
   DOI 10.1007/978-3-7091-9444-7
NE: Probst, Robert:; Zauner, Martin:

Vorwort

Dieses Buch entstand aus der Pflichtvorlesung "EDV für Maschinenbauer" an der Technischen Universität Wien. Zweck dieser Lehrveranstaltung und im weiteren dieses Buches ist es, den Anwendern und Entwicklern technischer Systeme die Anwendungsmöglichkeiten von Rechnern und hier insbesonders von PCs näher zu bringen. Der Techniker muß in erster Linie in der Lage sein, kommerziell verfügbare Programme zu nutzen und Einsatzmöglichkeiten für PCs für gegebene Aufgabenstellungen abschätzen zu können. Die eigentliche Erstellung von Programmen gehört erst in zweiter Linie zu seinen Aufgaben.

Das Buch behandelt alle Grundlagenbereiche der anwendungsorientierten Informatik, die Kapitel Betriebssysteme und Programmierung werden anhand von Beispielen aus dem Maschinenbau exemplarisch behandelt. Es ist sicher nicht möglich, in dem zur Verfügung stehenden Umfang ein komplexes C-Programmsystem einer vernetzten technischen Anwendung zu erstellen. Zur Vertiefung einzelner Kapitel wird die Lektüre der einschlägigen Fachliteratur empfohlen.

Da die "PC-Welt" sowohl von der Hard- als auch von der Softwareseite einer stürmischen Entwicklung unterliegt, können Teile des Buches bei seinem Erscheinen nicht mehr ganz aktuell sein. Dies gilt besonders für die im Kapitel Anwenderprogramme angeführten Programme und Programmversionen sowie für die Anwendungen im Maschinenbau.

Die Autoren hoffen, sowohl den in der Praxis stehenden Technikern, den Studierenden technischer Studienrichtungen und insbesondere Maschinenbauern, eine praxisorientierte Einführung in die Informatikwelt in die Hand zu geben. Unser Dank gilt zunächst unseren Studenten, welche uns auf viele neue Ideen bei der Abfassung gebracht haben. Unseren Mitarbeitern am Institut sowie an der Abteilung System- und Automatisierungstechnik an der Wissenschaftlichen Landesakademie danken wir für das Anfertigen von Zeichnungen, für Schreibarbeiten sowie für die Formatierungsarbeiten. Dem Springer-Verlag und hier insbesonders Frau Schilgerius danken wir für die Geduld - das Buch ist doch noch fertig geworden.

Wien, im August 1995

M. Zauner   R. Probst   P. Kopacek

Inhaltsverzeichnis

1 Grundlagen der Informatik

Das Wort Informatik ist ein Kunstwort, gebildet aus den Begriffen Information und Mathematik. Der Begriff ist eng mit dem elektronischen Rechner verknüpft und wurde in Deutschland und Frankreich (Informatique) geprägt. Im angelsächsischen Sprachraum hat das Wort "Informatics" kaum Eingang gefunden und man spricht von Computer Science.

Den Kern der Informatik bilden automatisiert ausführbare Rechenverfahren. Man nennt solche Verfahren Algorithmen nach dem persischen Mathematiker Al-Chowarizmi, der etwa um 800 n. Chr. ein grundlegendes Buch über Algebra schrieb. Algorithmen begegnen uns nicht nur in der Mathematik, sondern in mannigfaltiger Gestalt im täglichen Leben. Jede Form einer Anleitung, zum Beispiel eine Bedienungsanleitung für einen Fernsprecher, ist ein Algorithmus, der einen oft komplizierten Vorgang in einfache Einzelschritte zerlegt.

Anleitung in der Telefonzelle:
1. Fernhörer abheben
2. Geld einwerfen
3. Wählen, nach Meldung des gewünschten Teilnehmers - sofort
4. Zahlknopf drücken
5. Wenn erstes Gespräch nicht zustande kommt - bei "Besetzt", "Nichtmelden" oder "Melden eines falschen Teilnehmers" - Fernhörer einhängen - Vorgang ab Punkt 1 wiederholen.
6. Werden nach Beendigung des ersten Gespräches weitere Gespräche gewünscht, nur den Zahlknopf drücken, wählen und sprechen.

Auch im Bereich der Mathematik können bestimmte Rechenvorgänge wie etwa die vier Grundrechnungsarten, das Quadrieren oder die Zerlegung einer Zahl in ihre Primfaktoren durch einen Algorithmus beschrieben werden. Diese Anleitung zeigt einige grundsätzliche Eigenschaften von Algorithmen. Sie bestehen aus Einzelschritten, die in der angegebenen Reihenfolge auszuführen sind. Es wäre zum Beispiel falsch, zuerst das Geld einzuwerfen und dann den Fernhörer abzuheben. Einzelne Schritte hängen von einer Bedingung ab. Falls beispielsweise das erste Gespräch nicht zustande kommt, dann soll der Fernhörer eingehängt werden. Selbst Wiederholungen gewisser Einzelschritte sind zulässig. Es wurde daher relativ früh erkannt, daß es sich bei Algorithmen um monoton abzuarbeitende Rechenvorschriften handelt und daß diese automatisierbar sind. Dies führt zu einer wesentlichen Entlastung des Menschen von immer wiederkehrenden, monotonen Tätigkeiten.

1.1 Geschichte der Informatik

Die ältesten bekannten Rechenhilfen sind der um ca. 2500 v. Chr. in China erfundene Abakus (Rechenbrett) (Tabelle 1.1). Auch heute noch benutzen

Tabelle 1.1. Geschichte der Informatik (nach Rechenberg,1991)

2500 v. Chr.	Rechenbrett Abakus, China, älteste bekannte Rechenhilfe.
1700 v. Chr.	Papyrus Rhind, Ägypten, älteste schriftliche Rechenaufgaben.
300 v. Chr.	Euklidischer Algorithmus.
500 n. Chr.	Erfindung des Dezimalsystems in Indien.
820	Al-Chowarizmi (etwa 780-850), persischer Mathematiker und Astronom, schreibt ein Buch über Algebra.
1202	Leonardo von Pisa, genannt Fibonacci (etwa 1180-1240), italienischer Mathematiker, verfaßt den *liber abaci*, die erste systematische Einführung in das dezimale Zahlenrechnen.
1524	Adam Riese (1492-1559) veröffentlicht ein Rechenbuch, in dem er die Rechengesetze des Dezimalsystems beschreibt. Seit dieser Zeit setzt sich das Dezimalsystem in Europa durch.
1623	Wilhelm Schickard (1592-1635) konstruiert eine Maschine, die die vier Grundrechenarten ausführen kann. Sie bleibt aber unbeachtet.
1641	Blaise Pascal (1623-1622) konstruiert eine Maschine, mit der man sechsstellige Zahlen addieren kann.
1674	G. W. Leibniz (1646-1716) konstruiert eine Rechenmaschine mit Staffelwalzen für die vier Grundrechenarten. Er befaßt sich auch mit dem dualen Zahlensystem.
1774	P. M. Hahn (1739-1790) entwickelt die erste zuverlässig arbeitende mechanische Rechenmaschine.
Ab 1818	Rechenmaschinen nach dem Vorbild der Leibnizschen Maschine werden serienmäßig hergestellt und dabei ständig weiterentwickelt.
1822	Charles Babbage (1792-1871) plant seine Analytical Engine.
1886	Hermann Hollerith (1860-1929) erfindet die Lochkarte.
1934	Konrad Zuse (geb. 1910) beginnt mit der Planung einer programmgesteuerten Rechenmaschine. Sie verwendet das duale Zahlensystem und die Gleitkomma-Zahlendarstellung.
1941	Die elektromechanische Anlage Z3 von Zuse ist fertig. Dies ist der erste funktionsfähige programmgesteuerte Rechenautomat.
1944	H. H. Aiken (1900-1973) erbaut Mark I. Additionszeit 1/3 s. Multiplikationszeit 6 s.

1946	J. P. Eckert und J. W. Mauchly erbauen ENIAC. Dies ist der erste voll elektronische Rechner (18000 Elektronenröhren). Multiplikationszeit 3 ms. John von Neumann schlägt das gespeicherte Programm vor.
1949	M. V. Wilkes baut EDSAC. Erster universeller Digitalrechner mit gespeichertem Programm.
Ab 1950	Industrielle Rechnerproduktion.

schätzungsweise 40% der Weltbevölkerung solche Rechenbretter. Nennenswerte Fortschritte waren erst zu verzeichnen, als statt des römischen das arabische oder dezimale Zahlensystem eingeführt wurde. 1524 veröffentlicht Adam Riese ein Rechenbuch, in dem die Rechengesetze des aus Indien stammenden Dezimalsystems beschrieben wurden. Seit dieser Zeit setzte sich das Dezimalsystem in Europa durch. Als erstes nutzten die italienischen Kaufleute das Dezimalsystem zur doppelten Buchführung. Johannes von Gmunden berechnete um 1400 astronomische Tafeln, welche dann von Johannes Kepler vervollständigt wurden. Da letzterer an seinen Tabellen 20 Jahre rechnete, war der Bedarf an mechanischen Rechenhilfen gegeben. Als um 1614 die Regeln des Logarithmierens entwickelt wurden, entstanden um 1650 die ersten Rechenschieber. Diese verwandeln die Multiplikation bzw. Division in Addition bzw. Subtraktion von Strecken. Der Rechenschieber war bis vor ungefähr 20 Jahren das häufigste Rechenhilfsmittel des Technikers.

Die erste mechanische Rechenmaschine wurde von einem Astronomen, Wilhelm Schickard, konzipiert und 1623 gebaut. Sie gestattete die Durchführung der vier Grundrechnungsarten. 1642 baute Blaise Pascal eine Additionsmaschine, welche rund 30 Jahre später durch den deutschen Mathematiker und Philosophen Gottfried Wilhelm Leibniz für Multiplikationen und Divisionen erweitert wurde. Da diese Rechenmaschinen aus feinmechanischen Elementen bestanden, waren sie sehr unzuverlässig. Weiters fehlte ihnen ein wichtiges Element des heutigen Computers: die Programmierbarkeit. In ihnen waren die vier Grundrechnungsarten durch ihr Räderwerk fest vorprogrammiert. Ein Rechner ist jedoch frei programmierbar - man kann ihm die verschiedensten Algorithmen eingeben - welche in einem Programmspeicher abgelegt werden. Der erste in Mitteleuropa bekannte Programmspeicher trat bei dem mittels Lochkarten gesteuerten Webstuhl von Joseph-Marie Jacquard auf.

Der Betrieb dieser mechanischen Rechenmaschinen bestand aus Eingabe von Daten, Kurbelantrieb, Ablesen von Zwischenergebnissen und dem Ordnen von Ergebnissen. Charles Babbage blieb es 1812 vorbehalten, im Zuge der Konstruktion einer Maschine zur Berechnung von Logarithmen und Potenzen die grundsätzlichen Arten der Tätigkeit der modernen EDV festzulegen:

- <u>Systemanalytiker und Programmierer</u>: Mathematiker, die die benötigten Formeln erstellen und sie in eine für den Rechner verständliche Form bringen.
- <u>Personen zur Dateneingabe</u>: Sie setzen Zahlen in die Formeln ein.
- <u>Personen zur Datenverarbeitung</u>: Sie haben die Aufgabe, die Rechnungen anhand der Programme durchzuführen.

Tabelle 1.2. Geschichtliche Entwicklung der EDV

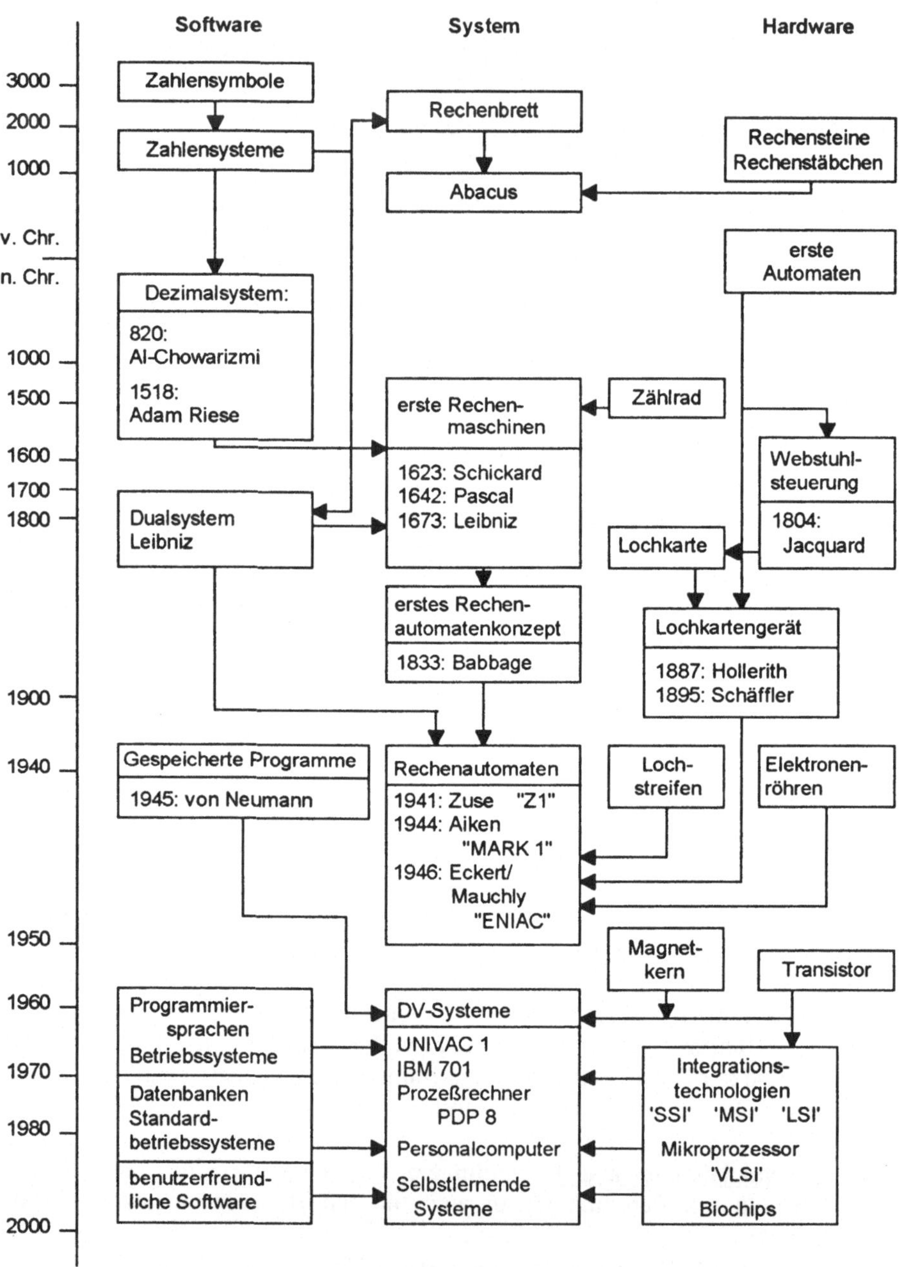

Demgemäß sahen die Maschinen von Babagge bereits die Hauptbaugruppen - Arbeitsspeicher (zur Speicherung von Eingabedaten, Zwischen- und Endergebnissen), Rechenwerk (zur Durchführung arithmetischer Operationen), Steuerwerk (zur Steuerung der Reihenfolge der Rechenprozesse und des Datentransportes) sowie Ein- und Ausgabeelemente vor. Seine Versuche scheiterten ebenfalls an den Mängeln der Technik. Es blieb der Einsatz von Lochkarten, welche auch bald zum Sortieren, Tabellieren und Addieren von Daten eingesetzt wurden.

Die Geburtsstunde der elektromechanischen Maschinen schlug mit Hermann Hollerith. Er entwickelte aus den Bauprinzipien des Jacquardwebstuhles (Lochkarten als Datenträger) und Schaltwalzen zur Betätigung von Zählern und Sortiermechanismen einen starr programmierten Automaten, der einfache Zähl- und Sortieroperationen durchführen konnte. Zum Einsatz kam die Hollerithmaschine 1887 bei der Volkszählung in den Vereinigten Staaten. Diese elektromechanischen Lochkartenmaschinen wurden in der Folge weiter verbessert und ausgebaut. Die Schwierigkeit des Umstellens auf andere Programme veranlaßten den österreichischen Telegrafen- und Telefonfabrikanten Otto Schäffler einen Programmumschalter vorzusehen. Diese Lochkartenmaschinen, erweitert durch Druck- und Stanzeinrichtungen, waren bis zum Jahr 1939 überwiegend für statistische Zwecke im Einsatz.

Den nächsten Entwicklungssprung gab es erst wieder als der deutsche Ingenieur Konrad Zuse im Jahre 1934 das duale Zahlensystem zum maschinellen Rechnen verwendete. Das duale Zahlensystem bestehend aus den Ziffern 0 und 1 brachte den Vorteil, daß diese durch geöffnete und geschlossene Schalter realisierbar waren - andererseits sind Dualzahlen im Gegensatz zu Dezimalzahlen äußerst lang und daher für den Menschen unhandlich. Zuses erste Rechenanlage "Zuse Z1" scheiterte in erster Linie an der Unvollkommenheit der mechanischen Teile. Er versuchte durch Einbau von Relais seine Maschine zu verbessern und stellte im Jahre 1941 die "Zuse Z3" her. Die "Zuse Z3", in ihrem Grundschema ausgestattet mit einem zentralen Rechenwerk für arithmetische Rechenoperationen, einem Speicherwerk für Zwischenergebnisse, einem Programmwerk für Eingabe und Ausführung eines Programms und einer Datenein- und -ausgabe entsprach genau der von Babagge konstruierten Maschine. Die wichtigste Neuerung Zuses war die Verwendung des Dualsystemes. Diesen Vorteil hatte der 1944 in England entwickelte Rechner "MARK I" von Aiken noch nicht. Er bestand aus elektromechanischen Schaltern (Relais), verwendete aber nach wie vor das dezimale Zahlensystem.

Zwischenzeitlich hatte man gelernt, daß auch Elektronenröhren aus der Radiotechnik als Schalter verwendet werden können. Vorteilhaft erwies sich der Wegfall aller mechanisch bewegten Teile und die Reduzierung der Zeit für die Ausführung eines Schaltvorganges von 100 ms (Relais) auf 0,1 ms bei der Radioröhre. Nach diesem Prinzip bauten 1946 Eckert und Mauchly an der Universität von Pennsylvania den ersten Elektronenrechner ENIAC (Electronic Numerical Integrator and Computer). Er bestand aus 18.000 Röhren und 1.500 Relais, war aufgrund dessen unzuverlässig und als Leitbahnrechner für Geschütze gedacht. Für die Programmspeicherung wurden bei diesen Rechnern Steckbretter verwendet. Diese, so wie die bei Zuse verwendeten Lochstreifen, waren höchst unbefriedigend, da sie unflexibel und daher für die Abspeicherung von Zwischenergebnissen nicht geeignet waren. 1946 veröffentlichte der ungarische Mathematiker

John von Neumann die Idee, das Programm im Speicher des Computers abzulegen. Die Vorteile lagen darin, daß der Zugriff auf das Programm schneller erfolgen konnte und daß Zwischenergebnisse gespeichert werden konnten. Neumanns Idee wurde 1949 in der Rechenanlage EDSAC der Universität Cambridge verwirklicht. Dieser Rechner - "von Neumann-Rechner" - war der erste, welcher alle Hauptbauteile der heutigen Computer hatte.

Den ersten Universalrechner in Serie mit der Bezeichnung "UNIVAC 1" baute die Remington Rand Incorporation. Ende der 50er Jahre waren in den USA mehr als 9000 elektronische Rechner in Röhrentechnik installiert. Diese Rechner waren hauptsächlich durch drei Eigenschaften ausgezeichnet, die einen Computer im heutigen Sinn von seinen Vorläufern unterscheiden:

- die Benutzung von Binärzahlen
- die Elektronik an Stelle der Mechanik
- das gespeicherte Programm.

Die weitere Entwicklung der Rechner muß von zwei Gesichtspunkten aus betrachtet werden: den Fortschritten im technischen Aufbau - der Hardware - und den Fortschritten in der Programmierung der Software. Zunächst soll die Entwicklung der Hardware beschrieben werden. Die Entwicklungen der Software bleiben den Kapiteln Programmiersprachen und Rechnerprogrammierung vorbehalten.

Tabelle 1.3. Die Einteilung der Rechner in Generationen

Generation	Zeitraum	Kennzeichen
1	Bis Ende der fünfziger Jahre	Elektronenröhren als Schaltelemente; zentrale Speicher von wenigen hundert Maschinenwörtern.
2	Bis Ende der sechziger Jahre	Transistorschaltkreise; Ferritkern-, Band-, Trommel-, Plattenspeicher.
3	Seit Mitte der sechziger Jahre	Teilweise integrierte Schaltkreise.
4	Seit Anfang der siebziger Jahre	Überwiegend hochintegrierte Schaltkreise; ein Prozessor pro Chip; 8-Bit-Architektur.
5	Seit Anfang der achtziger Jahre	Hochintegrierte Schaltkreise; mehrere Prozessoren auf einem Chip; 16, 32 und 64-Bit-Architekturen; Mikrocomputer-Netzwerke.

Die bisher besprochenen Rechner werden der ersten Generation zugezählt. Sie waren gekennzeichnet durch Elektronenröhren als Schaltelemente, Additionszeiten von 100 bis 1000 ms, Speicherkapazität von weniger als 100 Zahlen und, da keine Programmiersprachen vorhanden waren, Programmierung mit Zahlenkolonnen.

In der zweiten Generation erfolgte der Ersatz der Röhren durch Transistoren. Der 1947 in den USA entwickelte Transistor kann als Schalter ohne bewegte Teile angesehen werden. Diese zweite Generation begann 1957 und reicht bis in die Mitte der 60er Jahre. Durch die Transistoren wurden diese Rechner kleiner und zuverlässiger, benötigten für eine Addition 1 bis 10 ms, verwendeten Ferritkernspeicher mit einem Fassungsvermögen von einigen tausend Zahlen, dazu kamen sogenannte Sekundärspeicher in Form von Magnettrommeln und Magnetbändern. Programmiersprachen wie FORTRAN und COBOL ermöglichten komfortableres Programmieren und Betriebssysteme sorgten dafür, daß die Maschine bestmöglich ausgenutzt wird. Während die Rechner der ersten Generation nur ein einzelner Programmierer für sich nutzen konnte, gestattet das Betriebssystem, daß die Programme vieler Benutzer in Form von Lochkartenstapeln lückenlos abgearbeitet werden konnten. Die Programmierer arbeiteten zeitlich und räumlich von der Rechenanlage getrennt, gaben ihre Lochkartenstapel mit den Programmen ab und holten die Ergebnisse einige Stunden später wieder ab. Als Pioniertat aus österreichischer Sicht kann die Entwicklung des "Mailüfterls" - eines Transistorrechners, der nach zweijähriger Bauzeit am Institut für Niederfrequenztechnik der Technischen Hochschule in Wien unter der Leitung von Heinz Zemanek gebaut wurde - angesehen werden. Es bestand aus 3000 Transistoren und 5000 Germaniumdioden; als Speicher dienten Magnettrommeln für 10.000 Wörter und ein Ferritkernspeicher für 50 Wörter. Seine Rechengeschwindigkeit lag bei 0,4 ms für Multiplikationen und 50 ms für Divisionen bei einem Energiebedarf von 400 Watt.

Im Jahre 1958 gelang es, gleichzeitig mehrere Schaltelemente in Siliziumplanartechnik auf einem Grundmaterial aufzubauen. 1960 konnte der erste Transistor in dieser Planartechnik entwickelt werden. Somit begann das Zeitalter der integrierten Schaltungen (Integrated Circuits - ICs) in der Computertechnik und die dritte Generation der Computerentwicklung. Diese Generation zeichnet sich aus durch

- Rechnerfamilien - Programmcode eines Prozessortyps ist lauffähig auf Prozessortypen jüngerer Generationen,
- time-sharing (multi user/multi tasking) - mehrere Benutzer arbeiten und mehrere Programme laufen gleichzeitig auf einem Rechner,
- Eingabemedium Tastatur, welches die Lochstreifenleser ersetzte, sowie die
- Ausgabe auf Bildschirmen statt Schreibmaschinen.

Die Bildschirmausgabe wird manchmal als Geburtsstunde der graphischen Datenverarbeitung gesehen. In diese Generation fallen auch die Entwicklung von Datenbanksystemen, der Rechnereinsatz in der Automatisierungstechnik als Prozeßrechner (1967) sowie die Entwicklung der ersten integrierten Halbleiterspeicher, die auf einer Fläche von rund 10 mm^2 1024 binäre Daten speichern konnten (1970).

1971 wurde in Amerika der erste Mikroprozessor entwickelt. Es handelte sich dabei um ein zentrales Rechenwerk auf einem einzigen Siliziumchip. Zwei Jahre später war der erste brauchbare 8 Bit Mikroprozessor verfügbar. Diese Hardwareentwicklung leitete die vierte Generation der Rechnerentwicklung ein. Rechenwerke auf einem Chip gestatteten die preiswerte Ausführung von Rechnern am Arbeitsplatz (Personal Computer - PC). Der Zentralrechner, an dem im Timesharing-Betrieb Benutzern an mehreren Terminals vorgegaukelt wurde, daß sie den Rechner für sich allein hätten, verlor seine Bedeutung. Jeder der Nutzer hatte jetzt einen nicht so leistungsfähigen, aber doch eigenen Rechner zur Verfügung. Der Computer am Arbeitsplatz eröffnet eine neue Dimension des Bedienungskomforts und der Effizienz. Es gibt keine Wartezeiten mehr, die Mensch-Maschine-Kommunikation (man-machine-interface) geschieht über Tastatur und Bildschirm. Es werden nicht mehr Texte allein, sondern auch Tabellen, graphische Darstellungen und Bilder als Kommunikationsmittel benutzt.

Das alte Sprichwort "mit dem Essen kommt der Appetit" führte sehr bald dazu, daß die Leistungsfähigkeit der PCs erschöpft war. Darüber hinaus bestand der Wunsch, mit anderen Anwendern zu kommunizieren. Dies führte zur Entwicklung von lokalen Rechnernetzen (local-area-networks - LANs). Diese lokalen Rechnernetzwerke sind dadurch gekennzeichnet, daß sie über einen Host-Rechner (Server) die Kommunikation mit anderen Rechnern ermöglichen. Am Server sind beispielsweise speicherplatzintensive Programme abgelegt.

Da die Problemstellungen immer komplexer wurden, welche auf PCs abgearbeitet werden sollten, lag der Gedanke nahe, für ein Problem nicht einen, sondern mehrere Rechenwerke (Mikroprozessoren - CPUs) zu verwenden. Diese parallele Datenverarbeitung geht auf die 60er Jahre zurück, wurde aber erst in den letzten fünf Jahren durch die Transputer realisiert. Die Entwicklung des Parallelrechnens ist zum derzeitigen Zeitpunkt noch nicht abschätzbar. Es bringt insbesonders bei technischen Problemen, beispielsweise der Steuerung von Industrierobotern, wo komplizierte Berechnungen während der Roboterbewegung - on line - ausgeführt werden müssen, beträchtliche Vorteile hinsichtlich der Rechenzeit.

Rechner der fünften Generation, welche auf Hardware-Entwicklungen, die über die VLSI-Technologie (Very Large Scale Integration) hinausgehen, basieren, werden seit einigen Jahren zwar angekündigt, sind aber derzeit noch nicht kommerziell verfügbar. Die weitere Entwicklung der Computerhardware wird im wesentlichen von den Anforderungen der technischen Seite an sie bestimmt werden. War bisher beispielsweise die Methode der finiten Elemente ein Prüfstein an Komplexität für jeden Rechner, so sind es derzeit die Verfahren der künstlichen Intelligenz sowie der neuronalen Netze. Möglicherweise gehen wir dem Zeitalter der Biochips sowie der selbstlernenden Rechnersysteme entgegen.

1.2 Teilgebiete der Informatik und Anwendungsbeispiele

Im deutschsprachigen Raum wird die Informatik in vier große Teilgebiete untergliedert:

- Technische Informatik
- Praktische Informatik
- Theoretische Informatik
- Angewandte Informatik.

Die Technische Informatik beschäftigt sich mit der Rechnerhardware. Ihre Inhalte sind der Bau von Rechnern und peripheren Geräten (Schaltnetze, Schaltwerke, Prozessoren, Druckern, Plottern), die Mikroprogrammierung, die Rechnerorganisation sowie die Schnittstellentechnik und Rechnernetze. Die Grenzen zwischen technischer Informatik und Elektrotechnik, Elektronik bzw. Nachrichtentechnik sind schwer zu ziehen. Zusammenfassend könnte man sagen, daß sich die technische Informatik mit der Rechnerarchitektur beschäftigt.

Tabelle 1.4. Eine Einteilung der Informatik (nach Rechenberg, 1991)

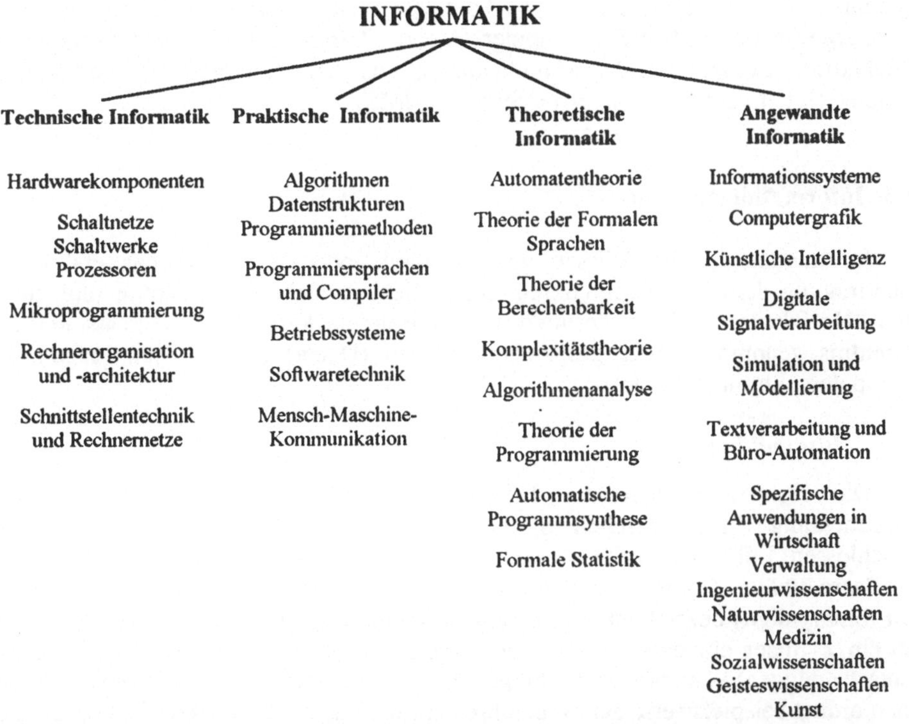

Im Gegensatz zur technischen Informatik beschäftigt sich die praktische Informatik mit den Softwareaspekten. Algorithmen und Datenstrukturen bilden die Grundlage für Programmiersprachen und Compiler. Die Softwaretechnik behandelt Fragen, die sich bei der Entwicklung sehr großer Programme ergeben. Breiten Raum nehmen die Programmiersprachen ein, da sie die Effizienz des Programmierers und der Programmentwicklung bestimmen. Betriebssysteme sowie Mensch-Maschine-Kommunikation sind weitere Teilgebiete der praktischen Informatik.

Die theoretische Informatik behandelt die Grundlagen. Beispielsweise wird in der Automatentheorie festgestelllt, welche einfachsten mathematischen Modelle dem Computer zugrunde liegen. Die Theorie der Berechenbarkeit stellt fest, ob ein Problem überhaupt mit dem Computer lösbar ist; die Komplexitätstheorie dient zur

Abschätzung des rechnerischen Aufwandes zur Lösung dieser Probleme; die Teilgebiete formale Sprachen und formale Semantik dienen dazu, Programmiersprachen aufzubauen und mathematisch zu erfassen.

Technische, praktische und theoretische Informatik bezeichnet man manchmal als Kerninformatik. Für den Techniker weit interessanter dürfte jedoch das Gebiet der angewandten Informatik sein. Es beschäftigt sich mit den Anwendungsmöglichkeiten des Computers. Da er in nahezu alle Bereiche unseres Lebens eingedrungen ist, legte die angewandte Informatik die Grundlagen dazu. Beispiele sind die rechnergestützte Inskription an der Universität, Textverarbeitungsprogramme, Tabellenkalkulationsprogramme, Anwendungen in der Automatisierungstechnik wie beispielsweise Waschmaschinensteuerungen, Informationssysteme in Automobilen, Verkehrsleitsysteme sowie Industrieroboter, rechnergestützter Entwurf (Computer Aided Design - CAD), rechnergestützte Produktion (Computer-Aided-Manufacturing - CAM), "intelligente" Produktionssysteme (Intelligent Manufacturing Systems - IMS).

1.3 Informationstechnik

Information ist das Wissen über Zustände oder Vorgänge, das erst durch Übertragung dem Interessentenkreis zugänglich gemacht werden kann und durch den "Neuigkeitscharakter" definiert ist. Information kann nun einerseits nur zur Kenntnis genommen oder gespeichert werden (Daten) und zu Handlungen des Computers führen (Befehle).

1.3.1 Bits und Bytes

Die kleinste Einheit der Informationsdarstellung ist eine binäre (0-1) Entscheidung. In technischen Systemen können Schalter entweder offen oder geschlossen, Luftdruck vorhanden oder nicht vorhanden sein. Dies bezeichnet man als Paare binärer Zustände. Der Informationsgehalt eines 0-1 Zustandes wird als ein Bit (binary digit) bezeichnet. Mit einem Bit kann beispielsweise festgestellt werden, ob ein Zylinder eingefahren (0) oder ausgefahren (1) ist. Mit zwei Bit (zwei 01-Entscheidungen) können vier Stellungen des Zylinders wie folgt beschrieben werden: man ordnet beispielsweise der eingefahrenen Stellung die Wertekombination 00, der ersten Zwischenstellung 01, der zweiten Zwischenstellung 10 und schließlich der ausgefahrenen Stellung 11 zu. Mit n-Bits können daher 2^n Informationen weitergegeben werden.

Eine Gruppe von 8 Bits, also beispielsweise 10011010 wird als Byte bezeichnet. In der dezimalen Zahlendarstellung wird für eine Multiplikation mit 1000 = 10^3 Kilo als Vorsilbe benützt. In der Informatik bedeutet Kilo jedoch eine Multiplikation mit 2^{10} = 1024. Für eine größere Anzahl von Informationen verwendet man sinngemäß die Vorsilben MEGA und GIGA.

```
1 KB = 1 Kilobyte  = 1024 Byte
1 MB = 1 Megabyte  = 1024 KB  = 1048576 Byte
1 GB = 1 Gigabyte  = 1024 MB  = 1048576 KB = 1073741824 Byte
```

1.3.2 Zahlensysteme

Das Bildungsgesetz für eine bestimmte Zahl Z_B in einem Zahlensystem lautet

$$Z_B = \sum_{i=0}^{n} b_i\, B^i$$

$$\begin{aligned}
\text{mit}\quad &Z_B \dots\dots\text{Zahl}\\
&B\dots\dots\text{Basis}\\
&i\dots\dots\text{Exponent } (0,1,2,\dots\dots,n)\\
&b\dots\dots\text{Element der Basismenge}
\end{aligned}$$

oder anders angeschrieben

$$Z_B = b_n \cdot B^n + b_{n-1} \cdot B^{n-1} + \dots + b_i B^i + \dots + b_1 B^1 + b_0 B^0$$

üblicherweise läßt man die Summenzeichen sowie die B^i weg und schreibt

$$Z_B = b_n\, b_{n-1}\, b_{n-2} \dots b_i \dots b_2\, b_1\, b_0$$

Prinzipiell kann mit jedem ganzzahligen B und dem entsprechenden b ein Zahlensystem aufgebaut werden. In der Informatik sind jedoch nur einige gebräuchlich, die in Tabelle 1.5 zusammengestellt sind.

Tabelle 1.5. Gebräuchliche Zahlensysteme und Beispiele

Basis, B	Basismenge (Zeichenvorrat), b	Bezeichnung
2	0,1	binär
8	0,1,2,3,4,5,6,7	oktal
10	0,1,2,3,4,5,6,7,8,9	dezimal
16	0,1,2,3,4,5,6,7,8,9,A,B,C,D,E,F	hexadezimal

	Ziffern im Zahlensystem	Dezimal Potenzschreibweise	Ziffer dezimal
Binär	1 1 1 0 1 0 1 1	$1.2^7 + 1.2^6 + 1.2^5 + 0.2^4 + 1.2^3 + 0.2^2$ $+ 1.2^1 + 0.2^0 =$ $128 + 64 + 32 + 0 + 8 + 0 + 2 + 1$	235
Oktal	3 5 3	$3.8^2 + 5.8^1 + 3.8^0 = 192 + 40 + 3$	235
Hexa-dezimal	E B	$14.16^1 + 11.16^0 = 224 + 11$	235

Das Dualsystem entspricht weitgehend der Arbeitsweise des Rechners. Ein Nachteil ist, wie das Beispiel zeigt, die Länge der Binärzahlen. Daher lag der Gedanke nahe, für größere Zahlen 3 oder 4 Bits zusammenzufassen, wobei links mittels Nullen auf 3 oder 4 Stellen zu ergänzen ist. 3 Bits als Gruppe ergeben einen Binärzahlenbereich von 0 bis 7 was auf das Oktalsystem mit der Basis 8 führt. 4 Bits in einer Gruppe führen auf das Hexadezimalsystem, dessen Bedeutung darin liegt, daß die meisten Rechner mit einer vielfachen Anzahl von 4 Bits arbeiten. So kann z.B. ein 8-Bit-Rechner jedes Byte durch genau zwei Hexadezimalziffern darstellen. Auf die Umrechnung zwischen den einzelnen Zahlensystemen wird hier nicht näher eingegangen.

1.3.3 *Kodes und Kodierungstheorie*

Die Darstellung von Informationen in einer zur Signalübertragung passenden Form erfolgt mittels sogenannter Kodes. Allgemein versteht man unter Kodierung oder Verschlüsselung die Zuordnung von Listen zweier Zeichenmengen.

Meßwerte sind beispielsweise definiert, wenn eine zugehörige Kodeliste vorliegt. Erfolgt die Messung mit einem digitalen Fühler, ist eine relativ kleine Meßunsicherheit gewährleistet, da zur Fehlerfortpflanzung keine weiteren Geräte der Meßkette beitragen. Bei einem analogen Fühler muß am Ende der Meßkette ein Verschlüssler (A/D-Wandler) angeschlossen werden. Ein Verschlüssler besteht aus drei Funktionseinheiten: der Abtasteinrichtung, der Quantisierungseinrichtung und dem Zahlenkodierer. In einem technischen Prozeß werden dadurch analogen Daten (Temperatur, Druck, Durchfluß ...) aus Zeichenfolgen zusammengesetzte digitale Daten zugeordnet.

Als Binärkodes bezeichnet man alle jene, deren Kodewörter auf dem dualen Zahlensystem basieren. Beispiele sind das duale Zahlensystem selbst, der BCD-Kode, der 1-2-2-4 Kode, der Gray-Kode, der 1-aus-10-Kode (Hollerith-Kode).

Bei der Übertragung von digitalen Meßwerten (Abb. 1.1) wird zunächst das Signal vom Sender kodiert und auf den Übertragungskanal gegeben. Auf diesen wirken Störungen, welche ein oder mehrere Bits verfälschen können. Die Dekodiereinrichtung kann daher unter Umständen eine falsche Information an den Empfänger weiterleiten.

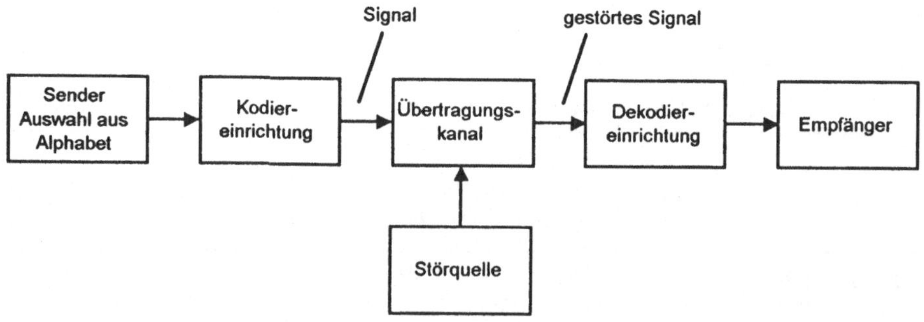

Abb. 1.1. Signalübertragung

Dazu folgendes Beispiel: Das Kodewort 0001 bedeutet Ventil 286 ist geschlossen. Bei der Übertragung wird 1 Bit gestört; Empfänger bekommt Kodewort 0011; Ventil 286 offen.

Um solche Störungen zu kompensieren verwendet man redundante Kodes. Diese beruhen darauf, daß man ein r-stelliges Kodewort um k Stellen verlängert. k wird als Redundanz R und $R^* = k / (r + k)$ als relative Redundanz bezeichnet.

Der Kodewortabstand eines Binärkodes ist die Anzahl der Stellen, in denen sich zwei Kodewörter unterscheiden. Der kleinste Kodewortabstand in einem Kode wird als Hammingdistanz d bezeichnet.

z.B.:   Duales Zahlensystem hat die Hammingdistanz d = 1, da
               000   Kodewort, z.B. 0
               001   Kodewort, z.B. 1
               002   Kodewort, z.B. 2
               ...

Ein Kode mit d = 1 ist zur Fehlererkennung ungeeignet, da sich bei Änderung eines Bits bereits ein anderes Kodewort mit bestimmter Bedeutung ergibt.

Ein fehlererkennender Kode muß mindestens d = 2 haben. Ändert sich ein Bit, entsteht ein unbenutztes Kodewort - ein Kodewort ohne Bedeutung - ein Pseudokodewort.

z.B.:   000   Kodewort
               001, 010, 100   Pseudokodeworte
               011, 101, 110   Kodeworte

Einer der einfachsten fehlererkennenden Kodes ist der Binärkode mit Prüfbit. Jedem Kodewort wird ein Prüfbit (1 oder 0) hinzugefügt, welches beispielsweise angibt, ob die Anzahl der Einsen (der Nullen) gerade oder ungerade ist.

z.B.:   Anzahl der Einsen ungerade - Prüfbit 0

Kode	Prüfbit	Neues Kodewort
000	1	0001
001	0	0010
010	0	0100
011	1	0111
100	0	1000
101	1	1011
110	1	1101
111	0	1110

Kodes ordnen jedem Zeichen eines Alphabetes eine bestimmte Signalfolge oder Bitfolge zu. So werden beispielsweise im Speicher von PCs Information vorherrschend im ASCII (American Standard Code for Information Interchange) zu jeweils 7 Bits je Zeichen gespeichert. Jedes ASCII-Zeichen wird hier als 7-Bit Muster dargestellt, wodurch sich $2^7=128$ Möglichkeiten ergeben. Diese 128

Möglichkeiten enthalten die Ziffern von 0 - 9, die Groß- und Kleinbuchstaben von a-z einschließlich der Umlaute und die üblichen Sonderzeichen sowie interne Befehle zur Bildschirm- und Druckeransteuerung. Ein Platz in diesem 8x16 Schema wird durch die Aneinanderreihung der höherwertigen (higher-) und niederwertigen (lower-) Bits bzw. des entsprechenden Hexcodes kodiert. So würde beispielsweise das Pluszeichen auf Platz 43 in der Tabelle binär durch 0101011 und hexadezimal durch 2B kodiert werden. Unabhängig vom Kode faßt man jedoch jeweils 8 Bits zu einer Einheit zusammen, die man Byte nennt. Daher ist beim ASCII als 7-Bit Kode das 8. Bit eines Byte prinzipiell frei. Je nach Anwendung wird es verschieden behandelt, beispielsweise stets 0 gesetzt oder als Prüfbit verwendet. Verwendet man das 8. Bit für die Kodierung, ergeben sich doppelt so viele, nämlich $2^8 = 256$ verschiedene Möglichkeiten. Von dieser Tatsache macht der erweiterte ASCII-Kode Gebrauch.

Tabelle 1.6. ASCII-Kode als 7-Bit Kode

Higher-bits		000	001	010	011	100	101	110	111
Bitnummer		765	765	765	765	765	765	765	765
Lower-bits 4321	Hex-Code	0	1	2	3	4	5	6	7
0000	0	NUL 00	DLE 16	SP 32	0 48	@ 64	P 80	` 96	p 112
0001	1	SOH 01	DC1 17	! 33	1 49	A 65	Q 81	a 97	q 113
0010	2	STX 02	DC2 18	" 34	2 50	B 66	R 82	b 98	r 114
0011	3	EXT 03	DC3 19	# 35	3 51	C 67	S 83	c 99	s 115
0100	4	EOT 04	DC4 20	$ 36	4 52	D 68	T 84	d 100	t 116
0101	5	ENQ 05	NAK 21	% 37	5 53	E 69	U 85	e 101	u 117
0110	6	ACK 06	SYN 22	& 38	6 54	F 70	V 86	f 102	v 118
0111	7	BEL 07	EYB 23	39	7 55	G 71	W 87	g 103	w 119
1000	8	BS 08	CAN 24	(40	8 56	H 72	X 88	h 104	x 120
1001	9	HT 09	EM 25	) 41	9 57	I 73	Y 89	i 105	y 121
1010	A	LF 10	SUB 26	* 42	: 58	J 74	Z 90	j 106	z 122
1011	B	VT 11	ESC 27	+ 43	; 59	K 75	[Ä 91	k 107	{ ä 123
1100	C	FF 12	FS 28	, 44	< 60	L 76	\ Ö 92	l 108	| ö 124
1101	D	CR 13	GS 29	- 45	= 61	M 77	] Ü 93	m 109	} ü 125
1110	E	SO 14	RS 30	. 46	> 62	N 78	^ ß 94	n 110	~ – 126
1111	F	SI 15	US 31	/ 47	? 63	O 79	_ 95	o 111	DEL 127

Ein existieren noch weitere Kodes, die überwiegend bei Großrechnern verwendet werden, auf die wir aber in diesem Buch nicht weiter eingehen wollen. In Tabelle 1.7 ist als Beispiel die Zeichenfolge "7.25 CM" sowohl im ASCII binär als auch hexadezimal gegenübergestellt.

Tabelle 1.7. Gegenüberstellung verschiedener Kodes an einem Beispiel

"7.25 CM"

Zeichenfolge:

7	.	2	5		C	M

ASCII   hexadezimal:

37	2E	32	35	20	43	4D

ASCII   binär:

0110111	0101110	0110010	0110101	0100000	1000110	1001101

1.4 Grundlagen der Schaltalgebra

Da die Rechner nach dem Binärsystem arbeiten, und die Realisierung einer 0-1 Entscheidung beispielsweise mit einem Schalter erfolgen kann, besteht jeder Rechner aus einer Vielzahl von Schaltern, welche in geeigneter Weise miteinander verknüpft sind. Zur Beschreibung und zum Entwurf solcher "digitaler Schaltungen" finden die Methoden der Schaltalgebra Verwendung.

Verknüpft man n zweiwertige (binäre) Eingangsgrößen (A,B,C...,N) mit Hilfe logischer Funktionen, dann ergibt sich die zweiwertige (binäre) Ausgangsgröße Y. Jeder Wertekombination der Eingangsgröße entspricht genau ein Wert der Ausgangsgröße.

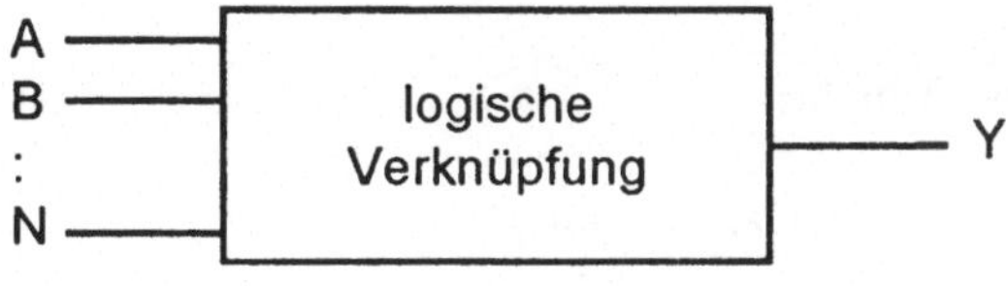

Abb. 1.2. Logische Verknüpfung

Für n zweiwertige (0,1) Eingangssignale sind 2^n verschiedene Wertekombinationen möglich.

Zum Beispiel zwei Eingänge (A,B) entsprechen $2^2 = 4$ mögliche Eingangswertekombinationen: 00, 01,10,11.

Je nach Art der logischen Verknüpfung entspricht jeder Wertekombination der Eingangsvariablen der Wert 0 oder 1 der Ausgangsvariablen Y.

1.4.1 UND-*Funktion (Konjunktion)*

Am Ausgang dieser logischen Verknüpfung erscheint nur dann 1, wenn das Signal A *UND* das Signal B eins sind.

Funktionstabelle:

A	B	Y
0	0	0
0	1	0
1	0	0
1	1	1

Schreibweise:

$Y = A \wedge B$ (Y ist A und B) oder ($Y = A \,\&\, B$; $Y = A \cdot B$; $Y = A \cap B$).

1.4.2 ODER-*Funktion (Disjunktion)*

Am Ausgang dieser logischen Verknüpfung erscheint immer dann 1, wenn das Signal A *ODER* das Signal B eins ist.

Funktionstabelle:

A	B	Y
0	0	0
0	1	1
1	0	1
1	1	1

Schreibweise:

$Y = A \vee B$ (Y ist A oder B) oder ($Y = A + B$; $Y = A \cup B$).

1.4.3 NICHT-*Funktion*

Am Ausgang dieser logischen Verknüpfung erscheint immer dann 1, wenn der Eingang 0 (*NICHT* vorhanden) ist.

Funktionstabelle:

A	Y
0	1
1	0

Schreibweise:

$Y = \overline{A}$ (Y ist A nicht)

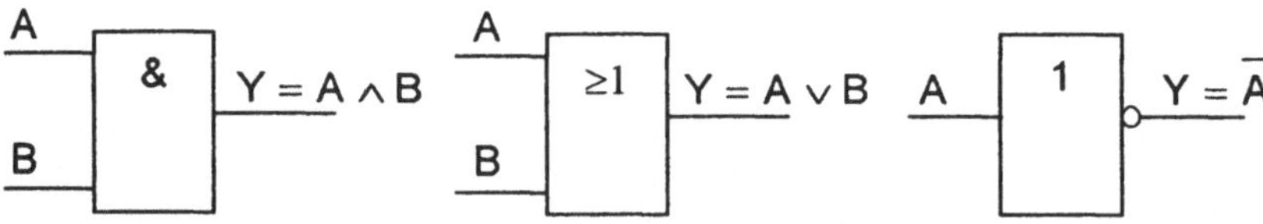

Abb. 1.3. Schaltzeichen

Die drei in den Beispielen dargestellten Verknüpfungsmöglichkeiten (Funktionen) von "binären Variablen" haben in der Schaltalgebra die gleiche fundamentale Bedeutung wie die 4 Grundrechnungsarten in der normalen Algebra.

Deshalb sind zu ihrer grafischen Darstellung in "Logikplänen" eigene Schaltzeichen üblich (Abb. 1.3).

Für die Serienschaltung von Negationen mit UND und ODER sind vereinfachte Schaltzeichen gebräuchlich, z. B.

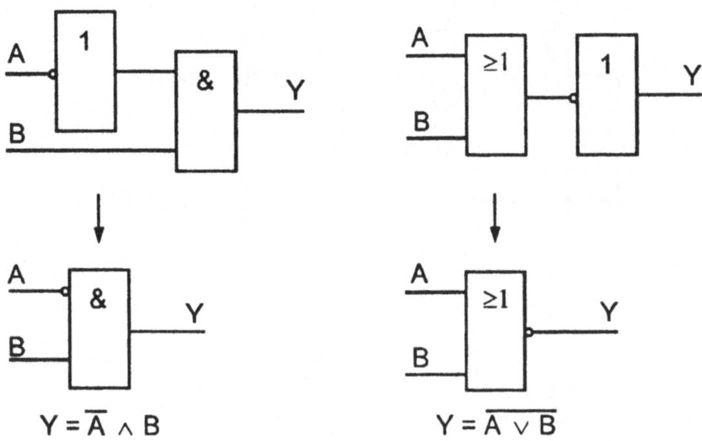

Abb. 1.4. Vereinfachte Schaltzeichen

Ordnet man jeder Variablen (A,B,Y) eine Punktmenge in der Ebene (z.B. in einem Kreis) zu, so lassen sich die logischen Grundfunktionen auch mit Hilfe der Mengenlehre veranschaulichen. Denkt man sich durch die Menge der Punkte im Inneren eines Kreises den Wert A (B,Y) = 1 dargestellt, dann entspricht allen Punkten außerhalb der Wert A (B,Y) = 0. Diese Darstellung (Abb. 1.5) wird als VENN-Diagramm bezeichnet.

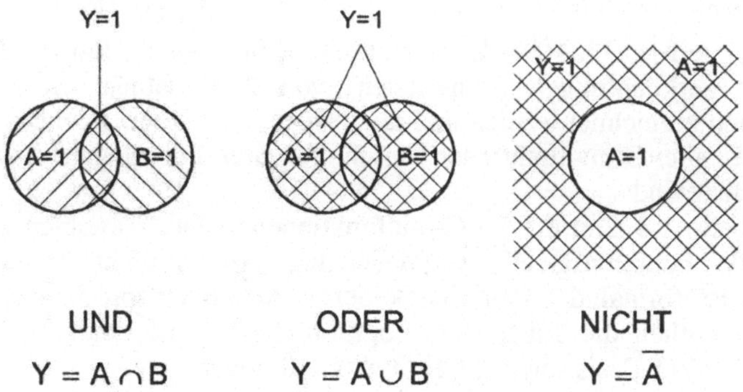

Abb. 1.5. Darstellung mit Hilfe der Mengenlehre

Außer dem Logikplan ist noch der Kontaktplan gebräuchlich. Diese Darstellung hat ihren Ursprung in der Relaistechnik, woher auch die verwendeten Symbole stammen.

- Arbeitskontakt (schließt bei Anlegen eines Signals den Strompfad)   

- Ruhekontakt (öffnet bei Anlegen eines Signals den Strompfad)

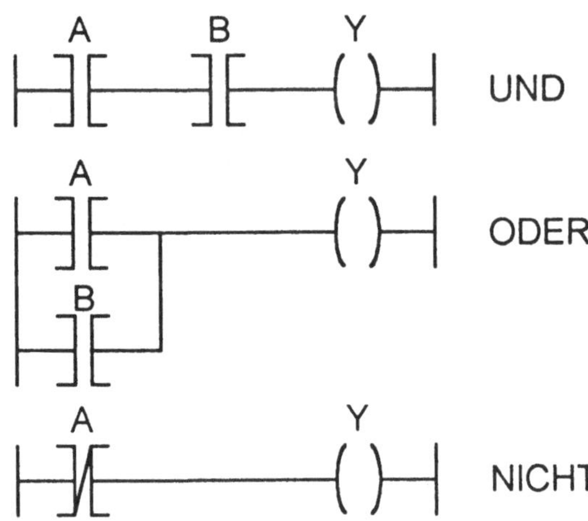

Abb. 1.6. Kontaktpläne der Elementarfunktionen

1.4.4 Grundfunktionen

In der Algebra ist die Anzahl möglicher Funktionen von n Variablen unendlich groß, in der Schaltalgebra mit 2^{2^n} beschränkt. Für n Eingangsvariable, welche die Werte 0 und 1 annehmen können, sind 2^n Wertekombinationen möglich (die Funktionstabelle besteht aus 2^n Zeilen). Jeder Wertekombination am Eingang ist durch die logische Funktion ein Wert des Ausgangs Y zugeordnet. Für diese $N = 2^n$ Ausgangswerte sind jedoch $2^N = 2^{2^n}$ Kombinationen möglich. Für die Praxis sind die $2^4 = 16$ Verknüpfungen (Funktionen) von 2 Variablen wichtig, die als Grundfunktionen bezeichnet werden und durchwegs eigene Benennungen tragen. Es zeigt sich, daß alle Grundfunktionen durch die drei Funktionen *UND, ODER, NICHT* darstellbar sind.

In der Tabelle 1.8 sind die 16 Grundfunktionen zweier Variablen ($Y_0 - Y_{15}$) dargestellt. Die Funktionstabelle ist dabei um 90° verdreht gezeichnet. Die Ausgangsseite ist formal der dem Index der Funktion entsprechenden Dualzahl gleich. Weiters enthält die Tabelle die Logikfunktionen, die Logikschaltbilder auf *UND, ODER, NICHT*-Basis sowie die Kontaktschaltungen.

Die Funktionen Y_0 und Y_{15} (Identitäten) sowie die Negationen Y_{12} und Y_{10} hängen nur von einer Variablen ab. Von den 16 Grundfunktionen sind nur 10 echte Funktionen von 2 Variablen, von denen sich Y_2 und Y_4 (Inhibitionen) und Y_{13} und Y_{11} (Implikationen) nur durch Vertauschung der Eingänge unterscheiden.

Es verbleiben somit 8 "echte" Grundfunktionen:

```
Y1 ...... UND                    Y14 .......... NAND
Y2 ...... INHIBITION             Y13 .......... IMPLIKATION
Y6 ...... ANTIVALENZ (XOR)       Y9 .......... ÄQUIVALENZ
Y7 ...... ODER                   Y8 .......... NOR
```

Alle Schaltungen mit mehr als 2 Eingangsvariablen können mit den 3 Funktionen *UND, ODER, NICHT* aufgebaut werden. Da mit jeder der 4 Grundfunktionen *NAND, NOR, INHIBITION, IMPLIKATION* die *UND-, ODER-NICHT-* Funktion dargestellt werden kann, genügt zum Aufbau aller Schaltungen eine dieser 4 Grundfunktionen, wovon in einigen Steuerungssystemen Gebrauch gemacht wird. Von besonderer Bedeutung in der EDV sind vor allem die Funktionen *UND, ODER, XOR, NICHT*, weil diese praktisch in allen Programmiersprachen als Operatoren vorkommen.

1.4.5 Speicher

Speicher haben zwei Eingänge (Setz- und Löscheingang) und einen Ausgang. Ihr Schaltzeichen hat folgendes Aussehen:

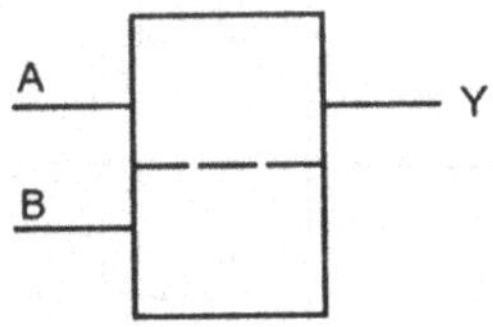

Abb. 1.7. Logikschaltbild eines Speichers

Eine Eingangswertekombination, die zu Y = 1 führt wird als "setzend", eine, die zu Y = 0 führt, als "löschend" und eine, bei welcher der Vorzustand erhalten bleibt (Y = Y_), als "speichernd" bezeichnet. Ein Speicher besitzt daher mindestens eine "setzende", eine "löschende" und eine "speichernde" Eingangswertekombination.

1.4.5.1 Symmetrische Speicher (Flip-Flops)

Unter einem Flip-Flop ("FF") versteht man eine Speicherfunktion mit zwei stabilen Zuständen sowie zwei Ein- und Ausgängen. Die Belegung des einen Ausganges ist stets die Negation des anderen. Als Selbsthaltekreis realisiert, existiert nur eine einzige solche Möglichkeit, nämlich das sogenannte RS-Flip-Flop. Da aus ihm andere Flip-Flops aufgebaut werden können, wird das RS-Flip-Flop manchmal auch als Basis-Flip-Flop bezeichnet. Abb. 1.8 zeigt das Schaltfolgediagramm und das Schaltsymbol.

1.4.5.2 Getaktete Speicher

Die bisher behandelten Speicher (Speicher-Flip-Flops) hatten direkt wirkende Eingänge (S,L), die dadurch gekennzeichnet waren, daß ein an ihnen angelegtes Signal den Zustand des Speichers unabhängig von Signalen an anderen Eingängen

Tabelle 1.8. Grundfunktionen

$\dfrac{A\ |\ 0011}{B\ |\ 0101}$ Bezeichnung	Funktion	Logikschaltbild	Kontaktschaltbild
Y_0 / 0000 Nullfunktion NIE	0		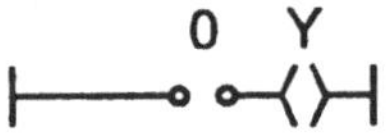
Y_1 / 0001 Kunjunktion UND	$Y_1 = A \wedge B$	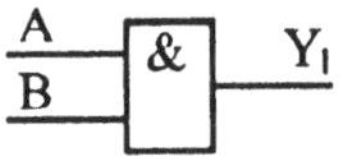	
Y_2 / 0010 Inhibition	$Y_2 = A \wedge \overline{B}$	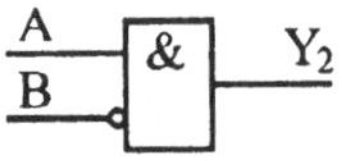	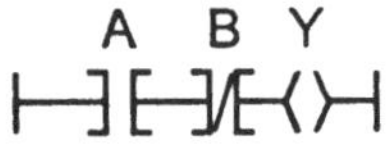
Y_3 / 0011 Identität	$Y_3 = A$	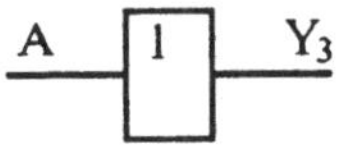	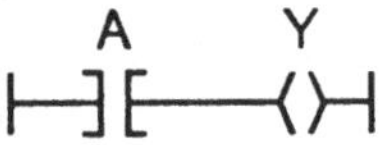
Y_4 / 0100 Inhibition	$Y_4 = \overline{A} \wedge B$	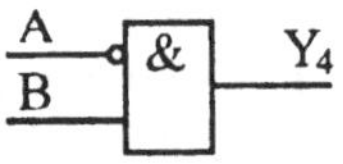	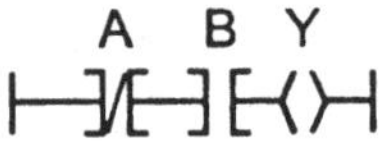
Y_5 / 0101 Identität	$Y_5 = B$	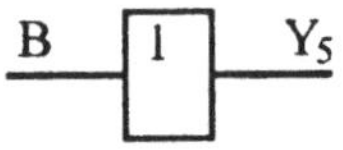	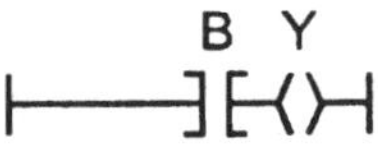
Y_6 / 0110 Antivalenz XOR	$Y_6 = \left(\overline{A} \wedge B\right)$ $\vee \left(A \wedge \overline{B}\right)$ $= \left(A \neq B\right)$	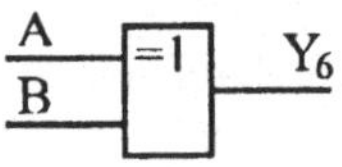	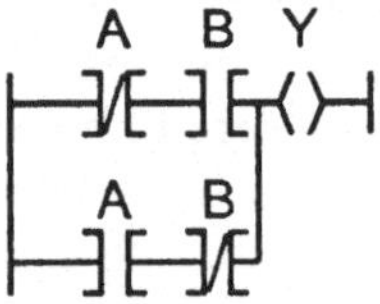
Y_7 / 0111 Disjunktion ODER	$Y_7 = A \vee B$	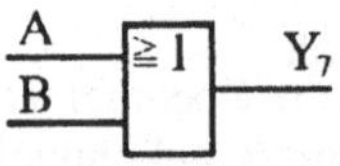	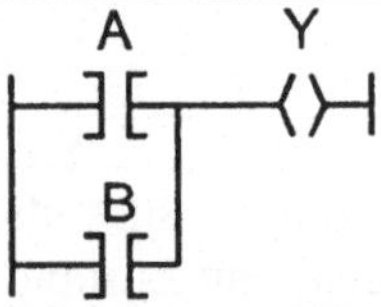

Tabelle 1.8 Grundfunktionen (Fortsetzung)

$\dfrac{A}{B}\dfrac{0011}{0101}$ Bezeichnung	Funktion	Logikschaltbild	Kontaktschaltbild
$Y_{15}/1111$ Einsfunktion IMMER	1		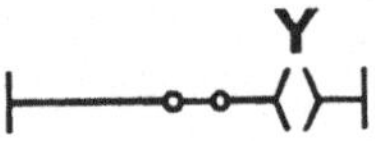
$Y_{14}/1110$ Shefferfunktion NAND (not and)	$Y_{14} = \overline{A} \vee \overline{B}$ $= \overline{A \wedge B}$ $= A \overline{\wedge} B$	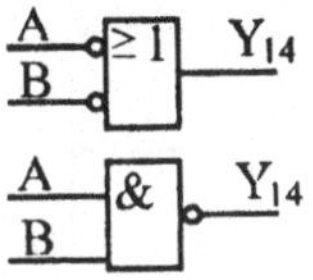	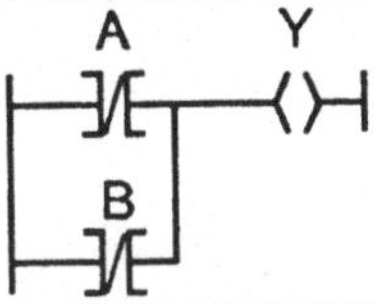
$Y_{13}/1101$ Implikation	$Y_{13} = \overline{A} \vee B$ $= (A \supset B)$	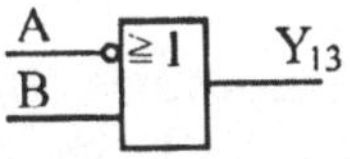	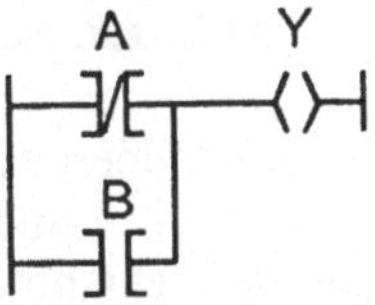
$Y_{12}/1100$ Negation	$Y_{12} = \overline{A}$	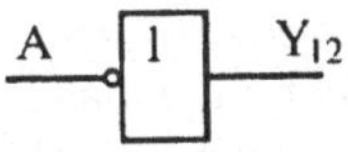	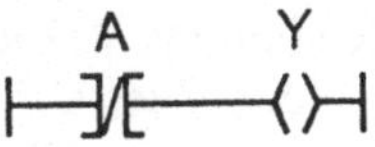
$Y_{11}/1011$ Implikation	$Y_{11} = A \vee \overline{B}$ $= (B \supset A)$	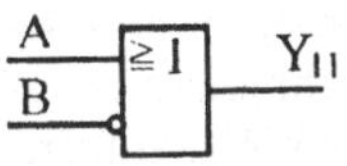	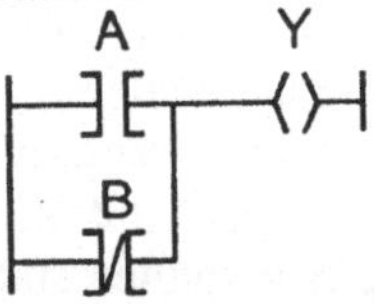
$Y_{10}/1010$ Negation	$Y_{10} = \overline{B}$	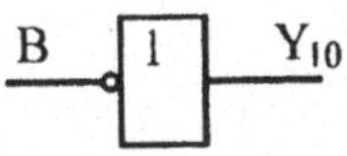	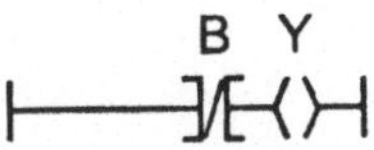
$Y_{9}/1001$ Äquivalenz	$Y_{9} = \overline{A} \wedge \overline{B}$ $\vee A \wedge B$ $= A \equiv B$	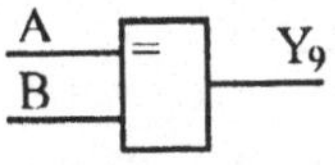	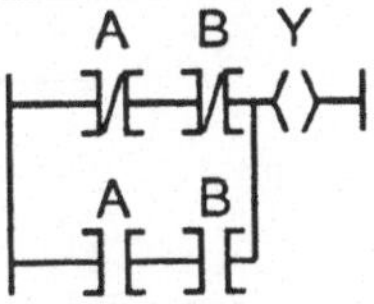
$Y_{8}/1000$ Piercefunktion NOR (not or)	$Y_{8} = \overline{A} \wedge \overline{B}$ $= \overline{A \vee B}$ $= A \overline{\vee} B$	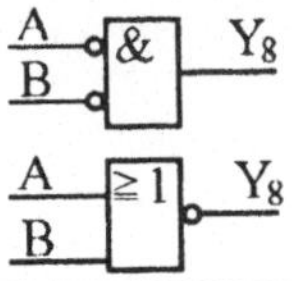	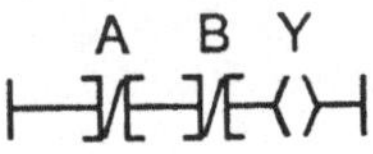

beeinflußte. Getaktete Speicher haben zusätzlich noch Bedingungs- und Kommandoeingänge (Abb. 1.9).

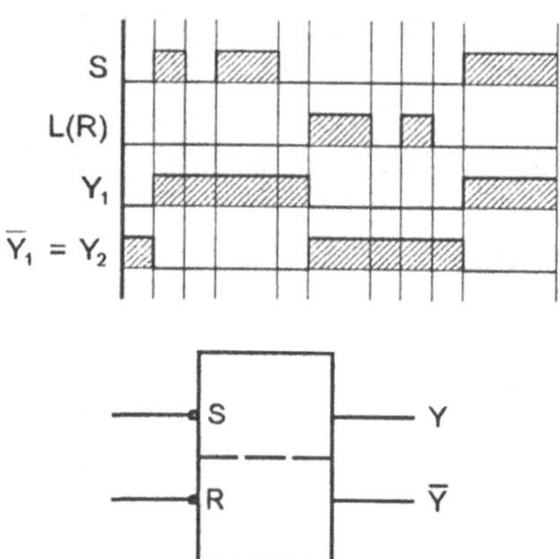

Abb. 1.8. Schaltfolgediagramm und Logiksymbol des RS-Flip-Flops

Kommandoeingänge (auslösende Eingänge) können auf einen oder mehrere Eingänge wirken und sind dadurch gekennzeichnet, daß ein auf sie wirkendes Signal die an den entsprechenden Bedingungseingängen anstehenden Signale auf das Schaltelement zur Wirkung bringen. Beeinflussen sie Eingänge auf beiden Systemhälften, werden sie bei Anliegen von periodischen Signalen als Takteingänge bezeichnet. Dies kommt auch im Schaltzeichen zum Ausdruck.

Hat ein Flip-Flop nur einen Takteingang, würde ein Signalwechsel an diesem immer ein Kippen zur Folge haben, was vielfach nicht erwünscht ist.

Außerdem soll die Kipprichtung beeinflußbar sein, Dies wird durch Bedingungseingänge (Vorbereitungseingänge) erreicht, die mit dem Takteingang zusammenwirken. Ein an ihnen anliegendes Signal kommt erst durch ein Signal am Takteingang auf das Schaltelement zur Wirkung. Kommando- und Bedingungseingänge können statisch oder dynamisch ausgeführt sein.

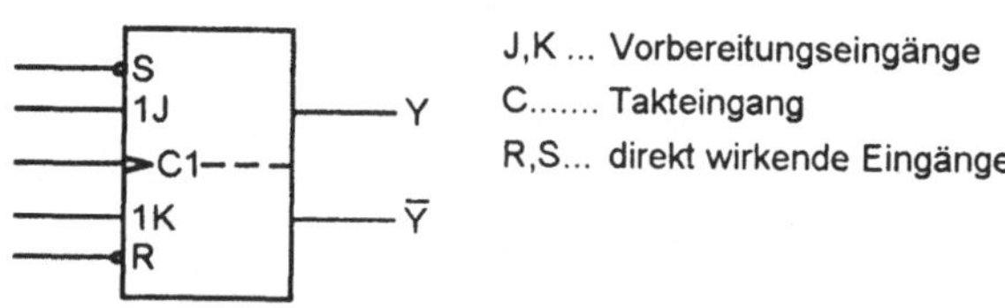

Abb. 1.9. Schaltsymbol des JK-Flip-Flops

2 Die Hardwarearchitektur

Die beiden Extremausführungen für Digitalrechner sind einerseits der Großrechner, auch manchmal als Mainframe bezeichnet, und auf der anderen Seite der Personal Computer - PC.

Die Großrechner stehen meistens in Rechenzentren, wobei die Benutzer über Terminals auf sie Zugriff haben - es handelt sich hier um typische Mehrplatzsysteme. Sie stellen die klassischen Digitalrechner dar. Durch die Entwicklung der Mikroprozessortechnik erlebten jedoch die Personal Computer einen sehr starken Aufschwung und sind am besten Wege die Leistungsfähigkeit der derzeitigen Großrechner zu erreichen. PCs können beispielsweise als Terminals für Großrechner verwendet werden (Abb. 2.1).

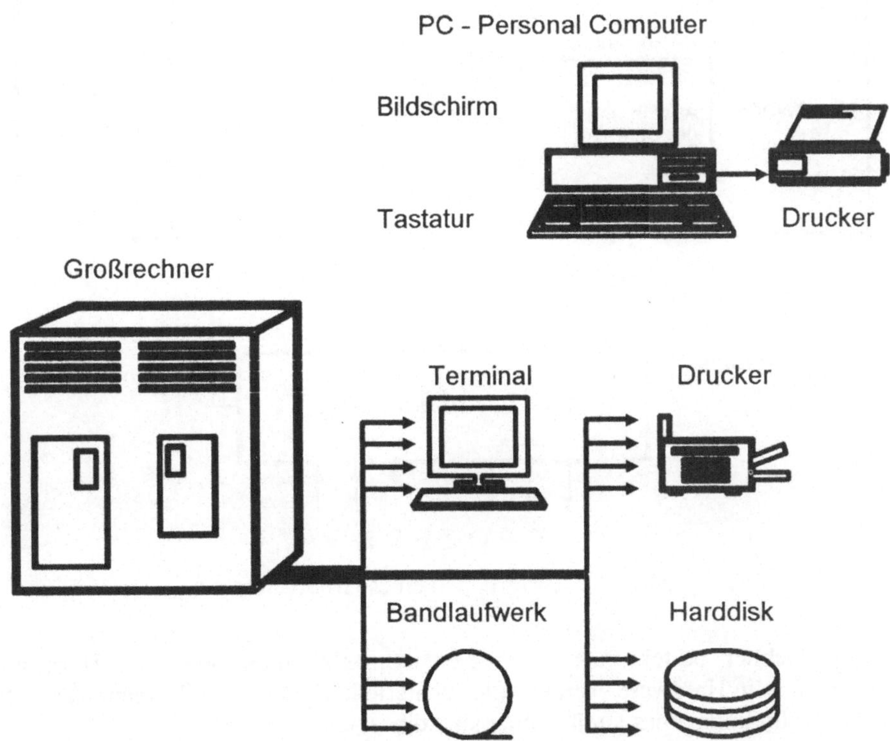

Abb. 2.1. Großrechner und PC-Personal-Computer

Sie arbeiten dann üblicherweise in einem Netzwerk (Lokal Area Network - LAN) mit einem Großrechner als Koordinierungsrechner (Hostrechner). Zwischen diesen beiden Extremausführungen gibt es Anlagen der mittleren Datentechnik, wie beispielsweise Minicomputer, Bürocomputer oder auch "Small Business Computer".

Die Personal Computer weisen im allgemeinen folgende Eigenschaften auf:
- Sie bilden ein autonom arbeitendes Datenverarbeitungssystem mit Externspeichern wie beispielsweise Festplatte, Diskette usw.
- Sie sind üblicherweise in einer höheren Programmiersprache (C, Pascal, ...) programmierbar und verfügen über komfortable Softwaretools (Textverarbeitungsprogramme, Datenbanken, Planungssysteme, ...).
- Sie bieten aber auch die Möglichkeit, in Maschinensprache (Assembler) zu programmieren.
- Betriebssysteme wie beispielsweise MS-DOS, OS/2, UNIX ermöglichen den Dialog zwischen Benutzer und Computer.
- Sie weisen exakt beschriebene Schnittstellen auf.

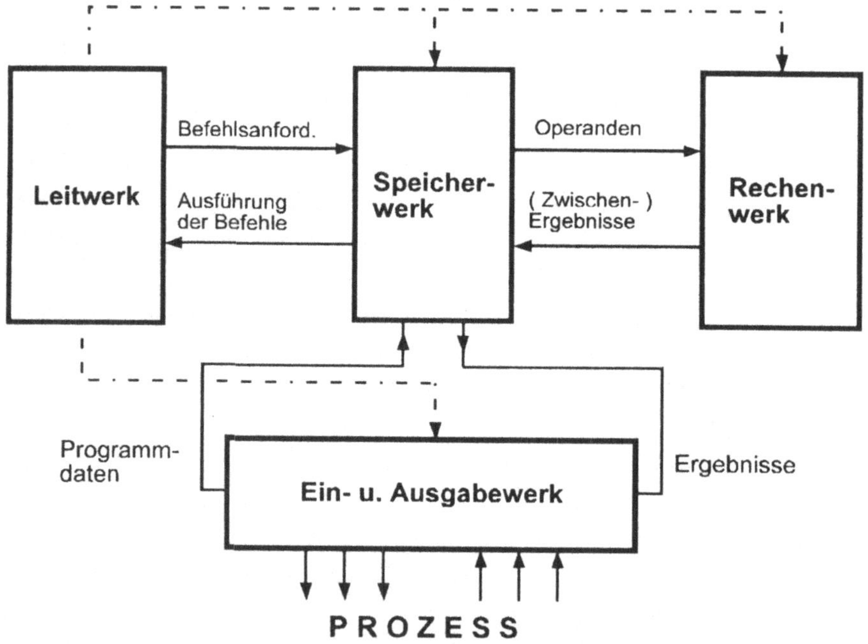

Abb. 2.2. Baugruppen eines Großrechners

Ein Rechner besteht aus "greifbaren" Einzelkomponenten, den Hardware-Bausteinen. Mit Hardware werden alle "materiellen" Bestandteile eines Rechners bezeichnet. Im Falle eines Großrechner sind dies (Abb. 2.2):

- das Rechenwerk
- das Speicherwerk
- das Leit- oder Steuerwerk
- das Ein-, Ausgabewerk

Beim PC entsprechen diesen Hauptbaugruppen die Folgenden (Abb. 2.3):

- Die Zentraleinheit (Central Processing Unit - CPU) realisiert durch den Mikroprozessor, beinhaltet die Funktionen des Rechenwerkes (Arithmetic Logic Unit -ALU) und des Steuerwerkes (Control Unit - CU)
- Die Speicher - Memories (Read Only Memory - ROM; Random Access Memory -RAM)
- Die Ein- Ausgabeeinheit (Input - Output oder I/O Interface)

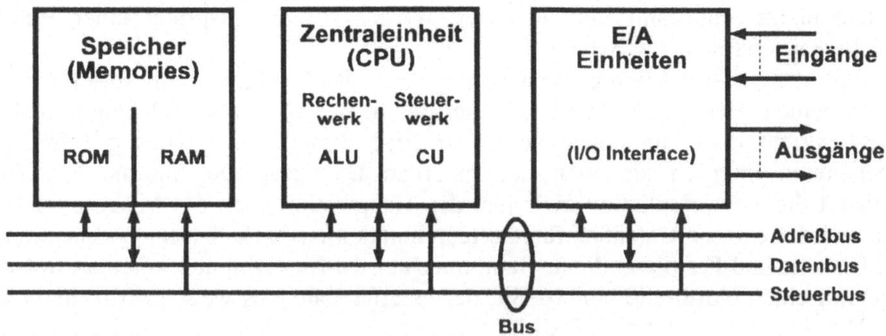

Abb. 2.3. Baugruppen eines Mikrorechners

Da sich zukünftig für maschinenbauliche Anwendungen die PCs durchsetzen werden erfolgt die Beschreibung der Hardware-Komponenten für diese. Die Leistungskennzahlen der Hardwarekomponenten bilden die Grundlage für die Auswahl eines Rechners. Zum Unterschied von Großrechnern erfolgt beim PC die Datenkommunikation zwischen diesen Hauptbaugruppen über sogenannte BUS-Systeme (vgl. Kap. 2.3).

Auf der Hauptplatine sind die wichtigsten Funktionseinheiten und Bausteine zum Betreiben eines Computersystems angeordnet. Dazu gehören der Prozessor, ROM, RAM, Slots (für funktionelle Erweiterungskarten für spätere Erweiterungen), sowie Bausteine, die für die Durchführung und Steuerung des Programmablaufes (z.B. Festplatten-Controller) und Synchronisation der Einheiten untereinander notwendig sind.

2.1 Die Zentraleinheit - **Central Processing Unit - CPU**

Die CPU, realisiert durch den Mikroprozessor, bildet das Kernstück des Computers. Sie führt im wesentlichen alle geforderten Operationen mittels des integrierten Steuer- und Rechenwerks aus. Das Steuerwerk holt die einzelnen Befehle samt den zugehörigen Daten aus dem Speicher und transferiert sie in das Rechenwerk, wo sie ausgewertet werden. Des weiteren regelt sie die Verwaltung der Daten im Speicher und den Datenaustausch zwischen dem Speicher und externen Einheiten (der Peripherie).

Ein Kennzeichen für die Leistungsfähigkeit eines Prozessors ist seine Wortbreite. Derzeit gibt es Mikroprozessoren mit 8-, 16- und 32-Bitstruktur. Mikroprozessoren mit 64-Bit Wortbreite sind ebenfalls verfügbar.

Ein 8-Bit-Mikrocomputer verfügt über einen 8-Bit-Mikroprozessor bzw. eine 8-Bit-CPU. Die CPU arbeitet hier intern mit Worten der Länge von 8 Bit und es können daher genau 2^8 = 256 Kombinationen (= Befehle) vom Computer unterschieden werden. Der Datenbus besteht dabei in den meisten Fällen ebenfalls aus 8 parallelen Leitungen sodaß pro Übertragung genau ein Befehl oder ein Zeichen über den Datenbus gesendet werden kann. Die Anzahl der Adreßbusleitungen ist im allgemeinen höher, damit ein ausreichend großer Adreßraum für den Speicher erreicht wird. Mit einem 20-Bit Adreßbus können daher genau 2^{20} = 1048576 Speicherplätze angewählt und adressiert werden - dies entspricht einer Hauptspeicherkapazität von 1 MByte.

Bei den 16-Bit-Mikrocomputern ist zwischen echten und unechten zu unterscheiden. Beträgt die Wortbreite sowohl in der CPU als auch am Datenbus 16 Bit spricht man von einem echten 16-Bit-Mikroprozessor. Dies gilt für den sogenannten internen als auch den externen Datenbus. Der interne Datenbus realisiert die Kommunikation zwischen den Hauptbaugruppen des Mikrocomputers während der externe Datenbus für die Kommunikation nach Außen, beispielsweise mit Diskette und Festplatte dient. Beim unechten 16-Bit-Computer arbeitet zwar die CPU mit einer Wortbreite von 16 Bit, der externe Datenbus weist jedoch nur 8 Bit auf. Dies bedeutet, daß die 16 Bits der Register zum Ausgeben wie zum Laden durch den Datenbus stets halbiert bzw. zusammengefügt werden müssen. Unechte 16-Bit-Computer nehmen eine Zwischenstellung zwischen den 8-Bit- und den 16-Bit-Computern ein. Die exakte Bezeichnung wäre 8/16-Bit-Computer.

Tabelle 2.1. Die Prozessorfamilie 80x86

Prozessor	Taktfrequenz	Adreß-bus	Daten-bus	Adreßbereich	iCOMP
8088	bis 10 MHz	20 Bit	8 Bit	1 MByte	
80286	bis 12 MHz	24 Bit	16 Bit	bis 16 MByte	
80386	bis 33 MHz	32 Bit	32 Bit	bis 4 GByte	DX/33: 68 SX/20: 32
80486	bis 33 MHz externe Clock intern mal 2, 3, 4 -> bis zu 100 MHz	32 Bit	32 Bit	bis 4 GByte	DX/66: 297 SX/20: 78
Pentium	bis 90 Mhz	32 Bit	64 Bit	bis 4 GByte	60: 510 90: 567

Der Unterschied in der Arbeitsgeschwindigkeit des 8- und des 16-Bit-Computers resultiert einfach daraus, daß beim 8-Bit-Computer bei der Übertragung größerer

Zahlen, diese entsprechend aufgeteilt werden müssen und hintereinander zu übertragen sind. Sowohl die Aufteilung als auch die Übertragung kostet relativ viel Zeit, was beim 16-Bit-Mikrocomputer entfällt. Der Unterschied zwischen 8- und 16-Bit-Computern ist viel größer als es der Zahlenvergleich 8 zu 16 zeigt.

Bei den echten 32-Bit-Computern bilden 32 parallele Leitungen den Datenbus und die CPU arbeitet mit einer Wortbreite von ebenfalls 32 Bit. Außerdem ist auch der Adreßbus mit 32 Leitungen ausgestattet. Damit vergrößert sich der Adreßraum theoretisch auf 4 Mrd. Zeichen (4 Gigabyte).

In den meisten Mikrocomputern für industrielle Anwendungen sind Prozessoren der Typen 8088, 8086, 80286, 80386, 80486, Pentium - oder kompatible - in Verwendung, wobei sich die Prozessoren im Aufbau der internen Datenverwaltung, der Geschwindigkeit und der Größe des verwaltbaren Speicherbereiches wesentlich unterscheiden. Allen Prozessoren ist gemeinsam, daß sie aufwärtskompatibel sind, d.h. daß Programme, die für Prozessoren eines kleineren Types entwickelt wurden auch auf den neuen, schnelleren Prozessoren unter dem gleichen Betriebssystem lauffähig sind. Eine andere, im PC-Bereich weniger verbreitete Prozessorfamilie sind die Serien 68020 und 68030. Da MS-DOS/PC-DOS nur die 80x86-Prozessoren unterstützt, wird dieses Betriebssystem im weiteren genauer beschrieben.

In Tabelle 2.1 sind die wichtigsten Leistungskennzahlen der 80x86 Prozessoren zusammengefaßt. Es sind dies:

- Taktfrequenz in MHz
- Adreßbusbreite
- Datenbusbreite
- Adreßbereich
- iCOMP (**I**ntel **C**omparative **M**icroprocessor **P**erformance).
  Relative Leistungsperformance von Intel-Prozessoren. Gemessen werden Integer- und Fließkomma-Rechenleistung, Grafik- und Video-Leistung.

2.2 Die Speicher

Als Hauptspeicher wird jener Speicher bezeichnet mit welchem die CPU direkt zusammenarbeitet. Seine Kapazität wird in Megabyte (MB) angegeben, und ist wesentlich für die Größe der Programme/Daten, die verarbeitet werden können. In einem Mikrorechner kommen im wesentlichen zwei Arten von Hauptspeichern zum Einsatz (Tabelle 2.2):

Tabelle 2.2. Die Speicher im Mikrorechner

ROM - **R**ead **O**nly **M**emory	Speicher, der gelesen, aber nicht beschrieben werden kann
RAM - **R**andom **A**ccess **M**emory sog. "*Hauptspeicher*"	Speicher, der gelesen und beschrieben werden kann.

2.2.1 *Read Only Memory - ROM*

Der "Nur-Lese"-Speicher (ROM) behält seine Informationen auch, wenn der Computer nicht eingeschaltet ist, also keine Stromversorgung hat. Sein Inhalt ist unveränderbar. Im ROM sind wichtige Daten abgelegt, die für den Start und Betrieb des PCs unbedingt notwendig sind, wie beispielsweise "BOOT"-Programme die beim Starten des Computers - dem Booten - abgearbeitet werden müssen.

Die Hauptnachteile dieser ursprünglichen ROMs bestanden darin, daß sie nur vom Hersteller und nicht vom Anwender zu programmieren und auch nicht wiederverwendbar (löschbar) waren. Deshalb kamen sehr bald programmierbare - **P**rogrammable **R**ead **O**nly **M**emories (PROMs) - ROM auf den Markt. Der nächste logische Schritt war dann die Entwicklung des löschbaren und programmierbaren ROMs - **E**raseable **P**rogrammable **R**ead **O**nly **M**emory (EPROM). Das Löschen, durch intensive ultraviolette Bestrahlung, und das Neuprogrammieren, durch Anlegen einer Überspannung, kann etwa fünfzigmal durchgeführt werden.

2.2.2 *Random Access Memory - RAM*

Da im ROM nur die wichtigsten Daten zum Starten des Computers gespeichert sind, muß der Computer einen Speicherbereich haben, in den er Daten ablegen kann. Diesen Speicherbereich nennt man Schreib-/Lesespeicher oder **R**andom-**A**ccess-**M**emory - RAM. Random-Access bedeutet hier frei übersetzt wahlfreier Zugriff d.h. je nach Wunsch des Programmierers können beliebige Speicherzellen mit Werten belegt, abgefragt und wieder gelöscht werden.

Man unterscheidet zwischen statischen und dynamischen RAM. Während das statische RAM seine Informationen auch bei Ausschalten des Rechners behält ist das dynamische RAM ein *flüchtiger* Speicher. Es kann seine Daten nur dann speichern, wenn der Computer eingeschaltet ist. Nach dem Abschalten bzw. bei Spannungsabfall verliert dieses RAM alle gespeicherten Daten. Daten, die im RAM verwaltet werden und die auch nach dem Abschalten verwendet werden sollen, **müssen** also vor dem Abschalten des Computers auf ein externes Speichermedium (Festplatte, Diskette) gesichert werden.

Je größer das RAM ist, umso mehr Daten können im Regelfall für den direkten Zugriff des Prozessors bereitgestellt werden. Für den Anwender bedeutet dies eine wesentlich schnellere Zugriffszeit auf die Daten und somit schnelle Reaktionszeiten des PCs auf Befehle.

2.3 Bussysteme

In Abb. 2.3 sind die Verbindungen des Mikrorechners mit seinem Hauptspeicher und seiner Peripherie als Linien dargestellt. Für die physikalische Realisierung dieser "logische Verbindung" der einzelnen Elemente werden Bussysteme eingesetzt. Die einzelnen Elemente können dabei über mehrere Leitungen Informationen austauschen. Dieser Austausch muß koordiniert werden, um Kollisionen bei gleichzeitigem Sendewunsch mehrerer Elemente zu verhindern. In einem Mikrorechner übernimmt die CPU diese Koordinierungsfunktion und fungiert als

"Sender". Dieser belegt den Bus und sperrt ihn damit für andere Elemente. Als Empfänger können immer beliebig viele Elemente arbeiten..

In einem Mikrorechner lassen sich drei Busse unterscheiden:

- **Datenbus**:
  Dieser überträgt Daten (Ziffern, Buchstaben, Sonderzeichen) bzw. Befehle zwischen den Elementen.
- **Adreßbus**:
  Dieser überträgt die Adresse von der gelesen oder an die geschrieben wird.
- **Steuerbus**:
  Übermittelt die Informationen ob gelesen oder geschrieben wird.

Die Übertragung erfolgt auf allen Bussen bitparallel, das heißt, ein 8-Bit-Bus muß aus 8 parallelen Leitungen bestehen, über die bei Anforderung dann gleichzeitig je ein Bit übertragen wird.

Der Vorteil dieses Konzeptes liegt in der leichten Erweiterbarkeit des Rechnersystems. Jede neue Peripheriekarte muß lediglich an diese 3 Busse angeschlossen und ein bestimmter Adreßbereich für diese Karte reserviert werden. Der Nachteil, der durch den Koordinierungsaufwand entsteht, wird aber durch die Vorteile des Busses kompensiert.

2.4 Ein-/Ausgabeeinheiten (I/O-Interfaces)

Unter I/O-Interface sollen hier jene Komponenten verstanden werden welche beispielsweise als Platine in den Rechner eingebaut sind oder werden können.

2.4.1 *Schnittstellen und Schnittstellenkarten*

Soll der Informationsaustausch zwischen der CPU und den angeschlossenen Peripheriegeräten bzw. Datenträgern klaglos funktionieren, dann müssen die Leitungen zueinander passen, das heißt kompatibel (oder besser steckerkompatibel) sein. Genau als solche Steckverbindungen kann man sich die Schnittstellen (Interfaces) vorstellen. Damit können Geräte verschiedener Hersteller miteinander verbunden werden, wenn beide genormte Schnittstellen verwenden.

2.4.1.1 Serielle Schnittstellen

Bei seriellen Schnittstellen werden Worte (Daten) bitseriell, das heißt als eine "Schlange" von Bits über eine Leitung übertragen. Ein Beispiel ist die V.24-Schnittstelle, als eine asynchrone, serielle Schnittstelle. Asynchron bedeutet, daß zwei Geräte trotz verschiedener Arbeitsgeschwindigkeit miteinander kommunizieren können. Der Sender kann praktisch jederzeit Daten zum Empfänger schicken. Der V.24-Schnittstelle entspricht die weitverbreitete US-Schnittstelle RS-232-C. Beide Schnittstellen oder Interfaces findet man in der Datenfernverarbeitung sowie zum Anschluß von Modems, Drucker oder beliebiger Meßgeräte an einen Rechner. Das serielle Interface benötigt in einer Minimalbelegung nur 2 Leitungen - eine zum

Senden, eine zum Empfangen von Daten. Darüber hinaus werden spezielle Steuerleitungen zur Sicherstellung von geeigneten Übertragungsprotokollen verwendet.

2.4.1.2 Parallele Schnittstellen

Sie dient zur Eingabe "bitparalleler" Daten wobei gleichzeitig mehrere Bits in die entsprechenden Spannungswerte umgewandelt werden. Dadurch erreicht man eine hohe Übertragungsgeschwindigkeit (Übertragungsrate). Verwendung findet die parallele Schnittstelle im technischen Bereich zur Ein- und Ausgabe von zweiwertigen Spannungen sowie zum Anschluß von Druckern.

Als Quasistandard bei Druckern hat sich die sogenannte Centronicsschnittstelle - benannt nach dem Druckerhersteller Centronics - durchgesetzt. Fast alle Drucker sind mit dieser Schnittstelle ausgerüstet. Als parallele Schnittstelle werden alle Bits eines Zeichens über 8 parallele Leitungen übertragen - dabei wird zumeist ein 36poliger AMP-Stecker verwendet.

Die IEC-Bus Schnittstelle ist ebenfalls eine weltweit genormte Schnittstelle für die Zusammenschaltung von Meß- und Steuergeräten. Sie umfaßt 8 Daten-, 3 Quittierungs- und 5 Steuerleitungen, um bis zu 15 Peripheriegeräte an einen PC anzuschließen und Daten über einen Bus auszutauschen. In diesem System muß dabei immer eine Steuereinheit und mindesten 1 Hörer (Listener) und 1 Sprecher (Talker) vorhanden sein.

Tabelle 2.3. Zusammenstellung der Bildschirmkarten für den PC

Bezeichnung	Auflösung	Bemerkung
Monochrom, Herkules	80 x 24 (Zeichen x Zeilen) 80 x 24 (Zeichen x Zeilen) 720 x 348 Punkte	Text Text Graphik (schwarz/weiß)
CGA	80 x 24 (Zeichen x Zeile) 320 x 200 640 x 200	16 Farben vier Graustufen Farbgraphik schwarz/weiß
EGA	640 x 200 Punkte 640 x 350 Punkte	Farbgraphik 16 Farben Farbgraphik 4 od. 16 Farben
VGA	640 x 480 Punkte	hochauflösende Farbgraphik mit 16/256 Farben
spezielle VGA	800 x 640 Punkte 1024 x 768 Punkte und besser	hochauflösende Farbgraphik mit quadratischen Bildrastern. 256 Farben bis Echtfarbendarstellung

2.4.2 Graphikkarte

Um Daten darzustellen oder zu visualisieren, werden diese vom Betriebssystem des Computers in den Bildschirmbereich des RAM gestellt. Der Prozessor der

Graphikkarte liest diese Daten und sendet sie an den Monitor, auf dem diese sichtbar werden. Die Geschwindigkeit der Datenaufbereitung auf dem Monitor hängt also davon ab, wie schnell die Bildschirminformationen von der Graphikkarte gelesen werden können, von dieser aufbereitet und an den Bildschirm weitergeleitet werden können. Dabei ist die Auflösung der Bildpunkte, die auf dem Monitor dargestellt werden können von besonderer Bedeutung (Tabelle 2.3).

Um eine hohe Auflösung auch sinnvoll nutzen zu können, sollte die Graphikkarte einen 16-Bit-Datenbus und mindestens 512 KByte Speicher enthalten. Während Bildschirme mit einer monochromen (einfärbigen) Darstellung in letzter Zeit weniger zum Einsatz kommen, setzen sich Farbbildschirme mit hohen Auflösungsqualitäten immer mehr durch.

2.4.3 Netzwerkskarten

Für die Anbindung eines Rechners an ein Netzwerk ist eine Netzwerkkarte notwendig. Diese muß in der Lage sein, die von Anwenderprogrammen gelieferten Daten nach einem vorgegebenen Protokoll über das Verbindungskabel zu senden und zu empfangen. Weitere Einzelheiten sind in Kap. 9 enthalten.

2.4.4 Festplattencontroller

Um möglichst hohe Datenmengen von und zur Festplatte bewegen zu können, muß erstens bei der Festplatte auf die Positioniergeschwindigkeit der Schreib/Leseköpfe (Step-Rate) geachtet werden, welche unter 5 Millisekunden liegen sollte. Zweitens ist auf die mittlere Zugriffszeit (Zugriffszeit zum Auffinden eines Sektors) zu achten. Moderne Platten bieten Zugriffszeiten von unter 10 Millisekunden. Drittens ist neben der Geschwindigkeit der Festplatte die Datenübertragungsrate zwischen der Platte und dem RAM maßgeblich. Diese Transferrate sollte bei 1 MB pro Sekunde liegen. Als wesentliche Komponente dafür ist der Festplattencontroller zu sehen. Dieser sollte einen integrierten Cache-Speicher (Zwischenspeicher) für gelesene Daten besitzen und in der Lage sein, Daten im voraus zu lesen (Read Ahead Cache). Statistische Erhebungen zeigen nämlich, daß mit einer hohen Wahrscheinlichkeit die als nächstes benötigten Daten auf den nächstgelegenen Sektoren und Spuren gespeichert sind.

Die meistverbreiteten Controller für PCs sind IDE-Controller (Integrated Drive Electronics) auch AT-Bus-Controller genannt und SCSI Controller (Small Computer Systems Interface). SCSI Controller gelten als künftiger Standard bei PCs und mittleren Computersystemen, da sie mit einer eigenen Intelligenz (Prozessor und peripheres Bussystem) ausgestattet sind und Transferraten bis zu 5 MB pro Sekunde unterstützen.

2.4.5 Signalwandler

Für den Einsatz von Computern zur Automatisierung technischer Prozesse ist die Umsetzung der Ausgangssignale des Computers in den für den technischen Prozeß geeignete und umgekehrt die Umsetzung der Ausgangssignale des Prozesses in für den Computer geeignete erforderlich. Der Computer - in diesem Fall als Prozeßrechner bezeichnet - verarbeitet Meßwerte aus dem Prozeß in Ziffernform zu äquidistanten (gleichweit auseinanderliegenden) Zeitpunkten - *zeitdiskrete*

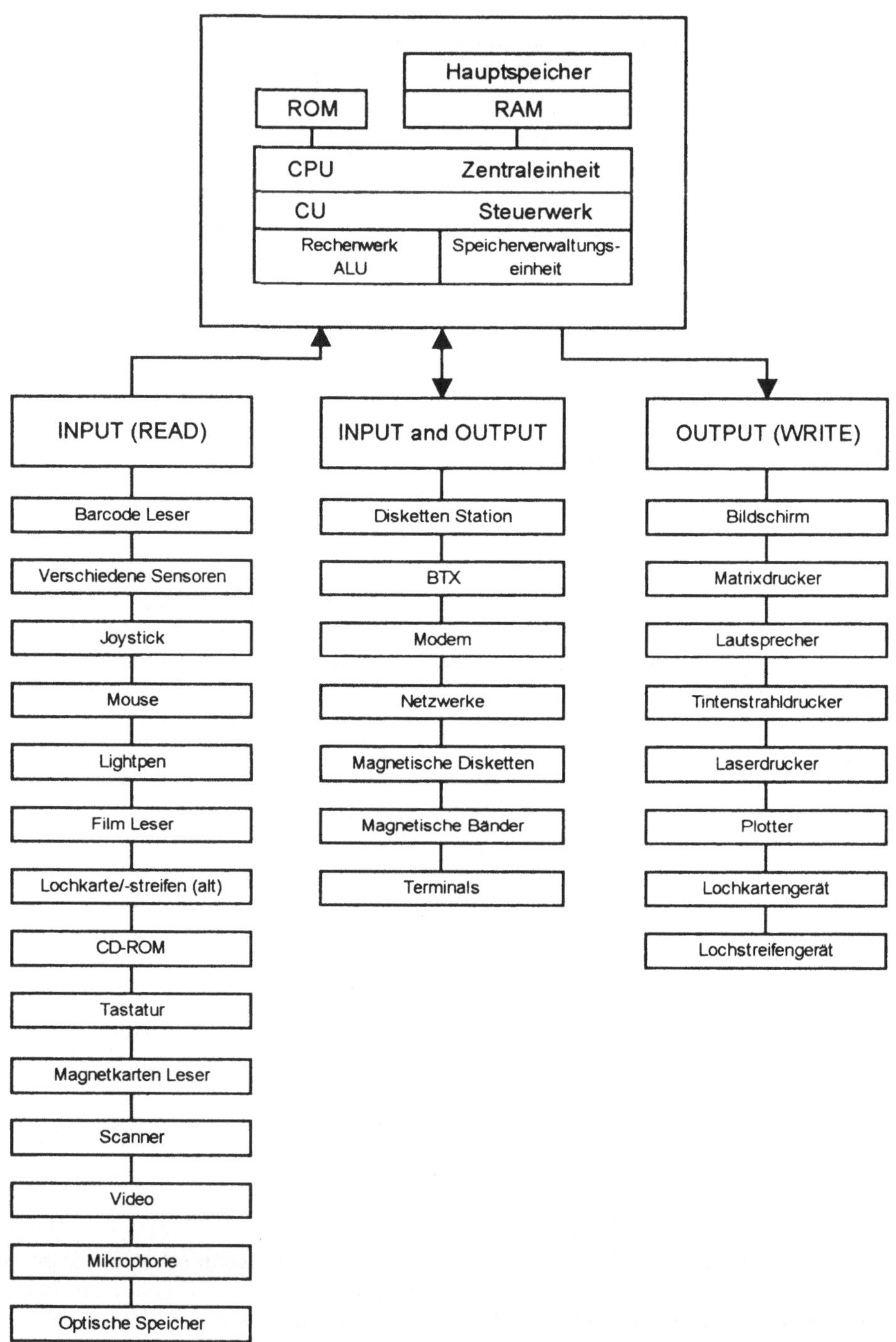

Abb. 2.4. Die CPU und Peripherie

Digitalsignale. In den meisten technischen Prozessen sind die Signale jedoch *zeitkontinuierlich analog.* Zu jedem beliebigen Zeitpunkt steht bei ihnen der aktuelle Wert zur Verfügung. Zur Kommunikation zwischen Computer und Prozeß sind daher Wandler erforderlich.

2.4.5.1 Analog-Digitalwandler

Der ADC (**A**nalog-**D**igital-**C**onverter) wandelt analoge Signale in digitale um. Er gibt eine Folge von Zahlenwerten an den Computer weiter. Analog-Digitalwandler arbeiten entweder nach dem Zählverfahren oder nach dem Stufenumsetzverfahren. Da ein ADC-Baustein relativ teuer ist wird er auf einer Platine (ADC-Interface) angeboten, die zusätzlich einen Eingangs-Wahlschalter enthält, wodurch die abwechselnde Bearbeitung mehrerer Analogeingänge (Kanäle) ermöglicht wird.

2.4.5.2 Digital-Analogwandler

Der DAC (**D**igital-**A**nalog-**C**onverter) stellt die Umkehrung des ADC dar. Da eine exakte Umwandlung eines Digitalsignals in ein Analogsignal nicht möglich ist - ersteres kann ja nur bestimmte Werte annehmen - wird das Analogsignal durch eine Treppenfunktion angenähert. Die Näherung ist umso genauer je größer die Anzahl der Bits im Digitalsignal ist. Man unterscheidet daher zwischen 8/12/16-Bit-AD- bzw. DA-Wandlern.

2.5 Peripherie

Unter Peripherie sollen hier jene Geräte verstanden werden, welche über ein beliebiges I/O-Interface an den Rechner angeschlossen werden können. Man unterscheidet eine Vielzahl solcher Geräte (Abb. 2.4), weshalb hier nur die wichtigsten erwähnt werden sollen.

2.5.1 Eingabegeräte

Die Standardeingabe ist die Tastatur oder die Maus gekoppelt mit einem Bildschirm. Auf den Bildschirm wird bei den Ausgabegeräten näher eingegangen.

Abb. 2.5. MF2-Tastatur für PCs

2.5.1.1 Tastatur

Bei der Tastatur (Abb. 2.5) ist darauf zu achten, daß diese die Zeichen der deutschen Schreibmaschinentasten unterstützt. Auf der Tastatur sind somit alle Umlaute vorhanden und die Zeichen Y und Z an der richtigen Position. Die Funktionsbeschreibung auf den Tasten im Ziffernblock ist ebenfalls in deutscher Sprache. Die MF2-(AT-)Tastatur besitzt getrennte Cursor- und Funktionstasten.

2.5.1.2 Maus

Ergänzend zur Tastatur ist die Maus ein wertvolles Hilfsmittel zur Positionierung des Cursors am Bildschirm. Immer mehr Softwareanwendungen unterstützen die Maus und bieten so die Möglichkeit, Funktionen durch einfaches Anklicken zu aktivieren. Der Anwender wird so von der manuellen Eingabe spezieller Befehle entbunden.

2.5.1.3 Spezielle Eingabegeräte

In diese Kategorie fallen Eingabegeräte, welche für spezielle Verwendungszwecke entwickelt wurden. Beispiele dafür sind:

- *Barcodeleser* besteht aus einem Stift, an dessen Spitze ein lichtempfindlicher Detektor untergebracht ist. Dadurch können helle und dunkle Stellen, wie beispielsweise die Striche des EAN-Kodes (European Article Numbering) unterschieden werden. Dieser Kode erlaubt den Aufbau eines integrierten Warenwirtschaftssystems. In Warenhäusern, aber auch immer mehr in kleineren Geschäften, wird auf Grund des Barcodes nicht nur der Preis in die Kassa eingegeben, sondern auch die Lagerhaltung, die Disposition, die Verkaufsplanung und die Bestellung automatisiert.
- *Belegleser* sind heute in der Lage, genormte Schriftzeichen z.B. OCR-Schrift (**O**ptical **C**haracter **R**ecognition) nach DIN 66008 zu erkennen und in den Rechner einzugeben.
- *Lichtgriffel* gestatten festzustellen, auf welche Stelle des Bildschirmes mit ihnen hingezeigt wurde.
- *Grafiktabletts* sind in der Lage, Zeichnungen (Grafiken) zu digitalisieren - deshalb die Bezeichnung Digitizer - und in dieser Form in den Rechner zur Weiterverarbeitung einzugeben.
- *Magnetkartenleser* finden beispielsweise bei Anwesenheitszeiterfassungssystemen und im Bankwesen Verwendung. Die Plastikkarten besitzen einen Magnetstreifen, auf welchem die Informationen in speziellen Formaten gespeichert sind.
- *Belegleser* (handgeschriebene Dokumente).
- *Meßwertaufnehmer* sind in der Automatisierungstechnik für die Aufnahme von Meßwerten für physikalische Größen (z.B. Temperaturen, Druck, Menge usw.) im Einsatz.
- *Spracheingaben.*

2.5.2 Ausgabegeräte

Als Ausgabegeräte eines Rechners, an dem ein Benutzer arbeitet, werden normalerweise Bildschirm und Drucker verwendet, um die Ergebnisse entsprechend zu präsentieren.

2.5.2.1 Bildschirm

Der Bildschirm hat die Aufgabe, die von der Graphikkarte übernommenen digitalen oder analogen Impulse in Signale umzusetzen und so zu projizieren, daß der Anwender seine Eingaben und Daten am Bildschirm sieht. Für den Anwender ist der Bildschirm eine der wichtigsten Schnittstellen zum Computer, da der Bedienende oft sehr lange mit ihm arbeitet. Die Qualität des Bildschirmes beeinflußt die Freude bei der Arbeit mit dem PC.

Wichtige Kenngrößen für die Qualität des Bildschirmes sind die Bildauflösung, die Bildaufbaufrequenz und die Größe. Die Bildauflösung sagt aus, wieviele Bildpunkte am Bildschirm dargestellt werden können. Je höher die Auflösung ist, umso genauer und größer werden die einzelnen Zeichen dargestellt. Die Bildwiederholfrequenz sagt aus, wie oft pro Sekunde das Bild aufgebaut wird. Der Bildaufbau soll zwischen 50 und 70 mal pro Sekunde durchgeführt werden, um flimmerfrei zu sein. Je öfter ein Bild aufgebaut wird, umso schärfer ist dessen Abbildung. Es ist darauf zu achten, daß die technischen Möglichkeiten des Bildschirmes auch von der eingesetzten Graphikkarte unterstützt werden. Die Größe (Diagonale) des Bildschirmes sollte mindestens 14 Zoll betragen und die Bildschirmoberfläche sollte entspiegelt sein. Für den Anwender ist außerdem eine mögliche Gesundheitsbeeinflussung durch die Strahlung des Bildschirmes zu berücksichtigen. Empfehlenswert sind daher strahlungsarme Bildschirme.

Tabelle 2.4. Druckerübersicht

Druckertyp	Anwendung	Geschwindigkeit
Matrix- oder Nadeldrucker	Formulare, Geschäftsbriefe (auch mit Durchschlag)	60-100 Zeichen / Sek. in Briefqualität bis 200 Zeichen /Sek. in Normalschrift
Typenraddrucker	Geschäftsbriefe	60 Zeichen / Sek.
Tintenstrahl-drucker	für spezielle Anwendungen (insbesondere **farbige** Druckbilder)	abhängig von der Anwendung
Laserdrucker	alle Schriftarten inkl. hochauflösende Graphik in Druckqualität (auch bereits in Farbe)	8 bis 12 Seiten / Minute

2.5.2.2 Drucker

Der Drucker hat sich als Standardausgabegerät durchgesetzt. Er dient dazu, Texte, Grafiken, Tabellen usw., also gespeicherte Daten, auf Papier zu bringen. Für die Datenübertragung zum Drucker gibt es zwei Alternativen (siehe auch Kap. 2.4.1):

- serielle Datenübertragung (nach RS232C oder V.24 Norm)
- parallele Datenübertragung (nach Centronics Norm).

Wichtig für die Darstellung der Daten ist die Schriftqualität des Druckers. Es sind heute im wesentlichen vier verschiedene Druckertypen (Tabelle 2.4) mit unterschiedlichen Zeichen- und Bilddarstellungsmöglichkeiten im Einsatz.

Bei der Druckerauswahl ist zu berücksichtigen, ob überwiegend Formulare mit Durchschlag und/oder hochauflösende Graphiken gedruckt werden.

2.5.2.3 Spezielle Ausgabegeräte

Hier gilt dasselbe wie in Abschnitt 2.5.1 für spezielle Eingabegeräte ausgeführt.

- *Plotter* erlauben die Aufzeichnung von Grafiken. Je nach Papierformat und der Anzahl der verschiedenen Farben kann dieser vom einfachen A4- bis zum komfortablen A0-Zeichengerät ausgeführt sein.
- *Sprachausgabe* ist wesentlich einfacher zu realisieren als die Spracheingabe und daher bereits weiter verbreitet. Der Bildschirminhalt kann bereits in perfektem Englisch wiedergegeben werden.
- *Brailledrucker* erlauben die Ausgabe in Blindenschrift.

2.6 Geräte zur Datenspeicherung

Neben ROM bzw. EPROM und RAM, auf die ausschließlich von der CPU zugegriffen wird, ist ein Computer noch mit zusätzlichen Speichermedien ausgerüstet. Viele beruhen auf dem Prinzip des Magnetisierens einer Eisenoxydschicht, wobei die Erhöhung der Schreibdichte in den Bereich der Elementarmagnete führt. Dadurch sind der Weiterentwicklung physikalische Grenzen gesetzt. Neuere Entwicklungen bedienen sich der Laser-Technik (CD-ROM).

2.6.1 *Magnetplatte (Festplatte - Diskette)*

Die Festplatte (Diskette) dient zur Speicherung (Sicherung) aller Daten, die im Computer verwendet werden. Das sind Programme, die der Computer ausführen kann, Daten die von Computerprogrammen zur Ausführung benötigt werden- und Programme zum Erstellen von ausführbaren Computerprogrammen. Die Festplatte (Diskette) speichert alle Daten, auch wenn der Computer ausgeschaltet ist, da die

Festplatte (Diskette) ihren Datenbestand nicht elektronisch, sondern magnetisch "aufbewahrt".

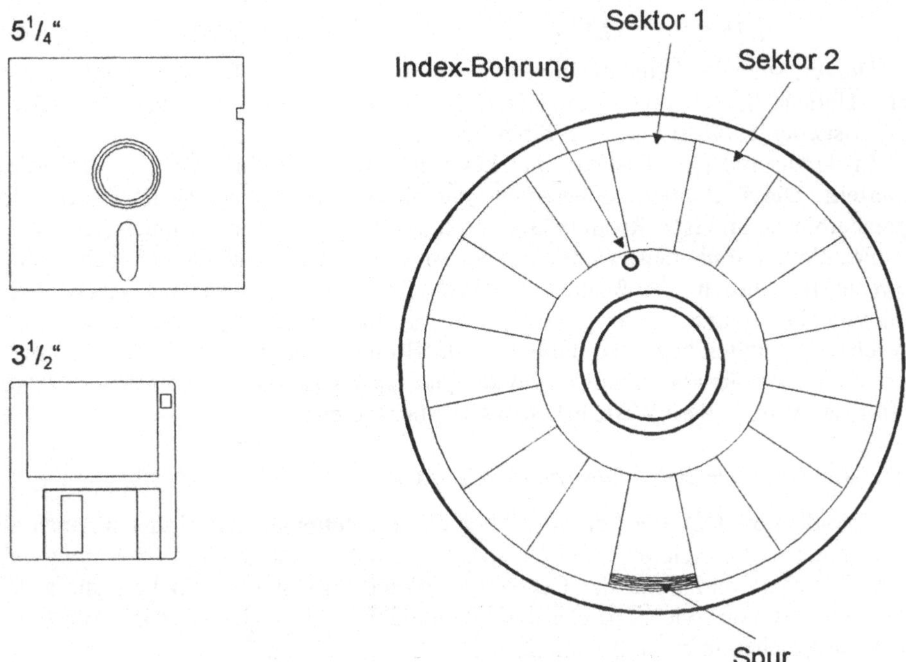

IBM PC - Anzahl Sektoren: 8 (5¹/₄"), 9 (5¹/₄", 3¹/₂"), 15 (5¹/₄"), 18 (3¹/₂")
IBM PC - Anzahl Spuren: 40 (5¹/₄"), 80 (5¹/₄", 3¹/₂"), 160 (3¹/₂")

Abb. 2.6. Aufbau von Disketten für PCs

Der Unterschied zwischen der Festplatte und Diskette liegt in

- der Bauweise,
- der Zugriffsgeschwindigkeit auf die Daten,
- dem speicherbaren Datenvolumen.

Festplatte und Diskette sind sogenannte Massenspeicher. Die Festplatte und Diskettenstationen werden auch Laufwerke genannt und haben meistens als solche die Namen:

A,B   für Diskettenlaufwerke
C   1. Festplatte
D,E   weitere Festplatte oder virtuelle Laufwerke
F,..   sind in der Regel Netzwerklaufwerke

Die Speichertechnik bei beiden arbeitet nach einem direkten blockorientierten Zugriff. Dies bedingt, daß immer ganze Blöcke mit 256/512 Bytes oder einem vielfachen davon, sequentiell eingelesen werden müssen.

In der Praxis haben die Disketten verschiedene Dimensionen ("=Zoll):

1,75 ";   **3,5 ";   5,25 ";**   8,0 "

Derzeit sind die fettgedruckten Dimensionen üblich, wobei der Trend zu 3,5" geht. Übliche Speicherkapazitäten für 5,25" Disketten sind 360K oder 1,2MB für 3,5" Disketten 1,44MB und neuerdings auch 2,88MB.

Im Urzustand sind Diskette und Festplatte weder beschrieben noch irgendwie unterteilt. Die Formatierung bestimmt die Größe, Anzahl und Numerierung der Speicherblöcke und ist softwaremäßig durch ein Programm vorzunehmen (Abb. 2.6).

Festplatten sind meistens fest im Rechner eingebaut und können daher nicht gewechselt werden (Außnahmen: Wechselplatte). Sie besitzen eine hohe Schreibdichte, müssen sehr präzise gefertigt und staubdicht verpackt sein. Die Speicherkapazitäten beginnen heute bei 20MB und gehen bis in den GB (Gigabyte) Bereich. Üblich für normale PCs sind derzeit 250MB bis 500MB für Netzwerkserver 500MB aufwärts. Diese Werte erhöhen sich aber laufend.

2.6.2 *Optische Speicher - Laserplatte (CD-ROM)*

Nachdem die CD-ROM die Musikbranche revolutioniert hat, findet sie auch als Datenträger im Bereich der Computerspeichermedien immer mehr Verwendung. Als ROM-Speicher werden auf der CD-ROM vorwiegend Daten gespeichert, die selten gebraucht werden, viel Speicherplatz benötigen, jedoch bei Bedarf sofort zur Verfügung stehen müssen (Tabelle 2.5).

Die CD-ROM gehört zur Familie der optischen Speicher. Gemeinsam ist allen die Verwendung eines Laserstrahls zum Schreiben und Lesen der "Bits" auf einer sogenannten Bildplatte. Auf einer Bildplatte von der Größe einer Langspielplatte können mehrere Gigabyte auf bis zu 60.000 Spuren gespeichert werden.

Optische Speicher werden unterschieden in Systeme, bei denen nur Beschreiben und Lesen, aber kein Löschen oder Ändern der Informationen möglich ist, und Systeme, bei denen Information ähnlich wie bei Magnetplatten gelöscht und geändert werden können.

Tabelle 2.5. Optische Speichermedien

Art	**Speicherkapazität**	**Zugriffszeit**
Bildplatte (VideoDisk)	1,2 GB	3 Sek.
CompactDisk (CD-ROM)	600 MB	<0,3 Sek.
WriteOnceDisk (WORM)	5GB	0,2 Sck.
MagnetoOpticalDisk (MO)	720MB	<0,1 Sek.

Im ersten Fall werden durch den Laserstrahl beim Schreibprozeß kleine Löcher mit einem Durchmesser von ca. 0,001 mm in eine Schicht der Platte gebrannt. Beim

Lesen werden diese Löcher mit einem Laserstrahl abgetastet und durch die Ablenkung des Strahls erkannt.

Im zweiten Fall wird eine Schicht der Platte durch einen Laserstrahl punktförmig erwärmt, wodurch eine sehr geringe räumlich begrenzte Magnetisierung erfolgt. Das Lesen geschieht durch die Beleuchtung mit polarisiertem Licht. Magnetisierte Stellen sind durch die Verdrehung der Polarisationsebenen bei der Reflexion erkennbar.

Alleine durch die lange Zugriffszeit können optische Speichermedien konventionelle Festplattenspeicher nicht ersetzen. Ihre Aufgaben liegen vielmehr darin, große Datenmengen zu archivieren und weiterzugeben (Dokumentationen, Handbücher, Bilder, Archive, Sprache).

Meist wird heute ein CD-ROM Laufwerk mit einer Sound-Karte erworben. Diese Laufwerke werden über diese Sound-Karte angesteuert. Da künftig interne Computerschnittstellen dem SCSI-Standard genügen, ist es jedoch empfehlenswert, CD-ROM Laufwerke mit SCSI Schnittstellen zu erwerben.

2.7 Standardkonfiguration von PCs

Bei heutigen PC-Angeboten liegt die Standardausstattung bei 4 bis 8 MB RAM für den Hauptspeicher. Eine Erweiterung dieses Speichers bis zu 16 MB auf der Hauptplatine sind meist möglich. Für die Speichererweiterung auf 32 MB oder mehr müssen meist Speichererweiterungskarten eingesetzt werden.

Festplattenspeicher werden kaum mehr unter 250 MB angeboten. Aufrüstungen auf 500 MB und mehr sind empfehlenswert, da das Datenvolumen sehr rasch anwächst und die Preisunterschiede relativ gering sind. Ein PC der durchschnittlichen Leistungsklasse sollte für einfache Anwendungen und die Verwendung einer graphischen Betriebssystemerweiterung wie z.B. Windows mit mindestens 8 MB RAM, 250 MB Festplatte einem 80486DX Prozessor und einer Graphikkarte mit hoher VGA Auflösung und 1 MB Grafikspeicher ausgerüstet sein.

3 Das Betriebssystem

Nachdem im vorangegangenen Kapitel die Hardware eines Rechners näher beschrieben wurde, wollen wir uns in diesem Kapitel mit der Basisschnittstelle zum Benutzer - dem Betriebssystem - auseinandersetzen. Nach einer Einführung, die die wesentlichen Aufgaben eines Betriebssystems erläutert, werden zwei konkrete Betriebssysteme vorgestellt.

3.1 Einführung

Die Software eines Computersystems kann durch 6 Schichten beschrieben werden (Abb. 3.1).

S5	Textverarbeitung, CAD-System usw.	Anwenderprogramme
S4	Compiler, Editor	Systemprogramme
S3	Betriebssystem	
S2	Maschinensprache	
S1	Microcode	Hardware
S0	Physikalische Einheiten: z.B. Chips, Netzteil usw.	

Abb. 3.1. Die 6 Schichten eines Computersystems

- <u>Schicht 0</u>; Physikalische Einheiten (Hardwarekomponenten):
  Auf der niedrigsten Ebene befinden sich Hardwarekomponenten, wie die CPU, Speicherchips, Busse oder die Stromversorgung. Diese physikalischen Einheiten werden durch die Fortschritte in der Herstellungstechnologie immer mehr miniaturisiert, was eine schnellere Datenverarbeitung mit sich bringt.
- <u>Schicht 1</u>; Microcode:
  Microcodeprogramme sind üblicherweise im ROM gespeichert und werden vom Systemdesigner entworfen. Der Microcode ist von einem Interpreter, der sich ebenfalls auf dieser Ebene befindet, in die entsprechenden Steueranweisungen für die physikalischen Einheiten zu übersetzen.
- <u>Schicht 2</u>; Maschinensprache (Assembler):
  Die Maschinenbefehle dieser Ebene dienen überwiegend dazu, Daten umzuspeichern, arithmetische Berechnungen durchzuführen und Werte zu vergleichen. Ein Assembler ist auch für die Übersetzung von

Maschinenbefehlen in die entsprechenden Microprogramme für die nächst niedere Schicht zuständig.

* <u>Schicht 3</u>; Betriebssystem:
  Auf dieses wird nachfolgend näher eingegangen.
* <u>Schicht 4</u>; Editoren, Kommandointerpreter, Compiler, Linker:
  Dieser Teil der Systemsoftware ist austauschbar, und normalerweise der Systemsoftware zugeordnet, aber nicht Teil des Betriebssystems.
* <u>Schicht 5</u>; Anwenderprogramme:
  In dieser Schicht sind die Programme angesiedelt, welche von den Benutzern geschrieben werden, um ihre speziellen Probleme zu lösen. Solche Programme sind beispielsweise Textverarbeitungsprogramme, Dateiverwaltungsprogramme, Planungsprogramme sowie Programme zur Buchführung, zur automatischen Erstellung von Stundenplänen, für technisch-wissenschaftliche Anwendungen, CAD Programme usw.

Wie Abb. 3.1 zeigt, ist ein Betriebssystem ein Programm, das als Schnittstelle zwischen Anwender (User) und Computerhardware dient. Ein Betriebssystem wird auch als Softwareschnittstelle oder Mensch-Maschine-Schnittstelle bezeichnet. Es hat im wesentlichen zwei Aufgaben:

* Die Komplexität des darunter liegenden Rechners zu verstecken. Es soll dem Computeranwender eine leicht verständliche und gut handhabbare Schnittstelle zur eigentlichen Maschine anbieten. Der Anwender arbeitet nicht mehr mit der wirklichen Maschine, sondern mit einer virtuellen Maschine (Betriebssystem), welche wesentlich einfacher und benutzerfreundlicher ist.
* Alle Einzelteile eines Computers (Prozessoren, Speicher, Disks, Terminals, Drucker usw.) zu verwalten. Ein Betriebssystem muß eine geordnete und kontrollierte Zuteilung von Prozessoren, Speichereinheiten und E/A-Geräten unter den verschiedenen Programmen sicherstellen. Würde beispielsweise versucht werden aus 5 Programmen gleichzeitig zu drucken, so würde sich ein gemischter Ausdruck ergeben. Das heißt, man würde eine chaotische Folge von Zeichen verschiedener Programme als Ausdruck bekommen. Das Betriebssystem stellt nun sicher, daß in geordneter Weise ein Druckjob nach dem anderen erledigt wird.

Das Betriebssystem besteht aus mehreren Teilen - Programmen -, die die Durchführung der Anwenderprogramme ermöglichen, die Kommunikation mit und zwischen internen Hardwarekomponenten und externen Geräten steuern und die Organisation der Datenbestände auf den Speichermedien ermöglichen. Die Programme des Betriebssystems ermöglichen also erst das Arbeiten mit dem Computer.

Betriebssysteme werden danach klassifiziert, wieviele Aufgaben (tasks) sie gleichzeitig durchführen können und wieviele Personen (user) gleichzeitig aktiv arbeiten können (Abb. 3.2).

Die Geschichte der Betriebssysteme ist eng mit der der Computerentwicklung verbunden. Die ersten primitiven Betriebssysteme dienten zur Stapelverarbeitung bei

Rechnern der ersten Generation in den Jahren 1950 bis 1960. Ihre Aufgabe bestand lediglich darin, die Abarbeitung von hintereinander geschachtelten Jobs zeitmäßig zu optimieren.

Die Rechner der zweiten und dritten Generation zwischen 1960 und 1975 waren dadurch gekennzeichnet, daß man versuchte, die teuren Großcomputer optimal zu nutzen. Es war beispielsweise nicht mehr tragbar, daß während Ein- und Ausgabeoperationen von bestimmten Programmen die Zentraleinheit blockiert war. Um diese ineffiziente CPU-Auslastung zu umgehen, wurde Multiprogramming eingeführt. Man unterteilte den Arbeitsspeicher und speicherte unterschiedliche Jobs in diesen Teilen. Während ein Job auf die Beendigung einer E/A-Operation wartete, wurde ein anderer in der CPU abgearbeitet. Eine weitere Verbesserung ergab sich dadurch, daß Jobs von Lochkarten auf eine Harddisk kopiert und in eine Warteschlange eingereiht wurden. Das Betriebssystem sorgte bei freier CPU-Zeit dafür, diese Jobs von der Diskette nachzuladen. Diese Technik bezeichnet man als SPOOLING (Simultaneous Peripherial Operation On Line). Sie wurde auch für die Ausgabe verwendet.

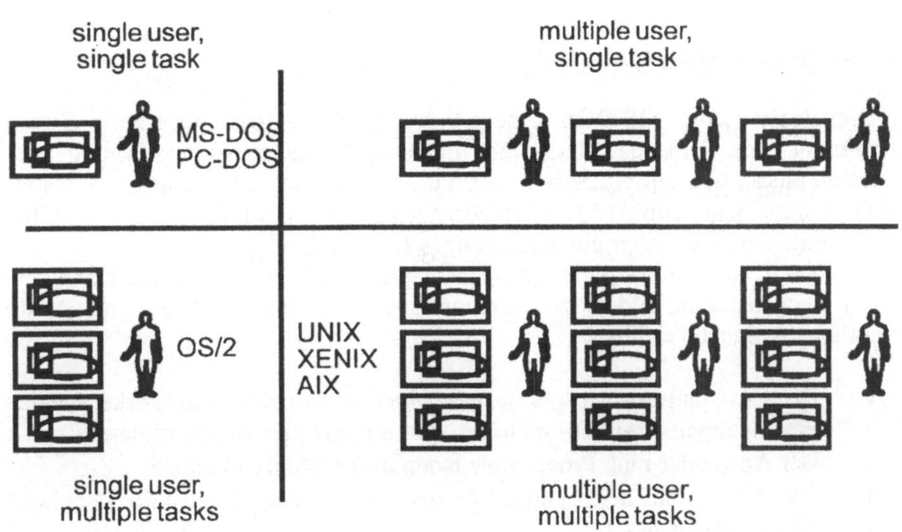

Abb. 3.2. Betriebssysteme

Eine weitere Aufgabe des Betriebssystems bei den Rechnern der zweiten Generation war das Timesharing. Timesharing ist eine Variante des Multiprogramming und basiert darauf, daß jeder Anwender durch ein eigenes Terminal dirckt mit dem Computer verbunden ist. Die Grundidee ist, abwechselnd jedem Benutzer die CPU für eine kurze Zeitspanne zur Verfügung zu stellen. Jeder Benutzer bekommt dadurch das Gefühl, daß der Computer nur für ihn arbeitet. Diese Zeitscheibentechnik dient dazu, die CPU wesentlich effizienter und besser zu nutzen.

Die vierte Generation, von 1975 bis heute, ist durch die Entwicklung des Personal Computers gekennzeichnet. Derzeit dominieren zwei Betriebssysteme:

- MS-DOS als Betriebssystem für den Personal Computer,
- UNIX als Betriebssystem für Workstations und Großrechner.

MS-DOS ist ein Single-User-Betriebssystem, dessen Erfolg darauf beruht, daß es sehr einfach ist. Die Verbreitung von MS-DOS beruht nicht zuletzt darauf, daß es als Betriebssystem für IBM und IBM-kompatible PCs verwendet wird. Während die erste Version von MS-DOS noch recht einfach war, wurden im Laufe der Zeit bei neueren Versionen immer mehr Anwenderfunktionen, die teilweise in anderen Betriebssystemen vorhanden waren, auch in MS-DOS implementiert. So entstand bis heute (Version 6.2) ein sehr komfortables, aber doch einfach zu handhabendes Betriebssystem.

UNIX ist ein Multiuser- und Multitasking-Betriebssystem (Abb. 3.2). Derzeit ist der Trend zu erkennen, UNIX auch immer mehr als Betriebssystem für PCs einzusetzen. UNIX ist bei weitem nicht so standardisiert wie MS-DOS, was dazu führt, daß sich derzeit mehrere Varianten am Markt befinden.

Im folgenden sollen beide Betriebssysteme kurz skizziert werden.

3.2 Das Betriebssystem MS-DOS

Die Bezeichnung MS-DOS bedeutet **Mi**cro **S**oft - **D**isc **O**perating **S**ystem. Microsoft ist der Name des Herstellers und Disc Operating System war in seiner Urversion tatsächlich nur ein System zur Verwaltung und Handhabung von Dateien und Disketten. Heute umfaßt MS-DOS aber wesentlich mehr Befehle zur Verwaltung des Computers und ist daher ein vollständiges Betriebssystem.

Wie bereits ausgeführt, dient ein Betriebssystem dazu, die verschiedenen Geräte, die ein Rechensystem bilden, zu vereinen und zu verwalten. Dazu muß es drei wesentliche Aufgaben erfüllen:

- Die Ein- und Ausgabegeräte wie Monitor, Drucker, Laufwerke, Modem, Fax, Scanner, Tastatur und Maus sind miteinander zu koordinieren.
- Der Anwender muß Programme laden und ausführen können.
- Die Dateien auf den Laufwerken und verschiedene Laufwerke (Netzwerk) sind zu organisieren.

Das Betriebssystem umfaßt Befehle, die es dem Anwender ermöglichen, Daten auf jedes mit dem Rechner verbundene Laufwerk zu schreiben und von diesem zu lesen. DOS sorgt auch dafür, daß die Dateien auf Disketten oder der Festplatte so angeordnet werden, daß sie einfach und effizient wiedergefunden werden können.

Das Betriebssystem besteht aus zwei Hauptdateien (IO.SYS, DOS.SYS), die für den Benutzer nicht sichtbar auf Diskette oder Festplatte gespeichert sind.

Bevor der Anwender "seine" Programme ausführen kann, muß das Betriebssystem - die oben erwähnten Dateien - in den Computer (genauer in den Arbeitsspeicher (RAM) des Computers) geladen werden. Danach stehen eine

Vielzahl von Programmen zur Verfügung, die u.a. eine Datenverwaltung im Arbeitsspeicher und auf der Festplatte bzw. Diskette ermöglichen (siehe 'interne und externe Befehle unter MS-DOS').

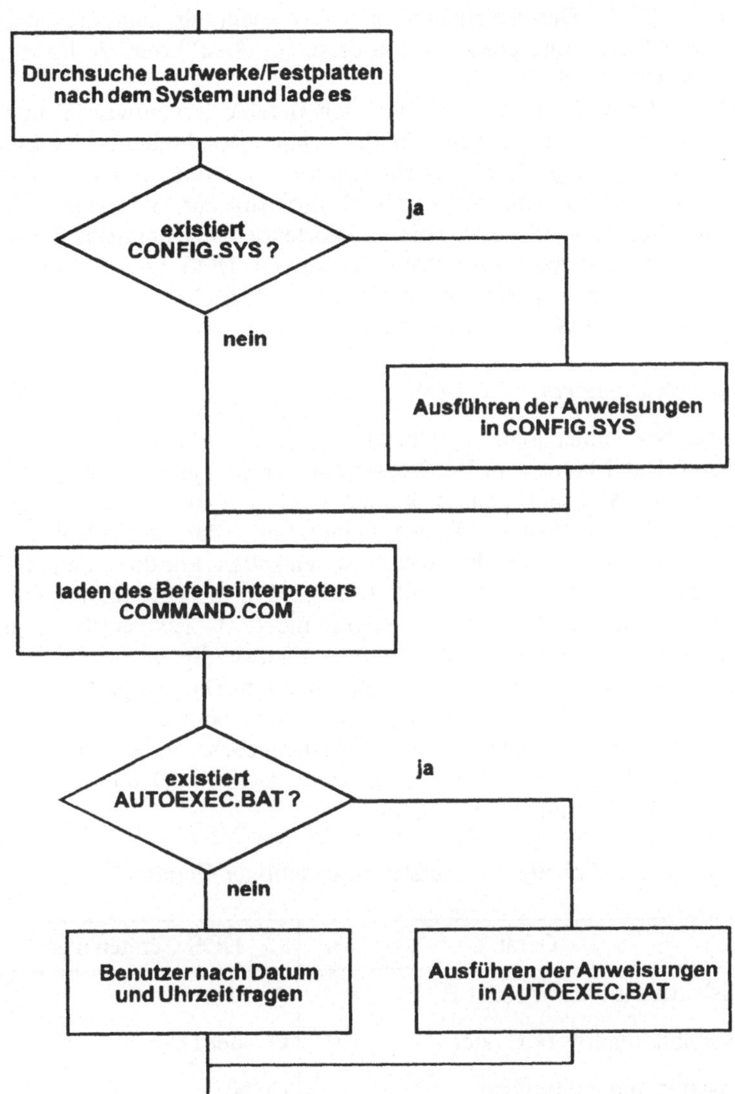

Abb. 3.3. Ladevorgang von DOS

Die zwei oben erwähnten Dateien bilden die Basis des Betriebssystems und arbeiten für den Anwender im Hintergrund. Nachdem das System geladen wurde, sucht MS-DOS nach der Datei CONFIG.SYS, um spezielle Hardware-Konfigurationen zu installieren. Danach wird der Befehlsinterpreter COMMAND.COM geladen. Dieser versucht nun, die Datei AUTOEXEC.BAT zu laden und auszuführen, die alle benutzerabhängigen Systemeinstellungen definiert. Wenn AUTOEXEC.BAT nicht vorhanden ist, werden von MS-DOS nur Datum und Uhrzeit abgefragt. Nun erscheint das PROMPT - die Betriebssystemaufforderung für die Befehlseingabe, mit der Laufwerkskennung, von der aus MS-DOS gestartet wurde (z.B.: "C:\>"). Der Befehlsinterpreter versucht ab nun, die eingegebenen Zeichen als Befehle zu interpretieren und diese zur Ausführung zu bringen. Dieser Vorgang ist in Abb. 3.3 dargestellt.

Der Anwender muß die für ihn wichtigen Befehle lernen/wissen, um mit dem Betriebssystem arbeiten zu können. Für die genaue Beschreibung der Befehle und deren verschiedenste Möglichkeiten stehen Handbücher und ab der Version 5.0 von MS-DOS auch eine On-Line-Hilfe am Bildschirm zur Verfügung. In älteren Versionen muß der Anwender über eine zeilenorientierte Texteingabe die Befehle für das Betriebssystem eintippen. Ab höheren Versionen (DOS 4.0) wird die Arbeit mit dem Betriebssystem für den Anwender durch die Möglichkeit einer komfortableren Benutzeroberfläche (DOSSHELL) vereinfacht.

3.2.1 Dateiverwaltung unter MS-DOS

Als Datei bezeichnet man ein Objekt, das eine endliche Menge von Zeichen speichert. Eine Datei kann vom Betriebssystem nur als ganzes manipuliert werden, d.h. eine Datei kann als ganzes kopiert, gelöscht usw. werden. Es ist zu unterscheiden, ob eine Datei (Objekt) manipuliert oder der Inhalt einer Datei (Zeichen innerhalb des Objekts) bearbeitet werden sollen. Für die Manipulation einer Datei bietet das Betriebssystem wertvolle Dienste. Für die Bearbeitung von Zeichen innerhalb einer Datei sind geeignete Programme (z.B. Textverarbeitungssysteme, Tabellenkalkulationsprogramme, Editoren, usw.) notwendig.

Auf einer Diskette oder Festplatte können mehrere Dateien gespeichert sein, die entweder Programme (Programmdateien), also Anwendungen für den Computer, oder Daten (Datendateien), die der Anwender eingegeben hat, beinhalten. Jede Datei muß einen eindeutigen Namen bekommen, damit DOS die Datei wiederfinden und in den Speicher des Computers laden kann.

Tabelle 3.1. Aufstellung wichtiger Geräte

Gerät	DOS Gerätename
Diskettenlaufwerk A oder B	A: oderr B:
Festplattenlaufwerk C oder D	C: oder D:
Tastatur und Bildschirm	CON:
Erste serielle Schnittstelle	AUX: oder COM1:
Zweite serielle Schnittstelle	COM2:
Erste parallele Schnittstelle	PRN: oder LPT1:
Zweite und dritte parallele Schnittstelle	LPT2: und LPT3:
Nichtexistierendes Gerät "Dummy"	NUL

Dateien können auf allen in Tabelle 3.1 angegebenen Geräten existieren. Meistens werden sie aber auf Diskette oder Festplatte gespeichert. DOS Dateien können aber zwischen allen im System definierten Geräten einfach unter Verwendung des 'COPY'-Kommandos transferiert werden.

Ein Dateiname besteht unter MS-DOS aus bis zu 4 verschiedenen Teilen. Dieser Aufbau (engl. file specification - filespec) sieht folgendermaßen aus:

```
[d:][Pfad]Dateiname[.ext]
```

Die in [Klammern] angegebenen Teile sind optional, und müssen daher nicht angegeben werden. Im einzelnen bedeuten:

- **Der Laufwerksbuchstabe (d:)** (optional) ist A:, B: für Diskettenlaufwerke oder jeder andere Buchstabe für ein Festplattenlaufwerk. Wenn dieser nicht angegeben wird, wird das aktive Laufwerk angenommen (Das aktive Laufwerk wird durch den DOS-PROMPT angezeigt).
- **Der Pfad** (optional) bezeichnet den Weg durch die Verzeichnisstruktur (siehe später) zu dem Verzeichnis, das die gewünschte Datei enthält. Wird dieser Teil nicht angegeben, wird das aktuelle Verzeichnis angenommen (Auch dieses kann im DOS-PROMPT angezeigt werden z.B.: C:\DOS>).
- **Der Dateiname** muß immer angegeben werden.
- **Die Dateierweiterung (.ext)** (optional) stellt eine genauere Identifizierung der Datei dar (Tabelle 3.3).

Gültige Dateinamen und Dateierweiterungen für eine Datei haben folgende Einschränkungen (Tabelle 3.2):

- Ein Dateiname kann zwischen 1 und 8 Zeichen lang sein.
- Die Dateierweiterung kann zwischen 0 und 3 Zeichen lang sein.
- Ein Dateiname oder eine Dateierweiterung kann aus folgenden Zeichen bestehen:
  A bis Z, a bis z, 0 bis 9, $ & # @ ! % ' ( ) - _ .

Tabelle 3.2. Beispiele für gültige und ungültige Dateibezeichnungen

gültige Dateibezeichnung	ungültige Dateibezeichnung	
A:PROCESS.BAS	BE BOP.BRD	Leerzeichen ist ungültig
SCORE#12.MUS	TOOMANYCH.ARA	Zu viele Zeichen
LPT1:	"2BORNOT.2B"	" ist ungültig

Neben der genauen Angabe einer Datei durch den User, ist es oft wünschenswert, eine Gruppe von Dateien auszuwählen. Dazu dienen Platzhalterzeichen, von denen MS-DOS 2 verschiedene als Teil eines Dateinamens akzeptiert. Diese beiden Zeichen sind das "?" und der '*' und werden folgendermaßen interpretiert:

- '?' als Teil des Dateinamens:
  jeder beliebige Buchstabe kann an exakt der Stelle des '?' stehen
- '*' als Teil des Dateinamens:
  DOS erlaubt ab der Stelle des '*' beliebige Anzahl und Art von Zeichen bis
  zur maximalen Länge (8 für Dateinamen, 3 für Dateierweiterung).

Die Wirkung dieser beiden Platzhalterzeichen kann am besten an den folgenden
Beispielen einer Verzeichnisausgabe festgestellt werden:

```
C:\EDVMB>dir fol??e.doc
Datenträger in Laufwerk C ist MS-DOS_5
Datenträgernummer: 1 AD5-4C5D
Verzeichnis von C:\EDVMB
FOL10E    DOC    101385       23.09.93      11:48
FOL09E    DOC      2363       23.09.93      11:54
     2 Datei(en)             103748 Byte
                            52322304 Byte frei
```

bzw:

```
C:\EDVMB>dir fol??e.*
Datenträger in Laufwerk C ist MS-DOS_5
Datenträgernummer: 1 AD5-4C5D
Verzeichnis von C:\EDVMB
FOL10E    DOC    101385       23.09.93      11:48
FOL11E    CDR     20758       22.09.93      11:17
FOL09E    DOC      2363       23.09.93      11:54
FOL12E    CDR      7051       22.09.93       9:24
     4 Datei(en)             131557 Byte
                            52322304 Byte frei
```

In beiden Fällen werden nur Dateien aufgelistet, deren Namen aus den
angegebenen 6 Zeichen besteht, wobei die Zeichen 4 und 5 beliebig sein können. Im
ersten Fall werden nur Dateien aufgelistet, die die Dateierweiterung ".DOC"
aufweisen, im zweiten ist jede Erweiterung möglich.

MS-DOS verwaltet verschiedene Arten von Dateien. Abhängig davon, ob eine
Datei ein Programm, einen Text, eine Systemdatei oder eine Stapeldatei
repräsentiert, erhält sie die in Tabelle 3.3 angegebene Dateierweiterung. Für eigene
Anwendungen können beliebige andere Erweiterungen gewählt werden.

MS-DOS verwaltet alle Dateien in Verzeichnissen. Im Ursprungszustand einer
Festplatte/Diskette existiert nur das Hauptverzeichnis ("root-directory"). Durch
geschicktes Anlegen weiterer Verzeichnisse, sogenannter Unterverzeichnisse, wird
auf der Festplatte oder Diskette eine baumartige Verzeichnisorganisation angelegt.

Zu einem bestimmten Zeitpunkt kann man sich immer nur in einem bestimmten
(Unter-)Verzeichnis befinden. Man bezeichnet dieses Verzeichnis als aktuelles
Verzeichnis. Der PC befindet sich nach dem Einschalten grundsätzlich immer im
Hauptverzeichnis ('\'), sofern in der automatischen Startdatei AUTOEXEC.BAT
keine Verzeichniswechsel definiert sind.

Tabelle 3.3. Dateiarten und deren Erweiterung unter MS-DOS

Dateiart	Erweiterung ("Extension")	Beispiel
Programmdatei	exe, com	COMMAND.COM
Systemdatei	sys	CONFIG.SYS
Stapeldatei	bat	AUTOEXEC.BAT
Textdatei	beliebig, meist txt, doc, asc..	DATEI1.TXT
Quelldatei einer Programmiersprache	pas, bas, c, cpp, for, ..	GORILLA.BAS AUSWERT.C
Grafikdateien	tif, bmp, jpg, eps, ..	LOGO.TIF

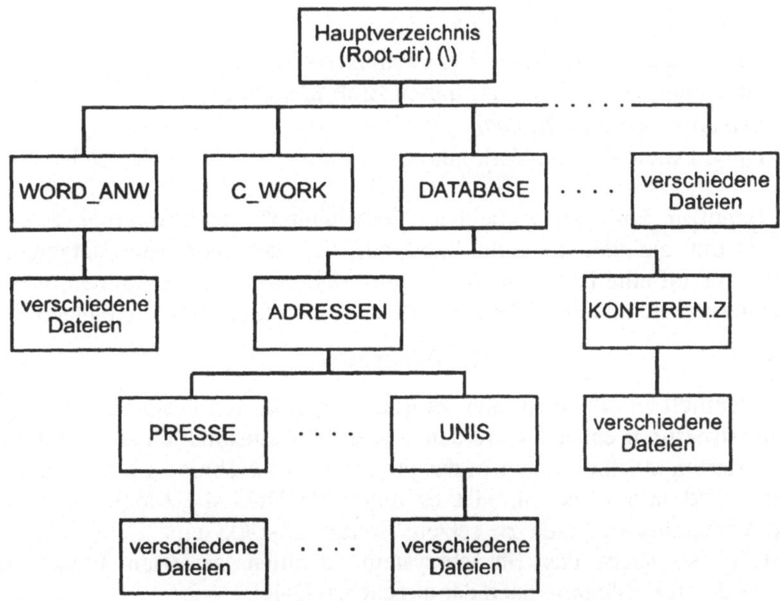

Abb. 3.4. Ein Beispiel für eine Verzeichnisstruktur

Folgendes Beispiel soll das Verständnis für die Verzeichnisstrukturen erleichtern. In einem Büro befinden sich mehreren Schränke. Jeder Schrank beinhaltet mehrere Laden oder Fächer. In jeder Lade (Fach) können nun Sammelordner aufbewahrt werden. Einzelne Blätter (Dateien) können nun an jedem Platz (Büro, Schrank, Fach, Lade, Ordner...) abgelegt werden. Diese Struktur von Schränken, Laden, Ordnern und einzelnen Blättern wird im Computer abgebildet (Abb. 3.4). So kann z.B. für jeden Schrank im Büro ein Unterverzeichnis angelegt werden (WORD_ANW, C_WORK, DATABASE usw.). Innerhalb eines Schrankes (Unterverzeichnisses) kann für jede Lade wieder ein Unterverzeichnis angelegt werden (in unserem Beispiel existieren nur in DATABASE neue Unterverzeichnisse ADRESSEN, KONFEREN.Z). Für jedes Verzeichnis, das nun einer Lade entspricht, sind Unterverzeichnisse erstellbar, die den einzelnen Sammelordnern entsprechen (PRESSE, UNIS). In den so angelegten Verzeichnissen sind nun einzelne Dateien abgespeichert und können durch ihren Namen samt Weg durch die Struktur (Pfadangabe) eindeutig angesprochen werden.

Wenn nun mit dem entsprechenden Befehl vom aktuellen Verzeichnis in ein anderes gewechselt wird, erscheint am Bildschirm z.B.: folgender PROMPT :

C:\DATABASE\ADRESSEN\PRESSE>

Diese "Liste" von Verzeichnisnamen, beginnend vom Hauptverzeichnis bis hin zu einem bestimmten Unterverzeichnis, ist der Pfad für eine bestimmte Datei. Das Hauptverzeichnis wird durch den '\' (Backslash) dargestellt. Diesem folgen beliebig viele Verzeichnisnamen, jeder durch einen '\' getrennt.

Wenn ein neues Verzeichnis erstellt wird, fügt das Betriebssystem automatisch zwei Einträge diesem Verzeichnis hinzu und zwar:

- *eine Datei mit dem Namen "."*
  Diese identifiziert dieses Verzeichnis als Unterverzeichnis (im Gegensatz zum Hautpverzeichnis, das diesen Eintrag nicht enthält)
- *und eine Datei mit Namen ".."*
  Diese Datei stellt die Verbindung zum übergeordneten Verzeichnis dar.

Der Benutzer kann diese beiden "Dateinamen" als Teil einer Pfadangabe verwenden, um auf das aktuelle bzw. auf das übergeordnete Verzeichnis zu verweisen. Um auf eine Datei im Verzeichnis UNI zugreifen zu können, wenn man sich im Unterverzeichnis PRESSE befindet kann man folgenden Pfad angeben:

..\UNI\Dateiname

Es ist deutlich zu erkennen, daß bei einer organisierten Festplatte umfangreiche Verzeichnisstrukturen entstehen werden. Da es sehr umständlich ist, wenn man ein Programm starten möchte, immer in das jeweilige Verzeichnis zu wechseln oder den kompletten Pfad mitanzugeben, gibt es unter MS-DOS die Möglichkeit, für frei wählbare Verzeichnisse Pfade zu setzen. Sollte MS-DOS eine Datei beim Aufruf nicht finden, so sucht das Betriebssystem in allen gesetzten Pfaden in der Reihenfolge deren Festlegung nach der angegeben Datei.

Die Befehle für die Handhabung der Verzeichnisse lauten:

```
md <name>        make directory, erzeuge angegebenes Verzeichnis
cd <name>        change directory, wechsle zu angegebenem Verzeichnis
rd <name>        remove directory, lösche angegebenes Verzeichnis
```
<name> ist der Name des Verzeichnisses, u.U. mit der gesamten Pfadangabe.

3.2.2 Befehle

MS-DOS bietet viele Befehle, die dem Anwender die Ausführung seiner Anweisungen erleichtern. Da das Betriebssystem im Arbeitsspeicher liegt, ist es nicht sinnvoll, alle Befehle die MS-DOS zur Verfügung stellt, a priori zu laden. Die am häufigsten verwendeten Befehle stellt MS-DOS im Arbeitsspeicher zur Verfügung. Spezielle Befehle - Formatieren von Disketten, Erstellung von Sicherheitskopien, Ausdruck von Dateien im Hintergrund, etc. - sind aus Speicherplatzgründen ausgelagert und werden von MS-DOS bei Bedarf in den Speicher geladen.

Die Befehle die zur Verfügung stehen, um mit MS-DOS zu kommunizieren lassen sich einteilen in:

- **interne Befehle**
  sind immer im Arbeitsspeicher geladen,
- **externe Befehle**
  werden bei Bedarf nachgeladen.

3.2.2.1   Interne Befehle unter MS-DOS

In Tabelle 3.4 sind die wichtigsten internen Befehle von MS-DOS kurz beschrieben. Diese Befehle werden im Programm COMMAND.COM verwaltet. Wenn der Benutzer unter MS-DOS einen Befehl eingibt, so versucht das Betriebssystem zuerst diesen im Befehlsinterpreter COMMAND.COM zu finden und auszuführen. Wird dieser Befehl nicht im COMMAND.COM gefunden, prüft MS-DOS automatisch, ob der angegebene Befehl extern, also auf der Festplatte (oder Diskette) gespeichert ist. Dabei werden automatisch alle in PATH angegebenen Verzeichnisse durchsucht. Wenn MS-DOS den Befehl auf der Festplatte (oder Diskette) findet, wird dieser in den Arbeitsspeicher geladen und ausgeführt. Wenn MS-DOS den Befehl *weder* in COMMAND.COM *noch* auf einem Massenspeicher findet, erfolgt als Antwort auf die Befehlseingabe "Befehl oder Dateiname nicht gefunden" vom Betriebssystem.

Dieser Ablauf zeigt deutlich, daß ohne den Befehlsinterpreter COMMAND.COM nicht gearbeiten werden kann, da COMMAND.COM die Befehle interpretiert und den PC veranlaßt, diese auszuführen.

3.2.2.2   Externe Befehle unter MS-DOS

MS-DOS stellt viele externe Befehle zur Verfügung, die es dem Anwender ermöglichen, spezielle Systemfunktionen durchzuführen. Externe Befehle sind Anwendungsprogramme und nur dann verfügbar, wenn sie jeweils von einem externen Speichermedium geladen werden können. Dazu muß ein Pfad zu dem Verzeichnis gesetzt werden, in dem sie gespeichert sind. In Tabelle 3.5 sind die wichtigsten Befehle und deren Bedeutung angeführt. Weitere Informationen können den entsprechenden Handbüchern oder der On-Line-Hilfe entnommen werden.

Für jeden dieser Befehle stellt MS-DOS verschiedene Optionen zur Verfügung. Die genaue Beschreibung der Funktionalität jedes Befehls kann durch die Eingabe <command> /? oder HELP <command> am Bildschirm abgerufen werden (ab DOS 5.0).

Die Befehlseingabe unter DOS erfolgt grundsätzlich durch Eingabe des Komandos samt erforderlicher Parameter und Abschluß mit der RETURN-(ENTER-) Taste.

Tabelle 3.4. Die wichtigsten internen MS-DOS Befehle

Befehl (und Erweiterungen)	Bedeutung
dir *.* dir *.* /p dir *.* /w	Inhaltsverzeichnis am Bildschirm ausgeben (*dir* ist die Abk. für directory) Pause, wenn die aktuelle Bildschirmseite voll ist. Inhaltsverzeichnis im Breitformat
md <VerzeichnisName>	Verzeichnis <VerzeichnisName> erstellen (*md* ist die Abk. für make directory)
cd <VerzeichnisName> cd .. cd \	wechsle in das (Unter-)Verzeichnis <VerzeichnisName> gehe eine Verzeichnisebene höher gehe in das Hauptverzeichnis ("root-directory") (*cd* ist die Abk. für change directory)
rd <VerzeichnisName>	lösche das Verzeichnis <VerzeichnisName> (*rd* ist die Abk. für remove directory)
del <DateiName>	lösche die Datei <DateiName> (*del* ist die Abk. für delete)
type <DateiName>	zeige <DateiName> am Bildschirm an
copy <Datei1> <Datei2>	kopiere Inhalt von Datei <Datei1> nach <Datei2>
date	Zeigt das aktuelle Datum an und fordert zur Eingabe eines neuen Datums auf
time	Zeigt die aktuelle Uhrzeit an und fordert zur Eingabe einer neuen Uhrzeit auf
cls	Lösche den Bildschirm (*cls* ist die Abk. für clear screen)
ren[ame] <AlterDateiName> [=] <NeuerDateiName>	Ersetze <AlterDateiName> durch <NeuerDateiName>
label [<Laufwerk> ["Laufwerksname"]]	Gib dem Laufwerk <Laufwerk> den Namen "Laufwerksname"
path=[<VerzeichnisName1>; [<VerzeichnisName2>;]] path=	Merke, daß Dateien auch in <VerzeichnisName1> <VerzeichnisName2> gespeichert sein können und setze sie als neuen Pfad. Lösche den (die) gesetzten Pfad(e)

Tabelle 3.5. Die wichtigsten externen MS-DOS Befehle

Befehl	Bedeutung
ATTRIB	Zeigt Dateiattribute an oder ändert sie.
BACKUP	Sichert Dateien von einem Datenträger auf einen anderen. Meist werden kompletteVerzeichnisstrukturen auf Diskette gesichert.
CHKDSK	Überprüft einen Datenträger und zeigt einen Statusbericht an.
COMMAND	Startet eine neue Instanz des Befehlsinterpreters COMMAND.COM.
COMP	Vergleicht den Inhalt zweier Dateien und zeigt die Unterschiede am Bildschim an.
DISKCOPY	Kopiert den Inhalt einer Diskette auf eine andere Diskette.
DOSKEY	Editiert Befehlseingaben, speichert die letzten Befehlseingaben und erstellt Makros.
DOSSHELL	Startet die MS-DOS-Shell.
ECHO	Zeigt Meldungen an oder schaltet die Befehlsanzeige ein/aus (ON/OFF).
EDIT	Startet den MS-DOS-Editor.
EMM386	Aktiviert oder deaktiviert EMM386-Expansionsspeicher-Unterstützung.
EXIT	Beendet den Befehlsinterpreter COMMAND.COM.
FC	Vergleicht zwei Dateien oder zwei Sätze von Dateien.
FDISK	Konfiguriert eine Festplatte für die Verwendung unter MS-DOS.
FIND	Sucht in einer oder mehreren Dateien nach einer Zeichenfolge.
FORMAT	Formatiert einen Datenträger für die Verwendung unter MS-DOS.
HELP	Zeigt Hilfe für MS-DOS-Befehle an.
KEYB	Stellt die Tastaturbelegung für ein bestimmtes Land ein.
LABEL	Erstellt, ändert oder löscht die Bezeichnung eines Datenträgers.
LOADHIGH	Lädt ein Programm in den hohen Speicherbereich (Upper Memory Area).
MEM	Zeigt die Größe des belegten und noch freien Arbeitsspeichers an.

                                                      Das Betriebssystem

MODE	Konfiguriert Geräte im System.
MORE	Zeigt Daten seitenweise auf dem Bildschirm an.
PATH	Legt den Suchpfad für ausführbare Dateien fest oder zeigt diesen an.
PAUSE	Hält die Ausführung einer Stapelverarbeitungsdatei an.
PRINT	Druckt Textdateien während der Verwendung anderer MS-DOS-Befehle.
PROMPT	Modifiziert die MS-DOS-Eingabeaufforderung.
RECOVER	Stellt von einem beschädigten Datenträger lesbare Daten wieder her.
REM	Leitet Kommentare in einer Stapelverarbeitungsdatei oder in der Datei CONFIG.SYS ein.
RESTORE	Stellt mit BACKUP gesicherte Daten wieder her.
SET	Setzt, entfernt oder zeigt MS-DOS-Umgebungsvariablen an.
SETVER	Setzt die Versionsnummer, die MS-DOS an ein Programm meldet.
SHARE	Installiert gemeinsamen Dateizugriff und Dateisperrung.
SUBST	Weist einem Pfad eine Laufwerksbezeichnung zu.
SYS	Kopiert MS-DOS-Systemdateien und -Befehlsinterpreter auf einen Datenträger.
TREE	Zeigt die Verzeichnisstruktur eines Laufwerks oder Pfads grafisch an.
UNDELETE	Stellt gelöschte Dateien wieder her.
UNFORMAT	Stellt einen Datenträger wieder her, der durch einen FORMAT-Befehl gelöscht oder durch einen RECOVER-Befehl umstrukturiert wurde.
VER	Zeigt die Nummer der verwendeten MS-DOS-Version an.
VERIFY	Legt fest, ob MS-DOS überwachen soll, daß Dateien korrekt auf Datenträger geschrieben werden.
VOL	Zeigt die Bezeichnung und Seriennummer eines Datenträgers an.
XCOPY	Kopiert Dateien und Verzeichnisstrukturen.

3.2.3 Stapel-Dateien (BATCH-FILES)

Bei der täglichen Arbeit mit dem PC kommt es oft vor, daß eine Reihe von MS-DOS Kommandos eingegeben werden müssen, um eine immer wiederkehrende Aufgabe zu erledigen. Das Betriebssystem stellt aus diesem Grunde einen Mechanismus zur Verfügung, um diese Abläufe zu automatisieren. Im Gegensatz zur interaktiven Befehlseingabe mit MS-DOS können die Befehle in eine Stapeldatei geschrieben werden. Diese wird dann vom Betriebssystem bei der Ausführung zeilenweise abgearbeitet. Somit brauchen oft wiederkehrende Befehlssequenzen nur einmal in die Stapeldatei eingegeben werden. Im folgenden werden an Hand der Datei DEMO.BAT (Abb. 3.5) einige wichtige Stapeldatei-Kommandos erklärt:

```
@ECHO OFF
REM Beispiel einer Stapel-Datei
REM Aufruf:     DEMO <Name>
REM Kopiert alle <Name>.cpp und <Name>.h nach A:
IF X%1==X GOTO Fehler
ECHO Diskette in Laufwerk A einlegen
PAUSE
FOR %%E IN (CPP H) DO COPY %1.%%E A:
GOTO Ende
:Fehler
ECHO Kein Dateiname angegeben !
PAUSE
:Ende
```

Abb. 3.5. Beispiel einer Stapeldatei (DEMO.BAT)

Stapeldateien haben immer die Dateierweiterung '.BAT', damit sie als solche vom System identifiziert werden können. Werden in Stapeldateien Befehle verwendet, die Parameter benötigen, müssen diese beim Aufruf der Stapeldatei angegeben werden. Bei der Abarbeitung kann man dann auf die Parameter über die Bezeichnung '%0' bis '%9' referenzieren (Zeile 5 und 8 in Abb. 3.5). '%0' nimmt dabei eine Sonderstellung ein, es gibt nämlich immer den Namen samt Pfad des aufgerufenen Batch-Programmes an.

Mit dem ECHO-Kommando kann die Anzeige der abgearbeiteten Befehle ein- oder ausgeschalten werden. Normalerweise ist die Anzeige eingeschalten, sodaß fast in jeder Stapeldatei als erstes der Befehl '@ECHO OFF' steht, um das Echo abzuschalten. Das Zeichen '@' (Klammeraffe) unterdrückt dabei das Echo der aktuellen Zeile. Das allgemeine Format für das Kommando ECHO lautet:

ECHO [ON | OFF | Meldung].

Wenn nach ECHO nur eine Meldung angegeben wird (Zeile 6 und 11 in Abb. 3.5), wird diese ausgegeben, der Status von ECHO bleibt aber unverändert.

Das Kommando REM (Remark) wird verwendet, um innerhalb der Stapeldatei Kommentare einzufügen. Es dient daher hauptsächlich zur Strukturierung und Erklärung der einzelnen Phasen in der Stapeldatei.

Bei Verwendung des PAUSE-Kommandos wird die Ausführung der Stapeldatei an dieser Stelle unterbrochen, und der Benutzer mit der Meldung 'Eine beliebige

Taste drücken um fortzusetzen' dazu aufgefordert, entweder die Ausführung an dieser Stelle durch Eingabe von 'STRG-C' abzubrechen, oder mit einem beliebigen Tastendruck fortzusetzen.

Für die Kontrolle der Abarbeitung einer Stapeldatei stehen die drei Kommandos GOTO, IF und FOR zur Verfügung. Das Format für den GOTO-Befehl lautet:

```
GOTO label
. . . .
:label
```

Die Abarbeitung der Stapeldatei setzt nach der Ausführung des GOTO-Befehls in der Zeile nach der angegebenen Sprungmarke fort (vgl. Zeilen 5,9,10 und 13 in Abb. 3.5).

Das IF-Kommando erlaubt die bedingte Abarbeitung von DOS-Kommandos. Das Format für IF lautet:

```
IF [NOT] Bedingung Kommando
```

wobei KOMMANDO nur ausgeführt wird, wenn BEDINGUNG sich zu 'wahr' ergibt. Bei Angabe des optionalen NOT wird das Kommando natürlich nur ausgeführt, wenn die Bedingung 'falsch' ergibt. BEDINGUNG kann folgende Formen annehmen:

- ERRORLEVEL Nr:
  Ergibt 'wahr', wenn das unmittelbar zuvor ausgeführte Programm einen Rückgabewert gößer oder gleich Nr geliefert hat.
- Zeichenkette1 == Zeichenkette2:
- EXIST Dateiname:
  Ergibt 'wahr', wenn die Datei im angegebenen Pfad gefunden wird.

In unserem Beispiel wird in Zeile 5 überprüft, ob ein Parameter angegeben wird. Wenn '%1' leer ist, das heißt kein Parameter angegeben ist, so ergeben sich die beiden Zeichenketten zu X und die Bedingung wird wahr. Daher wird zur Marke :Fehler gesprungen und eine entsprechende Meldung ausgegeben.

Zur iterativen Abarbeitung von MS-DOS-Befehlen dient das FOR-Kommando. Die Syntax für den Befehl lautet:

```
FOR %%var IN (set) DO MS-DOS-Befehl [Parameter]
```

Dabei ist %%var eine beliebige Variable und SET eine bliebige Folge von Werten (vgl. Abb. 3.5). Bei jedem Durchlauf wird die Variable auf den nächsten Eintrag aus SET gesetzt und dann der MS-DOS-Befehl abgearbeitet. In unserem Beispiel wird dieses Kommando benutzt, um nur Dateien mit der Erweiterung '.CPP' und '.H' zu kopieren.

Stapeldateien werden hauptsächlich für folgende Belange eingesetzt:
- Installation von Programmen,
- Realisierung von einfachen Menüs und Aufruf verschiedener Programme,
- komplexe Kopiervorgänge (Sicherungen etc.),
- Änderung von Systemeinstellungen,

- Aufruf von Programmen mit komplizierten Parametern und/oder Änderung von Umgebungsvariablen),
- Abkürzungen bzw. Schaffung von sinnvollen neuen Befehlen:
  Folgender Einzeiler z.B. - abgespeichert als DDIR.BAT - listet nur Verzeichniseinträge sortiert nach Namen am Bildschirm auf.
  ```
  @DIR %1 /A:D /O:N %2 %3 %4 %5
  ```

Sie verlieren aber zunehmend an Bedeutung, weil modernere Programme und Benutzeroberflächen viele dieser Aufgaben (Installation, Menüs, kopieren, sichern etc.) effizienter und einfacher zur Verfügung stellen.

3.2.4 Laden von Programmen

Anwendungsprogramme werden oft über spezielle Stapeldateien gestartet, in welchen auch Systemeinstellungen (Bildschirmfarben, Druckeransteuerungen usw.) durchgeführt werden. Eine andere Alternative ist, diese direkt mit deren Namen aufzurufen. Der Aufruf eines Programmes erfolgt unter Angabe seines Dateinamens und falls kein Pfad zu seinem Verzeichnis gesetzt ist, mit der vollständigen Pfadangabe.

Für den Aufruf des Programmes 'ACAD.EXE' im Verzeichnis 'C:\APPS\ACAD' müssen Sie

```
C:\APPS\ACAD\ACAD
```

eingeben. Wenn ein Pfad auf das Verzeichnis gesetzt ist, kann auch der Programmname alleine angegeben werden. Für den Aufruf von Windows kann daher z.B.:

```
C:\WINDOWS\WIN oder WIN
```

eingegeben werden.

Ist ein Anwendungsprogramm geladen, kommuniziert man nicht mehr mit dem Betriebssystem, sondern direkt mit dem Programm. Alle Anweisungen werden vom Programm aus bearbeitet. Sollten Systemfunktionen zur Abarbeitung der Befehle notwendig sein, werden diese vom Programm automatisch angefordert und abgearbeitet. Nachdem das Programm verlassen wird, kehrt man wieder in die Betriebssystemebene zurück.

3.2.5 Konfiguration mit CONFIG.SYS und AUTOEXEC.BAT

Dieses Kapitel stellt die Konfiguration eines Rechners zur Benutzung mit Windows vor. Der Rechner ist zusätzlich mit Netzwerkanschluß, CD-ROM-Laufwerk und einer Fax-Modem-Karte ausgerüstet. Die beiden Dateien CONFIG.SYS (Abb. 3.6) und AUTOEXEC.BAT (Abb. 3.7) werden beim Starten von MS-DOS von diesem verwendet, um diese spezielle Rechnerkonfigurationen einzustellen.

```
FILES=40
BUFFERS=20
DEVICE=C:\DOS\HIMEM.SYS
DEVICE=C:\DOS\EMM386.EXE x=c800-cbff ram 1024
```

```
device=c:\dos\ansi.sys
SHELL=C:\DOS\COMMAND.COM C:\DOS\ /e:1024 /p
country=049 437 c:\dos\country.sys
STACKS=9,256
DEVICE=C:\FAX\SATISFAX.SYS IOADDR=0350
DEVICEHIGH=C:\DOS\CDROM\DD260.SYS /D:MSCD001 /M:08
/I:11 /P:340 /F:0
DOS=HIGH,UMB
```

Abb. 3.6. Beispiel für CONFIG.SYS

Die Datei CONFIG.SYS reserviert Speicher für die Dateiverwaltung und enthält Befehle, um die entsprechende Hardwarekonfiguration des Systems mittels Gerätetreiber einzustellen. Eine Aufstellung wesentlicher Kommandos enthält Tabelle 3.6.

Tabelle 3.6. Kommandos aus CONFIG.SYS

Kommando	Beschreibung
BREAK	Legt Verhalten bei Eingabe von CTRL+C fest
BUFFERS	Reserviert System-Speicher für Datentransfer mit Festplatte/Diskette
COUNTRY	Legt Ländereinstellungen fest (Datum/Zeitformat etc.)
DEVICE DEVICHIGH	Lädt Gerätetreiber in normalen System-Speicher Lädt Gerätetreiber in 'hohen' Speicher (zw. 640KB und 1MB)
FILES	Legt die Anzahl der gleichzeitig geöffneten Dateien fest
LASTDRIVE	Legt den Laufwerksbuchstaben des letzten DOS-Laufwerkes fest.
REM	Beginn einer Kommentarzeile
SHELL	Legt den Kommandointerpreter und dessen Einstellungen fest.
STACKS	Reserviert Speicher für die Handhabung von Hardware-Interrupts.

Nachdem durch CONFIG.SYS die Hardwarekonfiguration durchgeführt wurde, können mit AUTOEXEC.BAT nun die entsprechenden Umgebungsbedingungen festgelegt werden. Im einzelenen sind dies:

- Notwendige Umgebungsvariable mit SET.
- Definition eines Suchpfades mit PATH.

- Festlegung des Aussehens der Eingabeaufforderung mit PROMPT.
- Die Tastaturbenützung mit KEYB und DOSKEY.
- **Die Installation eines Festplattencaches mit SMARTDRV.**
- Die Installation aller notwendigen Treiberprogramme für Netzwerkbetrieb.
- Die Installation einer Maus MOUSE.

```
@ECHO OFF
BREAK ON
SET TEMP=C:\TMP
path=c:\dos;
prompt $p$g
LH c:\dos\keyb GR,437,c:\dos\keyboard.sys
LH c:\dos\doskey
ver


C:\DOS\SMARTDRV.EXE


REM Netzwerkbetrieb aktivieren
Set PCTCP=C:\dos\PCTCP\pctcp.ini
lh c:\dos\novell\lsl
lh c:\dos\novell\smcplus
LH c:\dos\pctcp\odipkt
LH c:\dos\novell\ipxodi
c:\dos\novell\emsnetx
C:\dos\pctcp\ethdrv -m


c:\dos\mouse\mouse
C:\DOS\SHARE.EXE /l:500 /f:5100
f:login USERNAME
```

Abb. 3.7. Beispiel für AUTOEXEC.BAT

3.2.6 *Entwicklungstendenzen von MS-DOS*

Dieses Singleuserbetriebssystem wurde zunächst von Microsoft in einer relativ einfachen Version herausgebracht. In nachfolgende Versionen wurden immer mehr Funktionen implementiert. Der Erfolg von MS-DOS ist sicherlich durch die Einfachheit seiner Bedienung erklärbar. Einen Großteil seiner breiteren Einführung verdankt es den IBM PCs oder kompatiblen, wofür es das Standardbetriebssystem ist.

Das wesentlichste Entwicklungspotential von MS-DOS liegt in einer besseren Verwaltung des verwendeten Hauptspeichers, einem schnelleren Dateizugriff (16- und 32-Bit), verbesserten Virus-Schutz und -Erkennungsutilities und einer umfangreichen ON-Line Hilfe. Eine weitere Entwicklung von MS-DOS wird letztendlich vom Nutzer bestimmt, inwieweit dieser Anwendungen bevorzugt, die nur mehr unter WINDOWS lauffähig sind, oder ob er bei traditionellen Programmen bleibt.

Gelingt es, MS-DOS gänzlich in WINDOWS zu verstecken und nur mehr zu emulieren, so wird eine weitere Entwicklung von MS-DOS wahrscheinlich unterbleiben.

3.3 Das Betriebssystem UNIX

Bei UNIX handelt es sich, wie bereits erwähnt, um ein Multiuser- und Multitasking-Betriebssystem (Abb. 3.2). In den letzten Jahren erlebte dieses Betriebssystem einen rasanten Aufstieg, in dem es immer mehr zum Betriebssystem für PCs wurde, obwohl es ursprünglich für Großrechner konzipiert war. UNIX ist kein so standardisiertes Betriebssystem wie MS-DOS. Zur Zeit befinden sich mehrere Varianten des ursprünglichen Systems auf dem Markt. Schon seit längerem wird an der Standardisierung von UNIX gearbeitet; allerdings treffen hier viele Eigeninteressen der einzelnen UNIX-Hersteller aufeinander, sodaß sich dies als eine sehr schwierige Aufgabe erweist.

3.3.1 Einführung

Im Jahre 1965 taten sich die Bell Telephone Laboratories, General Electric und das Massachusetts Institute of Technology zusammen, um ein neues Betriebssystem zu entwickeln. Oberstes Ziel war es, einer Vielzahl von Benutzern gleichzeitigen Computerzugriff zu ermöglichen, ihnen genügend Rechenleistung und Datenspeicher zur Verfügung zu stellen und den Benutzern untereinander einen leichten Zugriff auf ihre gespeicherten Daten zu erlauben. Nach ersten Anfängen unter dem Namen Multix wurde 1973 das Betriebssystem völlig neu geschrieben, und zwar in der höheren Programmiersprache C. Seit diesem Zeitpunkt ist UNIX leicht auf andere Maschinen portierbar. War UNIX ursprünglich ausschließlich auf PDP Rechnern implementiert, wurde es ab 1977 auf nicht PDP Maschinen wie beispielsweise IBM, Gray, HP usw. portiert, wodurch die Anzahl der UNIX-Installationen auf über 500 anstieg. Von diesen 500 Installationen waren über 125 an Universitäten und die Studenten und Hochschulangehörigen wurden in den 80er Jahren auch zu den besten Werbern für das UNIX-System. Dies war der Hauptgrund, warum in diesen Jahren ein UNIX-Boom einsetzte. Aus Abb. 3.8 Entwicklung des UNIX-Systems ist zu erkennen, daß sich die drei starken UNIX-Linien: System V, BSD und XENIX nach einem zehnjährigen Alleingang im System V.4 wieder zusammenfinden. Das UNIX-System V release 4.0 ist freigegeben und gilt als heutiger UNIX-Standard. Da es UNIX gelang, in der PC-Welt Fuß zu fassen, ist es als Betriebssystem der Zukunft nicht mehr aufzuhalten. Obwohl es von seiner Konzeption her für technische Anwendungen nur bedingt geeignet ist, beginnt es sich dort bereits entscheidend durchzusetzen.

3.3.2 Eigenschaften von UNIX

Die Entwicklung von UNIX wurde dadurch geprägt, daß seine Schöpfer Softwareentwickler und Systemprogrammierer waren, und von Beginn an selbst mit diesem System gearbeitet haben. Weiters wurde UNIX unter der Restriktion einer starken Speicherplatzbeschränkung entwickelt. Es wird durch drei wesentliche Punkte geprägt:

a)   UNIX sollte die Entwicklung von Software so leicht wie möglich machen. Deshalb wurden viele Werkzeuge und Mechanismen entwickelt, die dem Programmierer bei der täglichen Arbeit die beste Unterstützung bieten.

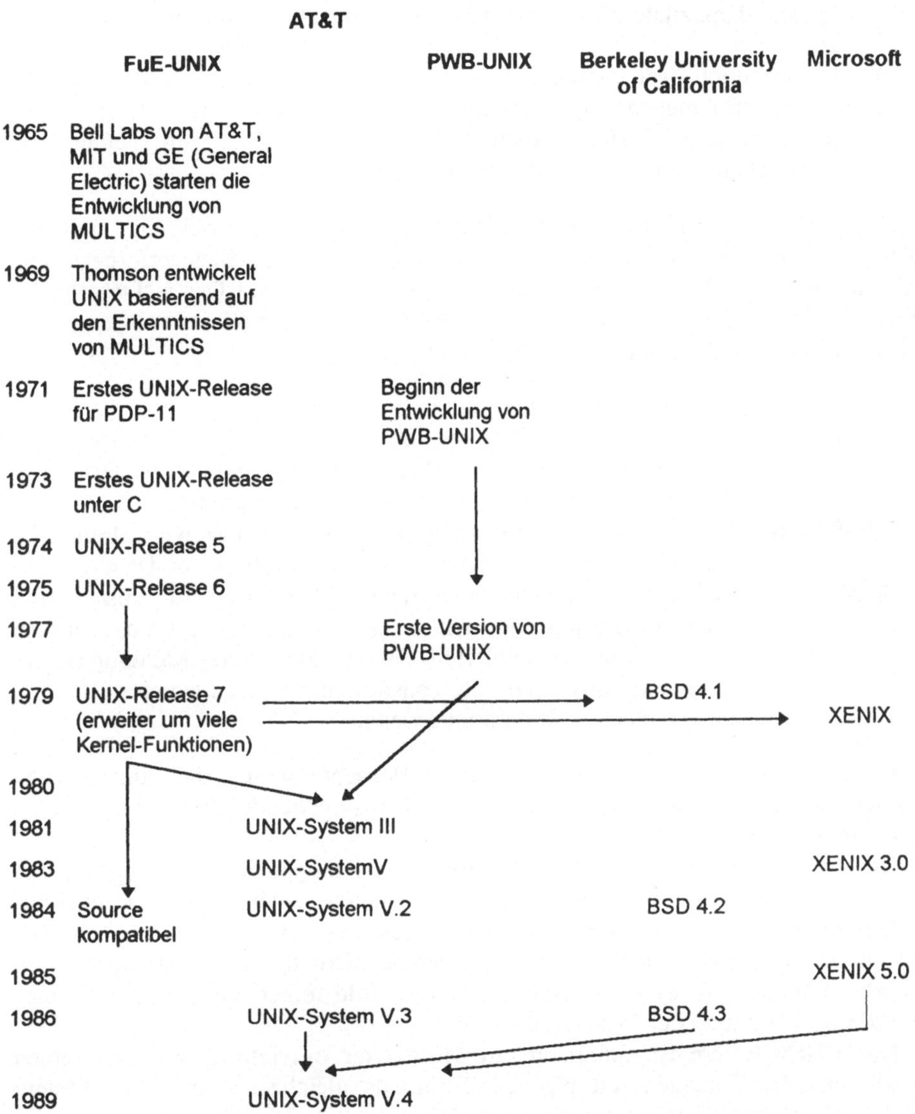

Abb. 3.8. Entwicklung von UNIX

b)   Am Beginn der Entwicklung von UNIX lagen die Speicherkapazitäten der Hauptspeicher zwischen 50 und 100 KB. Dies führte dazu, daß sehr viele kleine Dienstprogramme und Kommandos entwickelt wurden, von denen jedes eine klar abgegrenzte, aber unter Umständen sehr kleine Aufgabe erfüllt. Mit Konstruktionen wie Pipes wurde es dann ermöglicht, Kommandos zu kombinieren, um auch Lösungen für komplexere Aufgaben zu erreichen. Dieser Punkt ist heute, wo PCs bereits mit

Speicherkapazitäten im Gigabytebereich arbeiten, nicht mehr als Nachteil anzusehen.

c)   Ursprünglich war UNIX nur als internes Hausbetriebssystem für die eigenen Belange gedacht. Da die UNIX-Entwickler von Anfang an mit ihren eigenen System arbeiten, konnten sie sehr früh Fehler und Schwächen erkennen und beseitigen.

Das UNIX-System ist besonders für die Programmentwicklung und die Dokumentation geeignet. Gerade diese beiden Anwendungsgebiete erfordern eine Vielzahl von Möglichkeiten zur Verarbeitung von Texten und Daten. Obwohl das UNIX-System zu den kleineren Betriebssystemen gehört, stellt es wirkungsvolle Hilfsmittel für die Arbeit mit dem Computer zur Verfügung.

UNIX selbst besteht aus drei großen Teilen:

Kernel   ist der Teil des Systems, der die Verbindung zu den angeschlossenen Geräten, wie Magnetplatten, Bandgeräten, Druckern, Terminals, Modems und anderen Geräten organisiert.

File-System   Das Dateisystem ist mehr als nur eine Dateiverwaltung. Es ermöglicht auch komplexeres Zusammenführen von Daten.

Shell   ist der Kommando-Interpreter. Shell ist ein zusätzliches Dienstprogramm und nicht direkt ein Teil des Systems, sondern gehört zum Anwenderteil. Shell gibt seine Meldungen am Terminal aus und die ausführenden Kommandos an die entsprechenden Programme weiter.

UNIX ist wie MS-DOS ein interaktives Betriebssystem. Alle eingegebenen Kommandos werden vom System verarbeitet und entsprechende Meldungen auf dem Terminal ausgegeben.

Das UNIX-System ist ein **Multi-Tasking-Betriebssystem**. Das bedeutet, daß mehrere Aufgaben - auch Prozesse oder Task genannt - gleichzeitig durchgeführt werden können. Der Zugriff auf gemeinsame Ressourcen (Platte, Drucker, Tastatur etc.) durch die gleichzeitig laufenden Programme, wird durch das Betriebssystem geregelt. Für den Anwender ergibt sich das Bild einer gemeinsamen quasi gleichzeitigen Nutzung der Resourcen.

Das UNIX-System ist außerdem ein **Multi-User-Betriebssystem**. Es können deshalb mehrere Personen mit eigenen Terminals gleichzeitig mit dem System arbeiten. Es ist eine Weiterentwicklung der Multi-Tasking-Möglichkeit, indem jedes Terminal quasi als eigene Task fungiert.

Das Dateisystem unter UNIX ist ebenso wie das von MS-DOS hierarchisch aufgebaut. Diese Struktur erfordert eine besondere Datei, Directory (= Verzeichnis) genannt, die die Namen der in diesem Verzeichnis enthaltenen Dateien und die Adressen, wo die Dateien stehen, enthält. Beim UNIX-System kann diese Struktur fast grenzenlos erweitert werden. So kann ein Verzeichnis Zweigverzeichnisse (auch Unterverzeichnisse) beinhalten, die ihrerseits wiederum Unterverzeichnisse enthalten können.

Die UNIX-Shell ist ein Programm, das seine Meldungen auf dem Terminal ausgibt. Es interpretiert die eingegebenen Kommandos und gibt sie an die entsprechenden Programme weiter. Nicht alle UNIX-Versionen haben das gleiche

Shell-Programm. Es gibt hiervon etliche Ausführungen. Einige Systeme haben mehrere Shell-Programme, sodaß sich der Anwender die für ihn geeignetste Version aussuchen kann. Zusätzlich ist UNIX noch mit einer Vielzahl von Hilfsprogrammen (Tools) ausgestattet, um dem Anwender die Arbeit zu erleichtern.

Zusammenfassend weist das UNIX-Betriebssystem folgende wesentliche Vorteile auf:

- Es ist ein Allzwecksystem (General Purpose System), sowohl für die Entwicklung als auch für die Anwendung von System- und Anwendersoftware geeignet.
- Es ist ein Multiuser- und ein Multitaskingbetriebssystem.
- Es ist ein dialogorientiertes Time-sharing-Betriebssystem.
- Es verwendet ein geräteunabhängiges und hierarchisches Dateisystem.
- Die Verkettung von Programmen über Pipes (Fließbandtechnik) - die Ausgabe des aktiven Kommandos wird dabei direkt als Eingabe für das nachfolgenden Programme verwendet.
- Es hat eine hohen Grad an Portabilität.
- 90-95% des Systems ist in C geschrieben.
- Es ist als Betriebssystem für die gesamte Rechnerpalette von Mainframes bis hinunter zu PCs geeignet und weitgehend herstellerunabhängig.

Auf Grund der Gegebenheiten beim Beginn der Entwicklung hat dieses Betriebssystem jedoch gravierende Nachteile aufzuweisen:

- Ursprünglich war es kein Echtzeitsystem; derzeit sind allerdings Echtzeitversionen verfügbar.
- Es ist ein System für "Kenner" - kein sehr sicheres System.
- Die Datensicherheit bei Systemzusammenbrüchen und der Datenschutz muß noch wesentlich verbessert werden.
- Es finden keine Rückfragen bei gefährlichen Kommandos wie z.B. löschen aller Dateien statt.
- Der Dateizugriff kann nur sequentiell erfolgen; es fehlen andere Dateizugriffsverfahren wie beispielsweise indexsequentiell.
- Es finden zu wenig Rückmeldungen bei vielen Kommandos und Dienstprogrammen statt. Im Vergleich zu DOS verwendet UNIX oft wenig aussagekräftige Namen für Kommandos und Dienstprogramme.

3.3.3 Anwendungsbereiche von UNIX

Da es sehr viel Software für UNIX-Systeme gibt, ist der Anwendungsbereich auch dementsprechend groß. So findet man UNIX sowohl im kaufmännischen als auch im technischen Bereich.

UNIX im Büro

Im Lieferumfang eines UNIX-Systems ist bereits sehr viel Anwendersoftware enthalten. So ist bereits schon ein sehr gutes Textverarbeitungsprogramm im UNIX-

Programmpaket enthalten. Software für Terminplanung (Calendring) und die Möglichkeiten für elektronische Postsysteme (Mailing) sind gleichfalls schon eingebaut oder können zugekauft werden. Weiterhin gibt es Software für die direkte Photosatzverarbeitung von Schriftstücken, Datenbankanwendungen und vieles mehr.

<u>UNIX in der Entwicklungsabteilung</u>

UNIX wurde für Entwicklungsabteilungen entwickelt. So gibt es außer den großen Mathematikpaketen, die teilweise mitgeliefert oder bei Softwarehäusern erhältlich sind, auch Softwarepakete für CAD (Computer Aided Design), Finite Elemente u.v.m.

Ferner ist es möglich, für die verschiedensten Rechner-Plattformen Programme zu schreiben. Auf einem UNIX-System entstehen auf diese Art und Weise Betriebssysteme für Klein- und Großcomputer.

<u>UNIX im Management</u>

Auch in der Chefetage wird UNIX immer beliebter, da es immer bessere Hilfsprogramme für den Manager gibt, die für UNIX entwickelt worden sind. Es gibt mehrere gute Decision Support Tools (Programme, die dem Anwender bei Entscheidungen helfen). Sie stellen beispielsweise Daten aus einer Datenbank graphisch dar.

Auch ist es möglich, die verschiedenen UNIX-Systeme mit Netzwerken und so mit anderen Computern zu koppeln. Dabei ist jedoch auf die hardwarespezifischen Eigenschaften der Betriebssystemimplementation zu achten.

3.3.4 Das Filesystem und relevante Befehle

UNIX kennt drei Arten von Dateien und zwar einfache Dateien, Verzeichnisse (Directories) und spezielle Dateien.

Einfache Dateien:	Darunter versteht man im Prinzip alle Text- und Datenfiles sowie alle angegebenen Befehle und Programme.
Spezielle Dateien:	Darunter versteht man Objekte, die von UNIX angesprochen werden als wären sie Dateien. Z.B. werden der Bildschirm (Datensichtgerät) und die Tastatur von UNIX wie eine Datei angesprochen. Aus ihr kann gelesen und in sie hineingeschrieben werden. Alle diese Dateien, die eigentlich nur Abbildungen von Peripheriegeräten sind, sind im Directory '/dev' enthalten. Hierbei handelt es sich um ein Unterverzeichnis von 'Root'.
Verzeichnisse:	Um diesen Begriff zu erklären, ist es notwendig, zuerst einmal die Dateistruktur von UNIX zu erklären. Die UNIX-Dateistruktur ist ein sogenannter Baum. Er besteht aus einer Wurzel, einem Stamm und mehreren Ästen mit Blättern. UNIX hat eine Wurzel, Root (engl.) genannt. Die Blätter sind die einfachen Dateien und der Stamm und die Äste sind die sogenannten Directories (Abb. 3.9).

Wichtig ist, daß es nur genau einen Weg zu jedem Blatt gibt. Diese Wegbeschreibung führt also eindeutig zu einem Blatt oder auch einem Ast.

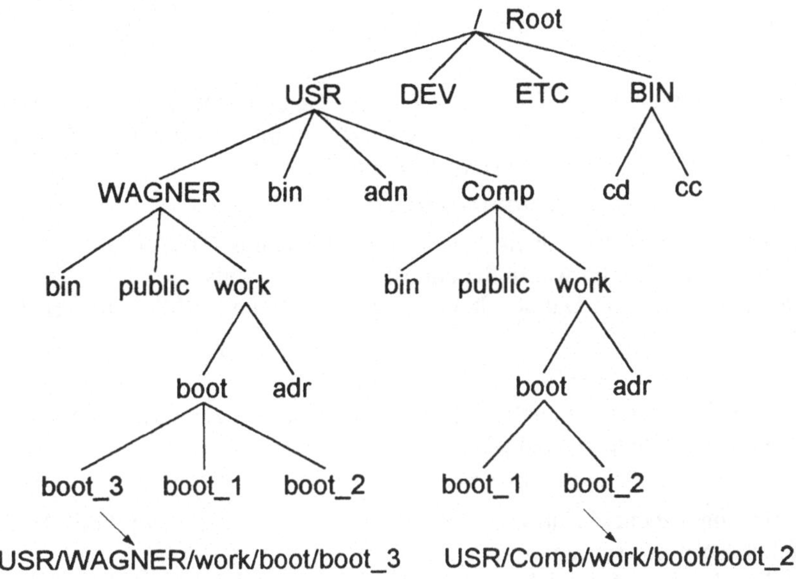

Abb. 3.9. Teil eines UNIX-Baumes.

In welchem Directory man sich gerade befindet, zeigt der Befehl 'PWD' (print working directory):

```
$ pwd
/usr/comp
```

Dieser Befehl zeigt den gesamten Weg von der Wurzel beginnend. Die Wurzel wird durch einen Schrägstrich darstellt.

Die Bildschirmausgabe zeigt an, daß man von 'Root' aus in das Verzeichnis 'USR' gelangt und von dort aus in das Verzeichnis 'COMP'. Der zweite Schrägstrich zeigt also nicht auf das 'Root', sondern dient als Trennung zwischen Verzeichnissen.

Mit dem Befehl 'CD' (change directory) gelangt man in das Verzeichnis, dessen Namen man nach dem Befehl 'CD' eingibt.

```
$ cd WAGNER
$
```

Mit dem Befehl 'LS' werden die zu diesem Verzeichnis gehörenden Dateien und Subverzeichnisse aufgelistet.

Jedem Benutzer wird von Anfang an ein festes Verzeichnis zugewiesen. Man gelangt in dieses sogenannte "Home-Directory" automatisch, wenn man sich durch Eingabe von Benutzerkennung und Password eingeloggt hat. Will man ein eigenes strukturiertes Dateisystem anlegen, was sicher empfehlenswert ist, so muß man selbst neue Subverzeichnisse anlegen. Man benutzt hierzu den Befehl 'MKDIR' (make directory). Als Parameter wird der Name des neuen Verzeichnissses angegeben.

Möchte man z.B. ein Verzeichnis mit dem Namen 'TEXTE' anlegen, gibt man folgenden Befehl ein:

```
$ mkdir texte
```

Der Befehl 'CP' (copy) erlaubt es, eine Kopie einer Datei anzulegen.

```
$ cp prog.c prog2.c
```

Die Datei 'PROG2.C' ist nun eine Kopie der Datei 'PROG.C'. Sollen Dateien in das neuerstellte Directory 'TEXTE' kopiert werden, gibt man den Dateinamen samt notwendigen Verzeichnissen gefolgt vom neuen Namen an.

```
cp prog.c texte/prog.c
```

Dieser Befehl bewirkt, daß in dem neuen Verzeichnis 'TEXTE' die Datei unter dem gleichen Namen steht, wie in dem aktuellen Verzeichnis.

Nicht mehr benötigte Dateien können mit dem Befehl 'RM' (remove) gelöscht werden:

```
$ rm prog.c
```

Es ist auch möglich, gleichzeitig mehrere Dateien zu löschen. Dazu ist es notwendig alle Dateinamen anzugeben:

```
$ rm prog.c texte/prog.c
```

Ob die angegebenen Dateien wirklich gelöscht wurden, kann mit Hilfe des 'LS'-Befehls überprüft werden.

Zum Löschen von Verzeichnissen benötigt man einen eigenen Befehl 'RMDIR' (remove directory). Der einfache Befehl 'RM' reicht nicht aus.

Die Voraussetzung ein Verzeichnis löschen zu können ist, daß dieses leer ist. Dies bedeutet, das man zuerst in dem oben erstellten Verzeichnis 'TEXTE' alle Dateien löschen muß, um dann das Verzeichnis selbst mit 'RMDIR' zu löschen.

Die Angabe der Option '-R' für den Befehl 'RMDIR' ermöglicht es dem Benutzer, in einem Schritt sowohl alle Dateien in dem Verzeichnis als auch dieses selbst zu löschen.

Um ein mühsames Anlegen von Verzeichnissen, Kopieren und Löschen zu vermeiden, gibt es auch die Möglichkeit, Dateien von einem Verzeichnis in ein anderes zu verschieben. Man verwendet dazu den Befehl 'MV' (Move).

3.3.5 *Kommandos, Programme, Prozesse*

Grundsätzlich kennt UNIX keinen Unterschied zwischen einem Programm und einem Kommando. Vom System zur Verfügung gestellte Programme werden aber generell als *Kommandos* bezeichnet, während bei einem vom Benutzer erstellten Programm häufiger der Begriff *Programm* verwendet wird.

Es ist darauf zu achten, daß für eigene Programme kein Name von UNIX-Kommandos verwendet wird. Aus diesem Grund sollte der Benutzer alle oben angegebene Kommandos und die folgenden als eigene Dateinamen vermeiden:

cd, continue, eval, exec, exit, export, login, newgrp, read, readonly, set, shift, test, times, trap, umask, wait, usw.

Das Betriebssystem bezeichnet als *Prozeß* eine selbständig ablaufende Einheit, die ein Programm ausführt, so als ob der Prozessor des Rechners nur diesem Programm zur Verfügung stünde. Die Emulation dieser Pseudoprozessoren der einzelnen Prozesse durch zeitlich verzahnte Ausführung, erfolgt durch die Ablaufsteuerung des Betriebssystems.

3.3.5.1 Prozeßkenndaten

Jeder Prozeß besteht aus dem eigentlichen Programm und einer Programmumgebung. Zu dieser Programmumgebung gehören u.a. die Speicherbelegung, die Registerinhalte, geöffnete Dateien, der aktuelle Katalog und die für den Prozeß sichtbaren Umgebungsvariablen.

Der Adressraum eines Prozesses (der zu einem Prozeß gehörige, logische Speicherbereich) untergliedert sich in drei getrennte Bereiche, die man als UNIX-Segmente bezeichnet:

- Das **Textsegment**,
  in dem der Programmcode liegt, ist meist schreibgeschützt und kann daher auch mehrfach, d.h. von mehreren gleichen Prozessen, benutzt werden.
- Das **Datensegment**,
  in dem alle anderen Benutzerdaten des Prozesses liegen. Man kann es in einem initialisierten und in einen nicht initialisierten Bereich gliedern.
- Das **Kellersegment**,
  in dem die Verwaltungsdaten (engl.: stack segment) und der Benutzerkeller liegen.

Durch eine Prozeßnummer, kurz PID (Process Identification) wird ein Prozeß intern identifiziert. Diese PID wird fortlaufend vergeben und ist systemweit eindeutig. Startet ein Benutzer einen Hintergrundprozeß mit Hilfe eines '&' hinter dem Kommando, so wird ihm die PID des gestarteten Prozesses auf der Dialogstation ausgegeben. Die PID wird dann benötigt, wenn der Benutzer diesen Prozeß mit Hilfe des 'KILL'-Kommandos abbrechen möchte.

Benutzer- und Gruppennummer eines Prozesses werden dazu verwendet, um Prozesse einem Benutzer oder einer Benutzergruppe zuzuordnen, sowie die Zugriffsrechte des Prozesses auf Daten zu überprüfen.

Ein Prozeß besitzt zwei Arten von Benutzer- und Gruppennummern:
- Die **effektive** Benutzer- und Gruppennummer: Sie wird für die Überprüfung der Dateizugriffsrechte verwendet.
- Die **reale** Benutzer- und Gruppennummer: Sie ist jeweils die Nummer, die der aufrufende Benutzer besitzt.

Da in der Regel mehrere Prozesse um die Zuteilung der CPU konkurrieren, muß im System eine Steuerung implementiert sein, nach der eine Prozeßauswahl getroffen wird. Diese Steuerung wird Scheduling-Algorithmus genannt und die Terminierung, das zeitweise Verdrängen (Suspendierung), die Auswahl und die Aktivierung des nächsten rechenbereiten Prozesses entsprechend Scheduling.

Mit diesen Verfahren wird eine Pseudoparallelität aus der Sicht des Benutzers erzielt. Die Grundmechanismen, wie zwischen den lauffähigen Tasks umgeschaltet wird, sind:

Prioritätssteuerung: Dabei werden beim Umschalten wichtige Tasks - diejenigen mit höherer Priorität - bevorzugt bedient.

FIFO-Prinzip: (First In, First Out). Dabei wird der sich zuerst meldende Prozeß auch zuerst aktiviert. Er behält den Prozessor so lange, bis er sich selbst in den Ruhezustand zurückversetzt.

Round-Robin-Prinzip: Es wird immer ein einziges Element einer Task abgearbeitet und danach auf die nächste Task gleicher Priorität umgeschaltet.

Time-sharing: (Zeitscheibenverfahren). Den ablaufenden Tasks gleicher Priorität wird eine feste Zeitscheibe zugeteilt, während der sie den Zentralprozessor nutzen können.

Die Grundidee des Time-sharings besteht darin, daß von einer Vielzahl von Computerbenützern immer nur wenige gleichzeitig den Prozessor auslasten, und diese meistens nur kurze Programme ablaufen lassen. Wenn man nun abwechselnd jeden Benutzer die CPU für eine kurze Zeitspanne zur Verfügung stellt, bekommt jeder Benutzer das Gefühl, daß der Computer nur für ihn arbeitet. Kurze Jobs (wie z.B. Auflisten aller Dateien) werden meist in dieser Zeitspanne (oft auch Zeitscheibe genannt) erledigt, während zeitaufwendigere Jobs (wie Compilierung größerer Dateien) mehrere solcher Zeitscheiben benötigen. Wenn deren Zeitscheibe abgelaufen ist, werden diese aus der CPU entfernt und wieder in die Warteschlange eingereiht, wo in der Zwischenzeit möglicherweise neue Jobs angekommen sind. Bei der nächsten Zuteilung der CPU wird die Ausführung an der Stelle fortgesetzt, wo die Unterbrechung stattfand.

Das UNIX-System verwendet beim Scheduling einen prioritätsgesteuerten time-sharing Algorithmus. Dabei wird jeweils demjenigen rechenbereiten Prozeß als nächstem die CPU zugeteilt, der die höchste Priorität besitzt. Diese Priorität ändert sich während der Lebenszeit des Prozesses, z.B. wenn der Prozeß vom Benutzermodus in den Systemmodus wechselt, erlangt er höchste Priorität. Ein Prozeß befindet sich dann im Systemmodus, wenn er eine Systemfunktion aufgerufen hat und diese noch nicht beendet ist.

Das **ps**-Kommando zeigt zwei Prioritäten an:
- Die aktuelle Priorität. Dies ist jene Priorität, die der Prozeß augenblicklich besitzt und die bei der nächsten CPU-Vergabe für das Scheduling verwendet wird.
- Die nice-Priorität. Diese ist die Grundpriorität, die dem Prozeß beim Start mitgegeben und als Steigerungswert bei der jeweiligen Prioritätsberechnung verwendet wird.

Bei den als Priorität angegebenen Zahlen bedeutet eine hohe Zahl eine niedrige Priorität.

Bevor ein Prozeß die CPU zugeteilt bekommt, müssen alle Segmente im Hauptspeicher sein. Wenn jedoch der momentan freie Hauptspeicher nicht dazu ausreicht, müssen die Segmente anderer Prozesse auf Hintergrundspeicher ausgelagert werden, damit ausreichend freier Hauptspeicherplatz entsteht. Dieses

Aus- und spätere Wiedereinlagern wird als 'swapping' bezeichnet. Als 'swap space' (Swapbereich) wird jener Bereich auf dem Hintergrundspeicher, auf den ausgelagert wird, bezeichnet und als 'swap device' bezeichnet man das logische Gerät, auf das ausgelagert wird.

Unter 'swap device' versteht man einen Geräteknoten, der im Katalog '/DEV' unter dem Namen '/DEV/SWAP' angelegt wird. Das Auslagern von Prozessen geschieht durch einen eigenen Prozeß mit dem Namen 'swapper' und der Prozeßnummer '0'. Er wird beim Systemstart erzeugt und bleibt danach ständig aktiv.

Um zu verhindern, daß ein Prozeß ständig nur ein- und ausgelagert wird ohne ausreichend CPU-Zeit zu erhalten, ist der Auslagerungsalgorithmus so aufgebaut, daß ein Prozeß nur dann ausgelagert wird, wenn er bereits eine gewisse Zeit im Hauptspeicher war. Ob ein Prozeß ausgelagert ist oder sich im Hauptspeicher befindet, ist an der Prozeßzustandsnummer zu erkennen. Ist ein Prozeß im Hauptspeicher, so gibt die Prozeßadresse seine Position im Hauptspeicher an, ansonsten steht hier die Adresse des Prozesses im 'swap space'.

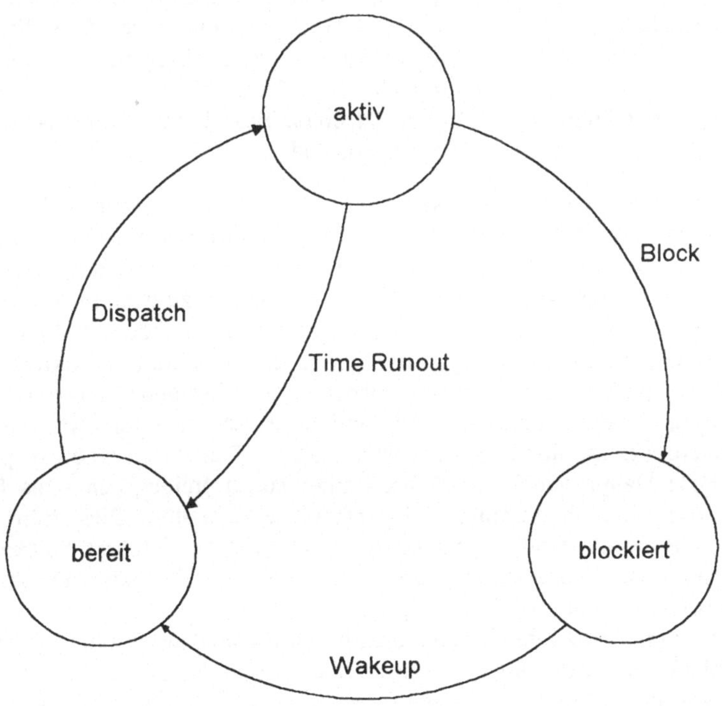

Abb. 3.10. Zustandswechsel eines Prozesses.

Wie bereits ausgeführt, bedient sich das Betriebssystem UNIX der sogenannten Zeitscheibentechnik deren Grundlage der Begriff Prozeß ist. Laut Definition ist ein

Prozeß ein Programm während seiner Ausführung. Während der Existenz eines Prozesses - der Abarbeitung eines Programms - kann dieser Prozeß unterschiedliche Zustände annehmen. Ein Zustandswechsel wird immer durch das Eintreten bestimmter Ereignisse (events) ausgelöst. Die einfachsten Prozeßzustände sind:

aktiv:	Ein Prozeß ist aktiv (running), wenn er gerade von der CPU bearbeitet wird.
bereit:	Ein Prozeß ist bereit (ready), wenn er jederzeit die CPU benutzen könnte.
blockiert:	Ein Prozeß ist blockiert (blocked), wenn er auf das Eintreten eines bestimmten Ereignisses warten muß, bevor er ausgeführt werden kann.

In Abb. 3.10 sind diese drei Zustände als Kreise dargestellt. Zwischen diesen Zuständen können jetzt Zustandswechsel stattfinden. Die vier wichtigsten sind:

dispatch (Prozeßname):	Versetzt einen Prozeß von dem Zustand 'bereit' in den Zustand 'aktiv'
time run out (Prozeßname):	Versetzt einen aktiven Prozeß bei Überschreitung der zugeteilten CPU-Zeit in den Zustand 'bereit'
block (Prozeßname):	Versetzt einen aktiven Prozeß falls dieser früher als in dem ihm zugeteilten Intervall fertig ist, in den blockiert Zustand.
wake up (Prozeßname):	Versetzt einen Prozeß von dem blockiert in den bereit Zustand.

'Block' ist der einzige Zustandswechsel, der von einem Prozeß selbst veranlaßt wird. Alle drei anderen Zustandswechsel werden vom Betriebssystem initiiert.

Um die Vielzahl von Prozessen verwalten zu können, muß das Betriebssystem UNIX über Möglichkeiten verfügen, das Prozeßverhalten zu beeinflussen. Dazu sind weitere Operationen, welche weitere Zustände bedingen, erforderlich. Laut Abb. 3.10 werden die derzeitigen Zustände aktiv, bereit und blockiert als aktive Zustände bezeichnet. Daneben sind auch suspendierte Zustände notwendig. Eine Suspendierung eines Prozesses wird üblicherweise nur für eine kurze Zeit vorgenommen, z.B. wenn das System überlastet ist. Der durch einen suspendierten Prozeß belegte Hauptspeicher wird fast immer sofort freigegeben - als Folge der Voraussetzung einer beschränkten Hauptspeicherkapazität. Dies führt auf die zusätzlichen Prozeßzustände 'suspendiert bereit' und 'suspendiert blockiert'. Eine Suspendierung eines Prozesses kann durch einen Prozeß selbst oder aber durch einen anderen Prozeß veranlaßt werden.

In Abb. 3.11 sind zu den vier vorerwähnten Zustandswechseln 'dispatch', 'time run out', 'block' und 'wake up' noch zusätzliche Zustandswechsel definiert. Für den Übergang von dem aktiven Zustand in den suspendierten Zustand und umgekehrt sind erforderlich:

suspend (Prozeßname):	Versetzt einen Prozeß von den aktiven Zuständen (aktiv, bereit, blockiert) in den suspendierten Zustand.

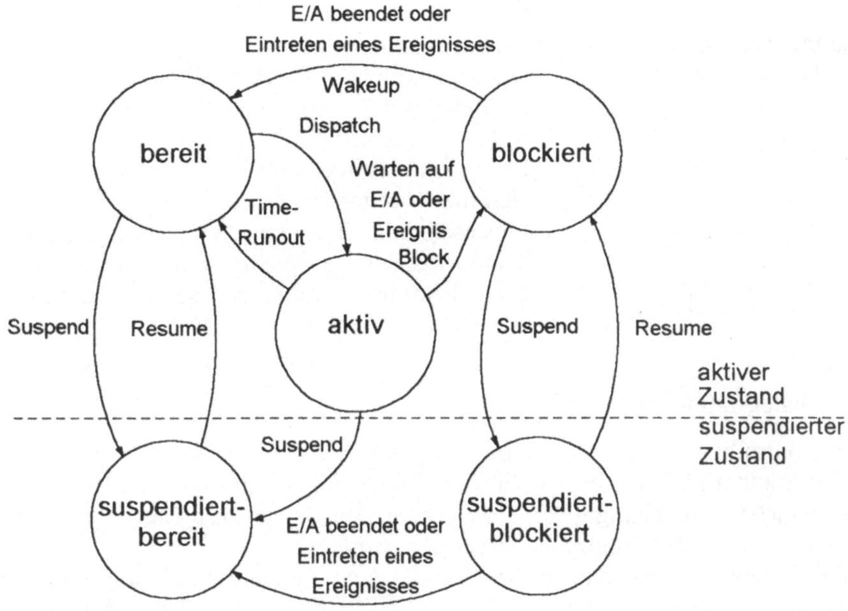

Abb. 3.11. Zustandswechsel innerhalb von UNIX

resume (Prozeßname):   Versetzt einen suspendierten Zustand wieder in einen aktiven Zustand.

Ein suspendierter Prozeß kann nur von einem anderen Prozeß wiederbelebt werden. Wird ein suspendierter Prozeß wiederbelebt, so muß seine Ausführung genau an der Stelle wieder aufgenommen werden, an der die Suspendierung vorgenommen wurde. Der Zustandswechsel 'resume' kann allerdings einen Prozeß nur von dem 'suspendiert blockierten' in den 'blockierten' und von 'suspendiert bereit' in den 'bereiten' Zustand versetzen.

Darüber hinaus sind noch Operationen, die nicht unmittelbar mit dem Zustandswechseln zusammenhängen, erforderlich:

create (Prozeßname):   Kreiert einen neuen Prozeß, wobei zur Ausführung dieser Operation eine Vielzahl von Aktivitäten (Vergabe einer eindeutigen Kennung, Eintrag in die Prozeßtabelle des Systems, Festlegen der Prozeßpriorität, Reservieren der zunächst benötigten Betriebsmittel) erforderlich sind.

kill (Prozeßname):   Löscht einen Prozeß, wobei nicht nur der Prozeß selbst entfernt wird, sondern auch alle zu diesem Prozeß vorgenommenen Einträge aus den systeminternen Tabellen gelöscht und alle von diesem Prozeß reservierten Betriebsmittel wieder freigegeben werden.

change (Prozeßname):   Ändert die Priorität eines Prozesses. Unterschiedliche Prozesse können unterschiedliche Prioritäten besitzen. So haben z.B. vom System kreierte Prozesse meiste höhere Prioritäten als die vom Benutzer kreierten. Da sich die Priorität eines Prozesses während seiner Lebensdauer ändern kann, muß das System daher über eine Operation verfügen, die eine Änderung der Priorität während seiner Lebenszeit ermöglicht.

3.3.5.2 Dialogstation eines Prozesses

Die kontrollierende Dialogstation entspricht der Standardein- und -ausgabe sowie der Standardfehlerdatei, sofern diese nicht umgeleitet sind. Das Pseudogerät '/dev/tty' ist jedoch unabhängig von einer eventuellen Umsteuerung der Dialogstation zugeordnet, von der das Programm aufgerufen wurde.

Alle Prozesse, die auf diese Weise eine gemeinsame kontrollierende Dialogstation besitzen, werden als Prozeßfamilie bezeichnet. Über den Signal-Mechanismus ist es möglich, ein Signal an alle Prozesse der gleichen Prozeßfamilie zu senden.

3.3.5.3 Prozeßkommunikation und -synchronisation

Unter UNIX kann ein Prozeß weitere Prozesse anlegen, die dann asynchron von diesen abgearbeitet werden. Die Erzeugung eines neuen Prozesses geschieht durch den Systemaufruf 'fork'. Der neue Prozeß ist dabei eine genaue Kopie des aufrufenden Prozesses, wobei selbst Daten, Befehlszähler, offene Dateien und Prioritäten identisch sind. Der aufrufende Prozeß wird nun als Vaterprozeß (parent) bezeichnet, der neu erzeugte als Sohnprozeß (child). **fork** ist ein Funktionsaufruf und liefert dem Vaterprozeß bei erfolgreichem Start des Sohnprozesses dessen Prozeßnummer (PID) zurück, während der Sohnprozeß die Prozeßnummer '0' zurückgeliefert bekommt. Von nun an laufen beide Prozesse unabhängig und asynchron weiter, sofern der Vaterprozeß nicht durch einen **wait**-Aufruf auf die Beendigung des Sohnprozesses wartet.

Wird ein Sohnprozeß beendet, so kann sein Prozeßleitblock so lange nicht den Hauptspeicher räumen, bis dem Vaterprozeß diese Terminierung mitgeteilt werden konnte. Dieser Zustand wird als **Zombie-Zustand** bezeichnet.

Eine weitere Möglichkeit der Prozeßsynchronisation stellen **Signale** dar. Ein Signal ist ein asynchrones Ereignis und bewirkt eine Unterbrechung auf der Prozeßebene. Signale (Tabelle 3.7) können entweder von außen durch den Benutzer, an der Dialogstation oder durch externe Unterbrechungen hervorgerufen werden.

Tabelle 3.7. Signale zur Prozeßsynchronistation

Name	Signal-Nr.	Bedeutung
SIGUP	1	Abbruch einer Dialogstationsleitung (Analog zum Aufhängen beim Telefon)
SIGINT	2	<Unterbrechung> von der Dialogstation
SIGQUIT	3*	<Abbruch> von der Dialogstation
SIGILL	4*	Ausführung einer ungültigen Instruktion
SIGTRAP	5*+	Unterbrechung für Einzelschrittausführung (trace trap)
SIGIOT	6*+	IOT-Instruktion
SIGEMT	7*+	EMT-Instruktion
SIGFPE	8*	Ausnahmesituation bei Gleitkommaoperation (floating point exception)
SIGKILL	9	<kill> Signal
SIGBUS	10*	Fehler auf dem System-Bus
SIGSEGV	11*	Speicherzugriff in unerlaubtem Segment
SIGSYS	12*	ungültiges Argument bei Systemaufruf
SGPIPE	13	Schreibvorgang auf Pipe oder Verbindung, die keiner liest
SIGALARM	14	Zeitintervall ist abgelaufen
SIGTERM	15	Programmbeendigung
	16	frei

*   Diese Signale erzeugen einen Speicherabzug (core dump, komplette Kopie des Prozesses aus dem Hauptspeicher) des Programmes, wenn sie nicht explizit abgefangen werden. Diese Kopie wird in der Datei `CORE` des aktuellen Verzeichnisses geschrieben und kann später analysiert werden.

\+   Diese Signale sind PDP-11-spezifisch.

3.3.6 *Wichtige Befehle in UNIX*

In der nachfolgenden Tabelle (Tabelle 3.8) werden alphabetisch die wichtigsten Befehle von UNIX mit einer kurzen Beschreibung und (falls vorhanden) dem entsprechendem MS-DOS Pendant angegeben.

Tabelle 3.8. Wichtige UNIX-Befehle

Funktion	Beschreibung	UNIX - Befehl	DOS - Befehl
CAL	Druckt den Kalender des angegebenen Jahres aus. Gibt man auch noch den Monat an, wird nur der Kalender für den betreffenden Monat gedruckt. Die Jahresangabe kann zwischen 1 und 9999 liegen. Der Monat ist eine Zahl zwischen 1 und 12.	cal (monat) jahr	
CD	Mit dem cd-Befehl und Angabe eines Directory wird das gegenwärtige Directory in das angegebene Directory geändert. Wenn keine Directory-Angabe gemacht wird, gelangt man in sein Home-Directory.	cd (directory)	CD

CP	In der ersten Form wird eine Kopie der ersten Datei (datei1) unter dem Namen 'datei2' erstellt. In der zweiten Form wird die Datei oder werden die Dateien unter ihrem gleichen Namen in das angegebene Directory kopiert.	cp datei1
		    datei2
		
		cp datei ...
		    directory
			COPY

DATE	Der date-Befehl liefert das genaue Datum und die Uhrzeit. Der Systemverwalter (Supervisor) kann als einziger Benutzer das Datum und die Uhrzeit mit dem date-Befehl setzen.	date	DATE
ECHO	Der echo-Befehl gibt seine Parameter auf die Standard-Ausgabe aus. Die n-Option verhindert einen Zeilenvorschub. Der echo-Befehl wird meistens in Shell-Programmen angewendet, um mit dem Benutzer zu kommunizieren oder um eine Fehlermeldung auszugeben.	echo (-n) parameter	ECHO
LOGIN	Mit diesem Befehl gelangt man in das UNIX-System. Man loggt ins System ein. Dieser Befehl fragt dann meistens noch nach einem Paßwort und kontrolliert, ob es auch stimmt. Es startet einen Prozeß (meistens einen Shell-Prozeß) und bestimmt weiterhin das Home-Directory.	login (benutzer)	

LPR	Dieser Befehl schickt Dateien zum Drucker. Er kann von System zu System unterschiedlich sein. Es wird empfohlen, das Handbuch zu studieren oder beim Systemverwalter nachzufragen.	lpr (optionen) datei ...	PRN
LS	Der ls-Befehl listet den Inhalt des Directories oder listet den Dateinamen.	ls datei ..	DIR
MAN	Nach der Befehlseingabe erscheint auf dem Bildschirm die Seite aus dem Handbuch, wo der Befehl beschrieben ist.	man (kapitel) befehl	HELP
MKDIR	Der mkdir-Befehl erstellt ein neues Directory mit dem Namen, der direkt hinter dem mkdir-Befehl steht. Werden mehrere Namen angegeben, so werden auch mehrere Directories angelegt.	mkdir directory ...	MD MKDIR
MV	Im ersten Fall bekommt die Datei 'alt' den neuen Namen 'neu'. Für Namen können natürlich auch Pfadnamen verwendet werden, die nicht unbedingt im gleichen Directory enden müssen. Im zweiten Fall wird die angegebene Datei oder die angegebenen Dateien unter Beibehaltung des Namens in das angegebene Directory verlegt.	mv alt neu mv datei ... directory	
PR	Der pr-Befehl erstellt von der angegebenen Datei oder von den angegebenen Dateien ein Listing. Dieses Listing ist seitenweise aufgeteilt und mit einer Seitennumerierung versehen. Auf jeder Seite steht weiterhin der Name der Datei sowie das Datum und die Uhrzeit.	pr (option) datei...	TYPE
PWD	Der pwd-Befehl druckt den Pfadnamen des aktuellen Directories aus.		
RM	Der rm-Befehl löscht eine oder mehrere Dateien	rm datei...	DEL
RMDIR	Der rmdir-Befehl löscht das oder die angegebenen Directories. Die einzige Voraussetzung ist, daß die Directories leer sein müssen.	rmdir directory ...	RD

3.3.7 Zukunftsaspekte für den Einsatz von UNIX

Multi-tasking Betriebssysteme und insbesondere multi-user multi-tasking Betriebssysteme werden in Zukunft single-user Betriebssystemformen ablösen. Speziell das Betriebssystem UNIX bietet durch seine einfache Struktur und die durch das offene Konzept gut ausgeprägte Vernetzungsmöglichkeit vielfältige Vorteile für den Aufbau komplex vernetzter Systeme. Das Betriebssystem UNIX wurde von verschiedenen großen Systemanbietern für deren eigene Rechnerfamilien adaptiert. Es gibt daher heute neben dem Standard UNIX der Version UNIX Vr.4 sogenannte UNIX-Derivate wie AIX, SINIX, ULTRIX, XENIX. Der für Endanwender große Nachteil von UNIX, der unkomfortablen textorientierten Benutzeroberfläche, kann durch den Einsatz der graphischen Benutzeroberfläche (graphic user interface GUI) X-Windows entgegengewirkt werden. Speziell in heterogenen Netzwerkstrukturen und beim Einsatz von Datenservern kommt den UNIX-Rechnern eine große Bedeutung zu. Sie übernehmen die Aufgaben der Datenbankserver und Knotenpunkte für die Zusammenführung mehrere logischer Netzwerke (LANs, WANs oder MANs (Metropolean Area Networks)). Die vielfältigen Möglichkeiten des Betriebssystems, die einfache Entwicklung neuer, spezieller Funktionen, die Beständigkeit des Betriebssystems und die einfache Verknüpfbarkeit mit anderen Systemen sind Faktoren, die das Standard UNIX-Betriebssystem zu einem offenen Betriebssystem machen.

4 Grundlagen des Softwareengineering

Die Rechnerprogrammierung beschäftigt sich mit der Erstellung von Programmen, d.h. Software für die maschinelle Be- und Verarbeitung algorithmisierbarer Vorgänge. Software ermöglicht die Kommunikation zwischen Mensch und Maschine oder zwischen Mensch und Mensch über einen Informationsaustausch mit der Maschine. Aus diesem Grunde bildet die Software die Brücke zwischen den maschinellen Gegebenheiten der Hardware und den Informationsbedürfnissen des Menschen. Dies führte zu einer neuen Ingenieurdisziplin, dem Softwareengineering. Softwareengineering muß:

eine Mensch-Maschine-Kommunikation mit einem Optimum an Qualität, Kosten- und Zeitaufwand und dies mit hoher Benutzerakzeptanz und flexibler Ausbaufähigkeit realisieren.

Softwareengineering (Softwaretechnik) ist die systematische Verwendung von Methoden und Werkzeugen zur Herstellung und Anwendung von Software mit dem Ziel einer spürbaren Rationalisierung bei gleichzeitiger Qualitätssteigerung.

Die Prinzipien des Softwareengineering basieren auf den menschlichen Denkvorgängen, die im wesentlichen folgenden Begrenzungen unterliegen:

- Gedanken können nicht gleichzeitig nebeneinander (parallel), sondern nur nacheinander (sequentiell) entwickelt werden.
- Gleichzeitig kann nur eine beschränkte Anzahl von Begriffen vergegenwärtigt werden.
- Deswegen können Menschen nur relativ kleine, abgegrenzte Probleme vollständig erfassen und lösen.

Aus diesen Gründen müssen für einen erfolgreichen Einsatz von Methoden beim Prozeß der Softwareherstellung folgende Prinzipien beachtet werden:

- Modularisierung:
  Umfangreiche Probleme werden in kleinere, überschaubare und in sich geschlossene Teilbereiche zerlegt. Dadurch wird es möglich, hochkomplexe Aufgaben schrittweise so zu verfeinern, daß sie dem menschlichen Erkenntnisumfang entsprechen.
- Hierarchische Strukturierung:
  Die Abhängigkeit der Teilaufgaben (Module) relativ zueinander sollen streng hierarchisch sein, d.h. von übergeordneten Begriffen zu untergeordneten führen (top down Entwurf).
- Strukturierte Programmierung:
  Es erfolgt eine Beschränkung auf möglichst wenig logische Beschreibungselemente (bei Ablaufstrukturen auf die drei Grundbausteine Folge, Auswahl und Wiederholung) und auf rein lineare Denkprozesse. Zur

Realisierung dieser Forderungen bedient sich Softwareengineering einer Vielzahl von Methoden.

Die übliche Vorgehensweise bei der Entwicklung von Software besteht leider oft darin, daß ein einzelner Systemanalytiker oder Programmierer ein Programm erstellt, installiert und es zum Laufen bringt. Meist ist keine Dokumentation vorhanden und die Wartung für einen zweiten völlig aussichtslos. Diese in der Vergangenheit und derzeit noch übliche Vorgehensweise ist nicht mehr zeitgemäß. Entspricht eine erstellte Software den vorher formulierten Prinzipien und ist sie ausreichend und aktualisiert dokumentiert, dann ist es kein Problem für einen zweiten oder dritten, diese Software zu adaptieren oder anzupassen. Die Zeiten des "Hütens" der eigenen Software und des "gegeneinander Programmierens" sollten der Vergangenheit angehören.

4.1 Phasen der Softwareentwicklung

Die Arbeit an einem Softwareprojekt gliedert sich in fünf Phasen, wobei sich folgende Einteilung bewährt hat:

- Phase 1: Problemanalyse:
  Das zu lösende Problem wird in Zusammenarbeit mit dem Auftraggeber definiert und analysiert. Das Ergebnis ist die Anforderungsdefinition oder das Pflichtenheft.
- Phase 2: Entwurf:
  Das Softwaresystem wird als Ganzes entworfen und in Teile zerlegt (Grobentwurf), mit den Teilen wird ebenso verfahren (Feinentwurf); die dabei entstehenden Schnittstellen werden festgelegt (Spezifikation). Als Ergebnis ergibt sich die Systemstruktur und die Spezifikation aller Teile oder Module.
- Phase 3: Implementierung:
  Die Module werden programmiert und jedes für sich getestet.
- Phase 4: Test:
  Die Zusammensetzung der Module zu Gruppen und das Gesamtsystem werden getestet (Integrationstest). Als Ergebnis ergibt sich die Abnahme durch den Auftraggeber.
- Phase 5: Wartung:
  Im Betrieb entdeckte Fehler werden beseitigt, und das Programmsystem wird den sich verändernden Anforderungen angepaßt.

Ziel dieses planmäßigen Vorgehens in Phasen ist es, nicht nur kostengünstig in vorhersagbarer Zeit Software zu erstellen, sondern diese auch so zu entwickeln, daß der Wartungs- und Pflegeaufwand möglichst gering gehalten werden kann. In diesem sogenannten Phasenkonzept dürfen streng genommen die nachfolgenden Phasen erst begonnen werden, wenn die vorhergehenden vollständig abgeschlossen sind. Auch wenn sich die Anforderungen in einer späteren Phase ändern, muß zumindest darauf hingewiesen werden, welche Termin- und Kostenüberschreitungen die Folge sind. Inwieweit die Methoden des Parallelentwickelns ("Concurrent Engineering") hier Eingang finden, bleibt abzuwarten.

In der ersten Phase wird beschrieben, was das System leisten muß, und nicht, wie dies realisiert wird. Weil diese Anforderungen meist von den Fachabteilungen und nicht von den EDV-Spezialisten formuliert werden, wird auch von einem fachinhaltlichen Entwurf gesprochen. Ganz wichtig ist, daß von vorn herein eine Vermischung zwischen Anforderung und DV-Realisierung vermieden wird. Die Anforderungsdefinition, die als Ergebnis in Form eines Pflichtenheftes vorliegt, muß folgenden Bedingungen genügen:

- Vollständigkeit:
  Die einzelnen Aufgaben und Abläufe müssen inhaltlich und formal vollständig beschrieben sein. Ferner müssen zur Überprüfung die entsprechenden Testfälle aus Sicht des Fachbereiches festgelegt werden.

- Widerspruchsfreiheit:
  Fachinhaltliche Aussagen dürfen sich nicht widersprechen. Beispielsweise dürfen gleiche Voraussetzungen nicht zu unterschiedlichen Abläufen führen. Da die sprachlich formulierten Aussagen oft schwer hinsichtlich Widersprüchen überprüfbar sind, wird empfohlen, die Beschreibung von Funktionsabläufen mit Entscheidungstabellen vorzunehmen, die ihrerseits auf Vollständigkeit, Widerspruchsfreiheit und Redundanzfreiheit untersucht werden können.

- Verständlichkeit:
  Die Formulierung der Aufgaben muß so verständlich wie möglich erfolgen, d.h. mit möglichst wenig fachspezifischen Ausdrücken, daß die EDV-Abteilung die Anforderungen ohne Rückfragen sofort verstehen kann. Damit sollen Fehler, die auf Mißverständnissen zwischen Fachabteilung und EDV-Abteilung beruhen, weitgehend ausgeschaltet werden.

Der Softwarelebenszyklus (Abb. 4.1) erfaßt nur die Herstellung und Wartung eines Softwareprodukts; Qualitätssicherung, Dokumentation und Management sind darin nicht enthalten, da sie sich über alle Phasen erstrecken.

Zur Herstellung von Softwareprodukten benötigt man Methoden und Werkzeuge. Methoden sind systematische Vorgehensweisen, wie sie bereits angedeutet wurden. Softwarewerkzeuge sind Programme, die Entwicklung, Test, Analyse oder Wartung von Programmen oder ihre Dokumentation unterstützen. Methoden und Werkzeuge entfalten ihre volle Effizienz erst dann, wenn sie aufeinander abgestimmt sind. Eine solche Sammlung von zusammenhängenden und aufeinander abgestimmten Methoden, Techniken und Werkzeugen nennt man "Software-Entwicklungs-Umgebung" (Software Development Environment, Software Engineering Support Environment), oft auch als "Programmierumgebung" (Programming Environment) bezeichnet. Eine einheitliche, allgemeine Software-Entwicklungs-Umgebung - eine zusammenhängende Sammlung von Werkzeugen, die mit einer einzigen Kommandosprache aufgerufen werden - existiert derzeit noch nicht.

Am Anfang eines Softwareprojekts müssen Aufgabenstellung und Leistungsumfang vom Auftraggeber und Auftragnehmer gemeinsam festgelegt werden. Dafür finden in der Technik übliche Verfahren, welche für die Softwaretechnologie nicht spezifisch sind, Verwendung. Das Ergebnis der Problemanalyse soll ein Dokument, die Anforderungsdefinition sein. Sie stellt das Pflichtenheft, die Vereinbarung zwischen Auftraggeber und Auftragnehmer über das zu liefernde Produkt dar.

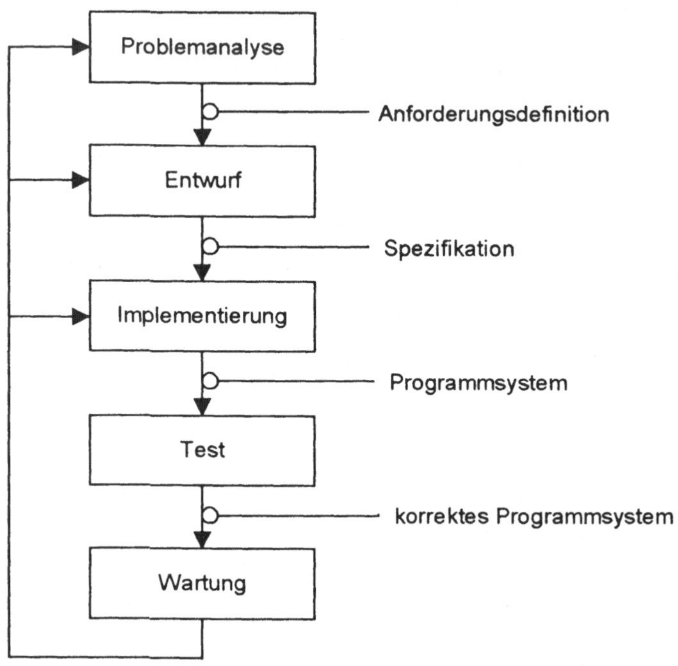

Abb. 4.1. Der Software Lebenszyklus

Mit dem Entwurf wird die Struktur oder Architektur eines Softwarepaketes festgelegt. Bei größeren Problemen wird dieses in Teilsysteme zerlegt, welche genau zu spezifizieren sind. Diese Zerlegung ist maßgeblich dafür, ob sich später ein strukturell gutes, leicht verständliches und leicht änderbares Softwareprodukt ergibt. Softwareentwurf kann durch Entwurfsmethoden unterstützt werden. Entwurfsmethoden garantieren aber nicht notwendigerweise ein hochwertiges Softwareprodukt. Die Frage, auf welche Art und Weise man eine softwaretechnische Aufgabe in Teilaufgaben zu zerlegen hat, nimmt eine zentrale Stellung in der Softwaretechnik ein. Die dafür aufgestellten Prinzipien können unter den Stichworten

modulares Programmieren,
strukturiertes Programmieren,
defensives Programmieren,
generisches Programmieren,
objektorientiertes Programmieren

zusammengefaßt, von welchen die wichtigsten beschrieben werden.

4.2 Problemanalyse

Die Problemanalyse beinhaltet die Durchleuchtung der Systematik einer Aufgabenstellung, deren Zerlegung in sachlich voneinander trennbare Einzelteile und der Erfassung der inneren Zusammenhänge dieser Einzelteile untereinander. Das Zerlegen einer Aufgabe in sinnvolle Einzelteile läßt sich zwar nur gedanklich vollziehen, jedoch läßt sich erkennen, daß die Stärke der Aufsplittung einer Problemstellung umso besser gelingt, desto transparenter diese ist.

Unter dem Ziel einer Analyse versteht man das Auffinden von Ansätzen für neue Problemlösungen und das Verbessern bereits bestehender Abläufe.

4.2.1 *Problembeschreibung, Problemabgrenzung und Randbedingungen*

Am Beginn einer analytischen Betrachtung wird noch nicht besonders genau zwischen dem Ist - und dem Soll- Zustand einer Situation unterschieden, weil zuerst einmal das Problem als Ganzes angesprochen werden muß.

Über das aktuelle Problem, das einer Lösung zugeführt werden soll, hat grundsätzlich Klarheit zu herrschen. Dazu gehört, daß sämtliche Projektmitglieder gleichen Begriffsbezeichnungen gleiche Begriffsinhalte zuordnen. Gerade in der Datenverarbeitung, wo mit sehr vielen fremdsprachigen Fachausdrücken gearbeitet wird, ist es sehr wichtig, daß diese Voraussetzung beachtet wird. Erst wenn alle das gleiche meinen, sachlich eine gemeinsame Sprache führen und sich alle Beteiligten mit der Problemlösung identifizieren, kann speziell bei umfangreicheren Projekten ein erfolgreicher Ablauf garantiert werden.

Daraus ist ersichtlich, daß vor allem das Detail der psychologischen Auswirkungen sehr ernst zu nehmen ist.

Um allen Beteiligten ein Problem möglichst nahe zu bringen, bedarf es vorerst einer Problembeschreibung mit einer genauen Darstellung der bisherigen Situation. Mit Hilfe dieser kann die Problemstellung erfaßt werden. Auch wenn bei einer Problembeschreibung Absichtserklärungen eingebunden werden, so geht es doch um die Fixierung von Sachinhalten und organisatorischen Fragen. Ohne Sachinhalte und Ablauforganisationen wird es schwer sein, brauchbare Lösungsansätze zu finden. Fragen von Reorganisationen sind dann leichter zu lösen, wenn die Mitarbeiter zum Mitmachen motiviert werden. Das Wissen vieler Sachbearbeiter um Einflüsse auf die Abläufe, sowie deren aktive Einbindung in die Arbeitsgespräche, bilden eine der wesentlichsten Voraussetzungen einer erfolgreichen Analyse.

Eine Problembeschreibung erfaßt die Aufgabenstellung von der Entstehung eines Vorgangs bis zu dessen Lösung. Damit wird die Problembeschreibung zum ersten und wichtigsten Element einer Problemanalyse. Ohne eine lückenlose Darstellung eines Istzustands läßt sich kaum ein Lösungsansatz ausarbeiten.

Dieser erste Schritt zu einer Problemlösung, die Problembeschreibung wird als Spezifikation des Problems bezeichnet. Das folgende Beispiel soll zeigen, daß häufig die eigentliche Leistung in der Aufstellung der Spezifikation liegt. Wenn erst einmal klar ist, was zu rechnen ist, ist die Aufgabe bereits zu 90 % gelöst.

Beispiel:
Auf einem Parkplatz stehen P PKWs und M Motorräder. Zusammen seien es n Fahrzeuge mit insgesamt m Rädern. Bestimme die Anzahl P der PKWs.

Die Problembeschreibung enthält n und m als Parameter. Das Vorhandensein von solchen Parametern ist typisch für Probleme, zu denen Algorithmen entwickelt werden sollen.

Offensichtlich ergibt die Anzahl P der PKWs plus die Anzahl M der Motorräder die Gesamtzahl n der Fahrzeuge. Außerdem wissen wir, daß jeder PKW vier Räder und jedes Motorrad zwei Räder hat und daß die Radzahlen der PKWs und der Motorräder zusammen m ergeben müssen. Das heißt, daß wir es mit dem folgenden Gleichungssystem zu tun haben:

$$P \; + \; M \; = \; n$$
$$4P \; + \; 2M \; = \; m$$

Wir lösen die erste Gleichung nach M auf:

$$M \; = \; n \; - \; P$$

und setzen in die zweite Gleichung ein:

$$4P \; + \; 2 \, (n \; - \; P) \; = \; m$$
$$2P \; = \; m \; - \; 2n$$
$$P \; = \; (m \; - \; 2n) \, / 2$$

An dieser Stelle sind wir versucht, das Problem als gelöst zu betrachten und könnten jetzt nach dieser Formel ein Computerprogramm schreiben. Doch Achtung ! Wir erhalten nämlich für n $=$ 3 und m $=$ 9

$$P \; = \; (9 \; - \; 2 * 3) \, / 2 \; = \; 3 / 2 \; = \; 1,5$$

Also müßten auf dem Parkplatz 1,5 PKWs stehen. Offensichtlich ergibt die Aufgabe nur einen Sinn, wenn die Anzahl m der Räder gerade ist.

Aber das ist noch nicht alles: für n $=$ 5 und m $=$ 2 zeigt:

$$P \; = \; (2 \; - \; 2 * 5) \, / 2 \; = \; -8 / 2 \; = \; -4$$

Die Antwort wäre also "Es fehlen vier PKWs", was auch unsinnig ist. Die Anzahl der Räder muß mindestens zweimal so groß sein wie die Anzahl der Fahrzeuge. Eine dritte Rechnung zeigt, daß die Anzahl der Räder höchstens viermal so groß sein kann wie die Anzahl der Fahrzeuge; wenn man etwa n $=$ 2 und m $=$ 10 annimmt, ergibt sich P $=$ 3 und demzufolge M $=$ -1.

Für die mathematische Behandlung in der oben abgeleiteten Formel sind n und m nur irgendwelche Zahlen. Der Bezug zu real existierenden Gegenständen ist völlig aufgehoben. Derartige Abstraktionsschritte sind typisch für die Mathematik, aber auch für die Informatik.

In der Informatik allerdings sind die Folgen einer inkonsequenten Einhaltung von Abstraktionen in der Regel verheerender, weil sie durch die Computer vervielfacht werden und zu Ergebnissen führen, die in der Praxis oft ungeprüft als Entscheidungsgrundlagen herangezogen werden.

Es gilt deshalb die folgende Spezifikationsregel:

Vor der Entwicklung eines Algorithmus ist zunächst für das Problem eine funktionale Spezifikation anzufertigen. Diese beschreibt die Menge der gültigen Eingabegrößen ("Definitionsbereich") und die Menge der möglichen Ausgabegrößen ("Wertebereich") mit allen für die Lösung wichtigen Eigenschaften, insbesondere deren funktionalem Zusammenhang.

Häufig werden der Definitions- und Wertebereich nur implizit in der Beschreibung des funktionalen Zusammenhangs zwischen Eingabe- und Ausgabegrößen aufgeführt. Diesen Zusammenhang beschreibt man gerne durch sogenannte Vor- und Nachbedingungen. Die Vorbedingung beschreibt den Zustand vor Ausführung des geplanten Algorithmus, das heißt seine Voraussetzungen. Die Nachbedingung beschreibt dementsprechend den Zustand nach Ausführung des geplanten Algorithmus, mit anderen Worten seine Leistungen. Ein Text kann nur dann als funktionale Spezifikation bezeichnet werden, wenn Vor- und Nachbedingung ausdrücklich und präzise aufgeführt sind.

Bei obigem Beispiel käme es somit zu folgender Spezifikation:

Eingabe: $m, n \in N$

Vorbedingung: m gerade, $2n < m < 4n$

Ausgabe: $P \in N$, falls Nachbedingung erfüllt, sonst "Keine Lösung".

Nachbedingung: Für gewisse $P, M \in N$ gilt :

$$P + M = n$$
$$4P + 2N = m$$

Bei diesem einfachen Beipiel kann man nun ohne weitere Vorbereitungen einen "Algorithmus" zu seiner Lösung angeben; es ist dies die bereits zuvor hergeleitete Auflösung des Gleichungssystems.

Die Bedingung $2n < m$ sorgt dafür, daß P nicht negativ wird und die Bedingung $m < 4n$ dafür, daß der maximale Wert von P gleich n ist; dadurch werden negative Motorradzahlen vermieden. Insgesamt erhalten wir also einen Algorithmus, der in der Programmiersprache PASCAL folgendermaßen codiert wird:

```pascal
program Parkplatz (Input, Output);
(* Parkplatzproblem. Lies Anzahl der Fahrzeuge und Anzahl
der Räder und gib Anzahl der PKWs aus, falls Lösung
möglich.
Vorbedingung:    AnzRaeder gerade und
                 2 * AnzFahrzeuge  <= AnzRaeder
                                   <= 4 * AnzFahrzeuge
Nachbedingung:   P + M = AnzFahrzeuge
                 4 * P + 2 * M = AnzRaeder,
                 wobei P die Anzahl der PKWs und M die
                 Anzahl der Motorräder.
*)
var   AnzRaeder,
      AnzFahrzeuge: Integer;
      P: Integer;
begin
      ReadLn(" Anzahl der Fahrzeuge? ", AnzFahrzeuge);
```

```
ReadLn(" Anzahl der Räder?        ",AnzRaeder);
if (AnzRaeder < 0) or (AnzFahrzeuge < 0) or
   odd (AnzRaeder) or (AnzRaeder < 2 * AnzFahrzeuge)
   or (AnzRaeder > 4 * AnzFahrzeuge) then
WriteLn (" Falsche Eingabe!")
else begin
   P := AnzRaeder - 2 * AnzFahrzeuge;
   WriteLn (P div 2, "PKWs")
end ( * IF *)
end.
```

Im allgemeinen besteht eine funktionale Spezifikation daher aus einigen der im folgenden angegebenen Komponenten:

- Deklarationen:
  Vereinbart die problemspezifischen Objekte. Dazu gehören je nach Anwendungsfall, die folgenden Teile:
  Konstanten: Vereinbart Konstantenbezeichner für problemspezifische Konstanten.
  Typen: Vereinbart problemspezifische Datentypen. Hierzu gehören Bezeichner für die Trägermengen, die wir hier Typenbezeichner nennen wollen und Funktionsbezeichner für die Operationen der Datentypen.
  Funktionen: Vereinbart Funktionsbezeichner für weitere problemspezifische Funktionen.
  Prädikate: Vereinbart Prädikatsbezeichner für problemspezifische Prädikate in diesem Zusammenhang sind Funktionen, die einen Wahrheitswert zurückgeben;
  Einzelne Punkte können entfallen, falls sie nicht notwendig sind. Andernfalls sind sie in der hier vorgestellten Reihenfolge aufzuführen. Der ganze "Deklarationen"-Teil kann entfallen, wenn die verwendeten Variablen vom verwendeten Compiler automatisch deklariert werden.
- Eingabe:
  Vereinbart Variablenbezeichner für die Eingabeparameter der Spezifikation. Den Variablenbezeichnern sind Typen zuzuordnen, über den diese Bezeichner variieren. Die vorher definierten Typenbezeichner können hier verwendet werden.
- Vorbedingung:
  Eine Menge von Prädikaten, welche die Eingaben erfüllen sollen. Die vorher definierten Konstanten, Typen, Funktionen und Prädikate können hier verwendet werden. Normalerweise werden hier die Bezeichner der Eingabeparameter verwendet.
- Ausgabe:
  Vereinbart Variablenbezeichner für die Ausgabeparameter der Spezifikation. Auch hier sind diesen Bezeichnern Typen zuzuordnen.
- Nachbedingung:
  Eine Menge von Prädikaten, welche die Leistung des zu entwickelnden

Algorithmus beschreibt. Normalerweise treten hier auch die Ausgabeparameter auf.

Bei der Formulierung der Randbedingungen muß eindeutig klar sein, welche Zahlen gerade noch verarbeitet werden dürfen. Die Grenzzahlen müssen daher eindeutig angegeben sein.

Für eine optimale Problemlösung aus der Sicht der Problemanalyse ist erforderlich:

- Eine Problembeschreibung dient sowohl zur Charakterisierung der Sachinhalte einer Aufgabenstellung als auch des organisatorischen Istzustandes.
- Ziel dieser Beschreibung, an der sämtliche Betroffenen mitarbeiten sollten, ist die Darstellung der Sachinhalte und die Erläuterung der inneren Zusammenhänge.
- Die Formulierung der Beschreibung sollte so gewählt werden, daß daraus Denkanstöße für allfällige Lösungsansätze abgeleitet werden können.
- Auf die Berücksichtigung sachlicher und organisatorischer Randfragen soll nicht verzichtet werden.
- Die Problembeschreibung soll sich durch eine klare, eindeutige und widerspruchsfreie Formulierung der Begriffe und Verhältnisse auszeichnen.
- Bei der Abfassung einer Problembeschreibung hat man sich weniger Fachausdrücke und mehr allgemein verständlicher Begriffe zu bedienen.
- Die Beschreibung ist so abzufassen, daß dabei auch eine Motivation sichtbar wird, was sich durch die Berücksichtigung der Ideen der Mitarbeiter ermöglichen läßt.
- Von einer optimalen Lösung können wir dann sprechen, wenn innerhalb des gewählten Lösungsvorganges alle möglichen vorkommenden Verarbeitungswege in einer Programmgestaltung Eingang finden können.
- Eine optimale Problemlösung berücksichtigt ebenfalls sogenannte Grenz- und Sonderfälle.

4.3 Lösungsansätze

Die Praxis zeigte, daß Lösungsvorstellungen durch alle Beteiligten zu entwickeln sind. Es muß zu diesem Zeitpunkt festgestellt werden, ob die in diesen Lösungsvorschlägen angedeuteten Maßnahmen zur Implementierung auch tatsächlich den Kern der Sache treffen und durchführbar sind.

Es kann aber auch notwendig sein, einen Lösungsvorschlag zu revidieren, wenn sich für seine Implementierung Hindernisse in den Weg stellen. Dies kann auch soweit gehen, daß ein Lösungsansatz völlig verworfen wird und ein komplett neuer ausgearbeitet werden muß.

Je mehr Varianten zur Verfügung stehen, desto eher besteht die Möglichkeit, daß keine weiteren Verzögerungen in der Durchführung der Analyse eintreten.

Störungen sind in erster Linie nicht vom Haupt-, sondern allenfalls von Randproblemen zu erwarten.

Liegen nun mehrere Lösungsvorschläge vor, müssen diese untereinander bewertet und dann mit bestehenden verglichen werden. Ein wesentlicher Punkt in der Beurteilung eines Lösungsvorschlages besteht darin, daß er auch hinsichtlich der Ausarbeitung der Schnittstellen zu anderen Bereichen überprüft wird.

Die Lösung des Problems muß nicht nur in sich geschlossen und praktikabel sein, sie muß auch als Ganzes in das Softwarepaket passend integriert werden können. Die Schnittstellen der zu lösenden Teilprobleme betreffen in den meisten Fällen den Datenfluß. Dabei kommt es darauf an, daß einerseits die Informationen in geeigneter Form übernommen, aber auch in geeigneter Form weitergegeben werden können.

Somit ergänzt die Diskussion eines Lösungsansatzes eine Problemanalyse dahingehend, daß Fehleinschätzungen verhindert und hohe Kosten vermieden werden.

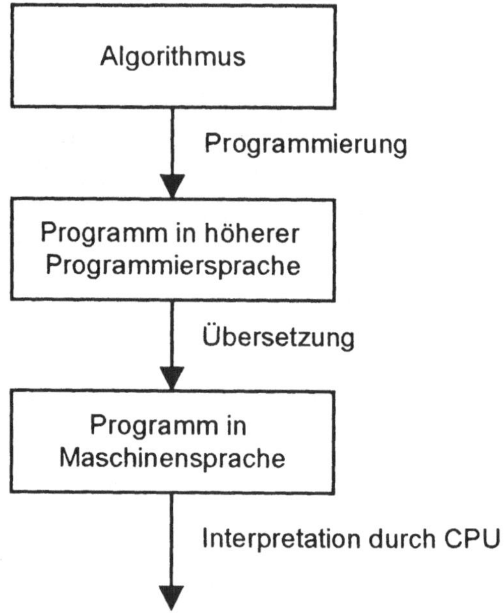

Abb. 4.2. Stufen der Algorithmusausführung in einem Computer

4.3.1 Lösungsalgorithmus

Für die Programmausführung im Computer muß man die Aufgabe mittels eines Algorithmus beschreiben. Dieser besteht aus einer Folge von Schritten, deren korrekte Abarbeitung die gestellte Aufgabe löst. Er muß in einer geeigneten Programmiersprache formuliert werden. Nach Übersetzung in ein ausführbares

Programm wird dieses - und damit der Algorithmus - von der CPU abgearbeitet (Abb. 4.2).

Ein Algorithmus hat im allgemeinen einen Namen, die Eingangsgrößen heißen Eingangsparameter, die gesuchten Werte werden als Ausgangsparameter bezeichnet. Ist ein Algorithmus in einer Programmiersprache abgefaßt, sodaß er von einem Rechner ausgeführt werden kann, nennt man ihn Programm. Wegen der engen Verwandschaft von Algorithmus und Programm werden beide Begriffe oft gleichberechtigt nebeneinander gebraucht.

4.3.1.1 Die Bedeutung von Algorithmen

Die Ausführung eines Prozesses auf einen Computer erfordert, daß

- ein Algorithmus entworfen wird der beschreibt, wie der Prozeß auszuführen ist,
- der Algorithmus als Programm in einer geeigneten Programmiersprache ausgedrückt wird,
- der Computer das Programm ausführt.

Ein Algorithmus ist eine Menge von Regeln für Verfahren, um aus gewissen Eingabegrößen bestimmte Ausgabegrößen herzuleiten, wobei die folgenden Bedingungen erfüllt sein müssen:

- Finitheit der Beschreibung:
  Das vollständige Verfahren muß in einem endlichen Text beschrieben sein. Die elementaren Bestandteile der Beschreibung werden als "Schritte" bezeichnet.
- Effektivität:
  Effektivität ist nicht mit Effizienz zu verwechseln. Unter Effektivität versteht man die prinzipielle Machbarkeit. Jeder einzelne Schritt des Verfahrens muß tatsächlich ausführbar sein.
- Terminiertheit:
  Der Ablauf des Verfahrens ist an jedem Punkt fest vorgeschrieben. Das Programm endet nach einer endlichen Anzahl von Schritten.

4.3.1.2 Syntax und Semantik

Da ein Prozessor in der Lage sein muß, einen Algorithmus zu interpretieren, um den von ihm beschriebenen Ablauf ausführen zu können, muß der Prozessor befähigt sein,

- die Darstellung, in der der Algorithmus ausgedrückt wird, zu verstehen;
- die entsprechenden Operationen auszuführen.

Die Menge der grammatikalischen Regeln, die bestimmen, wie die Symbole in der Sprache zu benutzen sind, heißen Syntax der Sprache. Ein Programm, das die Syntax der Sprache, in der es ausgedrückt ist, befolgt, heißt syntaktisch korrekt; das bedeutet, daß jedes im Programm verwendete Symbol korrekt benutzt wird. Eine

Abweichung von der Sprachsyntax heißt Syntaxfehler. Syntaktische Korrektheit ist eine notwendige Voraussetzung für die Interpretation eines Computerprogrammes.

Der zweite Schritt, einen algorithmischen Ausdruck zu verstehen, verlangt, jedem Schritt des Algorithmus eine Bedeutung zuzuordnen und zwar in Form von Operationen, die der Prozessor ausführen soll.

Die Bedeutung besonderer Ausdrucksformen einer Sprache heißt Semantik der Sprache. Programmiersprachen sind hinsichtlich ihrer Syntax und Semantik relativ einfach gestaltet, so daß ein Programm, ohne Bezug auf die Semantik, syntaktisch analysiert werden kann.

So zum Beispiel ist der Satz "Schreibe den dreizehnten Monat im Jahr" ein syntaktisch korrekter Schritt im Algorithmus (ausgedrückt in der Umgangs- und nicht in der Programmiersprache), jedoch semantisch sinnlos.

4.3.1.3 Folge (Sequenz)

Aus obigem Beispiel ist ersichtlich, daß ein Algorithmus einfache Schritte beinhaltet, die hintereinander auszuführen sind. Ein Algorithmus ist somit eine **Folge (Sequenz)** von Schritten, was bedeutet:

- Zu einem bestimmten Zeitpunkt wird nur ein Schritt ausgeführt.
- Jeder Schritt wird genau einmal ausgeführt: keiner wird wiederholt, keiner ausgelassen.
- Die Reihenfolge, in der die Schritte ausgeführt werden, ist die gleiche Folge, in der sie niedergeschrieben sind (d.h. nacheinander).
- Mit Beendigung des letzten Schrittes endet der gesamte Algorithmus.

4.3.1.4 Verzweigung (Bedingung)

Beispiel: Ein Roboter hat die Aufgabe, mit einem Bohrer Löcher in einen Holzbalken zu bohren. Er bekommt die Aufgabe:

1. Nimm einen Bohrer aus Lade
2. **Falls** Bohrer stumpf
    dann nimm anderen Bohrer aus Lade
3. Entferne die Hülle vom Bohrer, u.s.w.

Der entscheidende Schritt ist Schritt 2, der sowohl den auszuführenden Schritt (Nimm anderen Bohrer aus Lade), als auch die Bedingung (Bohrer ist stumpf), von der **Auswahl** abhängt, beinhaltet.

Schritt 2 ist ein Spezialfall der allgemeinene Form :

```
Falls Bedingung
   dann Schritt
```

wobei `Bedingung` die Umstände vorgibt, unter denen `Schritt` auszuführen ist. Falls `Bedingung` erfüllt ist, wird `Schritt` ausgeführt, sonst nicht. Der Prozessor muß natürlich in der Lage sein, die Bedingung in einem Algorithmus zu verstehen. Die Bedingungen müssen gegebenenfalls deshalb soweit verfeinert werden, daß sie für die Interpretation durch den Prozessor ausreichend präzise und detailiert sind.

Eine Erweiterung dieser Selektionsform ist eine Form, die bestimmt, welcher von zwei alternativen Schritten auszuführen ist.

```
Falls Bedingung
   dann Schritt 1
   sonst Schritt 2
```

wobei Bedingung in offensichtlicher Weise bestimmt, ob Schritt 1 oder Schritt 2 auszuführen ist.

Es leuchtet sofort ein, daß die frühere Form **falls .. dann** ... (**if** ... **then**) ein Spezialfall obiger Form **falls ... dann ... sonst** ... (**if** ... **then** ... **else**) ist, denn

```
Falls Bedingung                      Falls Bedingung
   dann Schritt 1   ist ident           dann Schritt 1
                                         sonst "tue nichts".
```

Man benutzt dann die kürzere Form **falls ... dann ...,** wann immer es aus Gründen des knappen Ausdrucks geeignet erscheint.

4.3.1.5 Wiederholung (Iteration)

Wenn man den Vorgang betrachtet, die Anschrift einer Person in einer Liste von Namen und Adressen zu suchen (falls der Name bekannt ist), wäre folgender Algorithmus möglich:

```
Lies den ersten Namen der Liste
Falls dieser Name der gegebene ist
   dann notiere die zugehörige Anschrift
   sonst lies den nächsten Namen der Liste
   falls dieser Name der gegebene ist
      dann notiere die zugehörige Anschrift
      sonst lies den nächsten Namen der Liste
      falls dieser Name der gegebene ist
         dann ...
         ....
```

Das Beispiel zeigt, daß Folge und Auswahl für sich alleine noch nicht ausreichen, um Algorithmen wiederzugeben, deren Länge mit den Umständen variiert. Was erforderlich ist, ist ein Mittel zur beliebig häufigen **Wiederholung (Iteration)** von bestimmten Algorithmenschritten.

Diese Mittel werden durch die Worte **wiederhole (repeat)** und **bis (until)** in Algorithmen eingeführt, sodaß der Algorithmus dann folgendermaßen formuliert werden kann:

```
Lies den ersten Namen der Liste
Wiederhole
   Falls dieser Name der gegebene ist
      dann notiere die zugehörige Anschrift
      sonst lies den nächsten Namen der Liste
```

```
bis  der gegebene Name gefunden ist oder
     die Liste erschöpft ist.
```

Die allgemeine Form der Wiederholung ist:

```
Wiederhole
   Algorithmusteil
bis Bedingung erfüllt
```

Sie bedeutet, daß der Teil des Algorithmus, der zwischen den Worten **wiederhole** und **bis** steht, wiederholt auszuführen ist und zwar, bis die Bedingung, die hinter dem **bis** steht, erfüllt ist. In unserem Beispiel endet die Wiederholung, wenn der gesuchte Name gefunden oder die Liste abgearbeitet ist.

Das Auftreten einer Wiederholung wird oft als Schleife (loop) bezeichnet und der Wiederholungsteil des Algorithmus (d.h. der Teil zwischen **wiederhole** und **bis**) ist als Schleifkörper oder - rumpf (body) bekannt. Die Bedingung, die hinter dem **bis** auftritt, nennt man Abbruchbedingung (terminating condition).

4.3.2 Schrittweise Verfeinerung von Algorithmen

Beim Entwurf von Algorithmen ist sorgfältig darauf zu achten, daß sie genau den auszuführenden Prozeß beschreiben und alle zu verarbeitenden Sonder- und Ausnahmefälle, die zu Fehlern führen können, berücksichtigt werden.

Bei komplexen Prozessen ist die Entwurfsaufgabe schwierig. Der Entwickler hat kaum eine Erfolgschance, wenn er nicht eine methodische Vorgehensweise wie z.B. die schrittweise Verfeinerung (top - down- design) anwendet.

Der auszuführende Prozeß wird in zahlreiche Schritte zerlegt, von denen jeder durch einen Algorithmus beschrieben werden kann. Dieser Algorithmus ist weniger umfangreich und einfacher, als der für den ursprünglichen ganzen Prozeß. Die Teilalgorithmen selbst können wiederum in kleinere Einheiten zergliedert werden, die wegen der größeren Einfachheit detaillierter und präziser ausgedrückt werden können. In dieser Weise wird die Verfeinerung des Algorithmus fortgesetzt, bis jeder seiner Schritte ausreichend detailliert und für die Ausführung durch den jeweiligen Prozessor präzise genug ist.

4.4 Strukturierte Programmierung

Man betrachtet die Methode der strukturierten Programmierung unter zwei Gesichtspunkten:

- strukturierter Entwurf und
- strukturierte Implementierung (Coding).

Unter strukturiertem Entwurf versteht man alle Entwicklungsschritte, die mit der Beschreibung der Gesamtfunktion beginnen und mit der Beschreibung einer Funktion eines Programmes enden.

Unter strukturierter Implementierung werden alle Schritte zusammengefaßt, die mit der Funktionsbeschreibung eines Programms beginnen und mit der Übergabe des ausgetesteten Programms enden. Da jede Änderung eines strukturierten Programms einen Eingriff in den bestehenden Code bedeutet, fallen auch alle Wartungs- und Änderungsarbeiten von Programmen unter den Begriff des strukturierten Implementierens.

Methoden wie die strukturierte Programmierung sollen den Software - Ersteller unterstützen und problemunabhängig einsetzbar sein. Dabei sind folgende Kriterien zu beachten:

- Aus der statischen Niederschrift des Primärprogramms (Übersetzungs-protokoll) muß klar der dynamische Ablauf des Programms erkennbar sein.

- Der Aufbau des Programms ist so verständlich zu gestalten, daß auch ein anderer als der Ersteller ihn ohne übermäßigen Aufwand nachvollziehen kann.

- Die Aufgabe, die das Programm löst, ist so in Teilaufgaben zu zerlegen, daß die entsprechenden Programme unabhängig voneinander erstellt werden können.

- Das Programm ist so zu strukturieren, daß zu erwartende Änderungen, Anpassungen und Erweiterungen sicher und schnell eingebaut werden können.

- Das Programm ist so aufzubauen, daß seine Funktionstüchtigkeit in hohem Maße bereits aus dem Primärprogrammcode, und nicht erst aus den Testergebnissen, erkennbar ist.

Die strukturierte Programmierung ist eine Methode zur Erstellung lesbarer Software. "Lesbare" Programme sind zuverlässiger und wartbar.

4.5 Objektorientierte Programmierung

Objektorientierte Programmierung (OOP) ist eine Programmiermethode, die menschliche Wahrnehmung nachahmt. Zur Bewältigung der Komplexität haben wir die Fähigkeit entwickelt, zu generalisieren, zu klassifizieren und zu abstrahieren. Sehr viele Worte, die wir verwenden, repräsentieren Klassen, deren Mitglieder gemeinsame Eigenschaften oder Verhaltensweisen aufweisen. Wenn wir zum Beispiel über "Katzen" oder "Hunde" sprechen, können wir das tun, ohne ein ganz bestimmtes Tier zu meinen. Die OOP nutzt dieses menschliche Denkverhalten des Klassifizierens und Abstrahierens weitgehend aus.

Drei grundlegende Eigenschaften kennzeichnen eine objektorientierte Programmiersprache:

- <u>Kapselung:</u>
Die Kombination einer Datenstruktur mit den Funktionen (Methoden), die diese Datenstrukturen manipulieren, ergeben einen neuen Datentyp: das OBJEKT.

- <u>Vererbung:</u>
Neue Objekte werden in einen hierarchisch gegliederten Objekt-Baum eingefügt. Dieses neue Objekt übernimmt alle Datenstrukturen und

Funktionen von seinen Eltern. Nun kann dieses Objekt verändert werden, indem neue Datenstrukturen und/oder Funktionen dazugefügt werden, um die für das neue Objekt typischen Verhaltensweisen zu definieren.

- Polymorphie:
  Eine Funktion, die die Datenstrukturen in einem Objekt manipuliert, hat normalerweise einen eindeutigen Namen im gesamten Hierarchiebaum, und ist für alle abgeleiteten Objekte verfügbar. Diese Funktion kann aber in jedem abgeleiteten Objekt dieses Baumes in unterschiedlicher Weise implementiert werden, um die objektspezifische Handhabung der Aufgabe sicherzustellen. Man spricht dann von "Überladen" dieser Funktion.

In der jüngsten Vergangenheit haben sich vor allem grafische Benutzeroberflächen wie WINDOWS, OS/2 oder X-Windows wegen ihrer wesentlich einfacheren Bedienbarkeit bei den Benutzern durchgesetzt. Auf Grund der Komplexität bei der Programmerstellung für diese Benutzeroberflächen sind Programmieransätze mit herkömmlichen Programmiersprachen sehr aufwendig. Der objektorientierte Ansatz vereinfacht hiebei die Entwicklungsarbeit, weil praktisch nur Bibliotheken mit OOP-Schnittstellen verfügbar sind.

In den nächsten Abschnitten soll nun eine kurze Beschreibung dieser drei Hauptkonzepte der objektorientierten Programmierung gegeben werden.

4.5.1 Kapselung

Eine Betriebsdatenverwaltung dient als Beispiel für die Unterschiede zwischen der traditionellen und der objektorientierten Programmierung. Die traditionelle Lösung definiert die notwendige Datenstruktur und die benötigten Funktionen. Diese Daten und Funktionen werden normalerweise in einer Einheit, abhängig von der verwendeten Programmiersprache, gespeichert, um es als Modul behandeln zu können. Leider besteht bei dieser Realisierung keine explizite Verbindung zwischen den Datenstrukturen und den Funktionen. Andere Programmierer können daher direkt auf die Daten zugreifen, weil sie z.B.: eine effizientere Methode gefunden haben, oder nur eine Submenge benötigen, ohne die dazu geschriebenen Funktionen zu verwenden (Abb. 4.3).

Auf Grund gesteigerter Anforderungen müssen z.B. die Datenstrukturen dieser Betriebsdatenverwaltung, die zum Beispiel durch einen Array repräsentiert werden, geändert werden. Dazu ist erforderlich, daß alle Funktionen, die die alten Datenstrukturen direkt manipuliert haben, gefunden und geändert werden müssen.

Durch die Kapselung werden sowohl die Datenstrukturen als auch die Funktionen, die diese Datenstrukturen manipulieren, bei der objektorientierten Programmierung zu einer Einheit, dem Objekt, zusammengefaßt. Da alle Datenstrukturen normalerweise als private Elemente definiert sind, können sie nur von Funktionen des Objektes manipuliert werden. Andere Programmteile **müssen** daher diese Funktionen verwenden, um auf die Datenstrukturen zugreifen zu können. Diese Programmteile werden aber auch nicht beeinflußt, wenn die Datenstrukturen im Objekt geändert wurden, solange die Funktionen zur Bearbeitung der Daten gleichbleiben.

Wie man aus der Erklärung und aus der Abb. 4.3 sieht, unterstützt die Kapselung die Modularität von Programmen. Objekte sind daher eine wohl definierte Schnittstelle für Entwicklung, Implementierung, Wiederverwertung und Verwaltung von Programmbibliotheken.

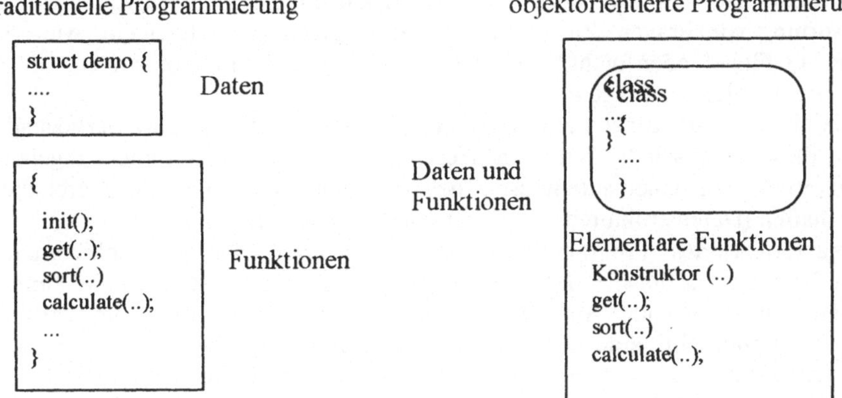

Abb. 4.3. Gegenüberstellung der Datenverfügbarkeit bei traditioneller und objektorientierter Programmierung

4.5.2 Vererbung

Ein Stammbaum für Lebewesen könnte zum Beispiel, wie in Abb. 4.4 gezeigt, aussehen. Auch für die Hierarchie von Objekten kommen solche Baumstrukturen zum Einsatz, wobei jeder Knoten ein bestimmtes Objekt - eine Klasse - repräsentiert.

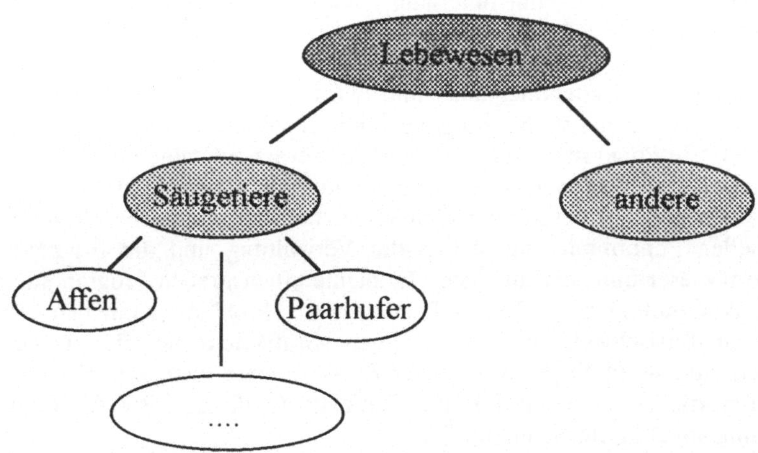

Abb. 4.4. Einteilung von Lebewesen

Soll ein neues Lebewesen (oder Objekt) in diesen Baum eingefügt werden, muß geklärt werden, worin besteht beispielsweise die Ähnlichkeit, und was ist der Unterschied zu anderen Mitgliedern der Hauptklasse. Jede Klasse hat ihre

Charakteristika und Verhaltensweisen durch die sie definiert wird, und die sie von anderen Klassen unterscheidet.

Wird ein neues Lebewesen (Objekt) eingefügt, starten wir damit an der Spitze des Baumes und durchwandern die Äste nach unten. Dies geschieht durch Beantwortung von Fragen. Zu Beginn sind die Fragen eher allgemein, wie z.B.: "Haben sie Flügel oder nicht?". Je tiefer wir in den Baum vordringen, um so detaillierter werden die Fragen.

Sobald nun eine Eigenschaft definiert ist, beinhalten alle darunterliegenden Objekte diese Eigenschaft. Wird ein Wesen als zur Klasse 'Paarhufer' zugehörig erkannt, weiß man daher automatisch, daß sie Säuger sind. 'Paarhufer' erbt diese Eigenschaften (Datenstrukturen und Funktionen !) zu der sie gehört.

Objektorientiertes Programmieren ist ein Prozeß, der Klassenhierarchien aufbaut. Wie an dem Beispiel des Baumes für Lebewesen festgestellt wurde, kann es eine sehr anspruchsvolle Aufgabe für den Programmierer sein, die optimale Klassenhierarchie für eine Anwendung zu definieren. Bevor man in einer objektorientierten Programmiersprache eine einzige Zeile Code schreibt, muß man daher sehr gründlich darüber nachdenken, welche Klassen auf welchen Ebenen benötigt werden.

4.5.3 Polymorphie

Bei der traditionellen Programmierung muß jede Funktion einen eindeutigen Namen haben. Dieser Name wird vom Compiler und Linker benutzt, um zu entscheiden, welche Funktion benutzt wird. Dies führt dazu, daß für eine Aufgabe unterschiedliche Funktionen geschrieben werden, und jede einen anderen Namen bekommt. In der objektorientierten Programmierung ist die Polymorphie ein neues und effektives Verfahren, um innerhalb einer Klassenhierarchie eine Funktion zu definieren, und sie in jeder Klasse unterschiedlich zu implementieren. Zur Laufzeit entscheidet dann das Programm, welche Funktion (die von Klasse A oder die von Klasse B oder C ...) letztendlich ausgeführt wird.

Ein Beispiel dazu ist die Ausgabe unterschiedlicher Grafikelemente auf dem Bildschirm. Ein Punkt muß anders dargestellt werden, als eine Linie oder ein Kreis. Betrachtet man dieses Problem im Zusammenhang mit einem CAD-System, müssen bei Bedarf alle bisher definierten Grafikelemente neu ausgegeben werden. Bei der traditionellen Pogrammierung stellen die Verwaltung und die Ausgabe auf den Bildschirm dieser unterschiedlichsten Elemente einen großen Programmieraufwand dar. Bei Anwendung der OOP zur Lösung dieses Problems kann man, ausgehend von einem Basisobjekt, alle notwendigen Grafikelemente als eigene Objekte definieren, und sie in einer Liste solcher Basiselemente speichern. Für die Ausgabe am Bildschirm ist dann nur für alle Elemente in dieser Liste die Funktion zur Darstellung am Bildschirm aufzurufen.

4.6 Programmierung

Programmieren im Sinne der Informatik heißt, ein Lösungsverfahren für eine Aufgabe so zu formulieren, daß es von einem Rechner ausgeführt werden kann. Der Programmierer muß dazu verschiedene Lösungsverfahren (Algorithmen) und

Datenstrukturen kennen, mit denen sich die Lösung am günstigsten beschreiben läßt. Weiters muß er geeignete Programmiersprachen beherrschen, um die Algorithmen effizient kodieren zu können.

4.6.1 Algorithmen

Laut Definition (vgl. Kap. 4.3.1) ist ein Algorithmus ein schrittweises Verfahren. Die Anordnung der Schritte in einem Algorithmus kann im wesentlichen auf die drei beschriebenen Arten (Sequenz, Verzweigung, Iteration) erfolgen.

Für einen effizienten Programmentwurf ist es erforderlich, diese Algorithmen in geeigneter Weise darzustellen. Dafür gibt es verschiedene Möglichkeiten.

- <u>Stilisierte Prosa:</u>
  Jeder Schritt im Programm wird numeriert und unter Benutzung von umgangssprachlichen Begriffen halb formal beschrieben.
- <u>Programmablaufplan (Ablaufdiagramm):</u>
  Der Programmablaufplan beschreibt durch Verwendung von Sinnbildern (DIN 66001) symbolisch den Ablauf oder die Reihenfolge logischer Operationen. Die wichtigsten Symbole nach DIN 66001 zeigt Abb. 4.5.
  Die Vorteile solcher Ablaufdiagramme liegen in einer detaillierten und genauen Beschreibung der Ablauflogik, die Sinnbilder sind direkt codierbar

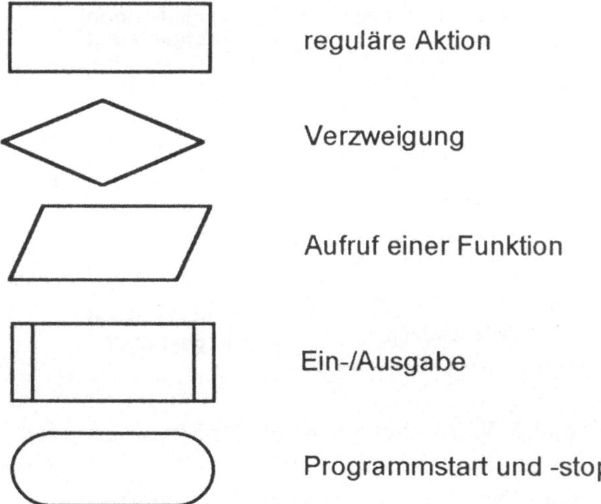

Abb. 4.5. Sinnbilder für Programmablaufplan

und mit der strukturierten Programmierung implementierbar. Nachteilig wirkt sich aus, daß

- kein Zwang zur strukturierten Programmierung besteht,
- daß Ablaufdiagramme nicht weiter verfeinerbar sind, sie werden für umfangreiche Programme schwer überschaubar,

-   viele Fallunterscheidungen ein unübersichtliches Bild ergeben, da nur
    maximal drei Alternativen mit einer Abfrage verfolgt werden können,
-   durch viele Verzweigungsausgänge in unterschiedliche Programmteile
    bei Änderungen leicht Fehler entstehen können,
-   Änderungen in solchen Ablaufplänen relativ aufwendig sind
-   und keine Darstellung des Datenflusses erfolgt.

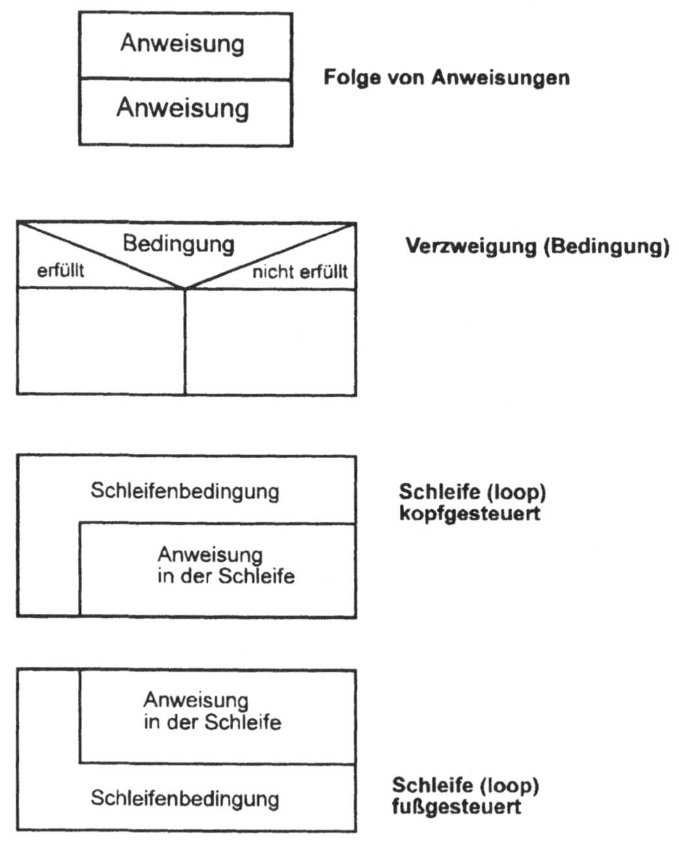

Abb. 4.6. Wesentliche Symbole für Struktogramme.

-   <u>Struktogramm (Nassi-Schneidermann-Diagramm):</u>
    Es werden einfache graphische Symbole benutzt, welche sich auf die drei
    bewährten Grundmuster Sequenz, Verzweigung und Iteration beschränken.
    Struktogramme sind in DIN 66261 genormt. Die wichtigsten Symbole zeigt
    Abb. 4.6. Struktogramme stellen die logischen Strukturen dar und sind
    deshalb unabhängig von Programmiersprachen. Die Gesamtproblematik
    und die Teilprobleme sind mit den gleichen Strukturblöcken und
    Reihungsregeln darstellbar. Durch diese Möglichkeit einer schrittweisen
    Verfeinerung können Struktogramme als Planungs-, Test- und
    Dokumentationshilfsmittel verwendet werden. Nachteilig wirkt sich

manchmal aus, daß Änderungen ebenfalls sehr schwer durchzuführen sind. Da die Strukturblöcke nur einen einzigen Ausgang haben, können mehrere Schalter und Abfragen notwendig werden.

Stilisierte Prosa

S.1   *Initialisiere.* Setze y auf n.

S.2   *Prüfe.* Wenn $zy = x$ ist, ist der Algorithmus zu Ende, sonst vermindere y um 1.

S.3   *Ende?* Wenn $y > 0$ ist, gehe nach S.2 zurück, andernfalls ist der Algorithmus zu Ende.

Struktogramm

Suche(z, n, x, y)

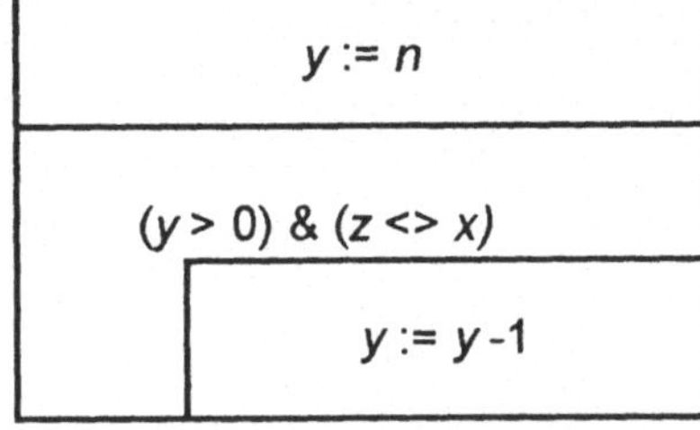

Ablaufdiagramm

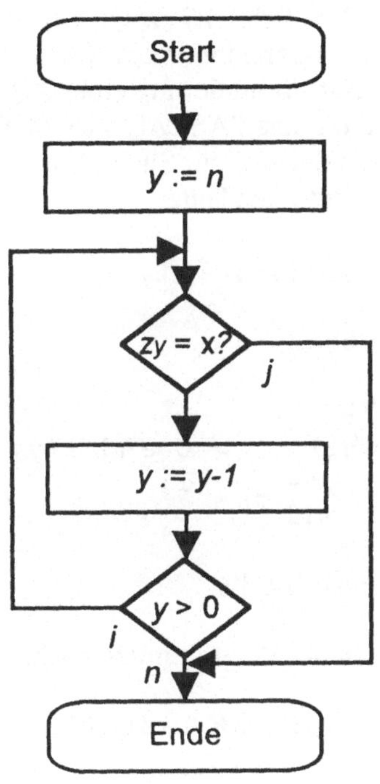

Abb. 4.7. Stilisierte Prosa, Struktogramm und Ablaufdiagramm

- Algorithmenbeschreibungssprache (Pseudocode):
  Der Pseudocode setzt die graphischen Struktogrammsymbole in Sprache um. Er formuliert die logischen Abläufe im Sinne der strukturierten Programmierung mit Programmsprachen ähnlicher Wortbegriffe, die fast codierbar sind. Der Pseudocode ist jedoch frei vom "syntaktischen Ballast" einer echten Programmiersprache, wodurch der Algorithmus klar hervortritt. Leider sind die sprachlichen Begriffe bei den Programmiersprachen nicht einheitlich (z.B: `do while` oder `repeat until`").

- Programmiersprache:
  Die Programmiersprache ist das präziseste Instrument zur Darstellung eines Algorithmus. Allerdings ist es schwierig, eine Struktur zu erkennen.

Diese Darstellungsmöglichkeiten für einen Algorithmus sollen anhand des Beispiels eines einfachen Suchproblems illustriert werden.

Gegeben sei eine Liste aus n Zahlen z_1, z_2, .. , z_n mit n > 1 und eine Zahl x. Es soll festgestellt werden, ob x in der Liste enthalten ist und wenn ja, an welcher Stelle es steht. Das Ergebnis soll eine Zahl y sein, deren Wert der Index des gesuchten Listenelementes ist oder 0, wenn x nicht in der Liste enthalten ist. Die Ausführungsreihenfolge der einzelnen Schritte ist, wenn nicht anders angegeben, sequentiell.

Die Abb. 4.7 zeigt die Formulierung dieser Aufgabe als stilisierte Prosa, Ablaufdiagramm und als Struktogramm.

Zur Formulierung eines Algorithmus in einer Algorithmenbeschreibungssprache wird oft eine PASCAL oder MODULA 2 ähnliche Beschreibungssprache verwendet. Unser Beispiel zur Suche einer gegebenen Zahl in einer gegebenen Liste ausgedrückt in Pseudocode lautet:

```
Suche (↓z↓n↓x↑y):

  begin

  y:= n;
  while y > 0 and z[y] ≠ x do
    y:= y - 1;
    end;

  end Suche
```

In der Programmiersprache C realisiert:

```c
typedef int Liste[];


int Suche (Liste z, int x, int n)
{
  while (n && (z[n--] <> x));
  return n;
}
```

In der Tabelle 4.1 sind die hauptsächlich Vor- und Nachteile sowie die Anwendungsbereiche der einzelnen Darstellungsarten einander gegenüber gestellt.

4.6.2 Datenstrukturen und Datentypen

Algorithmen verwenden Daten, die man auch als Objekte oder Datenobjekte bezeichnet. Sie können einfach, wie z.B. Zahlen und Zeichen oder zusammengesetzt wie z.B. Matrizen, Anschriften, Graphen sein. Die Wahl der für eine Problemlösung am besten geeigneten Datenstruktur ist ebenso wichtig, wie die der am besten geeigneten Algorithmen.

Tabelle 4.1. Programmbeschreibungsmöglichkeiten

Darstellungsart	Anwendungsbereich	Vorteile	Nachteile
Stilisierte Prosa	Übersichts- und Detaildarstellung	Durch Anwesenheit von Formalismus für jeden verständlich. Programmiersprachen-unabhängig. Erläuterungen und Kommentare leicht hinzuzufügen.	Unübersichtlich. Struktur tritt schlecht hervor. Gefahr der Mehrdeutigkeit.
Ablaufdiagramm	Übersichtsdarstellung	Anschaulich. Unübertroffen gute (da zweidimensionale) Darstellung von Verzweigungen und Schleifen.	Nur für Steuerfluß. Deklarationen schlecht unterzubringen. Undisziplinierte Anwendung beim Entwurf fördert unklare Programmstrukturen.
Struktogramm	Übersichtsdarstellung	Beschränkung auf wenige Ablaufstrukturen. Fördert dadurch einfache Programmstrukturen.	Struktur weniger klar hervortretend als in Ablaufdiagrammen. Deklarationen und Kommentare schwer unterzubringen.
Algorithmenbeschreibungssprache	Übersichts- und Detaildarstellung	Flexibel und (meist) genügend präzise.	Linear und unanschaulich. Setzt Kenntnis der Sprache voraus.
Programmiersprache	Detaildarstellung	Größte Präzision. Nach Übersetzung unmittelbar für eine Maschine verständlich.	Sprachabhängig. Mit Details überladen. Setzt Kenntnis der Sprache voraus.

4.6.2.1 Datentypen

Einfache Datentypen lassen sich nicht weiter zerlegen und werden deshalb als elementare, skalare sowie unstrukturierte Datentypen bezeichnet. Die meisten Programmiersprachen stellen elementare Datentypen als sogenannte Standardtypen zur Verfügung. Zu beachten sind lediglich die Schreibweise für die jeweilige Programmiersprache. Die wichtigsten einfachen Datentypen sind:

- ganze Zahlen (Integer): Ganze Zahlen sind immer exakt; arithmetische Operationen mit ihnen liefern immer exakte Ergebnisse. Der Wertebereich umfaßt beispielsweise die ganzen Zahlen von -32.768 bis +32.767 (2 Byte).
- Gleitkommazahlen (Real): Sie werden üblicherweise durch Mantisse und Exponent dargestellt. Für die Programmierung ist wichtig, daß Gleitkommazahlen Approximationen sind. Der Wertebereich erstreckt sich über reelle Zahlen.
- Wahrheitswerte (Boolean): Sie werden auch als boolsche oder logische Werte bezeichnet und können die beiden Werte "WAHR (1,TRUE)" und "FALSCH (0,FALSE)" annehmen.

- Zeichen (Char): Es handelt sich um Einzelzeichen, z.B. "D". Der Wertebereich erstreckt sich über alle Zeichen, d.h. Buchstaben, Ziffern einschließlich aller Sonderzeichen und ist meist im ASCII-Kode verschlüsselt.
- Zeichenketten (String): Der Datentyp Character umfaßt nur ein Zeichen. Als Zeichenkette (String) dagegen wird die Zusammenfassung von mehreren Zeichen zu einem Objekt verstanden.
- Aufzählungstypen: Der Wertebereich besteht aus n durch Namen bezeichneten Werten (vgl. Datenfeld Anrede in Abb. 4.9).

Statische Datentypen behalten während der Programmausführung ihren Umfang unverändert bei. Bei einem zu Beginn eines Programms vereinbartem eindimensionalen Array mit fünf Elementen zur späteren Aufnahme und Verarbeitung der Absatzmengen für die fünf Wochentage bleibt somit die Anzahl der Feldelemente während der Programmausführung immer gleich, nur ihre jeweiligen Inhalte ändern sich.

Dynamische Datentypen dagegen erlauben es, die Anzahl der Komponenten nicht bereits beim Schreiben des Programmes festzulegen, sondern erst im Zuge der Programmausführung. Eine Datei beispielsweise ist stets als dynamischer Datentyp vereinbart. So werden etwa beim Anlegen einer Kundendatei 455 Kunden in 455 Datensätzen auf einer Diskette erfaßt. Diese Zahl von 455 Dateikomponenten muß veränderbar sein, um neue Kunden aufzunehmen oder andere löschen zu können. Zeiger - Pointer, Verweis, Referenz - werden dabei als Hilfsmittel zur Strukturierung verwendet.

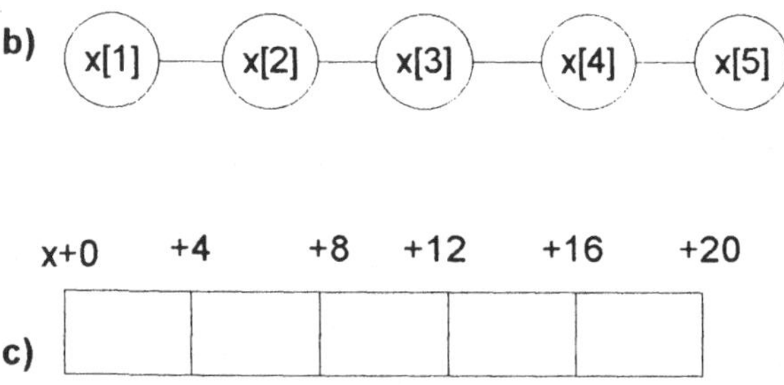

Abb. 4.8. Eindimensionales Feld

4.6.2.2 Datenstrukturen

Die bisher dargestellten einfachen Datentypen werden von Programmiersprachen als Standardtypen zur Verfügung gestellt. Daneben gestatten manche Programmiersprachen wie C und PASCAL dem Programmierer, selbst eigene Datentypen zu definieren. Es hängt von der jeweiligen Programmiersprache ab, welche Datentypen zur Verfügung stehen. Unstrukturierte Programmiersprachen wie etwa GW-BASIC unterstützen den Programmierer bei der Bildung von Datenstrukturen kaum.

Eine Datenstruktur ist die Zusammenfassung von Datenelementen zu einem Ganzen. Die Elemente können selbst wieder Datenstrukturen sein. Die gebräuchlichsten Datenstrukturen sind die lineare Liste (Feld, Array) und der Verbund (Record).

```
VAR Anschrift: RECORD
      Anrede: (Herr, Frau);
      Name: ARRAY[1..30] OF CHAR;
      Wohnung: RECORD
          Strasse:   ARRAY[1..30] OF CHAR;
          Staat:     (D, A, CH, I);
          PLZ:       Integer;
          Ort:       ARRAY[1..20] OF CHAR;
          END;
a)    END;
```

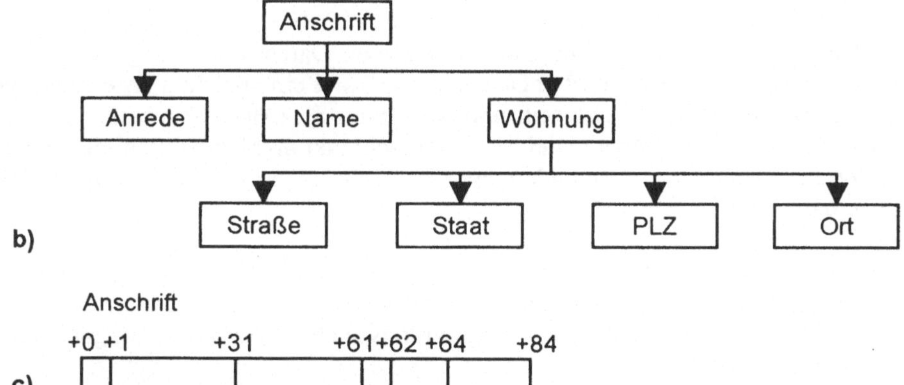

Abb. 4.9. Verbund (Record)

Beim eindimensionalen Array sind die Elemente in Reihe angeordnet. Das zweidimensionale Array hingegen dehnt sich in zwei Richtungen aus: Waagrecht in Zeilen und senkrecht in Spalten. Die Datentypen, die in Arrays gespeichert werden, können jeder beliebige Standardtyp oder aber auch Records sein.

Abb. 4.8 zeigt ein eindimensionales Feld als eine geordnete Zusammenfassung der ganzen Zahlen von 1 bis 5, also von Datenelementen desselben Typs. Die Datenelemente x werden durch die Indizes 1 bis 5 unterschieden. Teilbild **a** zeigt die Deklaration in PASCAL, Teilbild **b** die Struktur als Graph und Teilbild **c** die

Repräsentation im Speicher unter der Annahme, daß ein Feldelement 4 Byte entspricht.

Verbunde (Records) sind geordnete Zusammenfassungen von Objekten verschiedenen Typs. Abb. 4.9 zeigt als Beispiel für einen Verbund eine Anschrift. Es ist wieder die Deklaration in PASCAL, die Struktur nun als Baum sowie die Repräsentation im Speicher, unter der Annahme, daß die Adressen in dichtester byteweiser Speicherung abgespeichert werden. Die Elemente eines Verbundes heißen Komponenten. Sie sind wie folgt ansprechbar. `Anschrift.Name` bezeichnet den Namen, `Anschrift.Name[1]` bezeichnet den ersten Buchstaben des Namens `Anschrift.Wohnung.PLZ` bezeichnet die Postleitzahl.

Im Gegensatz zum Array können im Record auch Daten verschiedener Datentypen abgelegt sein. In der kommerziellen EDV entspricht diese Datenstruktur häufig den Datensätzen bzw. Komponenten von Dateien wie beispielsweise der Kundendatei.

Strukturierte Programmiersprachen stellen die oben angeführten Datentypen bereit. Zwischen den einzelnen Programmiersprachen bestehen aber gravierende Unterschiede. So ist beispielsweise PASCAL in der Vorgabe von Datentypen eher sparsam. Die wenigen unterstützten können jedoch sehr flexibel zum Entwurf komplexer Datenstrukturen benutzt werden.

4.6.3 Dateien

Eine Datei (file) besteht aus einer Menge von Datenelementen gleicher oder verschiedener Typen. Das einzelne Datenelement kann ein einzelnes Byte oder eine Bytefolge von beliebiger Länge sein und wird dann Satz (logical record) genannt. Die Anzahl der Sätze in einer Datei ist nicht beschränkt und kann durch hinzufügen und löschen von Sätzen verändert werden. Dateien weisen einige besondere Eigenschaften auf:

- Sie können viel umfangreicher als andere Datenstrukturen sein, sodaß in der Regel nur ein Satz davon im Hauptspeicher bearbeitet werden kann. Dateien stehen daher auf Hintergrundspeichern (Diskette, Magnetplatte, Magnetband).
- Das Lesen eines Satzes erfordert daher eine Eingabeoperation; das Schreiben eine Ausgabeoperation.
- Die Lebensdauer einer Datei ist oft größer als die Lebensdauer des Programms, das sie erzeugt.

Allgemein teilt man Dateien in Programmdateien (program files) und Datendateien (data files) ein. Eine Programmdatei besteht dabei aus einer Folge von Anweisungen bzw. Befehlen - dem Programm. Eine Datendatei besteht aus einer Sammlung von Daten - dies können Textzeilen, Bytes oder Datensätze sein.

In Abb. 4.10 ist eine Kundendatei als typische Datenstruktur zur langfristigen Speicherung von Massendaten in der kommerziellen EDV dargestellt. Die Kundendatei ist in diesem Beispiel sehr einfach aufgebaut. Zu jedem der derzeit 2350 Kunden einer Handelsfirma werden die Angaben Nummer, Name und Umsatz als Kundendatei auf einem Externspeicher abgelegt. Man sagt auch, die Kundendatei umfaßt derzeit 2350 Datensätze, wobei jeder Satz aus drei Datenfeldern (Komponenten) besteht. Für diese Felder sind Variable mit unterschiedlichen Datentypen vereinbart: Die Variable Nummer ist eine Integerzahl; die Variable Name ist ein Text (String) und die Variable Umsatz als Dezimalzahl für den getätigten Schillingumsatz. Die Datensätze stellen somit Verbunde (Records) dar. In Abb. 4.10. sind die Kunden nach Kundennummern aufsteigend sortiert ausgegeben.

```
(1)     001     Probst        23438,00
(2)     002     Girsule       32627,00
(3)     003     Zauner         5630,70
(4)     004     Kopacek         418,30
(5)     ...     ...             ...
2350 Datensätze


Einzelner Datensatz KUNDSATZ als Verbund vereinbart
   Kundsatz:     RECORD
                    NUMMER: Ganzzahl
                    NAME: Text
                    UMSATZ:Dezimalzahl
                 Ende RECORD
```

Abb. 4.10. Beispiel einer Kundendatei

Eine Datei umfaßt mehrere Datensätze. Jeder Satz hat mehrere Datenfelder. Jedes Feld besteht aus mehreren Zeichen und jedes Zeichen wird als Byte bzw. Kombination von 8 Bits gespeichert.

Charakteristisch für eine Datei sind die Zugriffsarten, die Speicherungsformen und die Verarbeitungsweisen. Üblich sind

- Zugriffsarten:
  Auf eine Datei wird stets blockweise zugegriffen, sowohl beim Lesen als auch beim Schreiben. Entsprechend spricht man vom lesenden Zugriff oder vom schreibenden Zugriff.
  Der **direkte** Zugriff läßt sich mit einer CD vergleichen. Will man z.B. das siebente Musikstück hören, kann der Lesekopf direkt bei diesem gewünschten Stück aufgesetzt werden. Entsprechend kann bei einer Platte (Festplatte, Diskette) ein bestimmter Datensatz direkt durch Angabe seiner Datensatznummer eingelesen werden.
  Der **indirekte** Zugriff ist wie bei der MC umständlicher. Es muß auf der MC zum siebenten Musikstück gespult werden, da nur in der Reihenfolge zugegriffen werden kann, in welcher einmal aufgenommen wurde. Dementsprechend muß Datensatz für Datensatz gelesen werden bis beispielsweise der siebente Kunde gefunden ist.
- Speicherungsformen:
  Der Begriff Speicherungsform bezieht sich auf das Abspeichern bzw. das Schreiben von Sätzen aus dem Computer in die Datei. **Seriell** heißt dabei fortlaufend speichern. So wird beispielsweise in der Kundendatei der neue Kunde als nächster Kunde hinter den zuletzt eingetragenen gespeichert.

Indiziert bedeutet, daß zusätzlich zur Kundendatei in einer Indexdatei zu jedem Namen die Datensatznummer gespeichert wird, unter der dieser Name in der Kundendatei zu finden ist. Eine Indexdatei kann als Inhaltsverzeichnis aufgefaßt werden, das ähnlich den Seitenangaben in einem Buch die Satznummern der dazugehörigen Kundendatei anzeigt. Zu der Kundendatei in unserem Beispiel sind zumindestens drei Indexdateien möglich, je eine für Nummer, Name und Umsatz. Das Durchsuchen einer Indexdatei erfolgt wesentlich rascher als das Durchsuchen der Kundendatei. Die Indexdatei kann in Folge ihres geringen Umfanges unter Umständen direkt im Hauptspeicher gehalten werden, während die Kundendatei auf Grund ihrer Größe bei umfangreichen Operationen (z.B. Sortieren) wiederholt ein- und ausgelagert werden müßte.

Von **verkettet** spricht man, wenn im Datensatz selbst ein Zeiger gespeichert wird, der auf den jeweils nächsten Kundensatz zeigt.

- Verarbeitungsweise:

Eine Datei **sortiert** verarbeiten heißt, daß eine physisch oder logisch zusammenhängende Folge von Datensätzen verarbeitet wird. Beispiele dazu sind das Auflisten des gesamten Dateiinhaltes wie beispielsweise Gehaltsabrechnung für alle Angestellten eines Betriebes. Wenn die Bewegungsdatei (Lagerzugänge und -abgänge) genauso sortiert vorliegt, wie die Bestandsdatei (Artikel insgesamt), so wird von einer sortierten Verarbeitung gesprochen. Bei der **unsortierten** Verarbeitung werden die einzelnen Sätze einer Datei unter Umständen mehrmals direkt angesprochen. Beispiele hiefür ist das Verarbeiten einzelner Kundenaufträge sowie die Auskunftserteilung über den derzeitigen Kontostand.

Je nach Kombination von Zugriffsart (Lesen eines Datensatzes vom Externspeicher in den Hauptspeicher), Speicherungsform (Ausgabe vom Hauptspeicher auf den Externspeicher) und Verarbeitungsweise (Verarbeitung intern im Hauptspeicher) kann eine Vielzahl von Dateiorganisationsformen unterschieden werden. Die wichtigsten Kombinationen dabei sind die **sequentielle Datei** (Indirekter Zugriff, serielle Speicherung), die **Direktzugriffsdatei** (Direkter Zugriff, indizierte Speicherung) und die **indexsequentielle Datei** (Kombination von sequentieller und Direktzugriffdatei, alle Zugriffsarten, Speicherungsformen und Verarbeitungsweisen möglich).

5 Programmiersprachen

Programmiersprachen gestatten die Beschreibung von Programmen (Algorithmen und Datenstrukturen) in einer so präzisen Weise, daß sie von einer Maschine ausgeführt werden können. Sie sind damit das wichtigste Verbindungsglied zwischen Mensch und Maschine (Man Machine Interface).

Bei niederen Programmiersprachen bestehen die Programme aus den Befehlen der Maschinen- oder Assemblersprache für einen bestimmten Rechner. Rechner sind nur in der Lage, 0-1 Entscheidungen zu erkennen und entsprechend zu reagieren. Kombinationen von 0-1 Entscheidungen z.B. 8 Bit oder 16 Bit repräsentieren bestimmte Bedeutungen - die Grundanweisungen an die Maschinen. Rechner verstehen im Prinzip nur diesen Maschinencode - eine Kombination von Nullen und Einsen - welche die direkten Schaltanweisungen an die Maschine darstellen.

Bei höheren oder problemorientierten Programmiersprachen sind die Programme maschinenunabhängig und bestehen aus Anweisungen. Sie müssen vor der Ausführung von einem Übersetzer (Compiler) in die Maschinensprache übersetzt werden.

5.1 Übersicht und Vergleich

Seit dem Erscheinen der ersten höheren Programmiersprache (FORTRAN; 1957) sind hunderte von Programmiersprachen entstanden, von denen aber nur wenige größere Verbreitung erfahren haben. Derzeit sind ungefähr zehn bis zwanzig höhere Programmiersprachen von größerer Bedeutung und verfügbar. Tabelle 5.1 enthält die wichtigsten höheren Programmiersprachen zusammen mit ihren wichtigsten Eigenschaften.

Universalsprachen sind für ein breites Anwendungsgebiet konzipiert, etwa für technisch-wissenschaftliche Probleme (FORTRAN und ALGOL-Familie) oder für kommerzielle Probleme (COBOL). Spezialsprachen sind für spezifische Aufgaben eines schmalen Gebietes besonders geeignet. Abb. 5.1 gibt eine Übersicht über Universalsprachen und Spezialsprachen sowie deren Anwendungsgebiete. Bei den Universalsprachen für technisch-wissenschaftliche sowie kommerzielle Probleme haben sich auch Mehrzwecksprachen herausgebildet. Beispiele dafür sind ALGOL, PL1, C, C++, PASCAL, MODULA 2. Bei den Spezialsprachen erfolgt die Einteilung in Sprachen für Anwendungen im technisch-wissenschaftlichen sowie wirtschaftlichen Bereich und in andere Sprachen. Von Interesse für den Maschinenbauer sind Simulationssprachen wie DYNAMO, SIMSCRIPT, SIMULA und SIMPLE sowie dialogorientierte Sprachen wie APL und BASIC. An Spezialsprachen sind Programmiersprachen für Werkzeugmaschinen sowie Programmiersprachen für Industrieroboter zu erwähnen. LISP hat die Eigenschaft, die Datenmanipulation sehr zu vereinfachen, wird beispielsweise bei CAD Systemen für die Erstellung von Tools verwendet. Eine weitere Spezialsprache ist PROLOG, welche als Sprache für die Verfahren der künstlichen Intelligenz weit verbreitet ist.

Tabelle 5.1. Höhere Programmiersprachen

Name	Bedeutung	Jahr	Modell	Stack / Dialog	Bemerkung
FORTRAN	**FOR**mula **TRAN**slation	1957	algorithmisch	Stack	Weit verbreitet für techn. Lösungen.
ALGOL 60	**ALGO**rithmic Language	1960	algorithmisch	Stack	Ursprung der ALGOL-Familie. Sehr gute Grundideen.
COBOL	**CO**mmon **B**usiness-**O**riented **L**anguage	1960	algorithmisch	Stack	Für kommerzielle Anwendungen. Für technische Lösungen nicht brauchbar.
BASIC	**B**eginners **A**ll purpose **S**ymbolic **I**nstruction **C**ode	1962	algorithmisch	Stack	Weit verbreitet in Taschenrechnern und Home-Computern. Wenig strukturiert in den ersten Versionen.
APL	**A** **P**rogramming **L**anguage	1962			Die Grdlg. dieser Sprache sind Matrizen und Vektoren. Sie hat auch einen speziellen Zeichensatz.
PL/1	**P**rogramming **L**anguage 1	1965			Sprache zur Lösung kommerzieller <u>und</u> technischer Probleme.
ALGOL 68	**ALGO**rithmic Language	1968			Komplexer Nachfolger von ALGOL 60. Wurde praktisch nur an Hochschulen verwendet.
PASCAL		1971			Weit verbreitete Mehrzwecksprache.
C		1973			Systemsprache, stark mit UNIX verbunden.
MODULA-2		1980			ähnlich PASCAL
LISP	**L**ist **P**rocessing language	1962	funktional	Dialog	Eine der Hauptsprachen der KI (Künstliche Intelligenz).
PROLOG	**PRO**gramming in **LOG**ic	1972	deklarativ	Dialog	Eine der Hauptsprachen der KI (Künstliche Intelligenz).

Trotz der großen Anzahl stehen dem Programmierer für eine Auswahl meist nur wenige Sprachen zur Verfügung, die auf seiner Maschine installiert sind und die er beherrscht. Darüber hinaus ist in jedem Betrieb eine Programmiersprache eingeführt, für welche es in ausreichendem Maße Programmbibliotheken, Unterlagen und Programmberatung gibt.

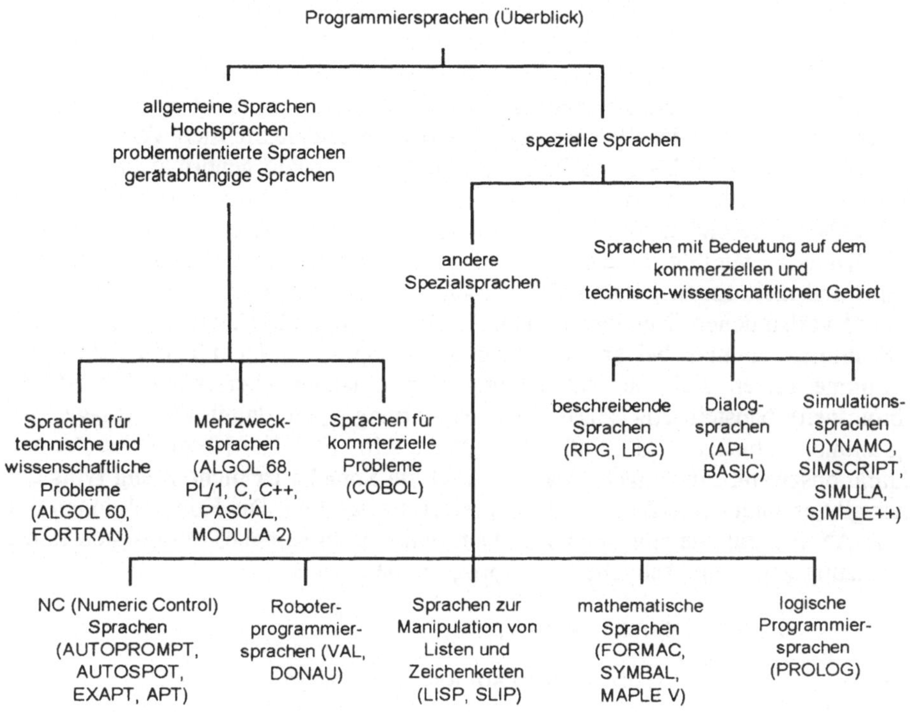

Abb. 5.1. Überblick über Programmiersprachen

Auf technischem Gebiet dürften sich derzeit PASCAL für kleinere Probleme und C sowie C++ für größere Probleme als Industriestandard herausstellen. Viele Firmen, die bereits frühzeitig in die technisch-wissenschaftliche Datenverarbeitung eingestiegen sind, verwenden FORTRAN. Dies führt dazu, daß beispielsweise FORTRAN nach FORTRAN 77 jetzt als FORTRAN 9x neu standardisiert wird. FORTRAN hat den Vorteil, daß - da es die älteste technische Programmiersprache ist - umfangreiche Programmbibliotheken z.B. für lineare Algebra, Baustatik, Statistik existieren. FORTRAN hat jedoch große Nachteile bei komplexen Datenstrukturen oder bei einer Programmentwicklung nach softwaretechnischen Gesichtspunkten wie beispielsweise Erweiterbarkeit, Wartbarkeit, Portabilität. Für diese Zwecke sind Sprachen wie PASCAL und C++ erforderlich.

Im folgenden werden die Sprachen FORTRAN, PASCAL, MODULA 2, C und BASIC kurz charakterisiert. Eine Gegenüberstellung erfolgt an Hand der

Berechnung eines Polynoms mit dem Horner Schema. Es handelt sich dabei um eine Prozedur, die den Wert des Polynoms

$$y = a_0 + a_1 x + a_2 x^2 + \ldots + a_n x^n$$

berechnet. Gegeben sind die Koeffizienten a_0 bis a_n und die Variable x, gesucht ist der Polynomwert y.

5.1.1 FORTRAN

FORTRAN ist die älteste algorithmische Programmiersprache und wurde bei IBM im Jahr 1957 entwickelt. Sie existiert in den unterschiedlichsten Versionen wie FORTRAN II, FORTRAN IV, FORTRAN 66 und als letzte genormte Fassung als FORTRAN 77. Die neueste Fassung FORTRAN 9x steht vor der Normung. FORTRAN ist besonders für technisch-wissenschaftliche Berechnungen geeignet. Seine Syntax ist veraltet, die Möglichkeiten der Bildung von Datenstrukturen sind auf ein- und mehrdimensionale Felder beschränkt. Die schon ab FORTRAN IV als Standard vorhandenen Datentypen "Double Precision" und "Complex" sind jedoch ein Komfort, den man bei anderen Programmiersprachen nicht hat. FORTRAN-Programme setzen sich aus unabhängig von einander übersetzten Prozeduren (Subroutinen) bausteinartig zusammen. Sie ermöglichen damit die Anlage von Programmbibliotheken auf einfachste Weise. In FORTRAN gibt es keinen Deklarationszwang für einfache Variable und die Sprache ist nicht streng typisiert. Daher gibt es auch keine Zeiger und rekursiven Prozeduren. Die Konstruktionen der FORTRAN-Programme sind relativ einfach und maschinennahe, woraus sich kurze Übersetzungszeiten und schnelle Objektprogramme ergeben.

```
1      SUBROUTINE HORNER (A,N,X,Y)
2        REAL A(0:N)
3 C------------No global variables
4        Y=A(N)
5        DO 100 I=N-1,0,-1
6 100      Y=Y*X+A(I)
7        RETURN
8        END
```

Im vorangehenden Beispiel "Subroutine Horner" wird in Zeile 2 der Parameter A als Koeffizientenfeld vom Typ REAL deklariert. Die übrigen Parameter sind N, impliziert deklariert als INTEGER, da alle Namen, die in Fortran mit I bis N anfangen, automatisch vom Typ INTEGER sind, X und Y vom Typ REAL. Zeile 5 zeigt die Zählschleifen mit der Variablen I als Laufvariable. 100 ist die Nummer der letzten Anweisung, die zur Schleife gehört. Der Ablauf jeder FORTRAN-Prozedur muß mit einer RETURN-Anweisung beendet werden, damit das Programm zum aufrufenden Punkt zurückkehrt.

5.1.2 BASIC

BASIC wurde 1972 entwickelt und ist eine besonders leicht zu erlernende Dialogsprache. Die weiteste Verbreitung fand BASIC in Home-Computern und

Taschenrechnern. In letzter Zeit wurde diese Programmiersprache für den PC-Einsatz aber "wiederentdeckt" und feiert derzeit ein "Come-Back" als Makroprogrammiersprache in vielen WINDOWS-Anwendungsprogrammen von Microsoft.

Sie dient als Einsteigersprache, erfordert keine Deklarationen einfacher Variablen und kennt in vielen Versionen nur die Datentypen Zahl und Zeichenkette. Ganze Zahlen werden als Gleitkommazahlen behandelt. Die Syntax der Originalsprache ist an FORTRAN angelehnt und komplett veraltet. IF THEN ELSE und WHILE Schleifen fehlten, Ablaufstrukturen werden hauptsächlich durch explizite Sprunganweisungen (GOTO) ausgedrückt. Ein weiterer gravierender Nachteil von BASIC besteht darin, daß alle Namen global sind. Prozeduren haben keine Parameter und keinen eigenen Gültigkeitsbereich. Das macht die Arbeitsteilung und Erstellung von Programmbibliotheken äußerst umständlich, zum Teil sogar unmöglich. Rekursionen sind ausgeschlossen. Die gravierendsten Nachteile wurden in den neuen Versionen gänzlich ausgeräumt, sodaß heute BASIC-Versionen existieren, die eine einfache und strukturierte Programmgestaltung ermöglichen.

Sprachstruktur und Dialogorientiertheit hatten und haben zur Folge, daß BASIC-Programme oft interpretativ ausgeführt werden. Die Laufzeit von BASIC-Programmen ist deshalb um den Faktor zehn bis hundert länger als die übersetzter Programme. BASIC ist daher nur auf kleine Probleme anwendbar, bei denen man mit wenig Aufwand schnell zu Ergebnissen kommen will.

```
100  REM Y,A,N,I sind globale Variable
110  Y=A(N)
120  FOR I=N-1 to 0 STEP -1
130  Y=Y*X+A(I)
140  NEXT I
150  RETURN
```

Das Programm ist nach den alten BASIC-Regeln geschrieben und kann von beliebigen Stellen eines anderen Programms durch die Anweisung GOSUB 110 aufgerufen werden. Damit springt die Ablaufsteuerung zur Anweisung in Zeile 110 und mit der RETURN-Anweisung in Zeile 150 wieder zurück zu der auf GOSUB 110 folgenden Anweisung. Alle in dem Programmabschnitt Horner verwendeten Namen sind global, auch die Laufvariable I. Die FOR-Schleife wird in BASIC durch die NEXT-Anweisung abgeschlossen, sie erstreckt sich also von Anweisung 120 bis 140. Die Zeile 100 ist ein Kommentar (REM = Remark). Alle Zeilen werden in BASIC meist automatisch in der angegebenen Weise numeriert.

5.1.3 *PASCAL und MODULA 2*

PASCAL wurde 1970 entwickelt, mit dem Ziel der Einfachheit und Klarheit. PASCAL war zuerst mehr für pädagogische Zwecke als für die Herstellung großer Programme gedacht und kennt deshalb keine getrennte Übersetzung. Erweiterungen der Sprache mit getrennter Übersetzbarkeit sind kein Standard-PASCAL und für jede Implementierung verschieden. PASCAL ist eine der wenigen Programmiersprachen, die sich ohne das kommerzielle Interesse einer Firma auf Grund ihrer Qualitäten weltweit durchgesetzt hat. PASCAL gestattet die Deklaration von

Konstanten, Typen, Variablen und Prozeduren. Es gibt Zeigertypen, dynamische Speicherplatzverwaltung und rekursive Prozeduren.

Das Horner Schema in PASCAL ähnelt MODULA 2 so stark, daß auf eine getrennte Wiedergabe verzichtet wird.

MODULA 2 ist eine Weiterentwicklung von PASCAL aus dem Jahre 1980 und besitzt folgende über PASCAL hinausgehende Eigenschaften:

- systematische Syntax,
- Module,
- separate Übersetzung von Modulen,
- bei Bedarf Zugriff auf Maschineneigenschaften (Adressen, Bytes, Wörter),
- Möglichkeit der Programmierung paralleler Prozesse.

MODULA 2 ist eine Systemprogrammiersprache, die zur Erstellung maschinennaher Software (z.B. Betriebssysteme) geeignet ist, ohne auf eine Assemblersprache zurückgreifen zu müssen.

```
PROCEDURE Horner (A: ARRAY of REAL;
                  N: INTEGER;
                  X: REAL; VAR Y: REAL);
VAR i:INTEGER;    (* ist hier lokal ! *)
BEGIN
Y:= A[N];
FOR i:= N-1 DOWNTO 0 DO BEGIN
  Y:=Y*X+A[i];
  END;
END;
```

Die Zeilen eins bis drei im Horner Schema enthalten die Deklaration aller Parameter. Der Feldparameter A ist ein sogenannter 'open area'-Parameter, dessen Feldlänge unspezifiziert bleibt. Die FOR-Schleife wird mit einem eigenem END abgeschlossen. Alles übrige gleicht PASCAL und FORTRAN. Eine RETURN-Anweisung ist nicht erforderlich.

Als logische Weiterentwicklung kann ADA (1980) angesehen werden. ADA ist eine der umfangreichsten Sprachen, da die Benutzerbedürfnisse verschiedener Benutzerkreise berücksichtigt wurden. ADA hat jedoch keine weite Verbreitung gefunden.

5.1.4 C

Die Sprache C wurde ursprünglich Anfang der 70er Jahre zur Programmierung des Betriebssystems UNIX entwickelt. Als Programmiersprache ist C veraltet und entspricht nicht den Anforderungen an eine moderne algorithmische Sprache im Sinne von PASCAL und MODULA 2. Große Teile von UNIX und viele UNIX-Bibliotheksprogramme sind jedoch in C geschrieben, sodaß der Erfolg von UNIX zugleich der von C ist. C enthält außer den Konstruktionen höherer Sprachen (Prozeduren, Schleifenformen, Datentypen) auch solche niederer Sprachen (Inkrementoperationen, Register als eigene Speicherklasse). Ähnlich FORTRAN-Programmen sind C-Programme relativ maschinennahe, woraus sich schnelle

Objektprogramme ergeben. Die Struktur der Sprache unterstützt den Übersetzer wenig beim Auffinden fehlerhafter Konstruktionen. Datentypen sind Ganz- und Gleitkommazahlen, Zeichen und Zeiger, Boolsche-Typen fehlen, d.h. sie werden nur durch 0 und 1 ausgedrückt. C ist im Gegensatz zu allen anderen hiebei behandelten Sprachen eine Ausdruckssprache (expression language), d.h. jede Anweisung und Anweisungsfolge besitzt für einen Ausdruck einen Wert und kann als Bestandteil von Ausdrücken verwendet werden. Bei der Parameterübergabe müssen oft anstelle von Ausgangsparametern Zeiger auf die eigentlichen Ausgangsparameter verwendet werden.

```c
double Horner (double A[], int n, double X)
{
  double y;      /* keine globale Variable */
  int i;
  y=A[n];
  for (i=n-1; i >= 0; i--)
    y=y*X+A[i];
  return y;
}
```

Zeile 1 definiert Horner als Funktionsprozedur mit dem Ergebnis Typ DOUBLE. In der Klammer werden die Typen der Parameter definiert. Die geschweiften Klammern umfassen einen Block, d.h. den Anweisungsteil von Horner bestehend aus den Deklarationen der lokalen Variablen y, i und den Anweisungen zur Berechnung des Ergebnisses. Dieser wird mit der RETURN-Anweisung an die aufrufende Stelle zurückgegeben.

5.2 PASCAL

5.2.1 Der erste Start

Das "erste Programm" stellt in einer neuen Programmiersprache unabhängig davon wie komplex es aufgebaut ist, eigentlich eine Hürde dar. Die Eingabe, die Compilierung und die Ausführung dieses Programms stellen den Einsteiger meist vor Probleme. Deswegen sollen zuerst die notwendigen Abläufe kurz erläutert werden. Es wird eine Kurzzusammenfassung gegeben, um ein kleines Programm, das den Text "Hallo, hier bin ich" auf dem Bildschirm ausgibt, zu schreiben, zu übersetzen und auszuführen.

TURBO PASCAL wird normalerweise mit dem Befehl

Turbo

von der DOS-Ebene aus gestartet (Vorausgesetzt werden korrekt installierte Pfade in den DOS-Umgebungsvariablen).

Im Menüpunkt File wählt man den Punkt New an und bekommt ein neues Edit-Fenster, das als Titel NONAME00.PAS ausweist. Nun kann begonnen werden, den Quelltext einzugeben.

```
Programm FIRST;
Begin
     WRITELN ('Hallo, hier bin ich');
End.
```

Wie an diesem kleinen Beispiel ersichtlich ist, stellt TURBO PASCAL reservierte Wörter zur Verfügung, die in den Listings fett gedruckt angegeben werden.

Normalerweise wird in jede Zeile nur eine Anweisung geschrieben. Jede Anweisung wird mit Strichpunkt abgeschlossen. Das Programm selbst ist stets durch die beiden Schlüsselwörter `Begin` und `End` eingeschlossen. Das letzte `End`, das Ende des Hauptprogrammes, wird mit Punkt abgeschlossen, um anzuzeigen, daß das gesamte Programm hier beendet wird.

Über den Menüpunkt `Compile` kann mit der Funktion `Compile` eine Übersetzung dieses Programms ausgelöst werden. Als Hotkey - einfacher Tastendruck zur Aktivierung eines Menupunktes - kann für diese Aktion die Taste `F9` Verwendung finden. Soferne keine Tippfehler aufgetreten sind, erscheint die Meldung "compile successfull press any key" am Bildschirm. Nun kann das Programm über den Menüpunkt `Run` mit dem Menüeintrag `Run` gestartet werden. Dieser Vorgang - Übersetzen und anschließender Programmstart - kann auch über die Tastenkombination `Ctrl-F9` erreicht werden.

Das Programm schreibt nun auf dem Text-Bildschirm den angegebenen Text ("Hallo, hier bin ich"). Über die Tastenkombination `Alt-F5` (User Screen) kann nun zu diesem Ausgabebildschirm umgeschaltet werden. Jeder weitere Tastendruck schaltet zurück in den Editor.

Ein TURBO PASCAL-Programm beginnt immer mit dem Schlüsselwort `Program` und nachfolgendem Namen. Der Hauptteil des Programms ist zwischen den Anweisungen `Begin` und `End`, gefolgt von einem Punkt, eingeschlossen.

Programme, die nur einen vordefinierten Text ausgeben, werden aber kaum geschrieben. Normalerweise findet immer eine Interaktion mit dem Benutzer statt. Man kann also sagen, ein Programm löst die ihm gestellte Aufgabe, indem es

- von irgendwoher Daten erhält,
- Platz zur Speicherung dieser Daten zur Verfügung stellt,
- Anweisungen zur Bearbeitung dieser Daten vom Benutzer erhält,
- Ergebnisse dem Benutzer mitteilt (Bildschirm, File, etc.).

Aus dieser Beschreibung lassen sich folgende Unterpunkte herauskristallisieren:

- Datentypen,
- Eingabe von Daten,
- Bearbeitung mit Hilfe von Operationen (Zuweisung, Addition, Division, Vergleiche etc.) und Beeinflussung der Programmabarbeitung (Schleifen, Verzweigungen, Unterprogramme etc.),
- Ausgabe.

Diese Punkte werden im folgenden näher betrachtet. Es wird dabei mit der Ausgabe begonnen, da die Ergebnisdarstellung am Bildschirm am Anfang von besonderer Bedeutung ist.

5.2.2 Ausgabe

Die am häufigsten verwendete Ausgaberoutine in jeder Programmiersprache ist die Möglichkeit, beliebige Dinge am Bildschirm darzustellen. Daher wird auch zuerst die Prozedur WRITELN (WRITELN = "Write Line") näher betrachtet. Unter Ausgabe versteht man normalerweise jede Art von Daten, die ein Programm erzeugt. Egal ob es sich dabei um Text oder Grafik, den Bildschirm, einen Drucker, eine Datei auf der Festplatte oder Datentransport über Schnittstellen handelt. Die Ausgabe von Daten auf Dateien wird in späteren Kapiteln näher beschrieben. Die Ausgabe von Grafik bzw. die Ausgabe von Daten auf Schnittstellen wird in diesem Buch nicht behandelt.

Das allgemeine Format von WRITELN ist sehr einfach und gleichzeitig sehr flexibel:

```
WRITELN (Element, Element,...);
```

Element steht dabei für alles, was ausgegeben werden soll. Es kann sich dabei um einen numerischen Wert, ein einzelnes Zeichen oder eine Zeichenfolge handeln. Die Funktion ist dabei nicht auf direkte Angaben beschränkt (wie das in unserem Beispiel erfolgt ist), sondern kann die Werte von Variablen, Ergebnisse von Funktionsaufrufen usw. ausgeben, solange diese Ergebnisse von einfachem Typ, das heißt keine Datenstrukturen, sind.

WRITELN gibt alle angegebenen Elemente der Reihe nach aus. Leerzeichen oder andere Trennzeichen werden dabei nicht automatisch eingefügt. Dazu einige Beispiele, in denen davon ausgegangen wird, daß die Variablen A, B und C vom Typ Integer und die Variable Name vom Typ String ist:

```
A:=1; B:=2; C:=3;
Name:= 'Robert';
WRITELN (A,B,C);                    { 123 }
WRITELN (A,' ',B,' ',C);           { 1 2 3 }
WRITELN ('Hallo', Name);           { HalloRobert }
WRITELN ('Hallo, ', Name,);        { Hallo, Robert }
```

Die Funktion WRITELN erzeugt nach der Ausgabe des letzten Elementes immer einen Zeilenvorschub und setzt den Cursor somit auf den Beginn der nächsten Zeile. Die Prozedur WRITE verhält sich im Prinzip wie WRITELN, nur daß hier der Zeilenvorschub unterbleibt.

Über eine zusätzliche Angabe in diesen beiden Funktionen läßt sich die Feldbreite für ein Element festlegen und zwar prinzipiell die minimale Feldbreite, sodaß eine nötigenfalls größere Zahl korrekt ausgedruckt wird. Die Syntax lautet:

```
WRITELN (Element: Feldbreite,
         Element: Feldbreite, ....);
```

Feldbreite steht hier für einen Integer-Ausdruck, der direkt, über eine Konstante, eine Variable oder als Ergebnis eines Funktionsaufrufes angegeben werden kann. Auch dazu einige Beispiele:

```
A:=1; B:=5; C:=100;
WRITELN (A;B;C);              { 15100 }
WRITELN (A:2,B:2,C:3);        {  1 5100 }
WRITELN (2:B, B:B, C:B);      {     2    5   100 }
```

Wie man aus den Beispielen sieht, wird jedem Element eine entsprechende Anzahl von Leerzeichen vorangestellt, um eine rechtsbündige Formatierung zu erreichen. Bei der Ausgabe von Fließkommazahlen (REAL-Zahlen) kann noch ein weiterer Parameter angegeben werden, der die Anzahl der Stellen nach dem Komma festlegt:

```
WRITELN (Element:Feldbreite:nach Kommastelle,
         Element,...);
```

Die Feldbreite gibt dabei die Gesamtstellenanzahlen inkl. Komma an und die Nachkommastellen die Anzahl von Ziffern hinter dem Komma.

5.2.3 Bezeichner

Variablenamen unterliegen gewissen Beschränkungen. Die Regeln, die bei der Vergabe von Bezeichnern beachtet werden müssen, seien im folgenden kurz angegeben:

- Bezeichner müssen mit einem Buchstaben (A...Z, a.....z) beginnen.
- Auf dieses erste Zeichen können weitere Buchstaben bzw. Ziffern und Unterstriche folgen. Deutsche Umlaute, sowie das ß sind aber nicht zulässig.
- PASCAL unterscheidet nicht zwischen Groß- und Kleinschreibung, das bedeutet, daß Worte wie SUMME, Summe und summe, für den Compiler identisch sind.
- Nur die ersten 63 Zeichen eines Bezeichners sind signifikant. Alle weiteren Zeichen werden vom Compiler ignoriert. (TURBO PASCAL-spezifisch)
- Reservierte Worte (begin, end, for, while etc.) können nicht als Bezeichner verwendet werden.

5.2.4 Datentypen und Strukturen

TURBO PASCAL kennt 5 Basisdatentypen:

- Integer oder ganze Zahlen,
- Fließkommazahlen, die auch oft als Real-Zahlen bezeichnet werden, sind Bruchzahlen,
- Text, der aus einzelnen Zeichen oder Zeichenfolgen (STRING) besteht,
- Wahrheitswerte (BOOLEAN), die nur zwei Werte annehmen können - TRUE oder FALSE.

* Zeiger (Pointer), die keine Werte, sondern die Startadresse eines Speicherbereiches beinhalten.

Aus diesen Grundtypen lassen sich Strukturen höherer Ordnung bilden. Ein vordefinierter Typ ist der Datentyp ARRAY, andere kann der Benutzer selbst defininieren.

5.2.4.1 Die Integer-Typen

Variable vom Typ INTEGER sind die wohl am häufigsten verwendeten Variablen innerhalb von Programmen. Sie haben im Normalfall einen Wertebereich zwischen -32 768 bis +32 767. Neben diesem Typ definiert TURBO PASCAL die vorzeichenbehafteten Datentypen SHORTINT und LONGINT, sowie die vorzeichenlosen Datentypen WORD und BYTE. In Tabelle 5.2 sind die Wertebereiche und der Speicherplatzbedarf zusammengefaßt:

Tabelle 5.2. Übersicht verschiedener Integer-Datentypen

Typ	Bereich	Format
SHORTINT	-128...127	1 Byte mit Vorzeichen
INTEGER	-32 768 bis +32 767	2 Byte mit Vorzeichen
LONGINT	-2 147 483 648 bis +2 147 483 647	4 Bytes mit Vorzeichen
BYTE	0...255	1 Byte vorzeichenlos
WORD	0...65 535	2 Byte vorzeichenlos

Sämtliche Zuweisungen an Variable dieses Typs können neben der dezimalen Notation auch in hexadezimaler Notation erfolgen, wobei eine hexadezimale Notation unter Pascal mit dem Dollarzeichen ($) beginnt. Man kann den Wert 127 daher auch als $7F angeben.

5.2.4.2 Die Real-Typen

Oft können Ergebnisse von Rechenoperationen, die mit Variablen des Typs INTEGER durchgeführt werden, falsche Ergebnisse liefern. Dazu folgendes kleines Programm:

```
Program Realtest;
Var
        A,B,X: Integer;
        C: Real;
Begin
        A:=7; B:=5;
        X:=A div B;
        C:=A/B;
        WRITELN ('das Ergebnis für X ist: ',X);
        WRITELN ('das Ergebnis für C ist: ',C);
End.
```

Die Variablen A, B und X im vorangegangenen Beispiel sind vom Typ
INTEGER. Eine ganzzahlige Division von 7:5 ergibt den Wert 0. Daher erhält man
auch als Ergebnis 0, was natürlich nicht richtig ist. Die Variable C dagegen ist als
REAL deklariert und eine Real-Division (C:=A/B) liefert auch das korrekte Ergebnis.

Eine Real-Zahl setzt sich im Normalfall aus 3 Elementen zusammen: dem
Vorzeichen, der Mantisse und einem Exponenten. Die Genauigkeit, mit der Real-
Zahlen dargestellt werden können, hängt davon ab, wieviele Dezimalstellen in der
Mantisse gespeichert werden können. Die Genauigkeit und den Wertebereich sowie
die Angabe des Formates der von TURBO PASCAL definierten REAL-Typen sind in
Tabelle 5.3 zusammengefaßt:

Tabelle 5.3. Übersicht verschiedener REAL-Typen

Typ	Bereich	Genauigkeit	Format
Real	2.9*10-39 bis 1.7*10 38	11 bis 12 Stellen	6 Byte
Single	1.5*10-45 bis 3.4*10 38	7 bis 8 Stellen	4 Byte
Double	5.0*10-324 bis 1.7*10 308	15 bis 16 Stellen	8 Byte
Extended	1.9*10-4951 bis 1.1*10 4.932	19 bis 20 Stellen	10 Byte
Comp	-9.2*10 18 bis 9.2*10 18	18 bis 19 Stellen	8 Byte

Nur wenn der Computer mit einem Co-Prozessor ausgerüstet ist und TURBO
PASCAL diesen Co-Prozesssor nutzt, dann stehen die letzten 4 Datentypen zur
Verfügung.

5.2.4.3 Char- und String-Typen

Ein einzelnes Zeichen wird in Pascal mit dem Datentyp CHAR gespeichert.
Character-Zeichen werden immer unter Hochkomma eingeschlossen z.B. 'A', '2',
usw. Daher stellt '2' das Zeichen 2 dar, 2 einen Integer-Wert und 2.0 eine Konstante
vom Typ REAL.

Variable vom Typ CHAR werden meistens bei der Beantwortung von Fragen an
den Benutzer und Auswertung von Eingaben benutzt. Dazu ein kleines Beispiel:

```
Write ('Wollen Sie noch eine Berechnung ausführen? (J/N):');
Readln (CH);
if (CH = 'J')or (CH = 'j') then  { wenn J/j eingegeben wurde }
...
else
...
```

In der Variablen CH wird ein eingegebenes Zeichen gespeichert. Jedes Zeichen
besitzt einen eindeutigen Wert - den ASCII-Kode. Es ist möglich, auch
Steuerzeichen oder IBM-Grafikzeichen an Charakter-Konstante zuzuweisen. Dies
geschieht durch Angabe des ASCII-Kodes des entsprechenden Zeichens mit
vorangestelltem Doppelkreuz (#).

Ein STRING setzt sich aus einer Folge von Zeichen zusammen, wobei jedes Zeichen vom Typ CHAR ist. Bei der Definition einer Variablen vom Typ STRING kann optional eine maximale Länge angegeben werden. Diese Länge kann aber niemals größer als 255 Zeichen sein. De fakto reserviert der Compiler für jede Variable vom Typ STRING die angegebene Länge plus ein zusätzliches Zeichen. In diesem zusätzlichen Byte wird die momentane Länge des Strings abgespeichert.

STRING-Konstante bestehen aus einer Zeichenfolge, die in Hochkomma eingeschlossen sind. Wenn innerhalb der Zeichenfolge ein Hochkomma dargestellt werden muß, so wird dies durch zwei aufeinanderfolgende Hochkomma erreicht. Spezielle Zeichen, wie z.B. Zeichen aus dem IBM Grafiksteuersatz oder Steuerzeichen können wie beim Typ CHAR angegeben mit Hilfe des Doppelkreuzes in einen String aufgenommen werden. Dazu einige Beispiele:

```
Program STRG_Test;
Var
  Name: String [30];
  S:      String;
Begin
  WRITELN ('Wie heißen Sie?');
  Readln (Name);
  WRITELN ('That''s all', Name);
  S:='und ein'#7' Steuerzeichen, und noch '#10#13'ein paar';
  WRITELN (S);
End.
```

In diesem Beispiel werden zwei String Variable definiert. Die Variable Name ist dabei einen String der maximalen Länge 30, S wiederum ist ein allgemeiner String mit maximal 255 Zeichen. In der dritten Zeile wird ein Hochkomma innerhalb eines Strings angegeben. Die nächste Zeile definiert einen String, der ein Beep (Ton-Signal, ASCII 7) sowie ein Zeilenvorschubzeichen (LF - Line Feed) und ein Wagenrücklaufzeichen (CR - Carriage Return) enthält.

5.2.4.4 Der Typ Boolean

Variable dieses Typs belegen minimalen Platz im Speicher, können aber auch nur zwei Werte annehmen nämlich TRUE, das heißt die Bedingung ist erfüllt und FALSE, das heißt die Bedingung ist nicht erfüllt. Sämtliche Prüfungen in Abfragen sowie Endbedingungen in Schleifen erzeugen Boolsche Werte als Ergebnis.

Additionen bzw. andere arithmetische Operationen sind mit Boolschen Werten nicht möglich, dafür können aber logische Operationen mit ihnen durchgeführt werden. Auf die Verwendung dieses Datentyps wird in späterer Folge noch einige Male verwiesen.

5.2.4.5 Zeiger

Im Gegensatz zu allen anderen Basisdatentypen enthalten Zeiger keine Werte, sondern die Adresse im Speicher, wo der Wert einer Variablen steht. Zeiger zeigen also auf den Speicherbereich indem ein Wert gespeichert ist. Dazu ein kleines Beispiel:

```pascal
Var
  A            : Integer;
  ZeigerToInt :^Integer;
  Puffer       : String;
  PufferZeiger:^String;
Begin
  Puffer := 'Hallo';
  A := 5;
  writeln (A,' ',Puffer);              { direkte Ausgabe }
  PufferZeiger := @Puffer;
  ZeigerToInt := @A;
                                       { Ausgabe über Pointer }
  writeln (ZeigerToInt^,' ',PufferZeiger^);
End.
```

Im Quelltext (Sourcecode) unterscheiden sich diese Deklarationen immer nur durch das vorangestellte Zeichen (^). Die Unterschiede bei der Übersetzung sind allerdings gewaltig. `Puffer` ist eine Variable vom Typ STRING für die der Compiler 256 Byte Platz reservieren muß, A ist vom Typ INTEGER und belegt daher 2 Byte. `Pufferzeiger` und `ZeigerToInt` dagegen sind Zeigervariable, die beide je 4 Byte Speicherplatz belegen. Diese Variablen **können** in weiterer Folge auf eine STRING/INTEGER Variable zeigen. Sie müssen aber einmal die Adresse einer Variablen (Speicherbereich) zugewiesen bekommen (Zeile 4,5). Entweder über den Adreßoperator (@) oder durch dynamische Speicherplatzreservierung. Diese dynamische Speicherplatzverwaltung wird in diesem Buch aber nicht weiter behandelt. Die beiden Ausgabezeilen in obigem Beispiel liefern das gleiche Ergebnis. Die Dereferenzierung eines Zeigers - d.h. der Zugriff auf den Wert, auf den der Zeiger zeigt - erfolgt durch Nachstellen des ^-Zeichens an den Zeigernamen.

5.2.4.6 Die Array-Struktur

Ein ARRAY ist eine Sammlung gleichartiger Datentypen mit einem gemeinsamen Variablennamen (Bezeichner). Jeder einzelnen Wert dieses ARRAYS wird als Element bezeichnet und über einen Index angesprochen. Die allgemeine Definition einer einfachen ARRAY-Variablen lautet:

```pascal
Name: array[StartIdx..EndIdx] of Datentyp
```

Datentyp kann jeder beliebige Standardtyp (INTEGER, CHAR, REAL,..) oder ein selbstdefinierter Datentyp sein. `StartIdx` und `EndIdx` geben den Bereich des Array-Index an und definieren somit die Anzahl der vom Compiler reservierten Speicherplätze für den angegebenen Datentyp. Sehen wir uns folgendes Beispiel an:

```pascal
Var
  Monat: Array[1..12] of String[10];
  i: Integer;
Begin
  Monat[1] := 'Jänner'; Monat[2]:= 'Februar';
  ...
  Write ('Bitte ine Zahl zw. 1..12:');Readln(i);
  Writeln('Der ',i,'.te Monat heißt :',Monat[i]);
End.
```

Die einzelnen Elemente des Arrays MONAT sind Strings der Länge 10. Wir benötigen 12 Elemente mit einem Index von 1 bis 12. Zu Beginn des Programmes werden die einzelnen Array-Elemente initialisiert. Der Zugriff erfolgt durch die Angabe des Array-Namens gefolgt von einem Index in eckigen Klammern.

Im mathematischen Sinn stellt ein ARRAY einen Vektor dar. Mehrdimensionale Vektoren können in TURBO PASCAL durch mehrdimensionale ARRAYS dargestellt werden. So definiert

```
Matrix: Array [1..10] of Array [1..5] of Integer;
```

einen zweidimensionalen Vektor von Ganzzahlwerten der Größe 10x5. Die einzelnen Elemente können dann durch Matrix[i,j] angesprochen werden.

5.2.4.7 Selbstdefinierte Datentypen

Ein bereits klassisches Beispiel zur Verwendung von ARRAYS und selbstdefinierten Typen ist die Notenverwaltung einer Schule. Diese Schule besitzt 30 Klassen mit je maximal 25 Schülern. Jeder Schüler hat 5 Hauptfächer, in denen er pro Semester 3 Noten erhält. Eine mögliche Variablenvereinbarung wäre:

```
Var
  Noten:      array [1..3] of Integer;
  Schueler:   array [1..5] of array [1..6] of Integer;
  Klasse:     array [1..25] of array [1..5] of array[1..3]
              of Integer;
  Schule:     array [1..30] of array [1..25] of array [1..5]
              of array[1..3] of Integer;
```

Dies ist aber bereits in der Definition nicht besonders übersichtlich - ganz zu schweigen von der Notenvergabe für die 1. Note des 4. Faches des 10. Schülers der 1. Klasse, die als

```
Schule[1,10,4,1] := ..
```

geschrieben wird. Eine wesentlich verbesserte Vereinbarung benutzt bereits eigene Datentypen. Die Definition dieser Datentypen beginnen mit dem Schlüsselwort Type und ergeben sich für unser Beispiel zu:

```
Type
  Noten    = array [1..3] of Integer;
  Schueler = array [1..5] of Noten;
  Klasse   = array [1..25] of Schueler;
  Schule   = array [1..30] of Klasse;
Var
  EineSchule: Schule;
```

Zusätzlich zu den Informationen für Noten haben aber Schüler einen Vor- und Nachnamen, ein Alter und ein Geschlecht. Diese Informationen, die alle einen andern Datentyp haben, können mit unseren derzeitigen Vereinbarungen nicht gespeichert werden.

In TURBO PASCAL ist es möglich, Variablen unterschiedlichen Typs in einen Verbund zusammenzufassen. Dieser Verbund wird RECORD genannt, die einzelnen Elemente Felder. Eine Definition für einen Schüler könnte dann so aussehen:

```
Type
  NotenTyp = array [1..3] of Integer;
  SchuelerTyp = record
                  Vorname   : String[20];
                  Nachname  : String[30];
                  Alter     : Integer;
                  Geschlecht: Boolean;
                  Faecher   : array[1..5] of NotenTyp;
                end;
  KlassenTyp = array [1..25] of SchuelerTyp;
  SchuleTyp = array [1..30] of KlasseTyp;
Var
  Schueler: SchuelerTyp;
  Schule  : SchuleTyp;
```

Die einzelnen Felder in `Schueler` bzw. `Schule` werden über eine Kombination aus Variablenname und Feldname angesprochen:

```
Schueler.Vorname := 'Doris';
Schueler.Alter := 15;
Schueler.Faecher[1,3] := 1;
...
Schule[3,1].Vorname := 'Hans'
          {der erste Schüler in der 3.Klasse}
```

5.2.5 Operatoren

Im letzten Abschnitt wurden die verschiedenen Datentypen von PASCAL vorgestellt. In diesem Kapitel wird nun die Verknüpfung bzw. die Manipulation dieser Daten erklärt. TURBO PASCAL definiert acht verschieden Operatortypen, von denen die meisten binär sind, das heißt, daß sie zwei Operanden miteinander verknüpfen. Die Regeln sind praktisch identisch mit denen der Schulmathematik - Multiplikation vor Addition. Durch Klammerung läßt sich die Reihenfolge beliebig verändern.

Die grundlegende Operation jeder Programmiersprache ist die Zuweisung. PASCAL verwendet dazu einen Doppelpunkt, gefolgt von einem Gleichheitszeichen (:=). Im folgenden Beispiel

```
Summe:=A+B;
Multi:=A*B;
```

wird jeweils einer Variablen auf der linken Seite das Resultat der Berechnung der rechten Seite zugewiesen.

Die wichtigsten Operatoren sind die sogenannten binären Operatoren, die auf INTEGER- und REAL-Werte anwendbar sind.

+   Addition
-    Subtraktion
*   Multiplikation
/   Division
%   Modulo

Bit-Manipulationen können über sechs verschiedene Operatoren in TURBO PASCAL ausgeführt werden. Diese Operationen sind:

SHL   "shift left", links schieben um eine bestimmte Anzahl von Bit-Positionen. Dabei werden freiwerdende Positionen auf 0 gesetzt.
SHR   "shift right", rechts schieben um eine bestimmte Anzahl von Bit-Positionen und setzen der freiwerdenden Bits auf 0.
AND   Bitweises UND
OR   Bitweises ODER
XORr   Bitweise ANTIVALENZ
NOT   Bitweise NEGATION.

Die Anwendung der oben angegebenen Operatoren auf verschiedene Variable kann unter Umständen zu Fehlern führen, z.B. ist der NOT-Operator nicht bei Variablen vom Typ WORD anwendbar, da WORD keine negativen Werte definiert.

Relationale Operatoren vergleichen die angegebenen Operanden miteinander und liefern ein Boolesches Ergebnis. In TURBO PASCAL lassen sie sich auf alle Grundtypen wie Character, Strings, Zeiger und numerische Werte anwenden. Folgende Operatoren sind definiert:

>   größer als
>=   größer oder gleich
<   kleiner als
<=   kleiner oder gleich
=   gleich
<>   ungleich
in   Prüfung auf Zugehörigkeit zu einer Menge.

Der zuletzt angegebene Operator IN prüft, ob ein gegebenes Element in einer angegebenen Menge vorhanden ist und liefert entweder TRUE, wenn es in dieser Menge vorhanden ist, andernfalls FALSE, zurück. Das folgende kleine Beispiel nutzt die relationalen Operatoren, um zwei gegebene Werte miteinander zu vergleichen.

```
Program Vergleich;
Var
  a,b:Integer;
Begin
  Write ('Geben sie zwei Werte ein:');
  Readln (a,b);
  if a=b then Writeln ("beide Werte sind gleich");
  else begin
```

```
Write("die beiden Werte sind ungleich:");
if a<b then Writeln (a,"<",b)
else Writeln (a,">",b);
end;
end.
```

In TURBO PASCAL sind vier logische Operatoren definiert. Diese sind: AND, OR, XOR und NOT. Sie haben dieselben Namen wie die Operatoren zur Bit-Manipulation, arbeiten allerdings nicht bitweise sondern logisch, indem sie Boolesche Werte miteinander verknüpfen. Zwischen den logischen und den bitweisen Operatoren ergeben sich folgende Unterschiede:

- Logische Operatoren erzeugen Boolesche Ergebnisse, die bitweisen Operatoren erzeugen numerische Ergebnisse.
- Logischen Operatoren lassen sich nicht direkt mit bitweisen Operatoren kombinieren.
- Die logischen Operatoren AND und OR werden oft nicht vollständig ausgewertet, sondern nur soweit bewertet, bis das Gesamtergebnis feststeht.

Bei Abfragen, die mit logischen Operatoren und Vergleichen arbeiten, müssen die Vergleiche in Klammern gesetzt werden. Die Vergleiche werden dann vor den logischen Operatoren ausgewertet.

5.2.6 Eingabe

TURBO PASCAL definiert einige Funktionen und Prozeduren, mit denen Daten von der Tastatur aus einer Datei oder über Schnittstellen gelesen werden können. Dieses Kapitel beschäftigt sich aber ausschließlich mit der Funktion READ und READLN zum Lesen von der Tastatur. Zugriffe auf Dateien werden in späteren Kapiteln behandelt. READLN hat eine ähnliche Syntax wie WRITELN:

```
READLN (Element, Element, Element...);
```

wobei auch hier Element für eine einfache Variable eines beliebigen Typs (CHAR, STRING, INTEGER oder REAL) steht. READLN liest im Gegensatz zu READ solange Zeichen von der Tastatur ein, bis die Enter-Taste gedrückt wird. Ein Aufruf wie

```
READLN (CH);
```

in dem CH eine Variable des Typs CHAR ist, liest Zeichen von der Tastatur, bis zum nächsten Return (Enter-Taste), wobei CH aber nur das erste eingegebene Zeichen zugeordnet wird. Werden mehrere numerische Werte angefordert

```
READLN (A,B);
```

dann müssen die eingegebenen numerischen Werte durch ein entsprechendes Trennzeichen (Leerzeichen, Tabulator bzw. Return) eingegeben werden. Es ist aber nicht möglich, mehrere Strings mit einem einzigen Aufruf von READLN zuzuordnen.

5.2.7 Möglichkeiten zur Kontrolle der Programmabarbeitung

In den vorangegangenen Abschnitten wurden die von PASCAL definierten Datentypen und Operatoren beschrieben. Für die Abarbeitung eines Algorithmus ist aber neben den Datenstrukturen die Kontrolle des Programmablaufs wesentlich. Die Erklärung der Elemente, die PASCAL für diesen Zweck zur Verfügung stellt, ist Gegenstand dieses Kapitels.

5.2.7.1 Bedingte Ausführungen (IF)

"Entscheidungsfähige" Programme benötigen als Grundlage die Möglichkeit, Operationen abhängig von Bedingungen auszuführen. In den vorangegangenen Beispielen wurden des öfteren die bereits vereinfachte Form bedingter Anweisungen verwendet. Das Format für die IF-Anweisung sieht folgendermaßen aus:

```
if (Ausdruck)
  then Anweisung 1
  else Anweisung 2 ;
```

Ausdruck steht dabei für eine beliebige Operation deren Ergebnis ein Boolescher-Wert ist. Wenn sich Ausdruck als TRUE ergibt, wird Anweisung 1 ausgeführt und Anweisung 2 übersprungen, anderenfalls wird Anweisung 2 ausgeführt und dabei Anweisung 1 übersprungen. Der ELSE-Zweig dieser IF-Anweisung ist optional, das heißt, er muß nicht immer angegeben werden. In diesem Fall ist die Ausführung im THEN-Zweig aber mit einem Strichpunkt abzuschließen. In vielen Fällen ist es notwendig, im THEN- oder ELSE-Zweig mehr als eine Anweisung unterzubringen. Diese werden als Anweisungsblöcke (Compound Statements) bezeichnet. Sie beginnen mit dem reservierten Wort BEGIN gefolgt von einer beliebigen Anzahl von Anweisungen die jeweils mit Semikolon abgeschlossen werden, und enden mit einem abschließenden END.

Innerhalb von Anweisungsblöcken lassen sich beliebig tief verschachtelte neue Anweisungsblöcke bilden. Ein komplettes Programm ist daher im wesentlichen auch nur ein Anweisungsblock.

5.2.7.2 Mehrfachverzweigungen (CASE)

Sogenannte CASE-Leisten werden immer dann verwendet, wenn abhängig vom Ergebnis eines beliebigen Ausdruckes unterschiedliche Anweisungen auszuführen sind. Ohne Verwendung von CASE-Verzweigungen müßte eine komplexe IF-THEN-ELSE-IF-Konstruktion verwendet werden, um die einzelnen Fälle zu unterscheiden. Sehen wir uns dazu einen kurzen Programmausdruck an:

```
Var
  ch:char;
begin
  readln(ch);
    case (ch) of
      'F','f':Filemenu;        {aktivieren des Menüpunktes File}
      'E','e':Editor;          {Menüeditor}
      'R','r':Menurun;         {Run ausführen}
```

```
  'C','c':Compilemenu;     {das Menü-Compile aktivieren}
  'O','o':OptionMenu;      {Menü Options aktivieren}
end;
```

In diesem Beispiel wird ein Character eingelesen und abhängig von diesem Character in unterschiedliche Programmteile verzweigt. Bei Eingabe eines F wird das Unterprogramm Filemenu aufgerufen, bei Eingabe eines C das Compilemenu usw.

Eine CASE-Leiste wertet einen Ausdruck aus und vergleicht ihn dann der Reihe nach mit den angegebenen Werten. Wenn einer dieser Werte mit dem Ausdruck übereinstimmt, dann werden die auf diese Marke folgenden Anweisungen ausgeführt. Anschließend wird der Rest der CASE-Anweisung übersprungen. Wenn mehr als eine Anweisung notwendig sind, so können diese wieder mit BEGIN und END geschachtelt werden. Für die Angabe einzelner Werte sind beliebige ordinale Typen (Integer, Char, Boolean) erlaubt. Anstelle einzelner Marken kann man aber auch mehrere Marken, durch Beistrich getrennt wie in unserem Beispiel, oder Bereichsangaben ('0' ... '9') verwenden.

Bei einer CASE-Anweisung kann auch ein (optionaler) ELSE-Zweig Verwendung finden, der dann zur Anwendung gelangt, wenn alle vorhergegangenen Vergleiche fehlgeschlagen sind.

5.2.7.3 Schleifen

Schleifen stellen Konstrukte dar, die Anweisungen bzw. Anweisungsblöcke wiederholt ausführen. Dabei sind verschiedene Arten möglich.

FOR-Schleifen werden dann verwendet, wenn die Anzahl der Wiederholungen von vornherein feststeht. Die Syntax lautet dabei folgendermaßen:

```
FOR-Laufvariable := Startwert to Endwert Do
Anweisung;
```

Laufvariable, Start- und Endwert müssen vom selben Typ sein, wobei hier nicht nur Integer sondern auch Charakter oder Aufzählungstypen möglich sind. Dazu ein kleines Beispiel, das das Alphabet ausgibt:

```
Var
  ch:char;
begin
  for ch:= 'a' to 'z' do
    write(ch);
end.
```

Startwert und Endwert können vorgegebene Konstante aber auch berechnete Werte sein. Wenn vor dem ersten Durchlauf der Endwert bereits größer ist als der Startwert, dann wird die Schleife überhaupt nicht durchlaufen.

FOR führt somit folgende Schritte automatisch aus:
- der Laufvariablen wird der Startwert zugewiesen.

- Nun folgt ein Vergleich mit dem Endwert. Wenn die Laufvariable kleiner oder gleich diesem Wert ist, werden die folgenden Anweisungen ausgeführt.
- Nach der Ausführung der Anweisungen erhöht FOR die Laufvariable um 1 und beginnt bei Schritt 2, solange bis die Laufvariable einen größeren Wert als Endwert hat.

5.2.7.4 WHILE

Die Syntax von WHILE lautet:

```
While (Ausdruck) do
   Anweisung;
```

Für Anweisung kann hier wie auch bei FOR entweder eine einzelne Anweisung oder ein Anweisungsblock stehen. Unser Beispiel zur Ausgabe des Alphabetes kann somit mit der WHILE-Schleife folgendermaßen definiert werden:

```
Var
   ch:char;
begin
   ch:='a';
   while (ch <= 'z') do begin
     write (ch);
     inc (ch);
     end;
end.
```

Genauso wie bei FOR prüft WHILE immer vor dem Durchlauf, ob die Bedingung erfüllt ist. Wenn die Abbruchbedingung erfüllt ist, wird der Schleifenrumpf nicht mehr ausgeführt. Im Gegensatz zur FOR-Schleife findet aber keine automatische Erhöhung einer Variablen am Ende der Schleife bzw. eine Initialisierung zu Beginn statt. Diese beiden Teile der Schleife müssen hier extra angeführt werden. In der Abbruchbedingung bei der WHILE-Schleife kann allerdings das Ergebnis eines Funktionsaufrufes verwertet werden.

5.2.7.5 REPEAT - UNTIL

Dieses Statement repräsentiert eine fußgesteuerte Schleife und unterscheidet sich daher von der FOR- und der WHILE-Schleife in folgenden Punkten:

- Die Prüfung findet nicht zu Beginn sondern am Ende des Schleifenrumpfes statt.
- Der Schleifenrumpf wird nicht wiederholt, *solange* diese Bedingung TRUE ergibt, sondern *bis* diese Bedingung TRUE ergibt.
- Der Schleifenrumpf wird von vornherein als Anweisungsblock betrachtet. Es ist daher nicht unbedingt ein BEGIN und END notwendig.

Auch dazu unser Beispiel für die Ausgabe des Alphabetes:

```
Var
  ch:char;
begin
  ch:='a';
  repeat
    write(ch);
    inc(ch);
    until(ch > 'z');
end.
```

Die Syntax von REPAT-UNTIL lautet daher folgendermaßen:

```
repeat
  Anweisung;
  Anweisung;
  ..
  until (Ausdruck);
```

Jede der angegebenen Schleifen ist für einige Anforderungen optimal. In den folgenden Beispielen werden Zeichen eingelesen und am Bildschirm ausgegeben, bis der Buchstabe 'x' eingegeben wird.:

```
Program repeat-Demo;
Var
  ch: char;
begin
  repeat
    read(ch);           { Zeichen lesem }
    write(ch);          { ausgeben }
    until(ch='x');      { und prüfen }
end.
```

Mit WHILE formuliert sieht dies so aus:

```
Program while-Demo;
Var
  ch:char;
begin
  read(ch);         {hier wird zuerst ein Zeichen gelesen,
                     damit es geprüft werden kann}
  while(ch<>'x') do begin
    write(ch);
    read(ch);
    end;
  write(ch);        {das letzte Zeichen wird hier ausgegeben}
end.
```

Über eine FOR-Schleife läßt sich diese Aufgabe nicht realisieren, da von vornherein die Abbruchbedingung nicht bekannt ist, sondern durch eine Benutzereingabe erfolgt.

5.2.7.6 Prozeduren und Funktionen

Immer dann, wenn eine bestimmte Folge von Anweisungen an verschiedenen Stellen eines Programmes benötigt wird, ist es sinnvoll, diese zusammenzufassen und als Prozedur oder Funktion zu definieren.

Eine Prozedur bekommt bei ihrem Aufruf Werte und Variablen als Parameter übergeben und führt eine Reihe von Anweisungen aus, die als Block dieser Prozedur definiert sind. Sie können dabei übergebene Variablen verändern (wie z.B. Readln) oder angegebene Werte verwerten (wie Writeln). Eine Funktion unterscheidet sich von einer Prozedur dadurch, daß sie zusätzlich ein Funktionsergebnis zurückliefert.

Die Struktur einer Prozedur oder Funktion sieht genauso aus wie die eines Programmes, nur daß anstelle des reservierten Wortes `Program` `Procedure` oder `Function` verwendet wird. Im folgenden geben wir zuerst einen Überblick über die allgemeine Struktur einer Prozedur an:

```
Procedure Name {Parameter:Typ;Parameter:Typ...}
Const Konstantenbezeichner;...
Type Typbezeichner;....
Var Variablenbezeichner;...

    Subprozeduren bzw Funktionen

begin
    Hauptteil der Prozedur
end.
```

Ein Funktion unterscheidet sich nur durch die Angabe des reservierten Wortes `Function` und des Datentyps des Rückgabewertes. Dieser kann jeder beliebige Grunddatentyp sein:

```
Function Name {Parameter:Typ;...} : ErgebnisTyp
...
```

Zum besseren Verständnis wird hier eine kleine Funktion formuliert, die eine Übersetzung des als Parameter angegebenen Buchstaben in Großbuchstaben durchführt:

```
Function UpCase (ch:char):char;
begin
  if(ch >= 'a')and(ch <='z') then ch:=chr(ord(ch)-32)
    else if ch = 'ä' then ch := 'Ä'
    else if ch = 'ö' then ch := 'Ö'
    else if ch = 'ü' then ch := 'Ü'
    else;          {kein Kleinbuchstabe oder äöü -> nichts tun}
    upcase :=ch;   {hier wird das Ergebnis zurückgegeben}
end;
```

Verwendet kann diese Funktion UpCase nun an jeder beliebigen Stelle innerhalb eines Programmes werden, wo eine Variable oder Konstante des Typs CHAR zulässig wäre. Auch dazu ein Beispiel:

```
Programm Demo;
...<-hierher muß die Funktion UpCase wie oben beschrieben
    einfügt werden
Var
  ch:char;
begin
  readln(ch);
  writeln(ch,'übersetzt:',UpCase(ch));
end.
```

Im Aufruf von `writeln` wird nun unsere selbstdefinierte Funktion `UpCase` mit dem Wert der Variablen `ch` aufgerufen. Die Funktion ändert dieses übergebene Zeichen in einen äquivalenten Großbuchstaben, gibt ihn an die Funktion `writeln` zurück und diese gibt dann das Zeichen am Bildschirm aus.

5.2.8 Dateioperationen

Für ein Programm besteht grundsätzlich kein Unterschied, ob ein Zeichen aus einer Datei oder von der Tastatur gelesen wird, oder ob ein Zeichen in eine Datei oder auf den Bildschirm geschrieben wird. Sowohl `READ(LN)` als auch `WRITE(LN)` arbeiten immer mit Dateien. Der erste Parameter ist eine Dateivariable. Wenn sie nicht explizit angegeben wird, fügt der Compiler automatisch entweder die Standardeingabe-(`Input`) oder die Standardausgabe-(`Output`)Variable ein. Diese beiden Variablen sind global, werden automatisch beim Programmstart erzeugt und verweisen auf den Bildschirm bzw. auf die Tastatur. Die vollständige Syntax der beiden Ein-/Ausgabefunktionen lautet daher:

```
READ(LN)  (var DateiVar; var Element;var Element...);
WRITE(LN)(var DateiVar; Element, Element, Element...);
```

Neben dieses Ein-/Ausgabefunktionen sind zur Erstellung und Handhabung von Dateien noch folgende Funktionen/Proceduren wesentlich:

- `Assign (var DateiVar,Dateiname)`
  ordnet der Variablen `DateiVar` den DOS-Dateinamen zu
- `Reset (var DateiVar)`
  öffnet die Datei für Leseoperationen
- `Rewrite (var DateiVar)`
  öffnet die Datei für Schreiboperationen
- `Append (var DateiVar)`
  öffnet die Datei für Schreiboperationen am Ende der existierenden Daten
- `Seek (var DateiVar, Position)`
  ändert die Position in der Datei auf die Angegebene. Nachfolgende Schreib-/Leseoperationen erfolgen ab dieser Position.
- `Eof (var DateiVar)`
  gibt TRUE zurück wenn das Ende der Datei erreicht ist (End Of File)
- `Close (var DateiVar)`
  schließt die Datei.

TURBO PASCAL unterscheidet drei verschiedene Dateitypen:

- Textdateien,

- typisierte Dateien,

- untypisierte Dateien,

wobei diese Unterscheidung nur eine Interpretationsweise der behandelten Daten darstellt. Physikalisch stellt eine Datei immer eine Folge von einzelnen Bytes dar.

5.2.8.1 Textdateien

Eine Textdatei ist eine Folge von Zeilen beliebiger Länge. Jede Zeile wird mit einem Zeilenvorschubzeichen beendet. Positionierungen mitten in Textdateien sind durch die unterschiedliche Zeilenlänge nicht möglich. Man muß die davor liegenden Zeilen lesen, um zu einer angegebenen Zeile zu kommen.

READ(LN) und WRITE(LN) führen eine automatische Konvertierung (Zeichenfolge <-> Datentyp) entsprechend dem angegebenen Variablentyp durch. Das folgende Beispiel öffnet die Datei WERTE.DAT und schreibt die vom Benutzer eingegebenen Wertepaare in die Datei

```pascal
program DateiDemo;
var
  f: Text;                  {Dateivaribale vom Typ Text}
  x,y: Integer;
begin
  Assign (f,'Werte.DAT');   {DOS-Dateinamen zuweisen}
  Rewrite (f);              {Datei erzeugen (0 Einträge)}
  repeat
    write ('Wert x:');readln (x);
    if (x <> 0) then begin
      write ('Wert y:');readln (y);
      end
    else y:= 0;
    writeln (x,' ',y);      {Eingegebene Werte in Datei schreiben}
  until x = 0;
  Close(f);                 {Datei schließen}
end.
```

5.2.8.2 Typisierte Dateien

Diese Dateien enthalten Elemente gleichen Typs. Die Dateivariablen werden daher wie folgt deklariert:

```pascal
var
    DateiVar: file of Elementtyp;
```

Elementtyp kann für jede beliebige Datenstruktur (Char, Integer, Arrays Records, uvm.) stehen. Da jedes Element eine fixe Länge hat, sind bei diesem Dateityp Positionierungen innerhalb der Datei auf einen bestimmten Satz möglich. Die Positionierung erfolgt dabei nach logischen Gesichtspunkten und nicht nach Größenangaben. SEEK (f,SatzNr) positioniert den Dateizeiger auf das in SatzNr angegebene Element in der Datei. Im Gegensatz zu Textdateien sind bei diesem Dateityp nach der Eröffnung mit RESET sowohl Lese- als auch Schreiboperationen gestattet. READLN und WRITELN sind, weil dieser Dateityp keine Zeilen enthält, nicht möglich.

Das folgende Beispiel liest aus einer typisierten Datei die Daten für die Schüler einer Klasse:

```
Type
  NotenTyp = array [1..3] of Integer;
  SchuelerTyp = record
                   Vorname    : String[20];
                   Nachname   : String[30];
                   Alter      : Integer;
                   Geschlecht : Boolean;
                   Faecher    : array[1..5] of NotenTyp;
                end;
  KlassenTyp = array [1..25] of SchuelerTyp;
Var
  Klasse1B: KlassenTyp;
  f : file of SchuelerTyp;
  i : integer;
Begin
  Assign (f,'Klasse1b.not');   {Zuordnung der Dateivariablen}
  Reset (f);                   {Datei für Lesezwecke öffnen}
  i:= 1;
  while Not Eof(f) do begin
    read (f,Klasse1B[i]);
    i:= i+1;
    end;
  close (f);
end.
```

5.2.8.3 Untypisierte Dateien

Bei diesen Dateien wird keine Annahme über die Art der gespeicherten Daten getroffen. Beim Öffnen für Schreib-/Lesevorgänge muß eine Rekordlänge angegeben werden. Lese- und Schreiboperationen werden immer Blockweise, als Vielfaches der definierten Rekordlänge durchgeführt. Die Dateivariablen werden wie folgt deklariert:

```
var
   DateiVar: file;
```

Das folgende Beispiel kopiert den Inhalt einer Datei in eine andere:

```
Program DateiCopy
var
  Source, Dest: file;
  Buf: array [1..1024] of Byte;
  nRead: Word;       {Anzahl der tatsächlich gelesenen Records}
  nWritten : Word;   {Anzahl der tatsächlich geschriebenen Rec.}
Begin
  Assign (Source,'c:\autoexec.bat');
  Reset(Source,1);          { Annahme: Recordlänge ist 1 Byte }
```

```pascal
Assign (Dest,'c:\autoexec.cpy');
Rewrite(Dest,1);            { Annahme: Recordlänge ist 1 Byte }
repeat
  BlockRead(Source,Buf,Sizeof(Buf),nRead);
  BlockWrite(Dest,Buf,nRead,nWritten);
  until (nRead <> SizeOf(Buf));
close (Source);
close (Dest);
end.
```

5.2.9 Beispiel: Eine komplette PASCAL-Entwicklung, 'Game of Life'

Im folgenden wird an Hand eines, zunächst für die Biologie entwickelten, Simulationsprogrammes ein einfaches PASCAL-Programm entwickelt. Es handelt sich dabei um das als "Game of Life" bekannte (Spiel-)Programm. Zunächst wird aus der Aufgabenstellung ein Struktogramm für die Lösung des Problems und daraus ein lauffähiges PASCAL-Programm erstellt. Dabei werden bereits bekannte Programmierelemente wie Schleifen, Abfragen, Unterprogramme, Funktionen und Variable etc. verwendet und ihre Bedeutung an Hand dieses Beispiels noch einmal verdeutlicht. Gleichzeitig wird auf die elementare Bedeutung von Eingaben über die Tastatur und einfache Darstellungen der Ergebnisse am Bildschirm eingegangen.

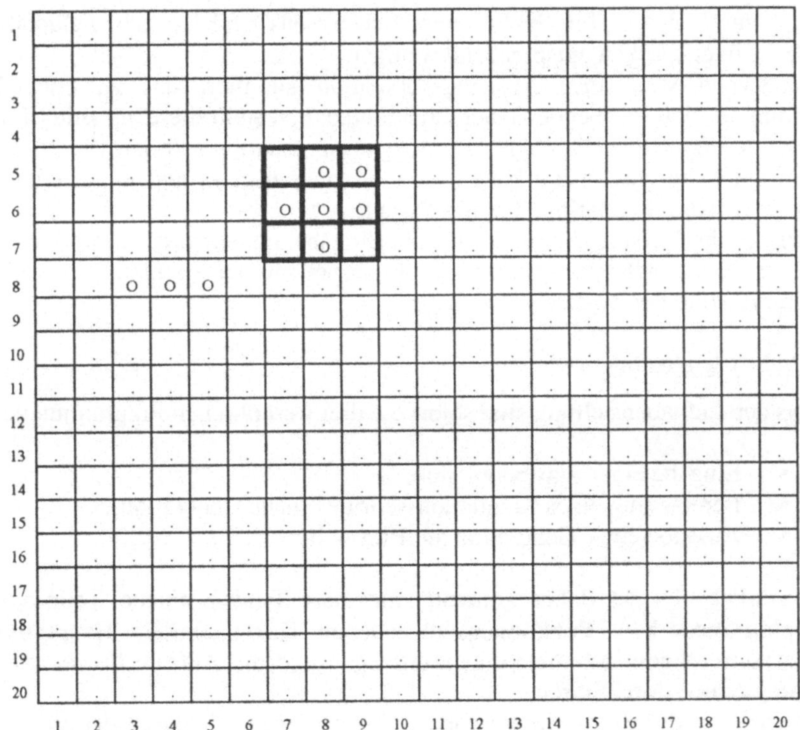

Abb. 5.2. Spielfeld

Ein weiterer Schwerpunkt wird die Entwicklung einer eigenen einfachen Unit sein, um die prinzipielle Vorgehensweise bei der Erstellung und Nutzung dieser Möglichkeit von TURBO PASCAL zu zeigen. Selbstverständlich werden von TURBO PASCAL bereitgestellte Units genutzt, um das Programm effizient zu erstellen.

5.2.9.1 Aufgabenstellung

Auf die Plätze eines Feldes (hier in der Größe von 20 x 20 Positionen) können 'Lebewesen' gesetzt werden. Dieser Feldplatz wird dann durch das Zeichen 'O' gekennzeichnet, alle übrigen Plätze sind durch einen Punkt ('.') gekennzeichnet (Abb. 5.2). Folgende (Spiel-)Regeln sind vereinbart:

- Auf einem freien Feld wird genau dann ein Lebewesen geboren, wenn in der derzeit gültigen Umgebung genau drei Lebewesen existieren (vgl. linke obere Ecke im stark umrandeten Teil).
- Sind dagegen in der unmittelbaren Umgebung eines Lebewesens weniger als zwei, oder mehr als drei Exemplare am Leben, so stirbt das Lebewesen (vgl. Lebewesen in der Mitte des stark umrandeten Teils).

Die "unmittelbare Umgebung" eines Lebewesens sind i.a. acht Feldplätze, am Rand bzw. in den Ecken entsprechend weniger.

Ausgehend von einer Ausgangspopulation simuliert das zu entwickelnde Programm die sich ergebende Generationenfolge, und stellt diese am Bildschirm mit Hilfe der definierten Zeichen dar. Die Ausgangspopulation soll dabei in einer ersten Version mit Hilfe der Tasten I, M und J, K sowie über O und Punkt eingegeben. Gestartet wird die Simulation über die Taste E.

Eine zweite Version verwendet für die Eingabe die Cursortasten und die Space-Taste - zur Kennzeichnung eines Feldes. Gestartet soll der Simulationslauf in dieser Version mit Hilfe der Taste F10 werden.

5.2.9.2 Problemlösung

Aus der Aufgabenstellung sind sofort die drei wesentlichen Programmteile

- Eingabe einer Startpopulation,
- Berechnung eines Simulationsschrittes (neue Generation),
- Ausgabe einer Generation am Bildschirm

ersichtlich. Es ist daher sinnvoll, für diese Punkte eigene Teilprogramme (Unterprogramme bzw. Funktionen) zu erstellen. Das eigentliche Hauptprogramm soll die notwendigen Initialisierungen erledigen und die Aufrufe für die einzelnen Unterprogramme durchführen.

Speziell für die Bildschirmausgabe wird eine eigene Funktion definiert, und in einer Unit implementiert. Auch Standardfunktionen der Unit CRT - enthält Funktionen zur direkten Bildschirmausgabe - werden dort verwendet.

Zunächst sind Überlegungen bezüglich der benötigten Datenstrukturen und Variablen erforderlich. Das 'Spielfeld' ist laut Aufgabenstellung mit einem Schachbrett vergleichbar. Daher ist es sinnvoll, für die benötigten Felder eine 20x20 Matrix zu verwenden. In dieser werden die zwei Zustände, Lebewesen (Zeichen 'O') oder freier Platz (Zeichen '.'), abgespeichert. Die am besten geeignete Datenstruktur für eine Matrix, die einzelne Zeichen enthalten soll, ist unter PASCAL ein doppelt indiziertes ARRAY of CHAR. Man kann dann über Zeilen- und Spaltenindizes auf die einzelnen Komponenten dieser Matrix zugreifen. Eine Variable dieses Typs wird deshalb benötigt. Wie später ersichtlich, wird diese Variable sowohl in allen verwendeten Unterprogrammen als auch im Hauptprogramm benötigt. Deshalb ist es sinnvoll, sie global zu definieren.

<u>Zur Erinnerung</u>:
Variable die außerhalb von Funktionen und Prozeduren definiert sind, werden als **global** bezeichnet. Sie können in allen Funktionen/Prozeduren verwendet werden, die nach der Variablendefinition im Programm definiert werden. Die Speicherung der einzelnen Variablen erfolgt im Datensegment des Programmes. Alle in einem PASCAL-Programm vorkommenden globalen Variablen werden in diesem

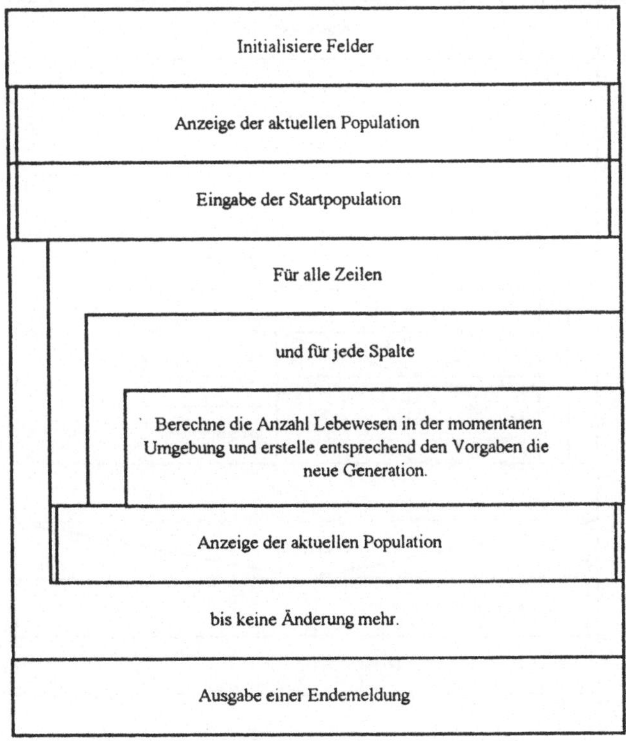

Abb. 5.3. Struktogramm für 'Game of Life'

Datensegment zusammengefaßt. Sie dürfen zusammen nicht mehr als 65520 Bytes
an Speicherplatz benötigen. Für große Strukturen ist es daher sinnvoll, auf
Zeigervariable und dynamische Speicherplatzreservierung überzugehen. **Der Inhalt
dieser Variablen bleibt während der Laufzeit des Programmes erhalten.**

*Variablendefinitionen innerhalb von Funktionen/Prozeduren und Übergabe-
parameter* werden als **lokal** bezeichnet. Jede Funktion/Prozedur belegt bei ihrer
Aktivierung (d.h. bei ihrem Aufruf) Platz für die Übergabeparameter und die lokalen
Variablen in einem eigenem Segment, dem Stack-Segment. Dieser Platz wird
automatisch beim Beenden der Funktion/Prozedur (also beim Rücksprung zur
aufrufenden Stelle) wieder freigegeben. **Der Inhalt der Variablen ist ab diesem
Zeitpunkt verloren.**

In Abb. 5.3 ist zunächst ein sehr allgemein formuliertes Struktogramm für das
Hauptprogramm angegeben. Das Programm beginnt zunächst mit einer
Initialisierung der Ausgangspopulation. Zweckmäßig erscheint in diesem Falle, alle
Felder auf 'frei' zu setzen. Dieser Ausgangszustand wird nun im nächsten Schritt am
Bildschirm angezeigt. Vor dem Start der eigentlichen Simulation wird nun das
Unterprogramm aufgerufen, das vom Benutzer die Eingabe der Startsituation
erfordert (Abb. 5.7).

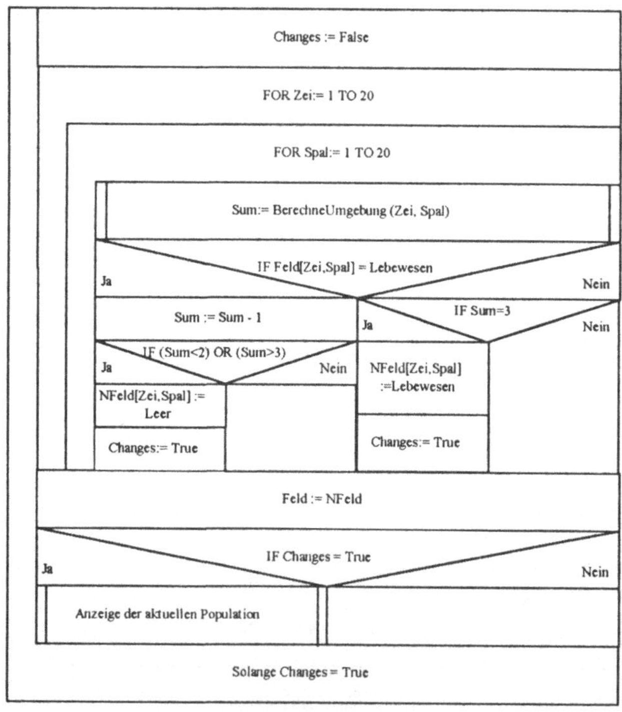

Abb. 5.4. Struktogramm zu Wiederholungsblock

In einer Wiederholung (fußgesteuerte Schleife) wird nun immer eine neue Generation berechnet. Dieser Vorgang wird mit Hilfe zweier Schleifen, einmal für alle Zeilen und die innere für alle Spalten, erledigt, sodaß bei jedem Schleifendurchlauf für genau einen Feldplatz der neue Zustand ermittelt wird. Man erkennt in dieser innersten Schleife, daß bis zur kompletten Berechnung der neuen Generation der vorhergehende Zustand erhalten bleiben muß. Es wird daher notwendig sein, die neue Belegung in einer eigenen Variablen aufzubauen, und nach erfolgter Berechnung diesen Zustand als den aktuellen zu übernehmen. Diese 'temporäre Variable' (sie wird nur bis zur vollständigen Berechnung der neuen Generation benötigt) muß vom selben Typ wie die globale Variable des Feldes sein. Wenn sich keine Änderung mehr ergibt, d.h. entweder eine stabile Population oder das Aussterben aller Lebewesen erreicht ist, ist die Simulation abgeschlossen. Dies wird durch eine Meldung am Bildschirm deutlich gemacht.

Abb. 5.4 verdeutlicht die notwendigen Schritte des bisher nur sehr grob dargestellten Wiederholungsblockes.

Innerhalb dieser Wiederholung werden einige Variable (`Changes`, `Zei`, `Spal` und `Sum`) verwendet, die aber nur innerhalb dieses Programmbereiches benötigt werden. Sie müssen also nur **lokal innerhalb des Hauptprogrammes** gültig sein. Es ist nicht notwendig (und auch nicht erwünscht !) sie z.B. innerhalb der aufgerufenen Funktion `BerechneUmgebung` zu verändern.

Doch nun zu einer kurzen Erklärung diese Abschnitts. Zuerst wird die lokale Boolesche Variable `Changes` auf `False` gesetzt, um vor jeder Neuberechnung festzulegen, daß bisher keine Änderung erfolgt ist. Nun werden die beiden verschachtelten Schleifen mit den beiden Laufvariablen `Zei` und `Spal` abgearbeitet. Bei jedem Durchlauf wird die Funktion `BerechneUmgebung` mit den beiden Parametern für die aktuelle Zeile und Spalte (`Zei`, `Spal`) aufgerufen. Diese berechnet die Anzahl von Lebewesen innerhalb einer 3x3 Matrix, deren Mittelpunkt durch die Parameter angegeben wird. (Abb. 5.5).

Die folgenden Abfragen realisieren die beiden Regeln der Aufgabenstellung. Wenn in dem gerade betrachteten Feld ein Lebewesen existiert (vgl. Lebewesen in der Mitte des stark umrandeten Teils in Abb. 5.2), muß überprüft werden, ob dieses überleben kann. Da die Funktion `BerechneUmgebung` immer eine 3x3 Matrix betrachtet, wurde für diesen Fall ein Lebewesen zuviel errechnet (nämlich das Lebewesen im Mittelpunkt). Man vermindert daher die zurückgelieferte Summe (lt. Beispiel in Abb. 5.2 beträgt sie 6) um 1, bevor geprüft wird, ob weniger als zwei bzw. mehr als drei Lebewesen in der Umgebung existieren. (Anm. Man könnte sich natürlich die Subtraktion sparen und statt dessen auf weniger als 3 bzw. mehr als 4 Lebewesen prüfen !). Im Ja-Fall stirbt nach Regel 1 das Lebewesen und in das neue Feld `NFeld` wird ein 'leeres' Feld eingetragen.

Existiert im momentan betrachteten Feld (`Feld[Zei,Spal]`) kein Lebewesen (vgl. Lebewesen in der linken oberen Ecke des stark umrandeten Teils in Abb. 5.2), so wird geprüft, ob in der Umgebung genau 3 Lebewesen existieren, und dann in der Variablen für die neue Population an diese Stelle ein Lebewesen gesetzt (`NFeld[Zei,Spal]`).

In diesen beiden beschriebenen Fällen wurde gegenüber der alten Generation eine Änderung vorgenommen. Daher wird die Variable `Changes` auf den Wert `True` gesetzt.

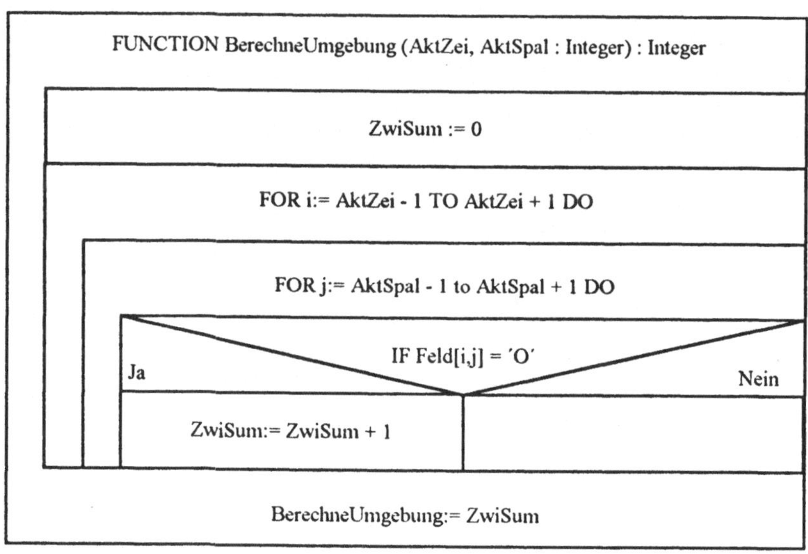

Abb. 5.5. Struktogramm für Funktion BerechneUmgebung

Nachdem alle Änderungen vorgenommen wurden, kann der alte Populationszustand verworfen und mit dem neuem Zustand überschrieben werden. Dies kann in PASCAL durch die Zuweisung `Feld:= NFeld` erreicht werden. Dabei wird vom Compiler automatisch jeder Eintrag von `NFeld` in den korrespondierenden Eintrag von `Feld` kopiert. Solche Zuweisungen sind natürlich nur für <u>identische Typen (!)</u> zulässig .

Gegenüber der ersten groben Darstellung wird hier zuletzt nur eine neue Bildschirmausgabe aufgerufen, wenn sich eine Änderung ergab. Die Variable `Changes` wird letztendlich noch für die Prüfung zur Beendigung der Wiederholungsschleife herangezogen.

Abb. 5.5 zeigt das detaillierte Struktogramm für die Funktion `BerechneUmgebung`. In der Funktionsdeklaration sind die beiden Wertparameter `AktZei` und `AktSpal` angegeben.

<u>Zur Erinnerung:</u>

Wertparameter. Vor dem Aufruf einer Funktion oder Prozedur werden die aktuellen Werte für die Parameter berechnet und anschließend auf lokalen Speicherplätzen (Stack-Segment) gespeichert. Die Funktion/Prozedur arbeitet nun nur mehr mit dieser lokalen Kopie. **Die Variable im aufrufenden Programm wird dadurch nicht verändert.**

Variablenparameter: Beim Aufruf einer Funktion/Prozedur wird für jeden Variablenparameter seine Position im Speicher (die Adresse) festgestellt. Der Prozedur/Funktion wird nun diese Adresse mitgeteilt, sodaß sie direkt auf den aktuellen Parameter zugreifen kann. **Sie verändert dadurch die Variable im aufrufenden Programm.**

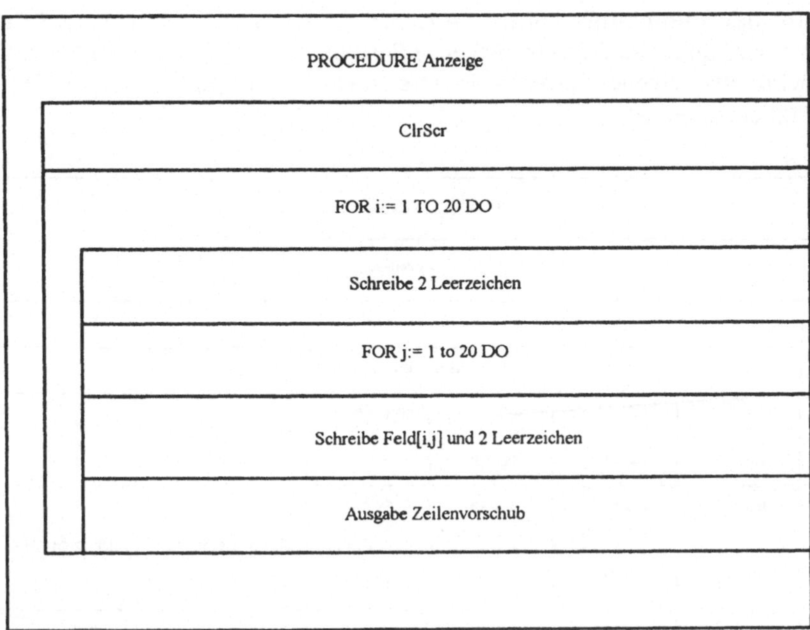

Abb. 5.6. Struktogramm für Ausgabeprozedur

Zuerst wird die lokale Variable `ZwiSum` mit 0 initialisiert. Dies ist unbedingt notwendig, weil nicht vorhergesagt werden kann, mit welchem Startwert diese temporäre Variable zur Laufzeit angelegt wird. Mit Hilfe der beiden lokalen Laufvariablen `i,j` wird die globale Variable `Feld` rund um die durch `AktZei` und `AktSpal` angegebene Position untersucht. Für jedes existierende Lebewesen wird `ZwiSum` um eins erhöht und nach Abarbeitung beider Schleifen als Rückgabewert an die aufrufende Funktion übergeben.

Abb. 5.6 zeigt das detaillierte Struktogramm für die Prozedur `Anzeige`. In dieser Version wird zunächst der komplette Bildschirm gelöscht. Wir bedienen uns dabei einer Standard-Bibliotheksfunktion von TURBO PASCAL namens `ClrScr`. Diese ist Bestandteil der Unit CRT, und löscht den gesamten Bildschirm mit der momentan gültigen Farbkombination.

Mit Hilfe der beiden ineinander verschachtelten Schleifen wird nun der Bildschirm zeilenweise aufgebaut. Zuerst wird ein Rand von zwei Leerzeichen erstellt. Für jeden Feldplatz werden nun insgesamt 3 Zeichen ausgegeben, und zwar zuerst jeweils der aktuelle Feldinhalt (`Feld[i,j]`) und anschließend zwei Leerzeichen. Durch die Ausgabe dieser Leerzeichen wird eine bessere Darstellung am Bildschirm erreicht. Gleichzeitig müssen diese Leerzeichen aber auch bei der

Eingabe der Startpopulation berücksichtigt werden. Am Ende einer Zeile ist nur
mehr ein einfacher Zeilenvorschub notwendig.

Im Gegensatz dazu wird im Listing eine andere Version verwendet. Der Aufruf
von `ClrScr` wird nicht durchgeführt, weil insbesonders bei schnellen Rechnern ein
'Flackern' des Bildschirms auftritt. Anstelle der Ausgabe von Leerzeichen und
Feldplatz wird direkt an die entsprechende Position auf dem Bildschirm geschrieben.
Dazu wird eine eigene Funktion `WriteCharXY` verwendet, die in der Unit
`MYUTILS` enthalten ist.

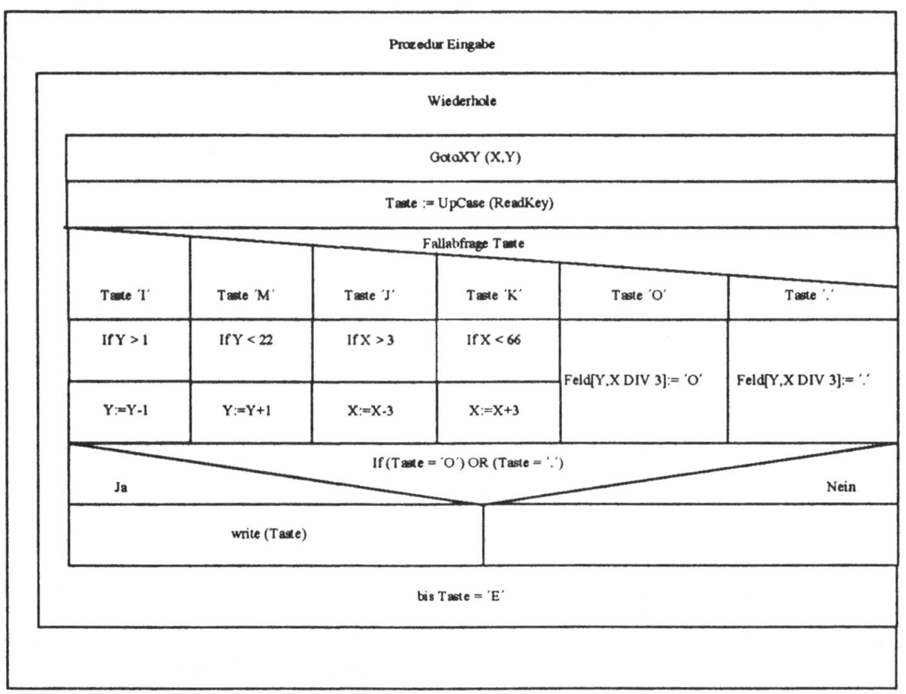

Abb. 5.7. Struktogramm für Eingabeprozedur

Abb. 5.7 verdeutlicht das Struktogramm für die Prozedur zur Eingabe der
Startpopulation. Diese Prozedur soll auf Grund von Tastatureingaben eine neue
Population am Bildschirm erstellen. Dabei müssen die bei der Ausgabe der einzelnen
Spalten verwendeten Leerzeichen berücksichtigt werden. Als erster Schritt werden
die Startwerte für die beiden Bildschirmkoordinaten festgelegt.

Die eigentliche Aufgabe, Tastatureingaben auszuwerten und Änderungen
anzuzeigen, wird nun in einer fußgesteuerten Schleife (REPEAT-UNTIL
Anweisungsblock) bearbeitet. Für die Anzeige der aktuellen Position wird die
Standard-Bibliotheksfunktion `GotoXY` verwendet, um den Cursor an die aktuelle
Bildschirmposition zu stellen. Als Startposition wird dabei der Cursor unter das
dritte Zeichen in der linken oberen Ecke gestellt. Nun wartet die Bibliotheksfunktion
`ReadKey` auf einen Tastendruck. Der Rückgabewert dieser Funktion wird sofort als

Übergabeparameter für die Bibliotheksfunktion UpCase verwendet, die einzelne
Zeichen in ihre äquivalenten Großbuchstaben umwandelt. Letztendlich wird der
Rückgabewert dieser Funktion der lokalen Variablen Taste übergeben. Dieser
zunächst recht skurril anmutende Vorgang weist bei näherer Betrachtung einige
wesentliche Vorteile auf. Zunächst ist es nicht erforderlich, den Rückgabewert von
ReadKey an eine Zwischenvariable zu übergeben, weil dieser Wert nur ein einziges
Mal, nämlich als Parameter für UpCase, benötigt wird. Die Verwendung von
UpCase wiederum stellt hier sicher, daß für die weitere Verwendung nur mehr auf
Großbuchstaben geprüft werden muß. Es ist daher für die Programmgestaltung
unerheblich, ob vom Benutzer z.B.: 'm' oder 'M' eingegeben wird.

Die folgende Fallunterscheidung prüft die eingegebene Taste nur mehr in Bezug
auf die Buchstaben 'I' und 'M', um die Y-Koordinate sowie auf die Buchstaben 'J' und
'K', um die X-Koordinate zu verändern. Weiters müssen noch die Tasten 'O' und '.'
abgefragt werden. Für letztere wird die entsprechende Feldposition mit ihrem neuen
Wert belegt. Beachten Sie dabei die Berechnung des Arrayindex, der sich aus der
Division der Bildschirmposition X mit 3 ergibt.

Sollte eine Änderung des Feldinhaltes durchgeführt worden sein (Taste = 'O'
oder '.'), wird diese nun am Bildschirm dargestellt. Die Abbruchbedingung für die
Wiederholungsschleife stellt die Eingabe des Buchstabens 'E' dar.

5.2.9.3 Der PASCAL-Programm-Code

Der erste Teil beinhaltet den Deklarationsteil oder Kopf des Programms. Dieser
beginnt hier mit mehreren Kommentarzeilen, die Auskunft über die
Programmversion und den Autor etc. geben. Das eigentliche PASCAL-Programm
beginnt mit dem Schlüsselwort PROGRAM gefolgt von einem beliebigen Namen.
Üblicherweise folgt nun in TURBO PASCAL das Schlüsselwort USES gefolgt von
den Namen aller verwendeter Standardbibliotheken und eigener Units. Hier wird die
Bibliothek CRT für die Bildschirmmanipulationen und MYUTILS für eine effektive
Bildschirmausgabe benötigt. Weiters werden hier die Konstanten für die Größe des
Arrays und die Startposition des 'Spielbretts' am Bildschirm definiert. Diese
ermöglicht es, überall, wo der maximale Index oder die Startposition verwendet
wird, statt einer Zahl den Namen der Konstanten anzugeben.

Der nächste Abschnitt definiert einen eigenen neuen Typ names FeldType für
die weitere Definition unseres Spielfeldes. Er wird als doppelt indiziertes Array
of Char definiert. Den Abschluß dieses Definitionsteils bildet die Deklaration der
globalen Variablen Feld. Sie ist von dem eben definierten Typ FeldType.

```
{ ----------------------------------------------------------------- }
{                                                                   }
{   Programm:         LIFE.PAS                                       }
{   erstellt:         17.11.1994                                     }
{   letzte Änderung:  23.11.1994    PR                               }
{                                                                   }
{   Beschreibung: Simulationsprogramm für Game of Life.             }
{                 Version 1.0                                        }
{                                                                   }
{ ----------------------------------------------------------------- }
```

```pascal
PROGRAM GameOfLife;

{ Definition der verwendeten Standardbibliotheken }
USES
  CRT, MYUTILS;

CONST
  MAX_INDEX = 20;
  StartX    = 3;
  StartY    = 2;

TYPE
  FeldType = ARRAY [1..MAX_INDEX,1..MAX_INDEX] OF CHAR;

{ globale Variable }
VAR
  Feld : FeldType;
```

Üblicherweise folgen nach dem Programmkopf die Deklarationen der eigenen
Funktionen und Prozeduren. Es ergibt sich daher nach unserem bisherigen
Wissensstand folgender Aufbau eines Pascal-Programms:

```pascal
PROGRAM name;
  USES {Liste der verwendeten Units}
  CONST {Definition benötigter Konstante }
  TYP {Definition neuer Typen }
  VAR {Definition der Variablen}
  PROCEDURE/FUNCTION name
      {alle Prozeduren und Funktionen}
BEGIN  { Hauptprogramm }
END.
```

Die für das Programm 'Game of Life' benötigten Prozeduren und Funktionen
ergeben sich direkt aus den auf den vorangehenden Seiten erläuterten
Struktogrammen zu:

```pascal
{ Prozedur Bildschirmanzeige }
PROCEDURE Anzeige;
Var
  i,j : Integer;

BEGIN
{ ClrScr;                              Schirm löschen }
{ wenn diese Zeile bleibt, flackert die Ausgabe !}
  FOR i:=1 TO MAX_INDEX DO BEGIN   { alle Zeilen bearbeiten }
    FOR j:= 1 TO MAX_INDEX DO       { alle Spalten bearbeiten }
      WriteCharXY ((j-1)*3+StartX,i+STartY-1,Feld[i,j]);
    END;
END;
```

```pascal
{ Prozedur für Startposition eingeben }
PROCEDURE Eingabe;
Var
  X,Y: Integer;                        { Bildschirmposition }
  Taste : Char;                        { eingegebene Taste }

BEGIN
  X:= StartX; Y:= StartY;
  REPEAT
    GotoXY (X,Y);                { Auf erstes Feld positionieren }
    Taste:= upcase(readkey);          { Tastendruck einlesen }
    CASE Taste OF                 { entsprechend Taste verzweigen }
                                 { und neue Position berechnen }
      'I': IF Y > StartY THEN Y:= Y-1;
      'M': IF Y < StartY+MAX_INDEX-1 THEN Y:= Y+1;
      'J': IF X > StartX  THEN X:= X-3;
      'K': IF X < StartX+3*MAX_INDEX THEN X:= X+3;
      'O': Feld[Y-STartY+1,(X-StartX+1) DIV 3]:= 'O';
      '.': Feld[Y-STartY+1,(X-StartX+1) DIV 3]:= '.';
      END;
    IF (Taste = 'O') OR (Taste = '.') THEN
      write (Taste);        { Änderung ausgeben }
    GOTOXY (X,Y);
    UNTIL Taste = 'E';    { weitermachen bis E gedrückt wird. }
END;


{Funktion zur Berechnung der Anzahl Lebewesen in Umgebung }
FUNCTION UmgebungsTest (AktZei, AktSpal : Integer): Integer;
Var
  i,j: Integer;                       { Schleifenvariable }
  Sum: Integer;                       { Zähler }

BEGIN
  Sum:= 0;                            { Zähler initialisieren }
  FOR i:= AktZei-1 TO AktZei+1 DO
    FOR j:= AktSpal-1 TO AktSpal+1 DO
      IF Feld[i,j] = 'O' THEN Sum:= Sum+1;
  UmgebungsTest:= Sum;                { Rückgabe der Summe }
END;
```

Auch das Hauptprogramm läßt sich in diesem Beispiel direkt aus dem Struktogramm erstellen. Es wurden lediglich ergänzende Zeilen für die Anzeige der Cursor- und Eingabesteuerung aufgenommen.

```pascal
{ lokale Variable für Hauptprogramm }
Var
  Zei,Spal : Integer;
  Sum : Integer;
  Changes : Boolean;
  NFeld : FeldType;

{ Hauptprogramm }
BEGIN
```

```
For Zei:= 1 TO MAX_INDEX DO
  FOR Spal:= 1 TO MAX_INDEX DO
    Feld[ZEi,Spal]:= '.';       { Alle Felder nicht belegt }
NFeld:= Feld;                    { in temporäres Feld speichern }
Anzeige;                         { und anzeigen }
writeln;
writeln ('Cursorbewegung mit I,M und J,K.');
writeln ('Eingaben mit O und Punkt. Ende mit E.');
Eingabe;                         { Startsituation eingeben }
NFeld:= Feld;                    { in temporäres Feld speichern }
REPEAT
  Changes:= False;              { bisher keine Änderung }
  FOR Zei:= 1 TO MAX_INDEX DO
    FOR Spal:= 1 TO MAX_INDEX DO BEGIN
                    { berechne Anzahl Lebewesen in Umgebung }
      Sum := UmgebungsTest(Zei,Spal);
      IF Feld[Zei,Spal] = 'O' THEN BEGIN {im aktuellen Feld}
        Sum := Sum - 1;
        IF (Sum<2) OR (Sum>3) THEN BEGIN
          NFeld[Zei,Spal]:= '.';    {kann ein Lebew. sterben}
          Changes:= TRUE;
          END;
        END
      ELSE BEGIN
        IF Sum = 3 THEN BEGIN
          NFeld[Zei,Spal]:= 'O';        { oder geboren werden}
          Changes:= TRUE;
          END;
        END;
      END;
  Feld:= NFeld;                 { aktuellen Zustand übernehmen }
  IF Changes = True THEN Anzeige;            { und anzeigen }
        { weitersimulieren, solange Änderungen vorhanden }
  UNTIL Changes = FALSE;

GotoXY (1,24);
write ('Alles tot oder Population stabil .. ');
END.
```

5.2.9.4 UNITS

Units sind fast selbstständige PASCAL-Programme. Sie enthalten Konstante, Datentypen Variable, Prozeduren und Funktionen zur Lösung unterschiedlichster Probleme. Sie stellen somit eine Bibliothek für Deklarationen dar, die separat compiliert und in eigene Programme aufgenommen werden können. Damit kann der Standardsprachumfang von PASCAL sehr einfach und effektiv erweitert werden. TURBO PASCAL stellt bereits etliche Units zur Verfügung, beispielsweise zur effektiven Bildschirmausgabe (CRT), für Graphikfunktionen (GRAPH) oder zur Handhabung von DOS-Funktionsaufrufen (DOS). Daneben existieren noch die Units `Overlay`, `System`, `Printer`, `Turbo3`, `Graph3`, etliche TURBO VISION Units zur Entwicklung von objektorientierten Programmen mit Benutzeroberflächen, und bei BORLAND PASCAL Units zur Programmierung unter Windows.

Die Benutzung dieser vordefinierten Units ist relativ einfach. Bei Bedarf muß lediglich mit Hilfe der USES-Anweisung die jeweilige Unit - genauer der Interface-Teil der Unit - in das Programm eingebunden werden. Damit sind dann alle in dieser Unit definierten Variablen, Konstanten, Datentypen, Funktionen und Prozeduren bekannt und können daher genauso benutzt werden wie selbst definierte. Der Funktionsumfang jeder Unit kann entweder der Dokumentation oder der On-Line-Hilfe entnommen werden.

Im folgenden wird an Hand unseres Beispiels eine eigene Unit namens MYUTILS erstellt. Diese Unit definiert nur die Prozedur WriteCharXY, die ein Zeichen an einer bestimmte Bildschirmposition ausgibt. Der prinzipielle Aufbau einer Unit unterscheidet sich von dem eines 'normalen' PASCAL Programms nur wenig:

```
UNIT name;
INTERFACE
  USES {Liste der verwendeten Units}
  { öffentliche Deklarationen:
    Typen, Konstante, Variablen,
    Deklaration von Funktionen und Prozeduren}
  ...
IMPLEMENTATION
  USES {Liste der intern verwendeten Units}
  { interne Deklarationen: Typen, Konstante,
    Variablen, Funktionen und Prozeduren}
  ...
  { Implementation der im Interface Teil deklarierten
    Prozeduren und Funktionen }
  ...
BEGIN
  { Initialisierungsteil der Unit }
END.
```

Eine Unit beginnt mit dem Schlüsselwort UNIT gefolgt vom Namen der Unit (normalerweise identisch mit dem Filenamen). Dieser Kopfzeile **muß** das Schlüsselwort INTERFACE folgen. In diesem Interface-Teil wird festgelegt, welche Bestandteile der Unit für ein Programm oder andere Units zugänglich sind. Wenn ein Programm eine Unit benutzt, werden dadurch alle Deklarationen dieses Interface-Teils verfügbar, genauso, als hätte man sie direkt in den Source-Code geschrieben.

Der zweite Teil einer Unit beginnt mit dem Schlüsselwort IMPLEMENTATION. Hier befindet sich nun der tatsächliche Code der im Interface-Teil deklarierten Prozeduren und Funktionen, sowie lokal benötigte Variable, Typen, Prozeduren oder Funktionen. Diese lokalen Funktionen können von extern (z.B. einem Program das unsere Unit benutzt) **nicht** verwendet werden.

Wenn keine besondere Initialisierung der Unit beim Start eines Programmes notwendig ist, folgt nach der Implementation der letzten Funktion/Prozedur das reservierte Wort END. Anderenfalls können hier zwischen BEGIN und END alle benötigten Initialisierungschritte durchgeführt werden. Bei einer Unit für Mausfunktionen kann dies z.B. die Initialisierung der Mausschnittstelle sein.

Mit der Beschreibung des Aufbaus von Units ist es nun ein Leichtes, die hier benötigte Unit MYUTILS zu erstellen:

```
{ ---------------------------------------------------------------------}
{                                                                      }
{ Program:          MYUTILS.PAS                                        }
{ Erstellt:         29.11.1993                                         }
{ letzte Änderung:  29.11.1993  PR                                     }
{                                                                      }
{ Beschreibung:  Eine kleine Unit für verschiedene Ausgabe-           }
{                möglichkeiten.                                        }
{                                                                      }
{ ---------------------------------------------------------------------}

UNIT MYUTILS;

{ --------------------------------------------------------------------}
{ --------------------------------------------------------------------}
{ Hier folgt der Teil für die Deklaration aller Funktionen,
  Prozeduren und Variablen die von extern genutzt werden
  können. }

INTERFACE

Procedure WriteCharXY (X,Y: Integer; Ch: Char);
Procedure WriteStrXY (X,Y: Integer; S: String);

{ -------------------------------------------------------------------}
{ -------------------------------------------------------------------}
{ In diesem Teil folgt zumindest die Implementation aller
  im Interface-Teil angeführten Funktionen und Prozeduren.
  Normalerweise werden auch lokale Variable und Funktionen
  hier verwendet.}

IMPLEMENTATION
USES CRT;                       { wir benötigen Bildschirmzugriff }

Procedure WriteCharXY (X,Y: Integer; Ch: Char);
Begin
  GotoXY (X,Y);
  Write (Ch);
End;


Procedure WriteStrgXY (X,Y: Integer; S: String);
Begin
  GotoXY (X,Y);
  Write (S);
End;


BEGIN {Myutils}
  ClrScr;                       { als Initialisierung Bildschirm löschen }
END.  {Myutils}
```

5.3 C

5.3.1 Der erste Start

Die Anfangsschwierigkeiten, die in Abschnitt 5.2.1 beschrieben wurden, gelten in exakt gleicher Weise für C. Auch hier soll damit begonnen werden, anhand eines Programmes, das den Text "Hallo, hier bin ich" ausgibt, die Eingabe des Quelltextes, die Compilierung und die Ausführung dieses Programms kurz zu skizzieren

Jedes C-Programm besteht aus einem oder mehreren Blöcken die Funktionen genannt werden. Diese können Aufrufparameter enthalten, die übergeben werden, wenn die Funktion aufgerufen wird, und sie können auch einen Wert als Ergebnis zurückliefern. Die einfachste Form einer Funktion sieht so aus:

```
Funktionsname ()
{
   Funktionsrumpf
}
```

Normalerweise wird in jede Zeile nur eine Anweisung geschrieben. Jede Anweisung wird mit Strichpunkt abgeschlossen. Doch nun zur Eingabe des ersten Programmes.

BORLAND C, mit dem alle unsere Programme getestet wurden, wird normalerweise mit dem Befehl

```
BC
```

von der DOS-Ebene aus gestartet.

Ebenso wie in TURBO PASCAL wird hier mit dem Menüpunkt `File/New` ein neues Edit-Fenster geschaffen, das als Titel `NONAME00.C` ausweist. Nun kann man beginnen, den Quelltext einzugeben.

```
First ()
{
   printf ("Hallo, hier bin ich\n");
}
```

Diese Funktion entspricht genau der oben angebenen einfachsten Form einer C-Funktion. Der Name der Funktion ist `First` und der Funktionsrumpf besteht aus einer Zeile abgeschlossen mit einem Strichpunkt. In C wird eine Funktion aufgerufen, indem man den Namen angibt, gefolgt von runden Klammern, die die Funktionsargumente enthalten. In unserem Funktionsrumpf wird daher eine Funktion `printf` aufgerufen, mit dem angegebenen Text als Parameter. `printf` ist eine C-Standardfunktion und dient der Ausgabe von beliebigen Werten auf das Standard-Ausgabegerät - in den meisten Fällen der Bildschirm.

Über den Menüpunkt `Compile` kann mit der Funktion `Make` eine Übersetzung dieses Programms ausgelöst werden. Als Hotkey kann für diese Aktion die Taste `F9` Verwendung finden. Man erhält dann eine Fehlermeldung "Undefined symbol main". Warum das? Wie bereits erwähnt, besteht ein C-Programm aus mehreren Funktionen. Damit der Compiler/Linker weiß, wo das Programm startet, muß jedes

C-Programm ein Funktion namens **main** enthalten, die das Hauptprogramm definiert. Um unser Programm nun übersetzen zu können, schreibt man daher:

```
First ()
{
  printf ("Hallo, hier bin ich\n");
}

main ()
{
  First ();
}
```

Nun kann das Programm zuerst übersetzt (F9) und über den Menüpunkt Run mit dem Menüeintrag Run gestartet werden. Dieser Vorgang - Übersetzen und anschließender Programmstart - kann auch über die Tastenkombination Ctrl-F9 ausgelöst werden. Das Programm schreibt nun auf dem Text-Bildschirm den angegebenen Text ("Hallo, hier bin ich"). Ebenso wie in TURBO PASCAL kann über die Tastenkombination Alt-F5 (User Screen) nun zu diesem Ausgabe-bildschirm umgeschaltet werden. Mit jedem weiteren Tastendruck gelangt man zurück in den Editor.

Unser Programm besteht nun aus 2 Funktionen. Alles was aber in main passiert, ist der Aufruf der Funktion First. Obwohl diese Funktion keine Parameter benötigt, **müssen** die Klammern gesetzt werden. Natürlich kann das Programm auch einfacher geschrieben werden, es sollten aber gleich am Anfang die Verwendung von Funktionen gezeigt werden, weil die Verwendung und Erstellung von Funktionen ein elementares Verhalten von C-Programmen darstellt. Die einfachste Form unseres ersten Programmes lautet aber:

```
main ()
{
  printf ("Hallo, hier bin ich\n");
}
```

Neben der Steuerung des Programmablaufs, stellen die Daten einen wesentlichen Bestandteil eines Programmes dar. Im folgenden werden daher die Datentypen und die Variablenvereinbarungen in C vorgestellt.

5.3.1.1 Datentypen

In C unterscheidet man 4 Grunddatentypen: **char**, **int**, **float** und **double**.

- Datentyp **char**:
  In C ist die Größe der einzelnen Datentypen nicht strikt festgelegt, aber im allgemeinen sind Werte vom Typ **char** 8-Bit groß und können daher jedes beliebigen ASCII-Zeichen darstellen. In den meisten C-Compilern ist der Typ **char** außerdem vorzeichenbehaftet definiert und kann daher Werte von -128 bis +127 enthalten.

- Datentyp `int`
  Dieser Datentyp repräsentiert ganze Zahlen. Die Größe ist normalerweise mit entweder 16- (PC) oder 32-Bit (Workstations) festgelegt. Der Wertebereich reicht also von -32 768 bis +32 767 (16-Bit) oder von -2 147 483 648 bis +2 147 483 647

- Datentyp `float`:
  Dieser Datentyp speichert reelle Zahlen normalerweise in 32-Bit, was einen Wertebereich von -1E38 bis 1E38 ergibt. Sie haben damit einen wesentlich größeren Bereich als 32-Bit `int`, aber nur mehr eine Genauigkeit von 6-7 Stellen. Die Zahl 1 234 567 890.0 wird nur als 1 234 567 000.0 gespeichert.

- Datentyp `double`:
  Dieser beseitigt die Probleme von `float`. Üblicherweise verwendet `double` 64-Bit und eine Genauigkeit von 16-17 signifikanten Stellen. Moderne Prozessoren unterstützen alle diesen Typ, sodaß Variablen vom Typ `float` praktisch nicht mehr zum Einsatz kommen sollten.

- Modifizierte Typen:
  Um mehr Kontrolle über die Größe und den Typ zu erhalten, definiert C einige modifizierte Datentypen `char` und `int`. Die Schlüsselwörter für diese Datenmodifizierer sind `unsigned`, `short` und `long`. Bei `int` können alle 3 Verwendung finden und ergeben dann:

  `unsigned int`; Hat dieselbe Größe wie `int` nur ohne Vorzeichen.
  `short int`; normalerweise immer 16 Bit.
  `long int` oder einfach `long`; normalerweise 32 Bit.

  Für `char` ist nur der Modifizierer `unsigned` zulässig. Damit reicht der Wertebereich dann von 0 bis 255.

5.3.1.2 Variable

Auch in C sind Variable definierte Speicherbereiche, die Werte unterschiedlichster Datentypen aufnehmen können. Jeder Speicherbereich bekommt einen Namen - den Variablennamen - damit der Wert aus diesem Bereich im Programm angesprochen werden kann. In C müssen Namen für Variable mit einem Buchstaben oder dem Unterstrich (_ - engl. Underscore) beginnen. Danach können weitere Buchstaben, Ziffern oder Unterstriche folgen. Im Gegensatz zu PASCAL unterscheidet C aber zwischen **Groß- und Kleinschreibung**. Eine Deklaration von Variablen beginnt mit dem Typ der Variablen, damit der Compiler entsprechend Platz reservieren kann, gefolgt von einer durch Beistriche getrennten Liste von Namen. Abgeschlossen wird eine Deklaration immer mit einem Strichpunkt. Gültige Deklarationen sind also:

```c
int Cnt1,Cnt2;
double _Fahr,Celsius;
char Mein_Zeichen;
unsigned int NurPositiv;
```

5.3.1.3 Konstante

Werte, die sich nicht ändern, werden oft als Konstante definiert und nicht in einer Variablen abgespeichert.

Numerische Konstante sind die einfachste Form und werden am häufigsten gebraucht. Sie werden einfach als Zahlenfolge geschrieben. Eine Unterteilung, welchen Datentyp sie repräsentieren, erfolgt durch die Schreibweise:

127 bzw. 0x7F (Hexadezimale Angabe) definiert einen normalen `int`.
127l oder 127L definiert eine Konstante vom Typ `long`.
127.0 oder 1.27E2 definiert eine Konstante vom Typ `double`.

Eine weitere Form von Konstanten sind *Zeichenkonstante*. Bei PCs werden Zeichen normalerweise nach dem ASCII-Zeichensatz gespeichert. Jedem Zeichen ist dabei ein numerischer Wert zugewiesen. In einfachen Anführungszeichen angegebene Zeichen werden in C als Zeichenkonstante ausgewertet. Der Compiler ersetzt das Zeichen automatisch durch den entsprechenden ASCII-Wert. Neben normalen Zeichen sind in C aber noch einige spezielle Konstante definiert, die alle in Tabelle 5.4 angegeben sind:

Tabelle 5.4. Zeichenkonstante

Zeichenkonstante	ASCII-Kode	Bedeutung
'a'	97	a
'A'	65	A
'0'	48	0
'\n'	10	Neue Zeile (LF)
'\r'	13	Wagenrücklauf (CR)
'\t'	9	horizontaler Tabulator (HT)
'\b'	8	Rückschritt (BS)
'\''	39	'
'\"'	34	"
'\\'	92	\

Stringkonstante sind eine Folge von Zeichen. Sie werden in C in doppelten Hochkommata angegeben, können jedes Zeichen enthalten und nahezu beliebig lang sein. Der Compiler speichert die einzelnen Zeichen in hintereinanderliegenden Speicherzellen und fügt automatisch ein '\0'-Zeichen an, das in C als Endekennung eines Strings verwendet wird. Gültige Stringkonstanten sind daher:

"Hallo \r\n"   Ein String mit 8 Zeichen Länge 5 für Hallo, ein
                                Leerzeichen, CR/LF und die abschließende 0.

"Der Wert von \"X\" beträgt %d"   definiert ein X eingeschlossen in Hochkommata

"C:\\DOS\\XCOPY.EXE"   ein \ wird als \\ angegeben (vgl. Tabelle 5.4)

5.3.2 *Operatoren und Ausdruckauswertung*

In der Tabelle 5.5 ist die Rangfolge der Operatoren dargestellt. Sie ist in 15 Kategorien unterteilt und stellt die Reihenfolge dar, wie ein Ausdruck ausgewertet wird. Kategorie 1 hat die höchste Priorität; die Kategorie 2 (Unäre Operatoren) hat die zweithöchste Priorität usw. bis zum Komma, das die niedrigste Priorität besitzt. Die Operatoren innerhalb einer Kategorie haben die gleiche Rangfolge. Die unären (Kategorie 2), konditionalen (Kategorie 13) und Zuweisungsoperatoren (Kategorie 14) werden von rechts nach links ausgewertet, alle anderen von links nach rechts. Ein Ausdruck in C stellt daher jede syntaktisch korrekte Kombination von Operatoren und ihren Operanden dar.

Für binäre Operatoren (Kategorie 3 und 4) müssen die beiden Operanden vom gleichen Typ sein. Andernfalls führt der C-Compiler eine automatische Typkonvertierung von der niedersten zur höchsten Stufe nach folgendem einfachen Schema durch:

```
Höchste Stufe        double
                     long
                     unsigned
                     int
Niederste Stufe      char
```

Die Operation wird dann ausgeführt, und das Ergebnis entspricht dem höheren der beiden Typen. Für die Zuweisung gilt außerdem, daß das Ergebnis der rechten Seite zu dem Typ konvertiert wird, der der Variablen auf der linken Seite entspricht. Dies kann natürlich zu Werteverlusten führen. Zum Abschluß einige Beispiele mit gültigen Zuweisungen:

```c
char ch;
int i;
double w;
ch = 'A';        // Zuweisung des Zeichens A (ASCII 65) an ch
w = ch + 5;   // ch wird zu int konvertiert weil die Konstante
              // 5 vom Typ int ist. Nach der Addition wird das
              // Ergebnis zum Typ double konvertiert und zugewiesen
i = w;   // der Wert von w (70.0) wird zum Typ int konvertiert
         // und i zugewiesen. Dies bedeutet ein Abschneiden der
         // Stellen nach dem Komma.
i = w + i*ch;    // Erläuterung siehe Text
```

Die letzte Zeile enthält 3 Operatoren - Multiplikation, Addition und Zuweisung. Der ranghöchste Operator ist die Multiplikation und daher wird diese zuerst ausgeführt. Dazu muß zuerst ch zum Typ int konvertiert werden. Dann erfolgt die Multiplikation (70*70 = 4900). Der nächste Operator ist die Addition. Die beiden Operanden sind vom Typ double und das gerade berechnete Ergebnis vom Typ int. Dieses wird somit zuerst konvertiert und dann die Addition durchgeführt, die als Ergebnis den Wert 4970.0 vom Typ double liefert. Dieses wird letztendlich wieder zu int konvertiert, um der Variablen i zugewiesen werden zu können.

5.3.3 Funktionen und Parameter

Für eine modulare und strukturierte Programmierung ist die Erstellung von Funktionen zur Lösung von Teilproblemen ein unbedingt notwendiges Vorgehen. Ein weiterer Vorteil von Funktionen ist die leichte Wiederverwendbarkeit, wenn man die Eingangs- und Ausgangsparameter kennt. Einer Funktion werden Eingangswerte normalerweise durch die Angabe von Parametern beim Funktionsaufruf übermittelt. Im ersten Beispiel wurde dies bereits in der Funktion `printf` angewendet. Dort wurde ein Parameter übergeben, nämlich der auszugebende Text. Funktionen sind aber nicht limitiert auf einen Parameter, sondern man kann mehrere Parameter angeben.

Tabelle 5.5. Operatoren und ihre Rangfolge

Kategorie	Operator	Beschreibung
1.	()	Funktionsaufruf
	[]	Array-Element
	->	Indirekte Komponentenauswahl
	.	Direkte Komponentenauswahl
2. Unär	!	Logische Negation (NOT)
	~	Bitweises Komplement
	+	Unäres Plus
	-	Unäres Minus
	++	Präfix- oder Postfix-Inkrementierung
	--	Präfix- oder Postfix-Dekrementierung
	&	Adressse
	*	Indirektion (Inhalt von)
	sizeof	Gibt Größe des Operanden zurück (Byte)
3. Multiplikativ	*	Multiplikation
	/	Division
	%	Modulo
4. Additiv	+	Plus
	-	Minus
5. Shift	<<	Shift links
	>>	Shift rechts
6. Relational	<	Kleiner
	<=	Kleiner gleich
	>	Größer
	>=	Größer gleich
7. Gleichheit	==	Gleich
	!=	Ungleich
8.	&	Bitweises AND
9.	^	Bitweises XOR
10.	|	Bitweises OR
11.	&&	Logisches AND
12.	||	Logisches OR

13. Bedingung	?:	Bedingte Zusweisung: a ? x : y bedeutet: "wenn a dann x, sonst y"
14. Zuweisung	= *= /= %= += -= &= ^= |= <<= >>=	Einfache Zuweisung Zuweisungsprodukt Zuweisungsquotient Zuweisungsmodulo Zuweisungssumme Zuweisungsdifferenz Zuweisung: bitweises AND Zuweisung: bitweises XOR Zuweisung: bitweises OR Zuweisung: Linksschieben Zuweisung: Rechtsschieben
15. Komma	,	Auswerten

Ein Wert, der von einer Funktion berechnet wurde, kann als Ergebnis der Funktion zurückgeliefert werden. Wenn eine Funktion mehrere Ausgangsparameter besitzt, so müssen diese in der Parameterliste angegeben werden. Sie können dort aber nicht als normale Wert-Parameter angegeben werden, wie dies für die Eingangsparameter gilt, sondern müssen als Zeiger übergeben werden. Die Verwendung dieses Mechanismus wird in Kap. 5.3.5 "Zeiger und Arrays" näher erläutert.

Die allgemeine Form einer Funktion kann daher folgendermaßen angegeben werden:

```
type Funktionsname (Parameterliste)
{
   Funktionsrumpf
}
```

In dieser Definition gibt `type` den Datentyp an, der als Funktionswert zurückgegeben wird. Im folgenden Beispiel ist eine Funktion angegeben, die den Mittelwert von drei gegebenen Werten berechnet und zurückliefert.

```
double Mittelwert (int x, int y, int z)
{
  double sum;
  sum = x + y + z;
  return (sum / 3.0);
}
```

Diese Funktion wird `Mittelwert` genannt und bekommt 3 `int`-Werte als Parameter. Die lokalen Namen dieser drei Parameter werden als `x`, `y` und `z` angegeben. Bei dieser Funktion ist außerdem ein Rückgabewert vom Typ `double` definiert. Im Funktionsrumpf wird zuerst eine lokale Variable namens `sum` definiert, die die Zwischensumme der drei Werte aufnimmt. In der letzten Zeile wird schließlich der Mittelwert berechnet und mit Hilfe der `return`-Anweisung an die aufrufende Funktion übergeben. Gleichzeitig wird die Funktion nach Ausführung des `return` beendet.

In dieser Funktion haben wir insgesamt 4 lokale Variablen definiert, drei als Übergabeparameter und zusätzlich eine Hilfsvariable zur Aufnahme der Zwischensumme. Diese lokalen Variablen sind - wie der Name bereits andeutet -, nur innerhalb des Funktionsrumpfes bekannt und gültig.

Das folgende Listing zeigt die eben beschriebene Funktion in Kombination mit einem Aufruf aus dem Hauptprogramm. Dieses ist in C - wie bereits erwähnt - immer eine Funktion namens `main`. In unserem Beispiel wird sie deklariert als eine Funktion, die keinen Parameter übernimmt und kein Ergebnis liefert. Zur Angabe, daß die Funktion "kein Ergebnis" liefert, wird das reservierte Schlüsselwort `void` verwendet.

```c
// Deklaration der Funktion Mittelwert
double Mittelwert (int x, int y, int z);

// Definition einer globalen Variablen
double GlobalSum;

// Deklaration und Definition des Hauptprogrammes
void main ()
{
  int x;                    // lokale Variable im Hauptprogramm
  double aVal;              // lokale Variable im Hauptprogramm

  x = 7;
  aVal = Mittelwert(1,3,x);
  printf ("Der Mittelwert beträgt: %lf",aVal);
  printf ("Der Mittelwert beträgt: %lf",GlobalSum/3.0);
}

// Definition der Funktion Mittelwert
double Mittelwert (int x, int y, int z)
{
  double sum;               // lokale Variablenvereinbarung
  sum = x + y + z;          // Berechnung der Summe
  GlobalSum = sum;          // Zuweisung an globale Variable
  return (sum / 3.0);       // Berechnung und Rückgabe des MW
}
```

Das Programm beginnt mit einer Deklaration unserer Funktion `Mittelwert`. Weil diese Funktion im Hauptprogramm aufgerufen wird, an dieser Stelle aber dem Compiler nicht bekannt ist - sie wird ja erst am Programmende definiert - muß am Programmanfang eine Deklaration angegeben werden. Eine Funktionsdeklaration entspricht immer genau dem Funktionskopf gefolgt von einem Strichpunkt. Damit sind der Name, der Rückgabewert und die Übergabeparameter definiert und dem Compiler bekannt. Es zeigt von gutem Programmierstil in C, wenn am Anfang eines Programmes alle benötigten Funktionen deklariert werden. Sie können in weiterer Folge beliebig - auch in anderen Modulen - definiert werden.

Zur Unterscheidung zwischen lokalen Variablen - nur gültig innerhalb der Funktion in der sie definiert sind - und globalen Variablen - gültig und bekannt in allen Funktionen die nach der Definition der Variablen folgen - haben wir hier die Variable `GlobalSum` definiert. Wir verwenden sie einerseits im Hauptprogramm um den Mittelwert zu berechnen, und andererseits in der Funktion `Mittelwert`, wo `GlobalSum` die Summe der drei Parameter erhält. Der Mittelwert, der einmal durch Aufruf der Funktion und einmal durch Verwendung der globalen Variablen berechnet wird, wird mittels der Funktion `printf` ausgegeben. Die Verwendung dieser Funktion ist im Kap. 5.3.7 "Ein- und Ausgabe" näher erläutert.

In obigem Beispiel wird sowohl im Hauptprogramm, als auch in der Funktion derselbe Name (x) für eine lokale Variable gewählt. Dies ist für lokale Variable erlaubt und es existieren in diesem Programm tatsächlich zwei verschiedene Variable, die voneinander unabhängig sind.

Bis zu diesem Zeitpunkt wurde nur eine Standard-C-Funktion vorgestellt - `printf`. Es werden aber von BC sehr viele Funktionen definiert, die die unterschiedlichsten Aufgaben lösen. Jede Funktion besitzt eine Namen, Parameter und eventuell einen Rückgabewert. Damit diese Funktionen in unseren Programmen verwendet werden können, müssen die entsprechenden Deklarationen - genauso wie für die Funktion `Mittelwert` - angegeben werden. Es ist nicht sinnvoll, jedesmal diese Deklarationen neu zu schreiben oder zu kopieren. In C werden solche Deklarationen zusammen mit anderen Definitionen in sogenannten Header-Dateien gespeichert. Diese Header-Dateien können nun am Programmanfang inkludiert werden und der Compiler findet dann alle notwendigen Deklarationen. Zur Benutzung der Funktion `printf` in einem Programm muß die Header-Datei `stdio.h` (**Standard Input/Output**) angegeben werden. Dies erfolgt durch einfügen der folgenden Zeile am Programmanfang:

```
#include <stdio.h>
```

Der korrekte Anfang unseres Beispiels müßte daher folgendermaßen lauten:

```
#include <stdio.h>

// Deklaration der Funktion Mittelwert
double Mittelwert (int x, int y, int z);
    .....
    .....
```

Welche Funktion in welcher Header-Datei deklariert ist, kann entweder der Beschreibung dieser Funktion, oder der On-Line-Hilfe von BC entnommen werden.

5.3.4 Möglichkeiten zur Steuerung der Programmabarbeitung

Die Programmabarbeitung erfolgt in C ebenso wie bei vielen anderen Programmiersprachen sequentiell, d.h. Zeile für Zeile wie sie im Programm stehen. Dies erfolgt so lange, bis ein entsprechender Befehl gefunden wird, der dies unterbricht. Dabei kann es sich im wesentlichen entweder um Abfragen handeln, die die Programmabarbeitung entsprechend dem Ergebnis an anderen Stellen fortsetzen, oder um Iterationen, die bestimmte Anweisungen mehrmals durchlaufen.

Im folgenden werden die einzelnen Befehle beschrieben und an Hand eines einfachen Beispiels kurz angewendet.

5.3.4.1 Bedingte Ausführungen (IF)

Das einfachste Element zur Steuerung des Programmablaufes ist die Abfrage.
Die if-Anweisung sieht in C folgendermaßen aus:

```
if (Bedingung)
  Anweisung 1;
else
  Anweisung 2;
```

Bedingung steht dabei für eine beliebige Operation die ein numerisches
Ergebnis liefert. Wenn das Ergebnis einen Wert ungleich Null hat - Ergebnis ist
TRUE -, wird Anweisung 1 ausgeführt, anderenfalls - Ergebnis ist FALSE -
Anweisung 2. Der else-Zweig dieser if-Anweisung ist optional, das heißt er muß
nicht immer angegeben werden. Ebenso wie in PASCAL ist es möglich, mehrere
Anweisungen mittels geschwungener Klammern zusammenzufassen. Diese werden
als Anweisungsblöcke (Compound Statements) bezeichnet und in weiterer Folge als
logische Einheit betrachtet.

Unser Beispiel liest ein Zeichen von der Tastatur, konvertiert wenn notwendig
von Klein- in Großbuchstaben, und gibt das Ergebnis auf den Bildschirm aus.

```
#include <conio.h>
main ()
{
  int c;                    // Deklaration einer Variablen
  c = getch();              // Zeichen von Tastatur lesen
  if ((c >= 'a') && (c <= 'z'))   // wenn zw. a und z
    putch(c-'a'+'A');       // konvertieren in Großbuchstaben
  else
    putch(c);               // sonst einfach ausgeben
}
```

5.3.4.2 Mehrfachverzweigungen (SWITCH-CASE)

Bei der Programmierung stößt man häufig auf die Notwendigkeit, abhängig vom
Zustand einer Variablen unterschiedliche Aktionen durchführen zu müssen. Ein
offensichtliches Problem ist die Verzweigung auf Grund einer Menüauswahl durch
den Benutzer. Anstatt etliche ineinandergeschachtelte if-Abfragen zu verwenden,
kann man in C die switch-case Anweisung heranziehen, um abhängig von
einem Wert direkt an einer bestimmten Stelle die Programmabarbeitung
fortzusetzen. Die Syntax für diesen Befehl lautet:

```
switch (Ausdruck) {
  case Wert1: Anweisung1;
             break;
  case Wert2: Anweisung2;
  case Wert3: Anweisung3;
             break;
  default:    Anweisung;
             break;
}
```

Das wesentlichste dieser Anweisung ist, daß die Programmausführung an der Stelle weitergeführt wird, für die `Ausdruck` gleich `Wertx` ergibt. Der optionale `default`-Zweig wird immer dann ausgeführt, wenn sonst keine Übereinstimmung gefunden wurde. Prinzipiell gilt, daß alle Anweisungen, die nach der Einsprungstelle folgen, ausgeführt werden, bis ein `break` die Ausführung von `switch` beendet. Wird der `break`-Befehl wie in unserem Beispiel vor `Anweisung3` weggelassen, werden, wenn das Ergebnis von `Ausdruck = Wert2` ergibt, sowohl `Anweisung2` als auch `Anweisung3` ausgeführt.

Im folgenden ein Ausschnitt aus einem C-Programm, das eine Menüauswahl auf Grund einer Benutzereingabe realisiert:

```
.....
  int ch;
  ch = getch();             // Zeichen eingeben
  switch (Upcase(ch)){      // in Großbuchst. u. verzweigen
    case 'F':Filemenu();    // Menüpunkt File
            break;
    case 'E':Editor();      // Menü Editor
            break;
    case 'C':Compile();     // Programm Compilieren wenn nötig
            break;
    case 'B':Compile();     // Programm Compilieren wenn nötig
    case 'L':Link();        // Programm linken wenn nötig
            break;
    default: break;
  }
....
```

In diesem Beispiel wird ein Charakter eingelesen und abhängig von diesem in unterschiedliche Programmteile verzweigt. Bei Eingabe eines 'F' wird das Unterprogramm `Filemenu` aufgerufen, bei Eingabe eines 'C' ein Compilerlauf ausgeführt. Die Eingabe eines 'B' führt zuerst einen Compilerlauf aus und ruft anschließend sofort den Linker auf. Dieser kann auch alleine durch die Eingabe von 'L' aufgerufen werden.

Der Befehl `break` wird nicht nur verwendet, um die Abarbeitung von `switch` zu beenden, sondern kann auch bei den nachfolgend beschriebenen Schleifenkonstrukten Verwendung finden, um diese vorzeitig zu beenden.

5.3.4.3 WHILE

Die Syntax von `while`, der einfachsten Schleifenform in C, lautet:

```
while (Bedingung)
   Anweisung;
```

Für `Anweisung` kann hier entweder eine einzelne Anweisung oder ein Anweisungsblock, zusammengefaßt durch geschwungene Klammern, stehen. Unser Beispiel kann mit diesem Befehl daher erweitert werden, um eine Serie von Zeichen zu lesen und umzuwandeln.

```
#include <conio.h>
main ()
{
  int c;
  while ((c = getch()) != '\r')      // Zeichen lesen bis CR
    if ((c >= 'a') && (c <= 'z'))    // siehe vorher
      putch(c-'a'+'A');
    else
      putch(c);
}
```

Der gesamte `if-else` Konstrukt zählt als eine Anweisung. Die geschwungenen Klammern für `while` können daher entfallen. Es ist aber meist sinnvoll - nicht zuletzt der besseren Lesbarkeit der Programme wegen - bei mehr als einer Zeile Code, geschwungene Klammern zu setzen.

Die Bedingung der `while`-Schleife

```
((c = getch()) != '\r')
```

soll aber noch etwas genauer betrachtet werden. Für `while` ist es notwendig, daß dieser Ausdruck einen Wert liefert, der entweder von 0 verschieden ist (TRUE) - der Schleifenrumpf wird ausgeführt - oder 0 ergibt (FALSE) - die Schleife wird beendet. Die Berechnung des Ausdrucks beginnt in der innersten Klammer. Hier steht eine Zuweisung, die das Ergebnis der Funktion `getch` der Variablen `c` zuweist. Der Wert, den eine Zuweisung liefert, ist immer der zugewiesene Wert. Dieser wird hier mit dem Zeichen `'\r'` (CR oder Eingabetaste) verglichen. Solange diese Taste nicht gedrückt wird, wird die Schleife wiederholt und die Zeichen umgewandelt und ausgegeben. Das CR-Zeichen wird nicht mehr ausgegeben.

5.3.4.4 FOR-Schleifen

Im Gegensatz zu `while`, das eigentlich nur eine Abbruchbedingung prüft, können bei `for`-Schleifen zusätzlich eine Initialisierung von Variablen vor dem Beginn der Schleife, sowie eine Veränderung dieser Variablen - meist in Form einer Erhöhung bzw. Verminderung um eins - nach einem Schleifendurchgang und vor der neuerlichen Prüfung der Abbruchbedingung erfolgen. Die allgemeine Form des `for`-Befehls lautet daher:

```
for (Initialisierung;Bedingung;Zähler)
    Anweisung
```

Für `Anweisung` kann natürlich wieder eine einzelne oder ein Anweisungsblock in geschwungenen Kammern stehen. Die 3 durch Strichpunkte getrennten Ausdrücke innerhalb der `for`-Anweisung entsprechen genau den drei angegebenen Phasen. Jeder dieser Ausdrücke kann weggelassen werden, die einzelnen Aktionen werden dann allerdings nicht ausgeführt. Wenn der Bedingungsausdruck weggelassen wird, so wird TRUE als Ergebnis angenommen und die Schleife wird daher immer ausgeführt, soferne nicht mit `break` (vgl. `switch-case`) eine andere Abbruchbedingung geschaffen wird.

Die folgende Zeile definiert daher eine 'Infinite-Loop':

```
for (;;)
   Anweisung
```

Als Beispiel wird das Alphabet in umgekehrter Reihenfolge ausgegeben. In der Schleife wird zuerst die Variable c mit dem ASCII-Kode von 'z' initialisiert und dann geprüft, ob die Variable noch größer oder gleich 'a' ist. Wenn das Ergebnis TRUE ergibt, wird das Zeichen ausgegeben. Anschließend wird c um eines verringert - dies wird hier durch die Verwendung des Operators -- erreicht, der den Wert der angegebenen Variablen um eins vermindert - und abschließend neuerlich die Endebedingung überprüft.

```
#include <conio.h>
main ()
{
  int c;
  for (c = 'z'; c >= 'a'; c--)
    putch(c);
}
```

5.3.4.5 DO-WHILE

Sowohl while als auch for gehören zu den kopfgesteuerten Schleifen. Beide prüfen vor der ersten Abarbeitung des Schleifenrumpfes die Abbruchbedingung. Manchmal ist es aber erwünscht, den Schleifenrumpf zuerst zu durchlaufen und erst dann zu prüfen. Diese Form der Schleife wird in C mit dem do-while Statement erreicht. Die allgemeine Form lautet:

```
do
   Anweisung;
while (Bedingung);
```

Unser Beispiel zur Konvertierung von Klein- in Großbuchstaben mit do-while formuliert sieht so aus:

```
#include <conio.h>
main ()
{
  int c;
  do {
    c = getch();
    if ((c >= 'a') && (c <= 'z'))
      putch(c-'a'+'A');
    else
      putch(c);
  } while (c != '\r')    // wenn CR aufhören
}
```

Hier wird auch das eingegeben CR am Bildschirm ausgegeben und somit eine neue Zeile begonnen.

5.3.5 Zeiger und Arrays

Ein Zeiger in C ist die Adresse einer Speicherposition. Diese Adresse kann in einer Variablen gespeichert werden, die als Zeigervariable (Pointer-Variable oder kurz oft einfach Pointer) deklariert wurde. Die folgende Zeile deklariert drei Variable, zwei einfache `int`-Variable mit den Bezeichnungen `Cnt` und a, sowie eine Zeigervariable namens `pCnt`.

```
int a, Cnt, *pCnt;
```

Diese Zeigervariable wird einfach durch einen vorangestellten Stern als solche gekennzeichnet. Gleichzeitig wird definiert, daß diese Variable auf ein Objekt vom Typ `int` zeigt. Es ist notwendig, daß eine Zeigervariable auf ein Objekt eines bestimmten Typs zeigt, damit dieses Objekt richtig angesprochen werden kann. Sobald eine Zeigervariable die Adresse eines Objektes erhält, spricht man davon, daß sie 'auf das Objekt zeigt'. Vorher ist die Variable undefiniert.

Die Adresse eines Objektes kann durch die Angabe des `&`-Operators erfolgen. Eine Verwechslung mit dem bitweisen `UND`-Operator kann nicht erfolgen, weil für diesen immer zwei Operanden notwendig sind. Die Adresse der Variablen `Cnt` kann damit der Zeigervariablen `pCnt` folgendermaßen zugewiesen werden:

```
pCnt = &Cnt;
```

Nachdem diese Zeile ausgeführt ist, zeigt `pCnt` auf `Cnt`. Die Verwendung von Zeigervariablen bekommt aber erst einen Sinn, wenn es möglich ist, auf den Wert des Objektes zuzugreifen, auf das die Variable gerade zeigt. In C wird dies ebenfalls mit einem vorangestellten Stern ermöglicht. Ein Programmzeile der Form

```
a = *pCnt;
```

ist eine Zuweisung des Ausdruckes `*pCnt`, der den Wert des Objektes auf das die Variable pCnt zeigt liefert, an die Variable a. In unserer Abfolge zeigt pCnt derzeit auf die Variable `Cnt` und es wird somit der Wert von Cnt an die Variable a zugewiesen. Es wäre in diesem Zusammenhang sicher einfacher

```
a = Cnt;
```

zu schreiben, aber in vielen Fällen ist die Lösung eines Problems erst durch die Verwendung von Zeigervariablen möglich.

Dazu folgendes kleines Beispiel: Es soll eine Funktion geschrieben werden, die es ermöglicht, den Inhalt von zwei `int`-Variablen zu vertauschen.

```
#include <stdio.h>
int swap (int *p1, int *p2)
{
  int h;           // eine Hilfsvariable

// h wird der Wert des Objektes zugewiesen, auf das p1 zeigt
  h = *p1;

// der Wert des Objektes auf das p2 zeigt, wird
// in das Objekt gespeichert, auf das p1 zeigt
  *p1 = *p2;
```

```c
// Der Wert von h wird im Objekt gespeichert, auf das p2 zeigt
  *p2 = h;
}


int main ()
{
  int a,b;

  a = 5; b = 12;        // Zuweisung der Anfangswerte
// Aufruf der Funktion mit den Adressen der Variablen a,b
  swap (&a,&b);
  printf ("a = %d, b = %d\n",a,b); // Ausgabe des Ergebnisses
}
```

Die wichtigste Zeile in diesem Beispiel ist der Aufruf der Funktion swap. Hier werden nicht die Werte der beiden Variablen a,b übergeben, sondern die Adressen dieser beiden Variablen, sodaß in der Funktion direkt auf die Werte der Variablen zugegriffen werden kann. Auf diese Weise kann swap an verschiedensten Programmstellen benutzt werden, um 2 Werte zu vertauschen.

Bisher haben wir nur Variable kennengelernt, die *einen* Wert eines bestimmten Typs speichern können. Ein Array ist die einfachste Form mehrere Daten des gleichen Typs unter Vergabe eines Namens zu speichern. Die Deklaration einer Array-Variablen erfolgt unter Angabe des Typs, gefolgt vom Namen und die Angabe der Anzahl von Elementen in eckigen Klammern. So deklariert

```c
int Ziffern[10];
```

eine Variable namens Ziffern, die 10 Elemente vom Typ int speichern kann. Einzelne Elemente aus diesem Array können durch Angabe des Index in eckigen Klammern angesprochen werden:

```c
Ziffern[3] = 1;
printf ("Anzahl der Ziffer 3: %d",Ziffern[3]);
```

In C beginnen Array-Indizes **immer** mit dem Wert 0, sodaß für unser Deklaration der Variablen Ziffern gültige Indizes von 0..9 reichen, was den definierten 10 Elementen entspricht.

Das folgende Beispiel benutzt das Array, zählt die eingegebenen Ziffern, und gibt am Ende aus, wie oft jede Ziffer eingegeben wurde.

```c
#include <conio.h>


#define MAX_ZIFFERN   10

main ()
{
  int i,Ziffern[MAX_ZIFFERN];

// zuerst alles auf 0 setzen
  for (i = 0; i < MAX_ZIFFERN; i++)
    Ziffern[i] = 0;
```

```
// Einlesen und Anzahl erhöhen bis CR-gedrückt.
  while ((c = getch()) != '\r')      // Zeichen lesen bis CR
    if ((c >= '0') && (c <= '9'))    // wenn Ziffer
      Ziffern[c-'0']++;              // entsprechend erhöhen

// Ausgabe aller Werte
  for (i = 0; i < MAX_ZIFFERN; i++)
    printf("Ziffer 0: %d\n",Ziffern[i]);
}
```

Die Anweisung `Ziffern[c-'0']++` berechnet zuerst einen Index in das Array, in dem es vom ASCII-Kode des eingegebenen Zeichens den ASCII-Kode des Zeichens '0' subtrahiert. Damit ergibt sich immer ein erforderlicher Index zwischen 0 und 9. Der Postfix-Inkrement-Operator ++ erhöht anschließend den Wert des angegebene Array-Elements um 1.

Bei der Deklaration von Array-Variablen kann - soferne sie global oder modulglobal (`static`) definiert sind - zusätzlich eine Initialisierung angegeben werden. Der Deklaration der Variablen folgt unmittelbar ein Gleichheitszeichen und innerhalb geschwungener Klammern die einzelnen Elemente durch Beistrich getrennt. Die Größenangabe des Array kann - wie in folgendem Beispiel angegeben - bei gleichzeitiger Initialisierung entfallen, da die Größe dann durch den Compiler bestimmt werden kann.

```
static double Wert[] = {1.1, 2.2, 3.3, 4.4};
```

Ein Sonderfall von Array-Variablen in C sind Strings. Diese werden generell als Folge von aufeinanderfolgenden Zeichen gespeichert. Das erste Zeichen steht dabei im Array-Element mit dem Index 0, das zweite im Element 2 (Index 1) usw. Abgeschlossen wird ein String immer mit dem ASCII-Zeichen 0 ('\0'). Der C-Compiler schließt automatisch alle angegebenen String-Konstanten - Zeichenketten die unter Hochkommata eingeschlossen sind - mit einem 0-Zeichen ab. Das bedeutet, daß jeder Sting in C **immer um 1 Zeichen mehr Platz benötigt**, als er lang ist. Als Beispiel für einen String wollen wir folgende Ausgabe betrachten:

```
printf ("Hallo, hier bin ich\n");
```

Dabei ist die String-Konstante ein Parameter an die Funktion `printf`. Diese Funktion muß aber auf alle Elemente dieses Zeichen-Arrays zugreifen können. Daher ist es nicht verwunderlich, daß der Wert der von C für eine String-Konstante angegeben wird, stets ein Zeiger auf das erste Zeichen des Array-Elements ist. Damit kann dann die Funktion `printf` Zeichen für Zeichen des Strings lesen und diese ausgeben, bis das abschließende 0-Zeichen gefunden wird.

Wenn wir eine Zeiger-Variable auf ein Zeichen haben - z.B. `char *pStrg` - und diese Variable enthält die Adresse des ersten Zeichens der Zeichenkette, so kann dieses Zeichen einfach mit

```
putch (*pStrg);
```

ausgegeben werden. Um nun das nächste Zeichen ausgeben zu können, muß nur die Zeiger-Variable erhöht werden, sodaß sie auf das nächste Objekt im Speicher zeigt. Dies wird solange fortgesetzt, bis das abschließende 0-Zeichen gefunden wird.

```
while (*pStrg != '\0') {   // solange nicht ASCII-0
  putch (*pStrg);          // Zeichen ausgeben
  pStrg++;                 // und Zeiger erhöhen !!
  }
```

In der letzten Zeile wird die von C zur Verfügung gestellte Zeiger-Arithmetik verwendet, um die Zeiger-Variable um eins zu erhöhen. Sie zeigt damit auf das nächste Objekt - in unserem Fall ein Zeichen, weil die Zeiger-Variable vom Typ 'Zeiger auf char' ist. Ebenso kann eine Zeiger-Variable verringert werden, um auf das vorhergehende Element zu verweisen. Letztendlich können Zeiger auch um beliebige Werte erhöht werden. Jede Zeiger-Arithmetik stellt aber sicher, daß der Zeiger immer entsprechend der Elementgröße verändert wird. Eine Erhöhung um eins bedeutet daher immer, egal ob es sich um einen Zeiger auf ein char- oder auf ein double-Objekt handelt, daß der Zeiger auf das nächste Element zeigt.

Eine wesentlich effektiveres Programm zur Ausgabe eines String stellt aber folgende Zeile dar:

```
for (;*pStrg ;putch (*pStrg++));
```

Diese for-Schleife erledigt die gesamte Ausgabe. Es wird keine Initialisierung benötigt, daher ist kein Ausdruck vor dem ersten Strichpunkt angegeben. Die Endebedingung für diese Schleife ist das Erreichen des Endezeichens (ASCII-0). Dabei ist es aber nur von Interesse, ob das aktuelle Zeichen 0 ist oder nicht. In der Abfrage in dem Beispiel mit der while-Schleife

```
*pStrg != '\0'
```

wird ein logischer Vergleich zwischen dem aktuellen Zeichen und ASCII-0 durchgeführt, und das Ergebnis (TRUE/FALSE) als Entscheidung verwendet. Der simple Ausdruck

```
*pStrg
```

liefert per Definition (vgl. auch 5.3.4.3 WHILE) als Ergebnis stets TRUE wenn der Wert von 0 verschieden ist, anderenfalls FALSE, was für eine Entscheidung ausreicht.

Als letztes wird der Inkrement-Teil der Schleife betrachtet:

```
putch (*pStrg++)
```

Zuerst wird für diese Anweisung der Parameter für die Funktion putch ermittelt. Dieser ist das Ergebnis des Ausdruckes *pStrg++. Der Ausdruck wendet die beiden Operatoren * und ++ auf die Zeigervariable an. Diese beiden Operatoren gehören der gleiche Kategorie an (Tabelle 5.5). Sie werden daher von rechts nach links ausgewertet. Zuerst wird deswegen das Post-Inkrement ausgeführt. Dieser Operator liefert den aktuellen Wert der Variablen - in unserem Fall einen Zeiger auf ein Zeichen - und erhöht anschließend die Variable um eins, sodaß der Zeiger dann auf das nächste Zeichen zeigt. Für den *-Operator wird jetzt der Zeiger verwendet, der vom Post-Inkrement-Operator geliefert wurde. Es wird in diesem Inkrement-Teil der Schleife das aktuelle Zeichen ausgegeben und der Zeiger auf das nächste Zeichen gesetzt.

Zum Schluß dieses Kapitels werden nun noch die Zusammenhänge zwischen Arrays und Zeigern etwas näher betrachtet. Dazu zuerst folgende Angaben:

```
int *pi;
int  Tab[5];
pi = &Tab[0];
```

Hier werden eine Zeigervariable `pi` und ein Array von 5 `int`-Werten namens `Tab` deklariert. Der Zeigervariablen `pi` wird dann die Adresse des ersten Array-Elements zugewiesen. Nun können folgende äquivalente Ausdrücke definiert werden:

```
*pi          Tab[0]      erstes Element
*(pi+1)      Tab[1]      zweites Element
      ........
*(pi+4)      Tab[4]      fünftes Element
```

Es ist daher kein Unterschied, ob auf ein Element über einen gültigen Zeiger, oder einen Index zugegriffen wird.

Da die Adresse des ersten Elements eines Arrays sehr oft gebraucht wird, liefert C die Adresse dieses Elements, wenn in einem Ausdruck der Name des Arrays allein verwendet wird. Anders ausgedrückt, die Verwendung des Array-Names ist identisch mit der Verwendung einer Zeigervariablen auf das erste Element des Arrays. Wenn wir diese Erkenntnisse alle berücksichtigen, so können folgende gültige Ausdrücke gebildet werden:

```
pi = &Tab[0];   pi zeigt auf das ersten Element
pi = Tab;       pi zeigt auf das ersten Element
Tab[1]          Zugriff auf das 2.Element von Tab
*(Tab+1)        Zugriff auf das 2.Element von Tab
*(pi+1)         Zugriff auf das 2.Element von Tab
pi[1]           Zugriff auf das 2.Element von Tab
```

Es existiert aber doch zwei gravierende Unterschiede zwischen den beiden Variablen `pi` und `Tab`.

- `pi` ist eine Zeigervariable, die auf jede beliebige Adresse zeigen kann. `Tab` zeigt immer auf den Speicherbereich, wo die 5 Elemente gespeicher sind
- `pi` hat keinen Speicher zugeordnet, in dem tatsächlich Werte gespeichert werden können, `Tab` dagegen verfügt über 5.

Ausdrücke wie

```
pi =Tab;
pi++
```

sind daher erlaubt und sinnvoll. Ausdrücke wie

```
Tab++
Tab = pi
```

dagegen können nicht berechnet werden.

5.3.6 Ein- und Ausgabe

Die Eingabe von Werten durch den Benutzer, sowie die Ausgabe von Ergebnissen in geeigneter Form stellen die Grundlage für fast alle Programme dar. In diesem Abschnitt werden daher die in C definierten Funktionen für formatierte Ein- und Ausgabe auf dem Bildschirm und in Dateien näher beleuchtet.

5.3.6.1 Ausgabe

Bisher wurde einige Male die Funktion `printf` für die Ausgabe verwendet. Die Grundidee dieser Funktion basiert auf der Verwendung einer Steuerzeichenkette als erstes Argument, die angibt, wieviele, welche und in welchem Format die Werte von Variablen ausgegeben werden. Dieser Variablen folgen als weitere Parameter die einzelnen, auszugebenden Variablen. Die allgemeine Syntax für diese C-Funktion lautet:

```
printf (Steuerzeichenkette,Param,Param,...);
```

Die Steuerzeichenkette kann jedes beliebige Zeichen enthalten, und in seiner einfachsten Form keine weiteren Parameter erwarten (vgl. erstes C-Programm). Wenn zusätzlich die Werte von Variablen ausgegeben werden sollen, so muß in der Steuerzeichenkette zumindest der Typ und eventuell auch das Ausgabeformat angegeben werden. Diese Angabe der Format-Spezifikation beginnt immer mit dem Prozent-Zeichen (%). In seiner einfachsten Form folgt diesem Steuerzeichen die Typangabe:

```
printf ("Die Werte sind: %d %c %f",aInt,aChar,aFloat);
```

Im obigen Beispiel sind in der Steuerzeichenkette 3 Formatspezifikationen angegeben. Es müssen daher 3 Variable vom jeweils angegebene Typ folgen. Tabelle **5.6** gibt eine Übersicht der wichtigsten Formatangaben.

Tabelle 5.6. Die wichtigsten Formatangaben für `printf`.

Format-typ	Typ der Variablen	Ergebnisformat
d	Integer	dezimaler Integer-Wert mit Vorzeichen
u	Integer	dezimaler Integer-Wert ohne Vorzeichen
x,X	Integer	hexadezimaler-Integer-Wert ohne Vorzeichen (a, b, c, d, e, f oder A,B,C,D,E,F)
f	Gleitkomma	Wert der Form [-]dddd.dddd mit Vorzeichen
c	Zeichen	ein einzelnes Zeichen
s	Stringzeiger	Ausgabe von Zeichen bis zum Erreichen einer abschließenden 0
%	Nichts	Ausgabe des Zeichens %

Zusätzlich kann zwischen Prozent-Zeichen und Variablentyp eine genauere Definition der Ausgabe in folgender Form erfolgen

```
%[Breite][.Genauigkeit][l]Typ
```

[Breite] ist ein optionaler Längenbezeichner, der die Mindestzeichenanzahl der auszugebenden Zeichenfolge definiert. Normalerweise wird linksseitig mit Leerstellen aufgefüllt. Die Ausgabe kann auch mit vorangestellten Nullen erfolgen, wenn die Breitenangabe mit dem '0'-Zeichen beginnt. Die Angabe eines '-' vor der Breite richtet die Ausgabe linksbündig aus, und füllt rechts mit Leerstellen auf. Die Angabe einer zusätzlichen [.Genauigkeit] definiert entweder die Anzahl der Zeichen nach dem Komma oder die maximale Anzahl von auszugebenden Zeichen (Zeichenketten). Die Angabe des Typ-Modifizierers [l] ermöglicht die Ausgabe einer Variablen vom Typ long int bzw. die Ausgabe einer double Variablen.

Die folgenden Beispiele geben einen kleinen Überblick über die Möglichkeiten von printf.

```
int aInt = 742;
long aLong = 1234561;
double aDoub = 34.7891;
printf ("*%5d*\n",aInt);          *  742*
printf ("*%05d*\n",aInt);         *00742*
printf ("*%-5d*\n",aInt);         *742  *
printf ("*%08ld*\n",aLong);       *00123456*
printf ("*%lf*\n",aDoub);         *34.789100*
printf ("*%9.2lf*\n",aDoub);      *   34.78*
```

5.3.6.2 Eingabe

Bisher wurden nur einzelne Zeichen mit getch() gelesen. C stellt aber eine der Funktion printf sehr ähnliche Funktion - nämlich scanf - für die formatierte Eingabe zur Verfügung. Das allgemeine Format für scanf lautet:

```
scanf (Steuerzeichenkette,Param1,Param2,...);
```

Die Steuerzeichenkette ist gleich aufgebaut wie die von printf. Wenn in einer Zeile mehrere Werte gelesen werden sollen, so müssen diese aber durch geeignete Trennzeichen (Leerzeichen, '\t') bei der Eingabe getrennt werden. Da scanf die eingegebene Zeichenfolge interpretiert, in die entsprechenden Werte umwandelt und diese in den angegebenen Variablen speichert, müssen alle nach der Steuerzeichenkette angegebene Variablen Zeigervariablen sein.

Das folgende Beispiel liest verschiedene Werte ein, und ordnet diese den Variablen zu:

```
int a,b;
char c[10];
scanf ("%d%s",&a,c); weist bei einer Eingabe von
445 Robert
der Variablen a den Wert 445
und dem String c die Zeichenfolge "Robert" zu.
```

```
scanf ("%4d%4d%s",&a,&b,c); mit der Eingabe
12345678Hallo
ergibt a = 1234, b = 5678 und c = "Hallo"
```

5.3.6.3 Datei Ein-/Ausgabe

Die bisher behandelten Formen von `printf` und `scanf` können mit den Standard-Ein-/Ausgabegeräten kommunizieren. Das Betriebssystem MS-DOS führt alle Ein-/Ausgaben über Dateien durch. Die Standard-Ein/Ausgabe in Programmen wird ebenfalls über Dateien durchgeführt, die aber automatisch geöffnet werden, wenn ein Programm gestartet wird. Um eigene Dateien zu öffnen, wird die C-Funktion `fopen` verwendet. Als Parameter müssen der Dateiname, eventuell inklusive kompletten Pfad, sowie die Art des Zugriffs - Schreiben, Lesen, Anhängen - angegeben werden. Als Rückgabewert erhält man einen Zeiger auf eine `FILE`-Struktur. Diese Struktur enthält alle notwendigen Informationen zur Handhabung der geöffneten Datei, und wird in weiterer Folge bei allen Dateioperationen angegeben. Zum Schließen einer Datei muß die Funktion `fclose` aufgerufen werden.

Der allgemeine Ablauf zur Verwendung einer Datei - Öffnen, Zugriff, Schließen - lautet daher:

```
FILE *MeineDatei;
MeineDatei = fopen (DateiName,Zugriffsmode)
   ..diverse Dateizugriffe
fclose(MeineDatei);
```

Wenn die angegebene Datei nicht existiert, oder ein anderer Fehler (z.B. keine Schreibberechtigung) auftritt, so liefert `fopen` den sogenannten NULL-Wert (ein Pointer mit dem Wert 0), der anzeigt, daß die Funktion fehlgeschlagen ist.

Der erste Parameter - der Dateiname - ist ein Zeiger auf eine Zeichenkette. Auch der zweite Parameter ist als solches definiert und die Bedeutung in Tabelle 5.7 angegeben.

Tabelle 5.7. Möglichkeiten zur Dateiöffnung

Parameter	Bedeutung
"r"	Datei zum Lesen öffen.
"w"	Datei zum Schreiben generieren. Bestehende Dateien werden gelöscht.
"a"	Existierende Datei zum Schreiben öffnen. Der Schreibvorgang erfolgt immer am Ende.
"r+"	Existierende Datei zum Schreiben und Lesen öffnen, beginnend am Anfang der Datei.
"w+"	Datei generieren und zum Schreiben und Lesen öffnen.
"a+"	Öffnen einer existierenden Datei zum Schreiben und Lesen beginnend am Ende.

Im folgenden einige gültige Aufrufe für fopen:

```
FILE *f;
char Name[100];
 ....
f = fopen ("C:\\CONFIG.SYS","r");
f = fopen ("WERTE.DAT","w");
f = fopen (Name,"r+");
```

Wird eine Datei zum Lesen und/oder Schreiben geöffnet, so kann die Position innerhalb der Datei, an der die nächste Aktion (schreiben/lesen) stattfindet, mit rewind oder fseek geändert werden.

```
rewind (f);    // Stellt Datei f zum Anfang zurück
//Datei f auf das 100.Zeichen vom Anfang positionieren
fseek (f,100,SEEK_SET)
//Datei f auf 50 Zeichen vor Ende positionieren
fseek (f,100,SEEK_END)
```

Um nun in eine Datei zu schreiben oder aus dieser zu lesen, können die den Standardfunktionen printf und scanf identischen Funktionen fprintf und fscanf verwendet werden. Die Angabe der Formate und der notwendigen Parameter erfolgt genauso, wie bereits erklärt. Ebenso kann ein zeichenweises Lesen und Schreiben mittels fgetc und fputc erfolgen Die Syntax für all diese Funktionen lautet:

```
fprintf (Dateizeiger,Steuerzeichenkette,Param1,..);
fscanf (Dateizeiger,Steuerzeichenkette,Param1,..);
fputc (Zeichen, Dateizeiger);
fgetc (Dateizeiger);
```

Wie ersichtlich, ist der einzige Unterschied die zusätzliche Angabe des Dateizeigers, der von fopen geliefert wird.

5.3.7 Strukturen

Bisher wurden nur Arrays als Sammlung von Daten gleichen Typs vorgestellt. Für die Zusammenfassung von Daten verschiedenen Typs, verwendet man in C Strukturen (Verbunde, Records). Die Syntax für die Deklaration einer Struktur lautet:

```
struct Name{
        Typ Variablenname
        Typ Variablenname
    .....
} Liste von Variablen;
```

Die Deklaration beginnt mit dem reservierten Schlüsselwort struct, gefolgt von einem optionalen Namen der Struktur. Dieser Name kann später verwendet werden, um weitere Variable mit dieser Struktur zu definieren. Innerhalb der geschwungenen Klammern folgt nun die Definition der einzelnen Elemente. Am Ende kann noch eine Liste von Variablennamen folgen. Der abschließende

Strichpunkt muß aber auf alle Fälle angegeben werden. Das folgende Beispiel deklariert eine Struktur zur Verwaltung von Meßwerten:

```c
struct Messung{
  char Name[50];
  int Anz;
  double Werte[100];
  double Mittelwert;
};
```

Die Bedeutung der einzelnen Felder ergibt sich sinngemäß.
- Name ist die Bezeichnung dieser Meßreihe.
- Anz gibt an, wieviele Werte aufgenommen wurden.
- Das Array Werte enthält die einzelnen Meßwerte.
- Mittelwert gibt den Mittelwert aller Meßwerte an.

Wenn man eine Variable vom Typ dieser Struktur definiert, so kann auf die einzelnen Elemente zugegriffen werden, indem der Variablenname, gefolgt von einem Punkt und dem Elementnamen, angegeben wird. Es können somit folgende Anweisungen geschrieben werden:

```c
struct Messung Mess1;   // Definition einer Variabeln
Mess1.Anz = 0;
Mess1.Werte[Mess1.Anz] = 23.8
Mess1.Ant++;
```

Die erste Zeile definiert eine Variable vom Typ Messung. Das Feldelement Anz wird dann auf 0 gesetzt. In der dritten Zeile wird das erste Array Element (Index 0) des Feldes Werte auf 23.8 gesetzt. Die letzte Zeile erhöht das Datenfeld Anz um eines. Neben diesen einfachen Zugriffen auf einzelne Elemente ist im Sprachumfang von Standard-C nur noch die Bildung der Adresse auf das erste Strukturelement bekannt. Moderne C-Compiler unterstützen bereits Zuweisungen ganzer Strukturen. Im letzten Beispiel verwenden wir unsere angegebene Struktur, definieren einige Variable dieses Typs und zeigen den Zugriff auf Feldelemente über den indirekten Komponentenauswahl-Operator (->), wenn die Variable als Pointer auf eine Struktur definiert ist.

```c
struct Messung{
  char Name[50];
  int Anz;
  double Werte[100];
  double Mittelwert;
};

void main ()
{
  struct Messung M1,M2;   // 2 Variable vom Typ Messung
  struct Messung *MPtr;   // Ein Zeiger auf eine Struktur

  M1.Anz = 0;
  MPtr = &M1;      // MPtr zeigt nun auf M1;
```

```
// Erstes Arrayelement des Feldes Werte der Variablen M1
  MPtr->Werte[MPtr->Anz] = 23.8;
  M1.Anz ++;
  M1.Name[0] = 'A';
  MPtr->Name[1] = 0;
  M2 = M1;                        // gesamte Struktur wird kopiert
}
```

5.3.8 Beispiel: Eine komplette C-Entwicklung, 'SCASI' (SCAra SImulation)

In diesem Kapitel wird ein C-Programm entwickelt, das in der Lage ist, die lineare Bewegung eines Roboters vom Typ SCARA zwischen zwei gegebenen Punkten zu simulieren und graphisch am Bildschirm darzustellen. Zuerst wird kurz die Aufgabenstellung skizziert. In der Folge wird ein lauffähiges C-Programm entwickelt. Dabei werden die in den vorhergehenden Kapiteln beschriebenen Programmierelemente wie Abfragen, Schleifen, Funktionen und lokale und globale Variable und Strukturen etc. verwendet und ihre Bedeutung an Hand dieses Beispiels noch einmal verdeutlicht. Gleichzeitig wird auf eine einfache grafische Darstellung der Ergebnisse am Bildschirm eingegangen. Abb. 5.8 zeigt einen Bildschirm während eines Simulationslaufes.

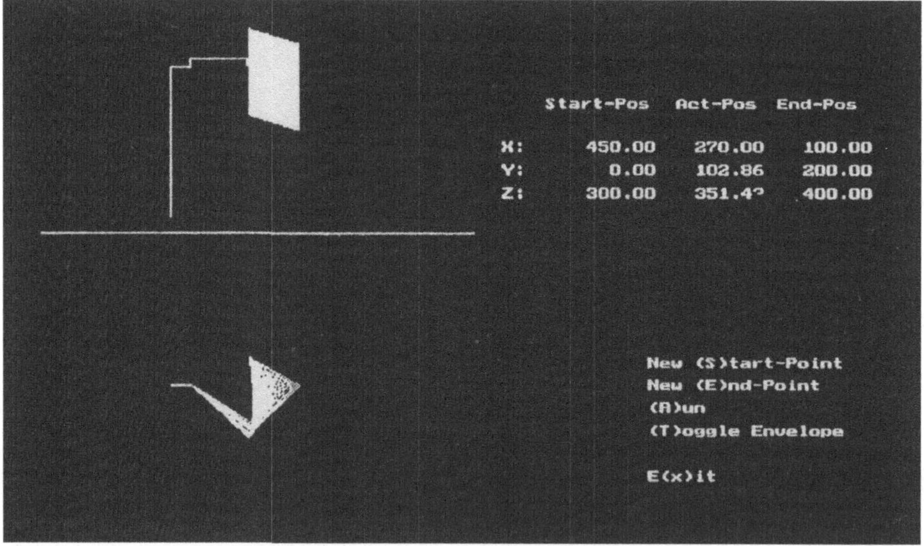

Abb. 5.8. Ausschnitt aus laufender Simulation

5.3.8.1 Aufgabenstellung

Das Programm berechnet zwischen den gegebenen Anfangs- und Endpunkten einzelne äquidistante Bahnpunkte. Der Roboter soll für jede berechnete Position in Auf- und Grundriß dargestellt werden. Die Koordinaten des Start- und Endpunktes sowie die aktuelle Position sollen am Bildschirm ausgegeben werden. Weiters soll

das Programm dem Benutzer ein kleines Menü zur Auswahl folgender Punkte
anbieten:

- Eingabe eines Start-Punktes,
- Eingabe eines End-Punktes,
- Start eines Simulationslaufes,
- Umschaltung zweier Zeichen-Modi (Toggle)
  Alte Roboterposition löschen / alle Positionen zeichnen,
- Ende des Programmes.

Abb. 5.9 zeigt einen SCARA-Roboter mit seinen wichtigsten Abmessungen und
seinem Koordinatensystem. Dieser Roboter besitzt 3 Gelenke. Gelenk 1 und 2 sind
als Drehgelenke (rotatorische Freiheitsgrade), Gelenk 3 als Schubgelenk
(translatorischer Freiheitsgrad) ausgeführt.

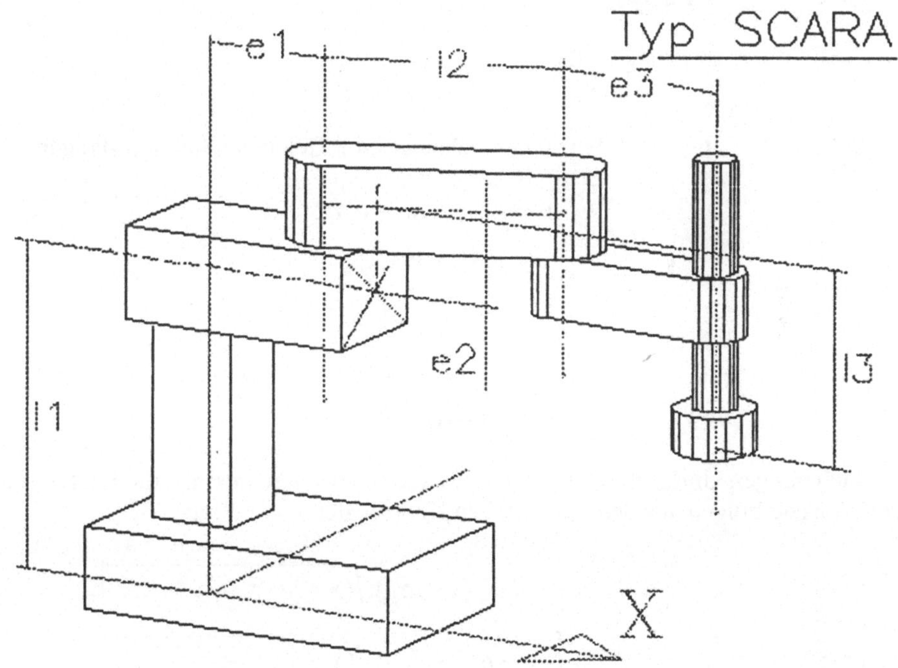

Abb. 5.9. Layout eines SCARA-Roboters

Bevor nun mit der Programmentwicklung begonnen wird, sollen kurz die
notwendigen Bewegungsgleichungen hergeleitet werden. Die Vorwärts-Lösung - die
Berechnung der kartesischen Koordinaten aus den Gelenkstellungen - kann
folgendermaßen angeschrieben werden (vgl. Abb. 5.10):

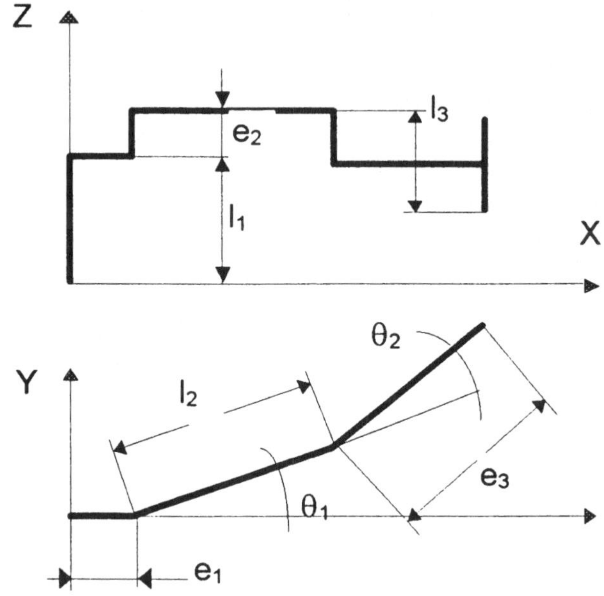

Abb. 5.10. Grund- und Aufriß des Roboters samt Gelenkwinkel und -längen

$$x = e_1 + l_2 c_1 + e_3 c_{12}$$

$$y = l_2 s_1 + e_3 s_{12}$$

$$z = l_1 + e_{12} - (l_3 + d_3)$$

mit $\qquad s_{ik} = \sin(\Theta_i + \Theta_k)$

und $\qquad c_{ik} = \cos(\Theta_i + \Theta_k)$

Nach einigen Umformungen erhält man die inverse Kinematik - die Berechnung der Gelenkstellungen aus den kartesischen Koordinaten - wie folgt:

$$s_1 = \frac{1}{(x-e_1)^2 + y^2} \left[y - \delta_1 (x - e_1) \sqrt{(x-e_1)^2 + y^2 - \lambda^2} \right]$$

$$c_1 = \frac{1}{(x-e_1)^2 + y^2} \left[(x - e_1) + \delta_1 y \sqrt{(x-e_1)^2 + y^2 - \lambda^2} \right]$$

$$s_2 = \delta_1 \frac{\sqrt{(x-e_1)^2 + y^2 - \lambda^2}}{e_3}$$

$$c_2 = \frac{\lambda - l_2}{e_3}$$

$$d_3 = -z + l_1 + e_2 - l_3$$

mit λ als $\qquad \lambda = \frac{(x-e_1)^2 + y^2 + l_2{}^2 - e_3{}^2}{2 l_2}$

Wenn man δ_1 einmal als +1 und einmal als -1 annimmt, erhält man zwei mögliche Lösungen der Gelenkstellung. In diesem Programm wird nur eine Lösung verwendet.

5.3.8.2 Problemlösung

Auf Grund der Aufgabenstellung kann das Programm in mehrere Teile gegliedert werden. Im wesentlichen werden Funktionen für folgende Aufgaben benötigt:

- Darstellung des Menüs und Auswertung der Benutzereingaben (`main`).
- Ein- und Ausgabemöglichkeit für Koordinaten im Grafik-Modus (`InputValue`, `InputPoint`, `OutputPoint`).
- Zeichnen des Roboters in Auf- und Grundriß (`DrawTopView`, `DrawFrontView` und `DrawRobot`).
- Berechnung der Robotergelenkstellungen bei gegebenen kartesischen Koordinaten (`InvKin`).
- Hilfsfunktionen (`DisplayMsg`, `SwitchToGraphic`, `InitAll`, `CalculateSteps`).

Als Datenstrukturen werden benötigt:

- Eine Struktur zur Verwaltung der Roboterdaten (Längen, Arbeitsbereiche).
- Ein Raumpunkt mit seinen x-, y- und z-Koordinaten.
- Gelenkstellungen.
- Ein Rechteckfenster am Bildschirm (links oben / rechts unten).

Diese sind - wie in C üblich - in der im folgenden angegebenen Header-Datei (SCASI.H) zusammen mit den Funktionsprototypen und einigen anderen notwendigen Definitionen gespeichert.

```
/* +++++++++++++++++++++++++++++++++++++++++++++++++++++++++++ */
/*                                                             */
/*    HEADER-DAETI:    S C A S I . H                           */
/*    created: 15.02.1995                                      */
/*                                                             */
/*    Typdefinitionen und Funktionsprototypen                  */
/*                                                             */
/* +++++++++++++++++++++++++++++++++++++++++++++++++++++++++++ */

// einige nützliche Definitionen
#define FALSE        0
#define TRUE         1
#define STEPWIDTH    5       // Ein Schritt = 5 mm
#define INPUTBUFLEN 10
        // EingabePuffer kann 10 Zeichen speichern
#define ROBOTX       90
        // Bildschirmkoord. wo Roboter gezeichnet wird
#define PI           3.1415926
```

```c
/* +++++++++++++++++++++++++++++++++++++++++++++++++++++++++++++++ */
/* +++++++++++++++  TYPES, STRUCTURES  ++++++++++++++++++++++ */
// Struktur, die eine Raumpunkt mit seinen 3 Koord. speichert
typedef struct {
  double X;                // X-Koord.
  double Y;                // Y-Koord.
  double Z;                // Z-Koord.
  } Point;

// Struktur, die Gelenkstellungen enthält
typedef double Joint[3];
  // [0] ... Winkel der 1. Achse
  // [1] ... Winkel der 2. Achse
  // [2] ... Abstand für 3. Achse

// Struktur zur Definition eines Scara-Roboters
typedef struct {
  double e1;               // vgl. Zeichnung für Bedeutung
  double e2;               // der Abmessungen
  double e3;
  double l1;
  double l2;
  double l3;
  double minBereich[3];   // min. Limit jedes Gelenks
  double maxBereich[3];   // max. Limit jedes Gelenks
  } Scara;
//  minBereich[0] ... min Limit für Gelenk 1  (z.B. -140°)
//  minBereich[1] ... min Limit für Gelenk 2  (z.B. -150°)
//  minBereich[2] ... min Limit für Gelenk 3  (z.B. 0 mm)
//  maxBereich[0] ... max Limit für Gelenk 1  (z.B. -140°)
//  maxBereich[1] ... max Limit für Gelenk 2  (z.B. -150°)
//  maxBereich[2] ... max Limit für Gelenk 3  (z.B. 0 mm)

// Struktur für einen rechteckigen Bildschirmbereich
typedef struct {
  int X1;                  // links oben
  int Y1;
  int X2;                  // rechts unten
  int Y2;
  } Rect;

// Funktionsprototypen
void DisplayMsg (char *Msg);
int  SwitchToGraphic();
void InitAll();
void InputValue(char *Msg, double *aValue);
void InputPoint(Point *aPoint, char *Msg);
void OutputPoint(Point *aPoint, int StartX);
void DrawTopView(Joint ActJoint, int Clr);
void DrawFrontView(Joint ActJoint, int Clr);
void DrawRobot(Point *aPoint, int Clr);
int  CalculateSteps (Point *Start, Point *End,
                     Point *DeltaPerStep);
int  InvKin (int Check, Point *pos_kar, double *pos_gel);
```

Der Programmkopf des Simulationsprogrammes inkludiert alle notwendigen Header-Dateien und deklariert die benötigten globalen Variablen:

```c
/* +++++++++++++++++++++++++++++++++++++++++++++++++++++++++++++++ */
/*                                                                 */
/*    PROGRAM      S C A S I . C                                   */
/*    created: 15.02.1995                                         */
/*                                                                 */
/*    Simulationsprogramm zur Bewegung eines SCARA-Typ-Robot */
/*                                                                 */
/* +++++++++++++++++++++++++++++++++++++++++++++++++++++++++++++++*/
#include <graphics.h>     // Grafikfunktionen
#include <stdio.h>        // Standard Ein-/Ausgabefunktionen
#include <math.h>         // Mathematikfunktionen
#include "scasi.h"        // eigene Definitionen

   Rect   InputWindow;        // Zeichenbereich für Eingabe
   Rect   TopViewWindow;      // Zeichenbereich für Grundriß
   Rect   FrontViewWindow;    // Zeichenbereich für Aufriß
   int TextHeight;            // Höhe einer Textzeile
   Scara MyScara;             // Definiton unseres Roboters
   double Scale = 5;          // Zeichenmaßstab
```

Die Aufgabe des Hauptprogrammes besteht im wesentlichen in der Verwaltung des Menus.

```c
// Hauptprogramm
void main (void)
{
 int Step;                // Laufvariable
 int NrOfSteps;           // Zähler
 Point Start;             // Start-Punkt
 Point End;               // End-Punkt
 Point DeltaPerStep;      // und Deltas für einen Schritt
 Point ActPoint;          // Aktueller Punkt
 int Clr = TRUE;          // Flag, ob Zeichenbereich gelöscht wird
 int Cont = TRUE;         // Flag für Ende-Bedingung
 int ch;                  // zuletzt eingegebenes Zeichen
 int InputOK = 0;         // Gibt an, ob bereits alles eingegeben

 Start.X = 0;Start.Y = 0;Start.Z = 0;
 End.X = 0;End.Y = 0;End.Z = 0;
 if (SwitchToGraphic()) {  // wenn in Grafik, weitermachen
  InitAll();                    // alles initialisieren
  do {
    ch = toupper(getch());// Zeichen lesen und Großbuchst.
    switch (ch) {         // entsprechend Zeichen verzweigen
/* +++++++++++++++++ neuer Start-Punkt +++++++++++++++ */
     case 'S':
       InputPoint(&Start,"Start-Point:");
       OutputPoint(&Start,400);   // und Koord. anzeigen
       DrawRobot (&Start,TRUE);   // Roboter zeichnen
       InputOK |= 1;              // StartPunkt ist nun OK
       break;
```

```c
/* +++++++++++++++ neuer End-Punkt +++++++++++++++ */
    case 'E':
      InputPoint(&End,"End-Point:");
      OutputPoint(&End,550);      // und Koord. anzeigen
      InputOK |= 2;               // EndPunkt ist nun OK
      break;

/* +++++++++++++++ Simulationslauf +++++++++++++++ */
    case 'R':
      if (InputOK == 3) {    // nur wenn Start/Ende gültig
        DrawRobot (&Start,TRUE);// Roboter zeichnen
// Anzahl notwendiger Schritte und Schrittweite berechnen
        NrOfSteps = CalculateSteps(&Start,&End,&DeltaPerStep);
        ActPoint = Start;        // Beginn mit Startpunkt
        for (Step = 0; Step < NrOfSteps; Step++){
          ActPoint.X += DeltaPerStep.X;    // neuen Position
          ActPoint.Y += DeltaPerStep.Y;
          ActPoint.Z += DeltaPerStep.Z;
          DrawRobot (&ActPoint,Clr);       // und zeichnen
          } //for
        } //if
      else
        if (InputOK == 0)    // Benutzer mitteilen was fehlt
          DisplayMsg("Zuerst Start und End-Punkt angeben");
          else
            if (InputOK == 1)
              DisplayMsg("Zuerst End-Punkt eingeben");
            else DisplayMsg("Zuerst Start-Punkt eingeben");
      break;

/* +++++++++++++++ CLR-Flag +++++++++++++++ */
    case 'T':      // Flag Umschalten ob löschen oder nicht
      Clr = TRUE-Clr;
      break;

/* +++++++++++++++ Programmende +++++++++++++++ */
    case 'X':
      Cont = FALSE;
      break;
      } // switch
    } while (Cont);
  closegraph();  // Grafik zurücksetzen
 } // if SwitchToGrafik
}
```

Nach der Initialisierung der lokalen Variablen wird versucht, in den Grafik-Mode zu schalten. Gelingt dies, so werden alle globalen Variablen initialisiert. Der Rest besteht nun aus einer WHILE-Schleife, die abhängig von der Benutzereingabe, die entsprechenden Unterprogramme aufruft.

Im Menüpunkt Simulationslauf - Taste 'R' - wird zuerst geprüft, ob alle benötigten Daten (Start- und Endpunkt) eingegegeben wurden. Im NEIN-Fall werden entsprechende Meldungen ausgegeben. Anderenfalls wird zuerst der Roboter an der Startposition gezeichnet. Nach der Berechnung der Schrittweite wird in der FOR-Schleife immer ein neuer Punkt berechnet und der Roboter gezeichnet.

Wenn der Benutzer 'X' eingibt, so wird die Abbruchbedingung der Schleife auf TRUE gesetzt, und das Programm beendet, nachdem wieder in den normalen Text-Mode zurückgeschalten wurde.

Im folgenden werden nun der Reihe nach die notwendigen Funktionen betrachten. Begonnen wird mit den Hilfsfunktionen und dann werden die Programmteile erläutern, wie sie der Reihe nach benötigt werden.

Die Aufgabe von DisplayMsg ist die Ausgabe einer angegebenen Meldung auf den Schirm. Diese Meldung wird als 'Pointer to Character' an die Funktion übergeben. Zuerst wird der Ausgabebereich gelöscht, dann die Meldung ausgegeben und gewartet, bis der Benutzer diese durch einen Tastendruck quittiert. Anschließend wird die Meldung wieder gelöscht.

```c
// Anzeige einer Meldung und warten auf Quittierung
// Msg zeigt auf die auszugebenden Meldung
void DisplayMsg(char *Msg)
{
   int ch;

// Zeichenbereich und Clipping für Bildschirm festlegen
   setviewport (InputWindow.X1,InputWindow.Y1,
                InputWindow.X2,InputWindow.Y2,TRUE);
   clearviewport();         // Zeichenbereich löschen
   outtext (Msg);           // Text anzeigen
   outtextxy (0,TextHeight,"Press any key !");
   getch();                 // warten bis Taste gedrückt
   clearviewport();         // Zeichenbereich löschen
}
```

Die Funktion SwitchToGraphic versucht, die beste Grafikauflösung zu finden und zu initialisieren. Es werden dazu Funktionen verwenden, die bei BORLAND C standardmäßig vorhanden sind. Wenn ein Fehler auftritt, wird dieser ausgegeben und SwitchToGraphic liefert FALSE zurück, was ein Programmende im Hauptteil zur Folge hat.

```c
// Grafik initialisieren
int SwitchToGraphic()
{
   int gdriver = DETECT;    // Auto-Detection anfordern
   int gmode, errorcode;

   initgraph(&gdriver, &gmode, "O:\\BGI"); // Init Grafik
   errorcode = graphresult();     // Fehlercode lesen
   if (errorcode != grOk){        // Wenn ein Fehler auftrat
     printf("Grafik Fehler: %s\n", grapherrormsg(errorcode));
             // Meldung ausgeben
     printf("Taste drücken ...");
     getch();
     return FALSE;        // Fehler bei Initialisierung
   }
   return TRUE;           // Erfolg
}
```

Die Funktion `InitAll` berechnet und initialisiert zuerst alle Bildschirmbereiche - je einen für den Aufriß, Grundriß und für den Eingabebereich. Sodann werden alle gleichbleibenden Texte, wie das Menü und die Koordinatenbezeichnungen, auf den Grafikschirm ausgegeben. Zum Schluß werden die Abmessungen und der jeweilige Arbeitsbereich aller Achsen des Roboters definiert.

```c
void InitAll()
{
  TextHeight = 2*textheight("A"); // Höhe eine Textzeile
  InputWindow.X1 = 30;                 // Eingabebereich definieren
  InputWindow.Y1 = getmaxy()-50;
  InputWindow.X2 = InputWindow.X1+300;
  InputWindow.Y2 = getmaxy()-15;
  TopViewWindow.X1 = 30;               // Bereich für Grundriß
  TopViewWindow.Y1 = (getmaxy()-50) / 2;
  TopViewWindow.X2 = 300;
  TopViewWindow.Y2 = getmaxy()-52;
  FrontViewWindow.X1 = 30;             // Bereich für Aufriß
  FrontViewWindow.Y1 = 0;
  FrontViewWindow.X2 = 300;
  FrontViewWindow.Y2 = TopViewWindow.Y1-2;
  moveto (TopViewWindow.X1,TopViewWindow.Y1-1);
  linerel (TopViewWindow.X2,0);        // Linie zw. Grund-/Aufriß
// Anzeige aller notwendigen Texte
  outtextxy(350,150,"X:");
  outtextxy(350,150+TextHeight,"Y:");
  outtextxy(350,150+2*TextHeight,"Z:");
  outtextxy(380,120,"Start-Pos");
  outtextxy(470,120,"Act-Pos");
  outtextxy(540,120,"End-Pos");
// Ausgabe des Menues
  outtextxy(450,300,"New (S)tart-Point");
  outtextxy(450,300+TextHeight,"New (E)nd-Point");
  outtextxy(450,300+2*TextHeight,"(R)un");
  outtextxy(450,300+3*TextHeight,"(T)oggle Envelope");
  outtextxy(450,300+5*TextHeight,"E(x)it");
// Definition eines BOSCH-Turbo-Scara
  MyScara.e1 = 70.0;          // Exzentrizitäten
  MyScara.e2 = 30.0;
  MyScara.e3 = 250.0;
  MyScara.l1 = 520;           // Länge der Arme
  MyScara.l2 = 270;
  MyScara.l3 = 51;
  MyScara.minBereich[0] = -140; // Arbeitsbereiche
  MyScara.maxBereich[0] = 140;
  MyScara.minBereich[1] = -150;
  MyScara.maxBereich[1] = 150;
  MyScara.minBereich[2] = 0;
  MyScara.maxBereich[2] = 200;
}
```

Die Funktion `InputValue` wird verwendet, um den Benutzer zur Eingabe eines Wertes aufzufordern. Sie benötigt zwei Parameter - der erste ist wieder ein

'Pointer to Character' und somit der Beginn einer Zeichenkette, der zweite ein Zeiger auf eine Variable vom Typ DOUBLE, die den eingegebenen Wert zurückliefert.

```c
// Eingabe einer reellen Zahl mit Prüfung
void InputValue (char *Msg, double *aValue)
{
  char Buf[INPUTBUFLEN]; // Puffer für eingegebene Zeichen
  int ch;                // Zeichen von Tastatur
  int Cnt;               // Position in Buf für neues Zeichen
  int x,y;               // Start-Koord für Anzeige d. Eingabe

  clearviewport();       // aktiven Zeichenbereich löschen
  outtext(Msg);          // Anzeige des Textes
  x = getx();            // X-Position vom Ende der Meldung
  y = gety();            // >-Position vom Ende der Meldung
  for (Cnt = 0; Cnt < INPUTBUFLEN; Cnt++)
    Buf[Cnt] = 0;        // Eingabepuffer löschen
  Cnt = 0;               // Index auf erstes Zeichen
  do {
    ch = getch();        // Zeichen holen
    if (isdigit(ch) || (ch == '-')) {  // Nur Zahlen und Minus
      Buf[Cnt] = ch;          // Zeichen speichern
      outtextxy(x,y,Buf);        // Ausgabe des aktuellen Strings
      if (Cnt < INPUTBUFLEN) Cnt++;   // Cnt erhöhen wenn geht
      }
    if (ch == 8){          // Zeichen war Backspace ?
      if (Cnt) Cnt--;      // Idx verkleinern, wenn nicht auf 0
      Buf[Cnt] = 0;        // letztes Zeichen löschen
      clearviewport();     // aktiven Zeichenbereich löschen
      outtext(Msg);        // Anzeige des Textes
      outtextxy(x,y,Buf);// und der korrigierten Eingabe
      }
  } while (ch != 13);    // Wiederholen wenn nicht CR
  if (Cnt)               // Wenn Zahlen eingegeben wurden
    *aValue = atof(Buf); // String in Wert wandeln u. zuweisen
}
```

Weil die Eingabe im Grafik-Modus erfolgt, ist es notwendig, die eingegebenen Zeichen selbst zu verwalten. Zuerst wird der aktuelle Eingabebereich gelöscht. Dann wird Msg ausgegeben, um den Benutzer zu informieren, welchen Wert er eingeben soll. Nach dieser Ausgabe wird die momentane Bildschirmposition gesichert. Für die Handhabung der eingegebenen Zeichen wird ein Puffer (Buf) definiert, und zwar als Array von Zeichen und eine Variable Cnt, die angibt wieviele gültige Zeichen bereits eingegeben wurden. Buf wird nun zuerst gelöscht und der Zähler auf 0 gesetzt.

In einer DO-WHILE-Schleife werden die Eingaben abgearbeitet. Es wird zuerst getestet, ob das zuletzt eingelesene Zeichen eine Zahl (isdigit) oder ein Vorzeichen war. In diesem Fall wird das Zeichen im Puffer gespeichert, und die nun geänderte Eingabe am Bildschirm an der gespeicherten Position neu dargestellt. Sind bereits mehr Zeichen eingegeben als im Puffer Platz haben, wird Cnt nicht mehr erhöht, und das letzte Zeichen somit immer überschrieben.

Wenn das eingegebene Zeichen ein Backspace - Löschen der letzten Eingabe - war, dann wird das letzte Zeichen im Puffer gelöscht. Am Bildschirm ist diese Zeichen aber noch sichtbar. Daher wird der gesamte Eingabebereich gelöscht und sowohl die Aufforderungsmeldung als auch den neuen Eingabestring auf den Schirm geschrieben.

Drückt der Benutzer die Eingabe-Taste, wird die Schleife beendet. Wenn Zeichen eingegeben wurden, so werden diese nun in eine DOUBLE-Zahl gewandelt (atof) und in der Variablen gespeichert, auf die der zweite Funktionsparameter zeigt.

Die Funktion InputPoint fordert den Benutzer auf, die 3 kartesischen Koordinaten für den angegbenen Punkt einzugeben. Der erste Übergabeparameter ist ein Zeiger auf eine Point-Variable und der zweite ein Zeiger auf eine auszugebende Meldung. Zuerst wird der gesamte Eingabebereich gelöscht und die Meldung ausgegeben. Für die weitere Aktion wird der Eingabebereich um die erste Zeile reduziert, um diese Meldung für alle Eingaben zu erhalten. Mit Hilfe der Funktion InputValue werden nun die 3 Koordinaten abgefragt. An dieser Stelle wird getestet, ob der angegebene Punkt innerhalb des Arbeitsbereiches des Roboters liegt. Wenn ja, wird die Funktion beendet, anderenfalls ein Hinweis ausgegeben, und die Koordinaten werden erneut abgefragt.

```c
// Eingabe eines kartesischen Punktes mit Prüfung
// auf Arbeitsbereich des Roboters
void InputPoint (Point *aPoint, char *Msg)
{
   int OK;              // gibt an, ob Pkt in Arbeitsbereich
   Joint aJoint;        // Temporäre Variable
                        // (wird nur zum Aufruf benötigt)

// Zeichenbereich und Clipping für Eingabe setzen
   setviewport (InputWindow.X1,InputWindow.Y1,
                InputWindow.X2,InputWindow.Y2,TRUE);
   clearviewport();      // aktiven Zeichenbereich löschen
   outtext (Msg);        // Meldung ausgeben
// Zeichenbereich um eine Zeile kleiner
   setviewport (InputWindow.X1,InputWindow.Y1+TextHeight,
                InputWindow.X2,InputWindow.Y2,TRUE);
   do {
     InputValue("X-Koordinate:",&aPoint->X);
     InputValue("Y-Koordinate:",&aPoint->Y);
     InputValue("Z-Koordinate:",&aPoint->Z);
     // Prüfen ob aPoint innerhalb des Arbeitsbereiches
     OK = InvKin(TRUE,aPoint,aJoint);
     if (OK != 0) {                        // wenn nicht
       clearviewport();
       outtext("Out of Workspace !");  // Meldung ausgeben
       getch();                        // und auf Taste warten
     }
   }while (OK != 0); // Wiederholen bis Pkt innerhalb Bereich
   setviewport (InputWindow.X1,InputWindow.Y1,
                InputWindow.X2,InputWindow.Y2,TRUE);
   clearviewport();  // Eingabebereich löschen
}
```

Die Funktion `OutputPoint` ist für die Anzeige der Koordinaten eines gegebenen Punktes verantwortlich. Der erste Übergabeparameter ist ein Zeiger auf eine `Point`-Variable. Der zweite Parameter legt die X-Position fest, an der die Ausgabe der Koordinaten untereinander erfolgen soll. Die Funktion definiert der Reihe nach für jede Koordinate einen Ausgabebereich am Grafikschirm, löscht diesen Bereich und schreibt den Wert auf den Bildschirm.

```c
// Ausgabe der drei Koordinaten X,Y,Z
// am Schirm mit angegebenem linkem Rand
void OutputPoint(Point *aPoint, int StartX)
{
  char Buf[100];   // Zeichenpuffer für Umwandlung Wert->String
  int  w;          // Maximale Breite des String in Pixel
  int  X,Y,X2,Y2;  // Rechteck für Ausgabe

  w = textwidth("0000000")+2;  // Maximale Breite rechnen
  X = StartX;                  // Linke obere Ecke
  Y = 150;
  X2 = X+w;                    // und rechte untere
  Y2 = Y+TextHeight;

// X-Koordinate umwandeln und ausgeben
  sprintf (Buf,"%7.2f",aPoint->X);
  setviewport (X,Y,X2,Y2,TRUE);   // Ausgabebereich definieren
  clearviewport();                // löschen
  outtext (Buf);                  // und Wert ausgeben

// Y-Koordinate umwandeln und ausgeben
  sprintf (Buf,"%7.2f",aPoint->Y);
  Y += TextHeight; Y2 += TextHeight;
  setviewport (X,Y,X2,Y2,TRUE);   // Ausgabebereich definieren
  clearviewport();                // löschen
  outtext (Buf);                  // und Wert ausgeben

// Z-Koordinate umwandeln und ausgeben
  sprintf (Buf,"%7.2f",aPoint->Z);
  Y += TextHeight; Y2 += TextHeight;
  setviewport (X,Y,X2,Y2,TRUE);   // Ausgeabebereich definieren
  clearviewport();                // löschen
  outtext (Buf);                  // und Wert ausgeben

}
```

Im folgenden werden die Funktionen `DrawRobot`, `DrawTopView` und `DrawFrontView` beschrieben. Der erste Parameter für `DrawRobot` gibt den zu zeichnenden Punkt an. Der zweite Parameter ist ein Flag, das festlegt, ob der Zeichenbereich vor dem Neuzeichnen gelöscht werden soll oder nicht. Zuerst werden die angegebenen Koordinaten neu ausgegeben. Dann wird versucht mit Hilfe der Funktion `InvKin`, die kartesischen Koordinaten in Gelenkkoordinaten umzurechnen. Gelingt dies, werden die neuen Roboterstellungen in Grund- und Aufriß gezeichnet.

```c
// Grundriß für gegebene Position zeichnen
void DrawTopView(Joint ActJoint,int Clr)
{
// Zeichenbereich setzen und wenn angegeben löschen
  setviewport (TopViewWindow.X1,TopViewWindow.Y1,
               TopViewWindow.X2,TopViewWindow.Y2,TRUE);
  if (Clr) clearviewport();
// Roboter als Strichmodell zeichnen
  moveto (ROBOTX,(TopViewWindow.Y2-TopViewWindow.Y1)/2);
  linerel (MyScara.e1/Scale,0);
  linerel (MyScara.12/Scale*cos(ActJoint[0]),
          -MyScara.12/Scale*sin(ActJoint[0]));
  linerel (MyScara.e3/Scale*cos(ActJoint[0]+ActJoint[1]),
          -MyScara.e3/Scale*sin(ActJoint[0]+ActJoint[1]));
}


// Aufriß für gegebene Position zeichnen
void DrawFrontView(Joint ActJoint,int Clr)
{
// Zeichenbereich setzen und wenn angegeben löschen
  setviewport (FrontViewWindow.X1,FrontViewWindow.Y1,
               FrontViewWindow.X2,FrontViewWindow.Y2,TRUE);
  if (Clr) clearviewport();
// Roboter als Strichmodell zeichnen
  moveto (ROBOTX,FrontViewWindow.Y2-FrontViewWindow.Y1-10);
  linerel (0,-MyScara.11/Scale);
  linerel (MyScara.e1/Scale,0);
  linerel (0,-MyScara.e2/Scale);
  linerel (MyScara.12/Scale*cos(ActJoint[0]),0);
  linerel (0,MyScara.13/2/Scale);
  linerel (MyScara.e3/Scale*cos(ActJoint[0]+ActJoint[1]),0);
  moverel (0,(MyScara.13/2 + ActJoint[2])/Scale);
  linerel (0,-(MyScara.13+50+MyScara.maxBereich[2]-
              MyScara.minBereich[2])/Scale);
}


// Roboter an angegebener Position zeichnen
void DrawRobot(Point *aPoint,int Clr)
{
  Joint ActJoint;               // Gelenkkoordinaten

  OutputPoint(aPoint,475);    // aktuelle Koord. ausgeben

// Kartesische in Gelenk Koord. umwandeln
  if (InvKin(TRUE,aPoint,ActJoint) == 0){
    DrawTopView(ActJoint,Clr);     // wenn im Arbeitsbereich
    DrawFrontView(ActJoint,Clr);   // Grund-/Aufriß zeichnen
    }
}
```

DrawTopView und DrawFrontView sind mit Ausnahme der zu zeichnenden Linienzüge identisch. Beide Funktionen erhalten als erste Parameter die 3 Gelenkkoordinaten und als zweiten das Flag Clr. Sie definieren zuerst den Zeichenbereich und löschen diesen, wenn Clr TRUE ist. Dann wird der Roboter als Strichskizze gezeichnet (Abb. 5.10).

Die Funktion `CalculateSteps` wird verwendet, um die Schrittweite zur Berechnung der einzelnen Stützpunkte zu ermitteln. Die ersten zwei Parameter sind Zeiger auf die Koordinaten des Start- bzw. Endpunktes. Der dritte Parameter ist ein Zeiger auf eine Variable, die die Schrittweite je Koordinatenrichtung zur Berechnung der Zwischenpunkte zurückgibt. Zuerst wird je Koordinatenrichtung der Abstand zwischen Start- und Endpunkt ermittelt. Aus dem betragsmäßige Maximum dieser 3 Werte und der gegebenen Schrittweite wird die Anzahl der Zwischenpunkte und die Schrittweite je Richtung ermittelt.

```c
// Calculate number of necessary steps and Deltas
long CalculateSteps(Point *Start,Point *End,
                    Point *DeltaPerStep)
{
   Point Delta;          // Temporärer 'Punkt'
   double Max;           // Maximum
   long Count;           // Anzahl der Zwischenpunkte

   Delta.X = End->X-Start->X; // Berechnung des ges. Abstandes
   Delta.Y = End->Y-Start->Y;
   Delta.Z = End->Z-Start->Z;
   Max = abs (Delta.X);       // Maximum suchen
   if (Max < abs(Delta.Y)) Max = abs (Delta.Y);
   if (Max < abs(Delta.Z)) Max = abs (Delta.Z);
   Count = (long)(Max / STEPWIDTH);   // Anzahl der Schritte
// Abstand für jede Koord für Zwischenpunkte
   DeltaPerStep->X = Delta.X / Count;
   DeltaPerStep->Y = Delta.Y / Count;
   DeltaPerStep->Z = Delta.Z / Count;
   return Count;         // Rückgabe: Anzahl der Zwischenpunkte
}
```

`InvKin` wird verwendet, um die Gelenkkoordinaten aus gegebenen kartesischen Koordinaten nach den am Anfang entwickelten Formeln zu berechnen. Zuerst werden die Zwischenwerte h1 bis h4 berechnet, die oft benötigte Terme ausdrücken. h4 enthält das Ergebnis der Wurzel und ist daher nur für positive Werte definiert. Nach der endgültigen Berechnung der Gelenkstellungen werden diese mit den angegebenen Limits verglichen und ein entsprechender Rückgabewert ermittelt, falls der Parameter `Check` TRUE ist.

```c
// INVKIN  --  berechnet Gelenk-Koordinaten aus Kartesischen.
int InvKin(int Check, Point *pos_kar, double *pos_gel)
{

   double s1,s2,c1,c2;   // Hilfswerte für sin/cos Winkel 1/2
   double h1,h2,h3,h4;   // Hilfswerte allg.
   double delta1;
   int i;
   int retcode=0;        // dzt. kein Fehler

   delta1 = 1.0;         // Nur eine Lösung gewünscht
   h1 = pos_kar->X - MyScara.e1;
   h2 = h1*h1 + pos_kar->Y*pos_kar->Y;
```

```c
h3 = (h2 + MyScara.l2*MyScara.l2 - MyScara.e3*MyScara.e3) /
     (2.0*MyScara.l2);
h4 = h2-h3*h3;
if (h4 >= 0.0) {
  s1  = 1.0/h2*(h3*pos_kar->Y-delta1*h1*sqrt(h4));
  c1  = 1.0/h2*(h3*h1+delta1*pos_kar->Y*sqrt(h4));
  s2  = delta1 * (sqrt(h4)) / MyScara.e3;
  c2  = (h3-MyScara.l2) / MyScara.e3;
  pos_gel[2] = -(pos_kar->Z)+MyScara.l1+
                MyScara.e2-MyScara.l3;
  pos_gel[0] = atan2(s1, c1);
  pos_gel[1] = atan2(s2, c2);
  if(Check) {                  // Limits prüfen ?
    for (i=0; i<3; i++) {   // alle 3 Glenke
      retcode <<= 1;            // Fehlerbits weiterschieben
      if ((pos_gel[i] < MyScara.minBereich[i])||
          (pos_gel[i] > MyScara.maxBereich[i]))
        retcode |= 1;              // wenn außerhalb, Bit setzen
    }
  }
}
else retcode = 3; // Gelenk 1/2 können Punkt nicht erreichen
return retcode;    // Rückgabewert: Fehlercode
}
```

Mit dieser etwas umfangreicheren Entwicklung eines lauffähigen Simulationsprogrammes werden die Erläuterungen für C beendet. Das Beispiel hat gezeigt, daß es bei einer Programmentwicklung notwendig ist, zuerst entsprechende Datenstrukturen und Funktionen zu definieren, und diese dann schrittweise zu programmieren. Die Verwendung von Funktionen zeigt anschaulich, daß damit eine übersichtliche Gliederung der gesamten Aufgabe erfolgen kann. Weiters kann der Leser in diesem Beispiel die für C sehr wesentliche Verwendung von Zeigern - insbesondere für Zeichenketten - studieren und ihre Wirkungsweise nachvollziehen.

6 Datenbanken

6.1 Einleitung

Schon immer waren Informationen und Daten ein wichtiger Bestandteil betrieblicher und unternehmerischer Aktivitäten. Da früher die Unternehmen kleiner waren, war auch der Umfang der benötigten Informationen geringer. Der Kopf des Produktionsleiters war in der Regel ein zuverlässiger "Hauptspeicher", der durch unterschiedlich viele Aktenordner und Arbeitsaufträge unterstützt wurde.

Mit der Komplexität der Unternehmen wuchs jedoch auch der Datenbestand. Die Angestelltenzahlen und die Anzahl der Produkte nahmen zu und damit auch die Daten- und Informationsmengen. Der Kundenkreis wurde größer und damit die Kundenkartei. Hinzu kam eine Dezentralisierung vieler Unternehmen. Dabei trennten sich die Produktion und Verwaltung, dann kamen Tochtergesellschaften im In- und Ausland hinzu. Niemand verlangte zunächst nach einer zentralen Verwaltung des wachsenden Datenbestandes. Die einzelnen Teilbereiche entwickelten ihre eigenen Konzepte und Strategien zur Speicherung und Verwaltung ihrer Datenbestände. Dadurch wurden viele Daten unnötig redundant (mehrfach) gespeichert, unterschiedliche Organisation sorgte dafür, daß Außenstehende nur sehr schwer an benötigte Daten herankamen. Um Informationen schneller auffinden zu können, begann man Daten nach logischen Gesichtspunkten zu verwalten. Dadurch wurde zwar eine erhöhte Verarbeitungsgeschwindigkeit realisiert, der Wunsch nach einer Verknüpfung und kombinierten Auswertung einzelner Daten blieben zunächst jedoch unerfüllt.

Als Speichermedien dienten damals kilometerlange Magnetbänder, auf denen die Datenmassen sequentiell, d.h. fortlaufend hintereinander gespeichert wurden. Dies hatte den Nachteil eines langsamen Zugriffs auf die gespeicherten Daten. Bald schon wurde die sequentielle Verarbeitung durch sogenannte Plattenspeicher abgelöst. Diese haben den Vorteil, Daten mittels Direktzugriffen schreiben und lesen zu können.

Allein mit einer verbesserten Hardwaresituation waren jedoch klassische "Karteikastenprobleme" wie

- unflexible Ordnungsbegriffe
- Verwaltung mehrerer Suchschlüssel
- hoher Wartungsaufwand und
- schwierig zu erhaltende Aktualität und Integrität (insbesondere bei verteilten Daten)

letztendlich auch nicht zu lösen. Abhilfe schaffte ab Ende der 60er Jahre die aufkommende Datenbanktechnologie.

6.1.1 Konzepte zur Architektur von Datenbanksystemen

Um eine möglichst weitreichende Datenunabhängigkeit der Anwendungsprogramme erreichen zu können ist es notwendig, die Daten des Unternehmens in
verschiedene logische Bereiche zu untergliedern. Aus diesem Grund konzipierte
ANSI/SPARC ein 3-Ebenen-Konzept, indem die Sicht auf die Daten in drei
Teilbereiche eingeteilt wurde.

- *Die konzeptuelle Ebene* baut die zu verwaltenden Daten in der Datenbank
  logisch auf und stellt eine Beziehung zwischen den Daten dar
  (Unternehmensdatenmodell).
- *Die externe Ebene* stellt die Daten der Datenbank abhängig von den
  verschiedenen Sichten der einzelnen Benutzer, auf den speziellen
  Tätigkeitsbereich ausgerichtet, auf (Abteilungsbezogene Sicht).
- *Die interne Ebene* enthält Informationen über die Organisation, die
  Zugriffspfade und den Aufbau der Daten (Physikalische Ebene/
  Administration).

Im Gegensatz zu ANSI/SPARC nimmt CODASYL (**C**onference **O**n **D**ata
Systems **L**anguages) nur eine Zweiteilung der Ebenen vor. Das Schema von
CODASYL umfaßt das konzeptuelle und das interne Schema von ANSI/SPARC. Die
einzelnen CODASYL-Sub-Schemata sind mit dem externen Schema von
ANSI/SPARC vergleichbar.

Tabelle 6.1. Gliederung des ANSI/SPARC und CODASYL Modells

	Gliederungsebenen	Leitungsfunktion
ANSI/SPARC	• konzeptuelle Ebene • externe Ebene • interne Ebene	Datenbankadministrator
CODASYL	• Sub-Schemata • Schema	Datenadministrator

6.1.2 Die Architektur nach ANSI/SPARC

6.1.2.1 Das konzeptuelle Modell

Im konzeptuellen Modell werden sämtliche Daten, die für die Verarbeitung im
Datenbanksystem vorhanden sind und deren Beziehungen untereinander auf
logischer Ebene beschrieben.

Um dieses Modell aufstellen zu können benötigt man jene Mitarbeiter, die mit
der Logik des Unternehmens, den Zusammenhängen untereinander vertraut sind und
die Relevanz bzw. die Nicht-Relevanz der Daten abschätzen können. Daher fallen in

diesen Bereich auch die Verwaltung von Zugriffsrechten, Paßwörter, Datenschutz und Datensicherheit.

6.1.2.2 Das externe Modell

Ziel des externen Modells ist es, den einzelnen Benutzern nur jene Sicht der Daten zur Verfügung zu stellen, die benötigt wird. Damit kommt es zu keiner unberechtigten Weitergabe, unbeabsichtigten Zerstörung oder Löschung von Daten.

6.1.2.3 Das interne Modell

Der Datenbankadministrator hat die Aufgabe festzulegen, in welcher Form die bisher nur logisch beschriebenen Inhalte des konzeptuellen Modells im jeweiligen Speicher physisch abgelegt werden und in welcher Form auf diese Inhalte zugegriffen werden kann. Das interne Modell gibt Angaben über den Aufbau und die Eigenart der gespeicherten Datensätze, sowie über Zugriffspfade und Indizes.

Eine weitere Aufgabe des Datenbankadministrators ist es, die Daten so zu organisieren, daß man besonders schnell auf diese zugreifen kann.

6.1.2.4 Die Architektur nach CODASYL

Bei CODASYL wird die Beschreibung der tatsächlich gespeicherten Daten internes Schema genannt. Die Beschreibung auf der begrifflichen Ebene heißt logisches Schema. Als Subschema bezeichnet man die Beschreibung eines Programmes oder die Beschreibung aus der Sicht eines Programmierers. In einem Subschema kann ein zusammenhängender Teil eines Netzwerks beschrieben und einem Programmierer für eine bestimmte Anwendung zur Verfügung gestellt werden.

Die mit dem Datenbankadministrator von ANSI/SPARC zu vergleichenden Funktionen nimmt im CODASYL-Konzept der Datenadministrator (data administrator) wahr.

Teilenr.	Bezeichnung	Lager	Einkaufspreis	Lieferant
00345	Welle x34	Linz	2354,20	Firma xx1
00576	Welle x57	Linz	1980,50	Firma xx2
09805	Schraube x05	Steyr	1,12	Firma xx3
07622	Schraube x22	Steyr	2,56	Firma xx4
98751	Rad x51	Wels	389,60	Firma xx5

Datensatz   Objektmenge   Objekt(Feld)

Abb. 6.1. Teileverwaltung (Datei)

6.2 Daten

6.2.1 Datensätze und Objekte

Ein einzelnes Datenelement ist eine Information über ein Objekt (Sache, Person), die dieses ganz oder teilweise beschreibt.

Als Beispiel seien Teile, Bezeichnung, Lager, Einkaufspreis und Lieferant eines Teiles angeführt (Abb. 6.1).

Die Datensammlung über ein bestimmtes Teil innerhalb einer Tabelle (jeweils eine Zeile der obigen Abbildung) ist ein **Datensatz**. Jede einzelne Information (z.B. die Teilenummer) wird als **Feld** bezeichnet. Die Faktensammlung für die Teileverwaltung, d.h. die gesamte obige Tabelle wird **Relation** genannt. Die in einer Relation zusammengefaßten Daten werden in der Regel in Dateien gespeichert.

Die Abb. 6.1 zeigt die denkbar einfachste Form einer Datei. Sie wird oft als einfache oder lineare Datei bezeichnet (Linear, da sie eine Sammlung von Datensätzen darstellt, die nacheinander in einer langen "Linie" aufgezählt werden).

Die Struktur jedes Datensatzes einer Datei (die Spaltenüberschrift der Abbildung) wird als **Satzart** bezeichnet und jeder einzelne Datensatz (jede Zeile der Abbildung) als **Exemplar** dieses Datensatzes (oder dieser Satzart).

Jede Sache, über die man sich auf dem laufenden halten will (das reale, physische Objekt oder Ereignis), wird als **Objekt** bezeichnet (z.B.: Welle x34). Eine Sammlung von Objekten gleicher Satzart (z.B. alle Teile einer Produktion) wird als **Objektmenge** bezeichnet.

Ein **Attribut** ist eine Eigenschaft oder ein Merkmal eines Objekts z.B. die Teilenummer, Bezeichnung oder der Einkaufspreis der Teileverwaltung. Auf Relationen (Dateien) bezogen bedeutet dies, ein Datensatz beschreibt ein bestimmtes Objekt mit Hilfe eines oder mehrerer Attribute. Ein Attribut entspricht der Tabellenüberschrift, die Inhalte der Datenfelder eines Attributes werden als Merkmalsausprägungen des Attributes bezeichnet.

Objekte einer Relation müssen unterscheidbar sein. In Relationen müssen sich daher die Merkmalsausprägungen durch mindestens eine Eigenschaft unterscheiden. Ein Attribut oder eine Gruppe von Attributen, welche eine eindeutige Bestimmung (Identifikation) eines Objektes erlauben, bezeichnet man als Schlüssel.

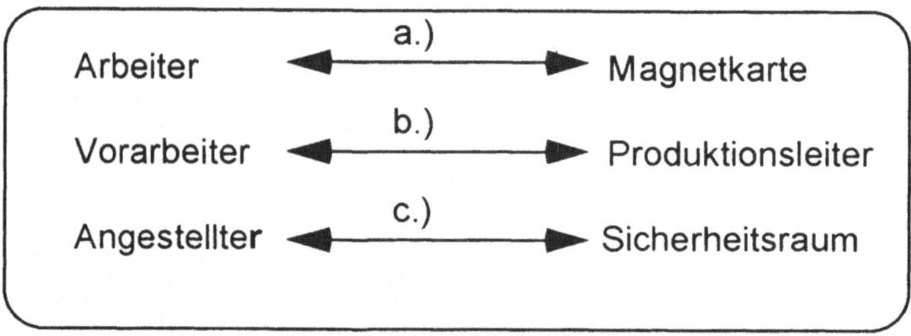

Abb. 6.2. Zuordnungen, Beziehungen

6.2.2 Beziehungen

Eine weitere sehr wichtige Informationsart beschreibt die Beziehung der Objekte untereinander. Diese Beziehungen werden auch als **Zuordnungen** bezeichnet.

Bei den Zuordnungen oder Beziehungen unterscheidet man (Abb. 6.2):

a)   Eine **eins -zu- eins Beziehung**, d.h. eine Einfachzuordnung in beiden Richtungen (z.B. die Zuordnung zwischen einem Arbeiter und seiner Magnetkarte: jeder Arbeiter hat genau eine Magnetkarte und jede Magnetkarte identifiziert genau einen Arbeiter.

b)   Eine **eins -zu- viele Beziehung**, d.h. in eine Richtung besteht eine Einfachzuordnung, in eine andere Richtung eine Mehrfachzuordnung. (z.B. Ein Vorarbeiter hat genau einen Produktionsleiter über sich, der Produktionsleiter selbst hat jedoch mehrere Vorarbeiter unter sich.)

c)   Eine **viele -zu- viele Beziehung**, ist z.B. dann gegeben, wenn ein Angestellter Zutritt zu mehreren Sicherheitsräumen hat, bzw. ein Sicherheitsraum von mehreren Angestellten betreten werden darf.

6.3 Das Wesen von Datenbanken

Die Datenbanktechnik wird für die Datenverarbeitung immer wichtiger. Bei mittleren und großen Datenmengen ist der Einsatz von Datenbanken nicht mehr wegzudenken, so daß in Zukunft ein großer Teil der Datenverarbeitung von Datenbanken ausgehen wird. Das Vorhandensein geeigneter Datenbanken wird daher für die Führung von Unternehmen in Industrie und Wirtschaft als auch öffentlichen Einrichtungen lebenswichtig werden.

> *Eine Datenbank ist eine Sammlung von Datenmengen, die für viele Benutzer zugänglich sind und zu verschiedenen Zwecken genutzt werden.*

Der einzelne Benutzer befaßt sich nicht mit *allen* Daten der Datenbank, sondern nur mit den Daten, die er für seine Arbeit braucht. Diese werden ihm für seine Anwendungssicht in einer oder mehreren Relationen zur Verfügung gestellt. Für den Anwender entsteht der Eindruck, daß er mit "seiner" Struktur arbeitet. Dahinter verborgen sind oftmals verschachtelte Datenstrukturen, die sich aus der Zusammenführung mehrerer Relationen ergeben. Die Komplexität des Problems wird durch die Berücksichtigung unterschiedlicher Zugriffsberechtigungen der Anwendungsprogramme und durch eine eventuelle Verteilung der Daten erhöht.

Eine Datenbank wird also nicht nur von vielen verschiedenen Benutzern gemeinsam benutzt, sondern wird auch von jedem Benutzer anders wahrgenommen.

Der Aufbau einer Datenbank ist eine komplexe Aufgabe. Die technische Seite läßt sich dabei zum Teil automatisieren und mittels mitgelieferter Tools durchführen. Danach kommt der schwierigste Teil: Man muß verstehen, welche Daten in welcher Form Benutzer benötigen und ob diese die Daten verändern dürfen. In der Praxis verwenden verschiedene Benutzer oft für ein und dasselbe Datenfeld oder Datenelement verschiedene Namen oder belegen auch unterschiedliche Datenfelder mit ein und demselben Namen.

Es ist daher dafür zu sorgen, daß die benötigten Daten in den Datenbanken eines Unternehmens richtig dargestellt werden. Sie müssen eindeutig definiert, richtig geordnet und vor unzulässiger Verwendung geschützt sein.

Ziel einer Datenbank ist es, daß ein und dieselbe Sammlung von Daten von verschiedenen Anwendern sinnvoll genutzt werden kann. Eine Datenbank soll alle Informationen enthalten, die für die Wahrnehmung bestimmter Funktionen in Unternehmen benötigt werden. Sie ermöglicht nicht nur den Datenabruf, sondern auch eine kontinuierliche Änderung (Pflege) der Daten, wie es für die Steuerung und Kontrolle der Abläufe notwendig ist.

6.3.1 Das hierarchische Datenmodell

Das hierarchische Datenmodell kann als das älteste Modell bezeichnet werden, das gemeinsam mit der Datenbank-Idee gewachsen ist und auch heute noch die Grundlage vieler verwendeter Datenbanksysteme bildet.

Das hierarchische Datenmodell (HDM) hat große Bedeutung mit dem DBMS (**Data Base Management System**) IMS (**Information Management System**) erlangt. Das Produkt IMS besteht aus zwei Teilen: "Data Language/I" (DL/I), stellt die Datenbank einschließlich der Regeln für die Datenstrukturen und der Schnittstelle zur Programmsprache selbst dar.

Der zweite Teil mit dem Namen "Datenkommunikationseinrichtung" (Data Communications Facility) umfaßt den Kommunikationstreiber (die Software, die die interaktive Umgebung definiert) und ermöglicht somit, Nachrichten und Datenabfragen von einem Terminal zum Zentralrechner sowie Antworten des Zentralrechners zurück zu dem Terminal zu leiten.

IMS ist ein vollständiges DBMS, das mit sehr großen Dateien arbeitet und eine große Anzahl von gleichzeitig angeschlossenen Benutzern bedienen kann. Das System kann Daten integrieren, Redundanzen vermindern und mehrfache Beziehungen zwischen den Daten handhaben. Es enthält ebenfalls Einrichtungen zum Sichern und Wiederherstellen von Daten sowie Sicherheitsvorkehrungen und einen Schutz gegen gleichzeitige Veränderungen an den Dateien.

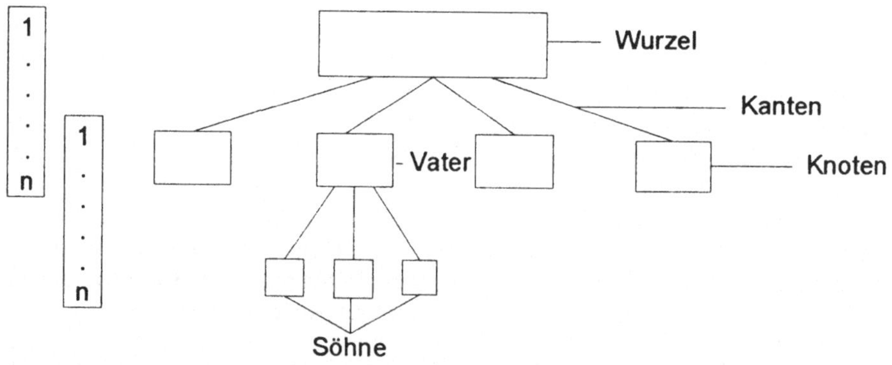

Abb. 6.3. Hierarchisches Datenmodell

Im hierarchischen Datenmodell, das aufgrund der graphischen Darstellungsmöglichkeit auch als Baum-Modell bezeichnet wird, herrschen sogenannte 1:n - Beziehungen. Dies bedeutet, daß jeweils ein übergeordnetes Element der Struktur mehrere untergeordnete Elemente besitzen darf, umgekehrt darf jedes untergeordnete Element aber nur über genau ein übergeordnetes Element verfügen.

6.3.2 Relationale Datenbanken

F. Codd entwickelte Anfang der 70er Jahre die Grundidee für das relationale Datenbankmodell. Das Konzept blieb jedoch bis zu den frühen 80er Jahren unzuverlässig. Durch die Konzeptionen des relationalen Datenbankmodells können Daten untereinander verknüpft und geeignet sortiert werden. Die Besonderheit dieser Datenbanken liegt daran, daß sie eine tabellenorientierte Struktur aufweisen. Entsprechend den Konventionen aus dem Bereich der Relationentheorie, welche dem relationalen Datenbankmodell zugrunde liegen, werden im folgenden solche einfachen linearen Dateien **Relationen** oder **Tabellen** genannt.

Voraussetzung bei Relationen ist, daß niemals zwei Zeilen, Datensätze oder **Tupel** einer Relation identisch sind. Unbedeutend ist die Reihenfolge der Spalten, Felder oder Attribute einer Relation. Eine Relation hat immer einen eindeutigen Schlüssel, ein Feld oder eine Gruppe von Feldern, deren Werte (Ausprägungen) unter allen Tupeln der Relation eindeutig sind. Falls eine Relation mehrere eindeutige Schlüssel hat, werden sie **"Schlüsselkandidaten"** genannt und der als "Schlüssel der Relation" ausgewählte Schlüssel **"Primärschlüssel"** bezeichnet. Dient in einer Sammlung von Relationen, die zusammen eine relationale Datenbank darstellen, ein Feld oder eine Gruppe von Feldern in einer Relation als Primärschlüssel und erscheint dieses Feld auch in einer anderen Relation, wird das Feld in der anderen Relation **Fremdschlüssel** genannt.

| | **Datei** | **Relation** | |
	Spalte	Attribut	
Personal- nummer	Name	Vorarbeiter	Gehalt
Datensatz	Datenfeld	Merkmals- ausprägung		Tupel

Abb. 6.4. Terminologie

Die Relationen einer Datenbank zeichnen sich durch folgende Merkmale aus:
- Jeder Eintrag in die Tabelle repräsentiert genau einen Datenfeldwert; es gibt keine Mehrfacheinträge.
- Die Spalten sind homogen, d.h. alle Werte sind gleichartig.

- Jeder Spalte ist ein eindeutiger Name (Merkmal) zugewiesen.
- Alle Zeilen sind unterschiedlich.
- Sowohl Zeilen als auch Spalten können zu jedem Zeitpunkt in beliebiger Reihenfolge ohne Einfluß auf die durchgeführte Funktion betrachtet werden.
- Schlüssel einer Relation dienen zu eindeutigen Identifikation eines Datensatzes.

Der Aufbau der Relationen und die Schlüsselbildung wird in Kapitel 6.5 beschrieben.

6.3.3 Netzwerkdatenbanken

Als weiteres Modell für Datenbanksysteme gilt das Netzwerkdatenbankmodell. Ein **Netzwerk** ist eine Ansammlung von Kanten oder Knoten, die miteinander verbunden sind. Die Verbindung zweier Knoten wird als **Kante** bezeichnet. Eine Baumstruktur würde zwar grundsätzlich dieser Definition genügen, sie enthält jedoch die wesentliche Einschränkung, daß die Kante eines Baumes gerichtet ist, d.h. genau vom Knoten "A" zum Knoten "B" führt. Ein Baum ist praktisch ein reduziertes Netzwerk.

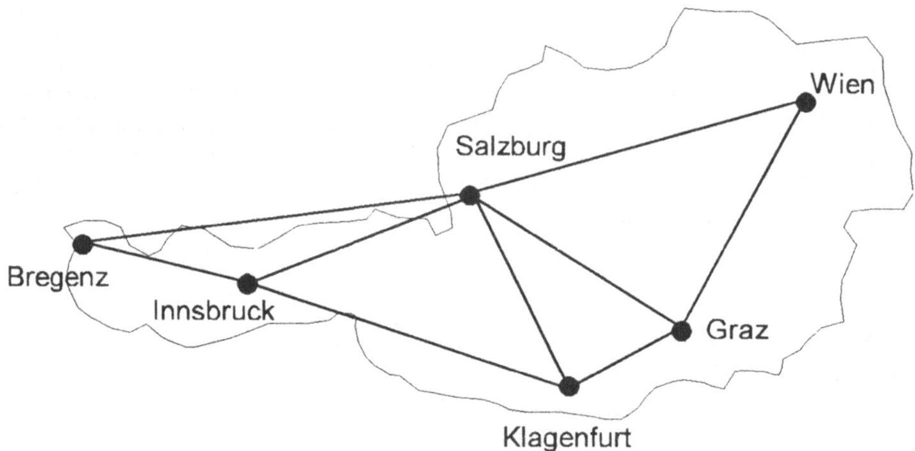

Abb. 6.5. Netzwerk

Zwei Koten heißen benachbart, wenn sie durch eine Kante miteinander verbunden sind (z.B. Wien und Salzburg sind benachbart). Eine Kante enthält einen bestimmten Knoten, wenn sie diesen Knoten berührt (z.B. Autobahn A1 enthält Salzburg). Als Grad eines Knotens bezeichnet man die Anzahl der Kanten, die ihn enthalten (z.B. Der Grad von Klagenfurt ist 3, denn 3 Autobahnen führen von diesem Knoten weg). Ein Pfad ist eine Verbindung aufeinanderfolgender Kanten (z.B. Wien-Graz, Graz-Klagenfurt, Klagenfurt-Innsbruck).

Ein Zyklus ist ein Pfad, der am selben Knoten beginnt und endet (z.B. von Klagenfurt nach Salzburg, von dort nach Graz und wieder zurück nach Klagenfurt).

Für gewöhnlich ist ein Baum ein Netzwerk ohne Zyklen. Die Abb. 6.6 zeigt eine Baumstruktur; die Abb. 6.7 ein Netzwerk mit einem Zyklus. Es ist ersichtlich, daß es bei der Baumstruktur nicht möglich ist, von einem Knoten aus über einen Pfad zurückzukehren, ohne wenigstens einmal rückwärts über eine bereits benutzte Kante zu gehen.

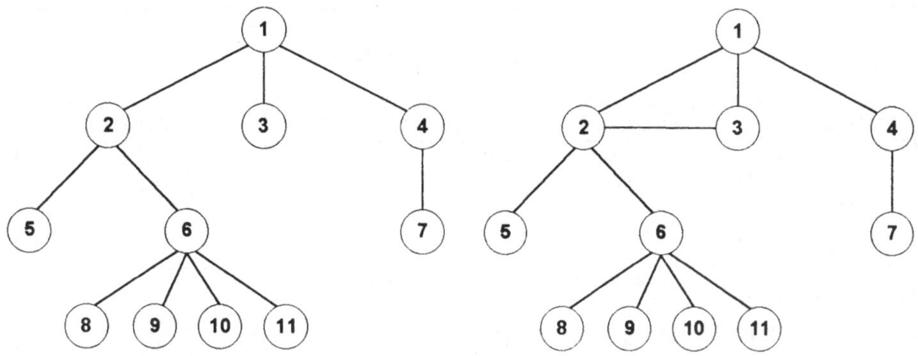

Abb. 6.6. Baumstruktur   **Abb. 6.7.** Netzwerk mit einem Zyklus

6.3.4 Pseudo-relationale Datenbanken

Das pseudo-relationale Datenbankmodell stellt eine Mischung aus mehreren Merkmalen der oben genannten Modelle dar. Die zugrundeliegende Datenstruktur entspricht der einfacher linearer Dateien und ist somit ein gemeinsames Merkmal des pseudo-relationalen und des relationalen Modells. Das pseudo-relationale Modell erfordert wie das hierarchische Modell und das Netzwerkmodell, daß vor online Zugriffen physische Verbindungen zwischen den zusammengehörigen Datensätzen unterschiedlicher Dateien aufgebaut und gemeinsam mit der Datenbank gespeichert werden.

Bei diesem Modell sollen ähnlich wie beim Netzwerkmodell und beim hierarchischen Modell eine Integration mittels "Zeigern" zwischen den Tabellen erzielt werden. Diese werden mittels Verbindungstabellen realisiert. Mit Hilfe einer Verbindungstabelle werden beim pseudo-relationalen Modell Daten der Herstellerdatei und der Produktdatei logisch zugeordnet. Beim relationalen Modell werden im Unterschied dazu zusammengehörende, gespeicherte Daten über Verbindungsfelder (Schlüssel, Fremdschlüssel, Nichtschlüsselattribute) der Relationen vereinigt. Ausnahme ist einzig die Auflösung von m:n Verbindungen in relationalen Datenbankmodellen. Aus Speicherplatz- und Performance-Gründen werden in der Praxis oftmals Verknüpfungstabellen zur Realisierung dieses Verbindungstyps eingesetzt.

Datensatz	Hersteller Nr.	Hersteller Name	Ort der Herstellung	Zulieferer seit
1	001	Abel	Graz	12.03.1992
2	002	Auer	Linz	01.04.1992
3	003	Huber	Eisenstadt	30.12.1993
4	004	Meier	Wien	01.05.1994

Abb. 6.8. Herstellertabelle

Datensatz	Produkt	Hersteller Nr.	Preis
1	223	001	3756
2	256	002	4986
3	397	004	9634
4	486	001	3451
5	467	004	3499
6	890	004	2199
7	942	001	1850
8	620	003	7380
9	734	002	3462

Abb. 6.9. Produkttabelle

Die Verbindungsdatei enthält einen Datensatz für jede Kombination der Datensätze aus der Herstellertabelle und der Produkttabelle.

Hersteller-Datensatz	Produkt-Datensatz
1	1
1	3
1	4
1	7
2	2
2	9
3	8
4	5
4	6

Abb. 6.10. Verbindungstabelle

6.3.5 Vorteile von Datenbanken

Eine Datenbank soll
- verhindern, daß sich jeder Benutzer mit der inneren Organisation des Datenbestandes befassen muß.
- verhindern, daß jeder Benutzer unkontrolliert an die Datenbestände gelangen kann und damit die Integrität der Daten gefährden kann.

- ermöglichen, daß für die Organisation der Daten günstigere Voraussetzungen geschaffen werden, wobei diese Organisation bei Bedarf intern geändert werden kann, ohne daß dies der Benutzer merkt.

Um diese Ziele zu erreichen, ist eine strikte Trennung der Daten von den Programmen einzuhalten. Die Daten werden im Datenbanksystem nach zentralen Ordnungsregeln gespeichert, eine zentrale Stelle ist für die Speicherung und Ausgabe zuständig und jeder Benutzer erhält nur Zugang zu den Daten, die er zur Bearbeitung benötigt.

Mit der Einführung eines zentralen Datenverwaltungssystems ergeben sich somit folgende Vorteile:

- Zusammenfassung aller sonst mehrfach nötigen Funktionen für die Datendefinition, Datenorganisation, Datenintegrität
- Bessere Transparenz durch redundanzarme Datenspeicherung
- Verwaltung von Zugriffsberechtigungen
- Einheitliches Konzept
- Zentrale Datensicherung
- Einfache Weiterentwicklung der Programme, unabhängig von den Datenstrukturen.

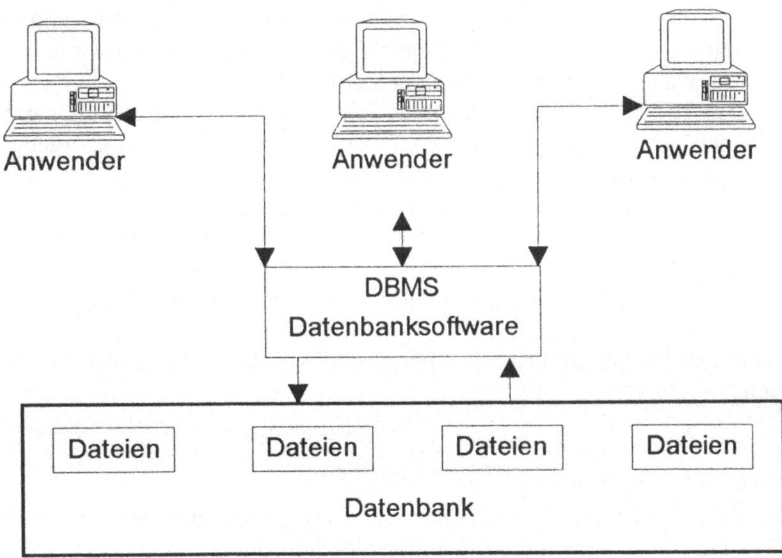

Abb. 6.11. Datenbankkomponenten

6.4 Die Komponenten einer Datenbank

Ein Datenbanksystem besteht grundsätzlich aus zwei Hauptkomponenten:
- der Datenbank
- und dem Datenbankmanagementsystem (DBMS).

6.4.1 Datenbank (DB)

Die Datenbank repräsentiert den gesamten Bestand der Daten, die im Datenbanksystem enthalten sind. Sie besteht aus einer oder mehreren Dateien. Die einzelnen Daten können auf unterschiedlichen Speichermedien, z.B. auf Disketten oder Magnetplatten nach verschiedenen Kriterien abgespeichert werden. Zugriffe auf den Bestand der Datenbank werden vom Datenbankmanagementsystem (DBMS) ausgeführt.

6.4.2 Datenbankmanagementsystem (DBMS)

Das Datenbankmanagementsystem ist die Software, die für sämtliche Transaktionen im Datenbanksystem verantwortlich ist. Dazu gehören z.B. die Ausführung von Lese-, Änderungs-, Einfüge-, oder Löschvorgängen und die Verwaltung von Speicherplätzen.

Der Ablauf eines beliebigen, vom DBMS gesteuerten Arbeitsganges (auch als "Transaktion" bezeichnet) hat folgendes Aussehen:

1. Mit Hilfe der Datenmanipulationssprache formuliert der Benutzer einen Befehl für das System (dieser Befehl kann auch von einem Anwendungsprogramm kommen)
2. Das DBMS empfängt diesen Befehl und interpretiert ihn.
3. Das DBMS besorgt aus dem externen und dann aus dem konzeptuellen Schema die zum Zugriff auf das Objekt benötigten Informationen und stellt fest, welche physischen Sätze zu lesen sind.
4. Das DBMS veranlaßt das Betriebssystem, die benötigten Sätze aus dem Speicher abzurufen und diese wiederum an das DBMS zu übergeben.
5. Das DBMS produziert aus den vollständigen physischen Sätzen die vom externen Schema angeforderten Informationen.
6. Diese, meist formatierten und komprimierten Informationen werden entweder dem Anwender über Bildschirm/Drucker zugänglich gemacht, oder dem Anwendungsprogramm zur weiteren Verarbeitung übergeben.

Neben dem Verarbeitungsprozeß hat das DBMS die im folgenden beschriebenen Aufgaben.

6.4.2.1 Schutz vor nicht autorisierten Zugriffen

Das DBMS verwaltet z.B. die vom Datenbankadministrator festgelegten Zugriffsrechte einzelner Anwender und ermöglicht die Eingrenzung auf bestimmte Daten aus dem Gesamtdatenbestand. Die Eingrenzung kann generell sein, d.h. die Daten stehen dem Programm zu keiner Bearbeitung zur Verfügung oder eingeschränkt, d.h. Daten stehen dem Programm z.B. für einen lesenden Zugriff, jedoch nicht für einen schreibenden Zugriff zur Verfügung. Die wichtigsten Rechte zur Bearbeitung von Daten sind:

*   Lesen von Daten bestimmter Tabellen
*   Einfügen von Daten bestimmter Tabellen

- Ändern von Daten bestimmter Tabellen
- Löschen von Daten bestimmter Tabellen
- Erzeugen von Tabellen
- Löschen von Tabellen

6.4.2.2 Verwaltung von parallelen Zugriffen

Das DBMS sorgt dafür, daß gleichzeitig am System arbeitende Benutzer sich untereinander nicht behindern und keine gemeinsam genutzten Datenbestände zerstören. Dabei werden die Anfragen der Benutzer quasi-gleichzeitig abgearbeitet, jedoch zu einem bestimmten Zeitpunkt nur der Zugriff auf Daten gestattet, die nicht von einem anderen Benutzer benutzt sind. Derartige Sperr- oder Locking-Mechanismen sorgen für den reibungslosen Ablauf logischer Transaktionen, bei welchen mehrere Datenbankabfragen hintereinander auszuführen sind, ohne daß zwischenzeitlich andere Benutzer die Datenbestände ändern dürfen.

6.4.2.3 Wahrung der Integrität und Konsistenz der Daten

Ein DBMS sollte selbständig in der Lage sein
- durch spezielle Routinen (z.B. Integritätsbedingungen, Trigger) den korrekten Zustand (Vollständigkeit) der Daten zu gewährleisten;
- entstandene inkorrekte Zustände durch geeignete Techniken aufzuzeigen (z.B. logging) und zu beheben (z.B. recovery-Prozeduren);
- Eingaben, die zu inhaltlichen Fehlern führen (Inkonsistenz), alleine oder gemeinsam mit dem Anwendungsprogramm zu entdecken, aufzuzeigen und abzuweisen.

6.5 Normalisierung relationaler Datenbanken

Das Ziel der konzeptionellen Datenbeschreibung ist das Erkennen und Eliminieren von allfälligen Redundanzen der gespeicherten oder zu speichernden Daten. Abhängigkeiten zwischen den Datenfeldern lassen erkennen, welche Attributswerte aus anderen Attributswerten abgeleitet werden. Wenn diese Abhängigkeiten in unterschiedlichen Relationen redundant auftreten, müssen die Änderungen dieser Daten programmtechnisch in allen Relationen nachvollzogen werden, da sonst unterschiedliche Datenzustände in der Datenbank gespeichert sind. Dieser Zustand wird in der Praxis unter dem Vokal Datenqualität behandelt.

Der Normalisierungsprozeß ist Bestandteil und in der Regel der Abschluß einer sauberen Datenanalyse. Mit der Änderung der Umgebung und der Datenbestände ist auch die Normalisierung der vorhandenen Relationen zu prüfen und gegebenenfalls in geeigneter Form nachzuvollziehen. Ergebnis der Normalisierung ist das Datenmodell des Unternehmens für die analysierten Unternehmensbereiche.

Die Normalisierung ist ein schrittweiser Ersetzungsprozeß, in dem Abhängigkeiten in Form von Baum- oder Netzstrukturen in zweidimensionale Tabellenformen überführt werden. Die Tabellen müssen dabei so aufgebaut werden, daß einerseits kein Informationsverlust bezüglich der Beziehungen zwischen den Daten auftritt andererseits Datenfelder einmalig gespeichert werden.

6.5.1 Ziel des Normalisierungsprozesses

Es ist Ziel der Normalisierung, die Attribute so zu Entitätsmengen (und damit zu Relationen) zuzuordnen, daß innerhalb einer Relation keine Redundanzen auftreten.

Redundanz ist in einem Datenbestand genau dann vorhanden, wenn ein Teil des Bestandes ohne Informationsverlust weggelassen werden kann. Diesen Teil bezeichnet man dann entsprechend als "redundante Information".

Datenbankanalysen bezwecken in vielen Fällen die Elimination unnötiger Redundanz, einmal wegen des Speicheraufwandes, hauptsächlich aber weil sogenannte Mutationensanomalien (insertion anomaly, deletion anomaly, update anomaly) auftreten können (in Kap. 6.5.2.2 beispielhaft beschrieben), wenn redundant gespeicherte Daten nicht mitmutiert werden.

Mutationen einer Datenbank entstehen durch die Anpassung der Datenbestände an die reale Umwelt. Mutationen sind Veränderungen der Datenbank und umfassen dabei die eigentliche Datenpflege innerhalb der bestehenden Datenstrukturen als auch die Änderung der Datenstrukturen durch Ergänzung oder Entfernung von Attributen von Relationen. Mutationen in redundanten Datenbeständen müssen daher immer und sofort in allen Relationen nachvollzogen werden um keine unterschiedlichen Merkmalsausprägungen in der Datenbank zu speichern. Wenn Relationen nicht oder nicht geeignet normalisiert sind, führen Mutationen von Datenbeständen zwangsläufig zu logischen Fehlern in der Datenbankstruktur, was nicht absehbare Folgen für die Programme und die auszuwertenden Daten hat. In mittleren bis großen Anwendungen werden daher von erfahrenen Praktikern immer Prüffunktionen eingesetzt, die die Plausibilität der Ergebnisse bestätigen.

Anders formuliert versteht man unter Normalisierung den formalen Ausdruck einer Vorgehensweise, die die Möglichkeit schafft, logisch eindeutige Strukturen von Daten einer realen Welt in einem Informationssystem zu beschreiben.

Man erreicht dadurch:
- Vermeidung unerwünschter Abhängigkeiten bei den Operationen Löschen/Ändern/Einfügen.
- Verringern der Notwendigkeit der Umstrukturierung von Relationen bei der Einführung neuer Typen von Daten (Verlängerung des Programmlebenszyklus).
- Erhöhung der Aussagekraft des Modells für den Benutzer.
- Minimalen Speicherplatzaufwand durch Redundanzfreiheit.

Während in der Datenbanktheorie mehrere Normalisierungsstufen (1., 2., 3. Normalform, BCNF Boyce Codd Normalform, 4. Normalformen) existieren, umfaßt der Normalisierungsprozeß in praktischen Anwendungen immer drei Stufen, die nacheinander ausgeführt werden. Dies bedeutet, daß die Stufe 2 immer die Vollendung der Stufe 1 voraussetzt, und analog hierzu die Stufe 3 die Vollendung der Stufe 2. Wenn eine Stufe abgeschlossen ist, befinden sich die Daten in der ersten, zweiten oder dritten Normalform.

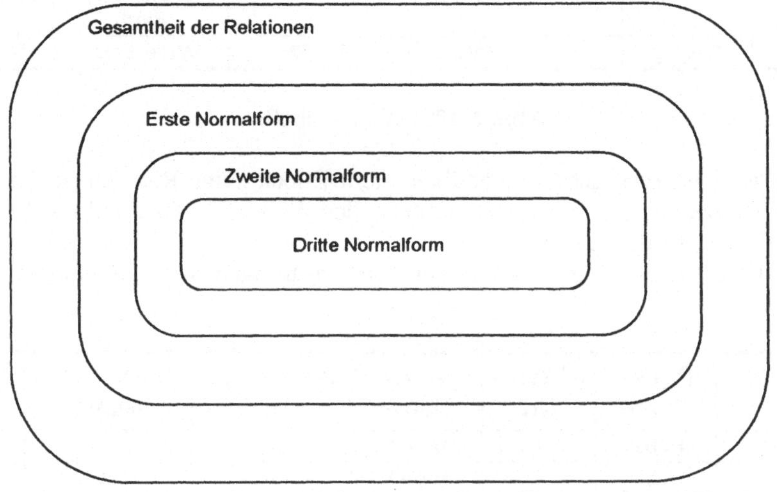

Abb. 6.12. Normalformrelation

6.5.2 Normalformen

6.5.2.1 Die erste Normalform

Eine Relation befindet sich in der 1. Normalform, wenn ihre Attribute nur einfache Attributswerte aufweisen. Durch die 1. Normalform werden Relationen formatiert. Es werden nur einfache (skalare, atomare) Attribute zugelassen; Mengen werden als Attribut ausgeschlossen.

Die 1. Normalform impliziert aber auch, daß die Attribute keine innere Struktur haben dürfen bzw. daß eine allfällige innere Struktur bei der Benützung nicht ausgenützt werden darf. Man strebt an, daß jedes Attribut einer Relation elementar ist, d.h., daß jedes Datenfeld eines Datensatzes nur genau einen Feldinhalt aufweist. Die 1. Normalform besagt daher:

Jeder Wert darf im Datenfeld nur einmal vorkommen. Gibt es mehrere Werte vom gleichen Typ, so müssen sie in einem eigenen Datensatz gespeichert werden.

Ein Unternehmen besteht aus verschiedenen Abteilungen, die eine Abteilungsnummer und einen Abteilungsnamen besitzen. Das Unternehmen produziert verschiedene Werkstücke, die von mehreren Angestellten bearbeitet werden. Jeder dieser Angestellten hat eine Personalnummer und einen Personalnamen und wird den Werkstücken und Werkstücksnummern zugeordnet. Weiters ist bekannt, wie lange ein Angestellter an den verschiedenen Werkstücken arbeitet.

Pers.- Nr.	Pers.- Name	Abt.- Nr.	Abt.- Name	Werkstück- Nr.	Werkstück- Name	Werk- zeit
101	Huber	1	Halle 1	31,32	Welle, Rad	120, 40
102	Reiter	2	Halle 2	33	Blech	10
103	Ulrich	2	Halle 2	31, 32, 33	Welle, Rad, Blech	20,40,30
104	Presing	1	Halle 1	31, 33	Welle, Blech	60, 20

Abb. 6.13. Personaltabelle

Abb. 6.13 ist zwar sehr verständlich, stellt jedoch keine Relation in der ersten Normalform dar, da die Werkstücknummer, der Werkstückname und die Werkzeit keine einfachen Attribute sind.

Um diese Tabelle in die erste Normalform zu bringen, muß sie umgeschrieben werden.

Pers.-Nr.	Pers.- Name	Abteil.- Nr.	Abt.- Name	Werkstück Nr.	Werkstück- Name	Werk zeit
101	Huber	1	Halle 1	31	Welle	120
101	Huber	1	Halle 1	32	Rad	40
102	Reiter	2	Halle 2	33	Blech	10
103	Ulrich	2	Halle 2	31	Welle	20
103	Ulrich	2	Halle 2	32	Rad	40
103	Ulrich	2	Halle 2	33	Blech	30
104	Presing	1	Halle 1	31	Welle	60
104	Presing	1	Halle 1	33	Blech	20

Abb. 6.14. Personal-Werkstück - Relation in der 1. Normalform

Abb. 6.14 zeigt, daß die Relation Redundanzen enthält: Der Personalname ist aus der Personalnummer bestimmbar (=abhängig) und müßte eigentlich nicht für jedes Produkt wiederholt werden. Das kostet Platz und Arbeitsaufwand. Bei dieser Relation muß bei der Bearbeitung auf die logische Richtigkeit der Ergebnisse geachtet werden. Ändert ein Angestellter seinen Namen, so wird die Relation widersprüchlich, wenn die Namensänderung nur bei einem Tupel (z.B. in der ersten Zeile obiger Relation) ausgeführt wird. Bei Änderung des Personalnamens müssen in diesem Fall alle Zeilen mit diesem Personalnamen gelesen werden und der Name geändert werden.

Das Problem liegt offensichtlich darin, daß die Relation gleichzeitig verschiedenartige Sachverhalte beschreibt, die sich unabhängig voneinander und zu unterschiedlichen Zeitpunkten ändern können. Es ist daher dann eine Zusammenfassung von Attributen innerhalb einer Relation anzustreben, wenn diese ein bestimmtes Objekt beschreiben und keine inneren Abhängigkeiten zwischen Attributen auftreten.

6.5.2.2 Die zweite Normalform

Eine Relation befindet sich in der 2. Normalform, wenn sie in 1. Normalform ist und jedes nicht zum Identifikationsschlüssel gehörige Attribut voll von diesem abhängt. Die 2. Normalform erzwingt damit eine erste Gruppierung der Attribute in einer Relation nach Sachgebieten und eliminiert dadurch Redundanzen. Die 2. Normalform verlangt daher:

In Relationen mit einem (Kombinations)schlüssel muß jedes nicht dazugehörige Feld vom gesamten Kombinationsschlüssel bestimmbar sein. Eine Relation ist also genau dann in 2.Normalform, wenn jedes Nichtschlüsselattribut vom Schlüssel voll funktional abhängig ist.

Felder, die nur von einem Teil des (Kombinations)schlüssels abhängen, also partiell funktional abhängig sind, verstoßen gegen diese Regel und werden mit diesem separat gespeichert. Ein Schlüsselattribut ist Teil des Schlüssels bzw. Kombinationsschlüssels. Wird der Wert eines Schlüsselattributes geändert, so ändert man den Wert des gesamten Schlüssels und bestimmt damit ein anderes Entity (Datensatz). Ändert man hingegen den Wert eines Nichtschlüsselattributes, so bleiben die Werte der Schlüsselattribute davon unberührt.

Gebäude (Schlüssel)	Pers.-Nr.	Pers.-Name	Abteil. Nr.	Abteil. Name
A	101	Huber	1	Abteilung 1
B	102	Reiter	2	Abteilung 2
B	103	Ulrich	2	Abteilung 2
C	104	Maier	3	Abteilung 3
A	105	Peising	1	Abteilung 1

Werkstück-Nr. (Schlüssel)	Werkstück-Name
31	Welle
32	Rad
33	Blech

Abb. 6.15. Relation Personaltabelle

Abb. 6.16. Relation Werkstücktabelle

Pers.-Nr.	Werkstück-Nr.	Werkzeit
101	31	120
101	32	40
102	33	10
103	31	20
103	32	40
103	33	30
104	31	60
104	33	20

Abb. 6.17. Relation Werkstückzugehörigkeit

Für den zweiten Normalisierungsschritt ist die Relation deshalb in die
Relationen nach Abb. 6.15. Abb. 6.16 und Abb. 6.17 aufzuspalten.

Man sieht, daß die Darstellung der Inhalte einfacher und transparenter ist,
jedoch die 2. Normalform nicht ausreicht, um Anomalien grundsätzlich
auszuschließen.

Bsp. zu Abb. 6.15. Das beschriebene Modell zeigt die reale Welt mit 3
Firmengebäuden. In Gebäude A ist Halle 1, in Gebäude B ist Halle 2 untergebracht.
Abteilung 1 befindet sich in Gebäude A, Abteilung 2 in Gebäude B, Abteilung 3 in
Gebäude C. Folgende Mutationsanomalien können bei der Bearbeitung auftreten:

- *update anomaly*: Beim Ändern des Abteilungsnamens müssen mehrere
  Einträge mitgeändert werden.
- *deletion anomaly*: Beim Löschen der Abteilung 3 wird das Gebäude C
  mitgelöscht.
- *insertion anomaly*: Wird ein neues Gebäude gebaut und steht der künftige
  Mitarbeiter aber noch nicht der Name der Abteilung fest, so kann der
  Mitarbeiter noch nicht in die Datenbank aufgenommen werden.

Die Gesamtheit der drei Relationen hat den gleichen Informationsgehalt wie die
Personal-Werkstück-Relation. Die Verbindung dieser Relationen erfolgt programmtechnisch mittels korrespondierender Attribute, sogenannte globale Attribute.

Die Relationen Personal und Werkstückbearbeitungszeit sind z.B. über das in
beiden Relationen vorkommende Attribut "Pers.-Nr." verbunden. Daraus ergibt sich,
daß zwischen den Attributen, die über eine Relation hinaus von Bedeutung sind, und
solchen, die nur innerhalb einer Relation eine Rolle spielen, zu unterscheiden ist.

Nunmehr enthalten die Relationen Werkstücktabelle und Werkstückbearbeitungszeit keine innere Redundanz mehr. In der Relation Personaltabelle
dagegen ist für jeden Angestellten der Abteilungsname gespeichert, obwohl sich
dieser Name bereits aus der Abteilungsnummer ergibt. In dieser Relation sind also
zwei Konzepte (Personal, Abteilung) vereint. Beschreibt hingegen jede Relation nur
ein Konzept, so sind keine "transitiven" Abhängigkeiten von einem Schlüssel
vorhanden und die Relation befindet sich in dritter Normalform.

6.5.2.3 Die dritte Normalform

Eine Relation befindet sich in der 3. Normalform

*wenn sie in der 2. Normalform ist und kein Nichtschlüsselattribut von
einem Schlüssel transitiv abhängt.*

Das heißt, es handelt sich um eine Erweiterung der 2. Normalform, da kein
Nichtschlüsselattribut von einem anderen Nichtschlüsselattribut funktional abhängen
darf. Während die 2. Normalform Abhängigkeiten der Attribute von Teilen des
(Kombinations-)Schlüssels beseitigt, beseitigt die 3. Normalform Abhängigkeiten
innerhalb der Nichtschlüsselfelder.

Somit legt die 3. Normalform fest:

Felder, die nicht Teil des Schlüssels sind, dürfen nicht untereinander abhängig sein; ist dies der Fall, so müssen sie in eigenen (getrennten) Relationen gespeichert werden.

Die drei Tabellen (Abb. 6.15, Abb. 6.16 und Abb. 6.17) sind zwar in der zweiten, nicht jedoch in der dritten Normalform, weil das Attribut "Abteil.-Name" über das Attribut "Abt.-Nr." transitiv vom Schlüssel "Gebäude" abhängt (oder umgekehrt auch Abteil.-Nr. über Abt.-Name).

Die Aufspaltung der Relation Personaltabelle liefert zwei Relationen, in der 3. Normalform ergeben sich somit insgesamt für dieses Beispiel fünf Tabellen. In diesem Fall ist eine Abteilung in genau einem Gebäude vorhanden und nicht über mehrere Gebäude verteilt.

Pers.-Nr. (Schlüssel)	Pers.-Name	Abteil. Nr.
101	Huber	1
102	Reiter	2
103	Ulrich	2
104	Peising	1

Abb. 6.18. Personaltabelle

Werkstück-Nr. (Schlüssel)	Werkstück-Name
31	Welle
32	Rad
33	Blech

Abb. 6.19. Werkstücktabelle

Abteil.Nr. (Schlüssel)	Abteil.-Name	Gebäude
1	Abteilung 1	A
2	Abteilung 2	B

Abb. 6.20. Abteilungstabelle

Gebäude (Schlüssel)	Gebäudename
A	Gebäude A
B	Gebäude B
C	Gebäude C

Abb. 6.21. Gebäudetabelle

Pers.-Nr.	Werkstück-Nr.	Werkzeit
(Schlüssel)		
101	31	120
101	32	40
102	33	10
103	31	20
103	32	40
103	33	30
104	31	60
104	33	20

Abb. 6.22. Werkstückbearbeitungszeit

Relationen in dritter Normalform heißen in der Praxis oft "normalisiert". Betrachtet man eine einzelne Relation in der 3. Normalform, so läßt sich daraus oftmals keine weitere Umformung begründen. Für komplizierte Zusammenhänge von Attributen in der realen Welt können jedoch auch nach dem 3. Normalisierungsschritt Abhängigkeiten zwischen diesen innerhalb der Relation auftreten. Für die weitere Verfeinerung stehen dann Normalisierungsschritte wie die der Boyce Codd Normalform (BNCF) und die Eliminierung mehrwertiger Abhängigkeiten und eingebetteter mehrwertiger Abhängigkeiten (4. Normalformen) zur Erhaltung semantischer Integritätsbedingungen zur Verfügung

Mehrere Relationen *gemeinsam* können ebenfalls weitere Redundanzen aufweisen. Um dies zu erkennen, führt man die Begriffe "globale" und "lokale" Attribute ein.

- Ein Attribut heißt **global**, wenn es mindestens in einer Relation im Identifikationsschlüssel vorkommt.
- Ein Attribut heißt **lokal**, wenn es nur in einer Relation und dort nicht im Identifikationsschlüssel vorkommt.

Mit den Normalisierungsschritten werden innerhalb einer Relation die häufigsten Fälle von Redundanz durch das Verbot bestimmter innerer Abhängigkeiten beseitigt. Durch das Konzept der globalen und lokalen Attribute kann man auch auf globaler Ebene Redundanzlosigkeit erzwingen.

6.5.3 Normalisierungsvorgänge in der Praxis

Man verwendet die Normalisierung in der praktischen Datenmodellierung. Im ersten Schritt versucht man hierbei Verwandtschaften zwischen Datenelementen zu finden. Es geht dabei primär um die Beziehungen, die sich als nicht normalisierte Relationen darstellen lassen.

Diese nicht normalisierten Relationen werden in die erste Normalform verwandelt, indem man Tabellen mit logischen zusammengehörigen Inhalten bildet, deren Attribute einfach, also atomar sind. In der Praxis verstößt dabei die Anwendung von Datumsdatentypen gegen die Theorie der ersten Normalform, da das Datum aus den Feldern Tag, Monat und Jahr zusammengesetzt wird. Da relationale Datenbanken den Datentyp Datum mit Funktionen behandeln und bearbeiten können, ist kein zusätzlicher Programmaufwand für die Verarbeitung des Datums notwendig, was zur Folge hat, daß diese Abweichung von der ersten Normalform toleriert wird.

Beinhaltet eine Tabelle einen zusammengesetzten Schlüssel, und sind Attribute von Teilen dieses zusammengesetzten Schlüssels abhängig, muß diese, durch Bildung neuer Tabellen, in die zweite Normalform transformiert werden. Diese Vorgangsweise gilt bei der Transformation der 2. Normalform auf die 3. Normalform, wenn Nichtschlüsselattribute einer Relation in 2. Normalform funktional von anderen Nichtschlüsselattributen abhängig sind.

Anwendungen erfordern aus Geschwindigkeitsgründen oder Handhabungsgründen die Einführung von künstlichen Schlüsseln (Surrogaten). Im Idealfall einer Normalisierung entstehen viele Tabellen, die bei den einzelnen Abfragen und Bearbeitungsschritten von der Datenbank zusammengeführt werden müssen. Die Verknüpfung der Relationen (joins) verlängert die Antwortzeiten, denn es erfolgt dabei vor jeder Selektion immer die Bildung des kartesischen Produkts der ersten

Relation mit den weiteren Relationen. Zur Geschwindigkeitsoptimierung ist es daher empfehlenswert, die Abfragehäufigkeiten zu messen und die in der Abfrage angesprochenen Relationen wenn möglich so zu reihen, daß die ersten Ergebnismengen der Verknüpfung für die internen Vergleiche möglichst klein geraten.

Will man das relationale Modell uneingeschränkt nutzen, ist die Normalisierung als unbedingt notwendig anzusehen. Die uneingeschränkte Realisierung der 3. Normalform ist jedoch unter praktischen Gesichtspunkten zu prüfen.

Die Autoren weisen darauf hin, daß der Einsatz von Datenbanken und Datenbankwerkzeugen den Aufbau, die Handhabung und die Wartung einer Datenbank und deren Inhalte ermöglicht. Sie übernehmen aber nicht den Normalisierungsprozeß. Die Verantwortung für den Aufbau einer logisch richtigen Datenbank trägt somit nicht das Datenbankprodukt. Die Richtigkeit der Datenmodelle muß vor dem Anlegen der Tabellen und Felder feststehen und definiert sein.

6.6 Die Abfragesprache SQL - Structured Query Language

1974 stellten Chamberlin und Boyce anläßlich einer Tagung eine "Structured English Query Language" (SEQUEL) als Anfragesprache für relationale Datenbanken vor. Nach einer Überarbeitung wurde dann 1976 diese Sprache als SEQUEL 2 einer breiteren Öffentlichkeit zugängig gemacht. Daraufhin startete IBM ein Pilotprojekt, das experimentielle Datenbankbetriebssystem "System R". Die Erfahrungen aus diesem Projekt schlugen sich dann auf die heute verfügbaren IBM - Produkte Database 2 (DB), SQL/DS (SQL/Data System) und QMF (Query Management Facility) nieder. Sie alle bieten als Nutzschnittstelle eine Sprache SQL (Structured Query Language) an, die weitgehend SEQUEL 2 sehr ähnlich ist.

In der Regel sind alle Systeme (zumindest die an der Zentraleinheit orientierten), die die Sprache SQL implementiert haben, hoch entwickelte DBMS mit Einrichtungen für Sicherungs- und Wiederherstellungsoperationen, Sicherheitskontrollen usw.

Bei der SQL-Datenstruktur sind die Daten scheinbar als einfache lineare Dateien oder Relationen gespeichert. In der Terminologie von SQL werden die Relationen als Tabellen bezeichnet und auf diese sequentiell oder über Indizes zugegriffen. Ein Index kann auf eine Spalte oder auf eine Kombination von Spalten verweisen (bei SQL wird der Begriff "Spalte" anstelle von "Feld" verwendet) und dient zur Geschwindigkeitsverbesserung bei den Abfragen.

Für eine Tabelle können mehrere Indizes erstellt werden. Ein Index kann dabei sowohl auf eine oder mehrere Spalte referenzieren.

Als "Basistabelle" wird die physische Tabelle bezeichnet. Eine "logische Sicht" heißt "Sicht" (view) und wird aus einer oder mehreren Basistabellen gewonnen. Wenn eine Abfrage auf eine Sicht Bezug nimmt, wird die Information über die Sicht aus dem Katalog in die Basistabellen abgebildet, in der die benötigten Daten derzeit gespeichert werden.

6.6.1 Beispiele für einfache SQL-Abfragen

Produktnummer	Produktname	Lieferort	Produktionsgruppe
123	Maschinenteil 23	Wien	1
257	Maschinenteil 57	Steyr	2
347	Maschinenteil 47	Linz	3
455	Maschinenteil 55	Wien	4

Abb. 6.23. Produkttabelle Produkt

Alle Abfragebefehle, die bisher mit "Wähle", "Zeige" und "Verbinde" bezeichnet wurden, werden in SQL mit dem Befehl SELECT ausgeführt. Zum Aufrufen der Produkttabelle würde man folgenden Befehl (Abfrage 1) eingeben:

```
SELECT * FROM PRODUKT
```

Produktnr.	Produktname	Produktionsort	Produktionsgruppe
123	Maschinenteil 23	Wien	1
257	Maschinenteil 57	Steyr	2
347	Maschinenteil 47	Linz	3
455	Maschinenteil 55	Wien	4

Abb. 6.24. Abfrageergebnis 1

Dies bedeutet: Zeige alle (*) Spalten der Produkttabelle. Das Ergebnis sieht exakt wie die Produkttabelle aus.

Will man nun einen einzigen Datensatz durch Angabe des Wertes aus einer eindeutigen Spalte sehen, beispielsweise "Finde den Datensatz mit der Produktnummer 123", würde man folgenden Befehl eingeben (Abfrage 2):

```
SELECT * FROM PRODUKT WHERE PRODUKTNUMMER = 123
```

Als Ergebnis erhält man aus der Produkttabelle folgende Zeile (Abb. 6.25):

Produktnr.	Produktname	Produktionsort	Produktions- gruppe
123	Maschinenteil 23	Wien	1

Abb. 6.25. Abfrageergebnis 2

Das WHERE-Satzglied dient zur Begrenzung des horizontalen Ausschnitts aus der Tabelle, so daß nur auf eine Untermenge der Datensätze zugegriffen wird. In diesem Fall ist die Spalte , deren Wert angegeben wird, eine Spalte mit einmaligen Werten, so daß nur ein Datensatz abgerufen wird. Eine einfache Zeige-Operation, beispielsweise "Zeige die Produktnummer und den Produktnamen aller Produkte" würde folgendermaßen aussehen (Abfrage 3):

```
SELECT PRODUKTNUMMER, PRODUKTNAME FROM PRODUKT
```

Produktnummer	Produktname
123	Maschinenteil 23
257	Maschinenteil 57
347	Maschinenteil 47
455	Maschinenteil 55

Abb. 6.26. Abfrageergebnis 3

Als Kombination einer Auswahl und einer Projektion mit der Tabelle "Produktbeschreibungstabelle" (Abb. 6.27) könnte man zum Beispiel folgenden Befehl (Abfrage 4) verwenden.

```
SELECT PRODUKTVOLUMEN, PRODUKTGRÖSSE
FROM PRODUKTBESCHREIBUNG
WHERE PRODUKTGEWICHT > 50
```

Produktvolumen	Produktgröße	Produktgewicht
100	160	45
150	170	52
200	180	55
250	190	45
300	200	45
350	210	70
400	220	75
500	200	30

Abb. 6.27. Produktbeschreibungstabelle

Produktvolumen	Produktgröße	Produktgewicht
150	170	52
200	180	55
350	210	70
400	220	75

Abb. 6.28. Abfrageergebnis 4

Will man ausgewählte Datensätze durch einen Bereich für die Spaltenwerte begrenzen, gibt man folgenden Befehl (Abfrage 5) ein:

```
SELECT *
FROM PRODUKTBESCHREIBUNG
WHERE PRODUKTGEWICHT BETWEEN 40 AND 60
ORDER BY PRODUKTGEWICHT
```

Als Ergebnis erhält man:

Produktvolumen	Produktgröße	Produktgewicht
100	160	45
250	190	45
300	200	45
150	170	52
200	180	55

Abb. 6.29. Abfrageergebnis 5

6.7 SQL - Abfragen in mehreren Tabellen

Ausgangspunkt für folgendes Beispiel sind die Tabellen "Produkttabelle" und "Hersteller" in den Abb. 6.30 und Abb. 6.31.

Produkt- nummer	Produktname	Produktionsort	Produktionsgruppe
123	Maschinenteil 23	Wien	1
257	Maschinenteil 57	Steyr	2
347	Maschinenteil 47	Linz	3
455	Maschinenteil 55	Wien	4
999	Eigenfertigung 99	Salzburg	5

Abb. 6.30. Tabelle Produkttabelle

Produktnr.	Hersteller Nummer	Herstellername	Lieferort
123	1004	Eichinger	Wien
123	2345	Trauner	Wien
257	4532	Hauser	Steyr
347	1978	Kappl	Linz
455	4602	Fichner	Wien
455	3008	Müller	Wien

Abb. 6.31. Tabelle Hersteller

Mit dem Befehl (Abfrage 6)

```
SELECT PRODUKT.*, HERSTELLER.*
FROM PRODUKT, HERSTELLER
WHERE PRODUKT.PRODUKTNUMMER = HERSTELLER.PRODUKTNR
```

erhält man die Tabelle Abb. 6.32, die eine Liste der Zulieferteile mit Detailinformationen bietet.

Prod.-nr.	Produkt-name	Liefer-ort	Prod.-gruppe	Produkt-nr.	Hersteller-nummer	Hersteller-name	Liefer-ort
123	Maschinen-teil 23	Wien	1	123	1004	Eichinger	Wien
123	Maschinen-teil 23	Wien	1	123	2345	Trauner	Wien
257	Maschinen-teil 57	Steyr	2	257	4532	Hauser	Steyr
347	Maschinen-teil 47	Linz	3	347	1978	Kappl	Linz
455	Maschinen-teil55	Wien	4	455	4602	Fichtner	Wien
455	Maschinen-teil55	Wien	4	455	3008	Müller	Wien

Abb. 6.32. Abfrageergebnis 6

Zu diesem Befehl ist folgendes zu bemerken:

Der Ausdruck "FROM PRODUKT, HERSTELLER" zeigt an, daß in diesem Befehl zwei Tabellen (Tabelle "Produkt" und Tabelle "Hersteller") einbezogen werden. Mit dem Ausdruck "WHERE PRODUKT.PRODUKTNUMMER = HERSTELLER.PRODUKTNR" wird definiert, daß bei beiden Tabellen die Verbindungsspalte die Spalte der Produktnummer ist und nur die Zeilen ausgewählt werden, bei welchen die Produktnummer in beiden Tabellen aufscheint.

Die Abfragesprache SQL ist ein sehr nützliches Instrument für die Manipulation von Daten in relationalen Datenbanken. Bei steigender Komplexität der Zusammenhänge zwischen den Relationen, steigt der Grad der Verschachtelung in den SQL Statements sehr rasch an. Während Abfragen auf einfachen Strukturen auch für Einsteiger möglich sind, bedürfen komplexere Abfragen einiger Erfahrung im Umgang mit Relationen und deren Zusammenführung.

6.8 Zusammenfassung

Der Einsatz von Datenbanken ist zur Verwaltung großer Datenbestände nicht mehr wegzudenken. Verschiedene Datenverwaltungskonzepte wie das hierarchische, netzwerkorientierte oder relationale Modell sind in Form von Datenbanksystemen verfügbar. Während früher das hierarchische Konzept bei den Datenbanksystemen führend war, sind heute relationale Datenbankkonzepte beim Entwurf von Informationssystemen bevorzugt. Die Gründe liegen darin, daß im Gegensatz zu den früher fast ausschließlich eingesetzten zentralen Mainframearchitekturen heute verteilte Systeme im Einsatz stehen. Dabei kommen vermehrt vernetzte Computersysteme der mittleren Datenverarbeitung und PCs zum Einsatz. Durch die Verteilung der Daten auf mehrere Server und dem Einsatz von Client/Server Architekturen haben sich bei Datenbankanwendungen die wesentlichen Ziele von der Geschwindigkeitsoptimierung zu einfacher Wartbarkeit, Langlebigkeit der Programme und einfacher Verknüpfbarkeit der Daten gewandelt. Das relationale

Datenmodell bietet dabei die größten praktischen Vorteile. Zur Abbildung der realen Welt in die Datenbankstrukturen müssen Regeln beachtet werden, um die logische Richtigkeit der realen Zustände in der Datenbank zu spiegeln. Die größte Schwierigkeit dabei ist, Daten nur einmal zu verwalten, und richtig zu einheitlichen Objekten zu verbinden, ohne innere Abhängigkeiten zwischen einzelnen Eigenschaften dieser Objekte zu mißachten. Zur Bildung der korrekten Relationen für das entsprechende Datenmodell wendet man daher Normalisierungsschritte an, welche in mehreren Stufen Objekte und deren Eigenschaften derart anordnet, daß sie eindeutig und unabhängig voneinander sind. Diese Unabhängigkeit wird durch die Normalisierung bis zur 3. Stufe für die praktische Anwendung weitgehend erreicht. Zur Vermeidung weiterer mehrfacher und eingebetteter mehrfacher Abhängigkeiten sind zusätzliche Normalisierungsschritte (BNCF, 4. Normalformen) durchzuführen. Je mehr Tabellen beim Normalisierungsprozeß entstehen, umso mehr Verbindungen müssen bei Abfragen, Auswertungen und anderen Manipulationen durchgeführt werden. Diese Verknüpfungen sind rasch zeitintensiv, was bei Anwendungen oft zu Antwortzeitproblemen führt. Praktiker nutzen dabei Möglichkeiten der internen Speicherverwaltung und den Einsatz von Indizes, welche im Hauptspeicher gehalten werden und einen schnellen Direktzugriff auf die Daten ermöglichen. Als Schnittstelle zu relationalen Datenbanken ist die strukturierte Abfragesprache SQL definiert. Diese stellt alle Operationen zur Bearbeitung und Verknüpfung von Datenbanktabellen zur Verfügung. SQL ist eine leicht erlernbare Sprache, welche als Standardschnittstelle zu relationalen Datenbanken heute von vielen Anwendungsprogrammen unterstützt wird. Somit können Daten unabhängig von den Programmen gespeichert werden und, bei entsprechender Berechtigung, von anderen Programmen weiterverarbeitet werden.

7 Mensch-Maschine-Kommunikation

In diesem Kapitel werden die Grundlagen der Kommunikation zwischen Mensch und Maschine - in unserem Fall Mensch und Computer - dargestellt und erklärt. Lehrziel dieses Abschnittes ist das Kennenlernen der verschiedenen Möglichkeiten, Informationen an die Maschine zu geben und neu, oder veränderte Informationen von dieser wieder zu bekommen. Weiters wird der Aufbau der verschiedenen Dialogmöglichkeiten erklärt. Am Ende des Kapitels werden die Grundlagen von Benutzeroberflächen erklärt, wobei das Hauptaugenmerk auf der Benutzeroberfläche WINDOWS liegt.

7.1 Einleitung

Die Rolle des Menschen im technischen System Mensch-Maschine hat sich im Laufe der Jahrhunderte grundlegend geändert. War er am Anfang derjenige, der der Maschine die Energie zur Verfügung stellen mußte um anschließend zum Bediener zu werden, so mutierte der Mensch in modernen Systemen heutzutage fast ausschließlich zum Anwender bzw. bekam er vor allem im Zuge der Automatisierung von Prozessen die Aufgabe, das System zu überwachen, zu leiten und zu kontrollieren.

Man kann das Mensch-Maschine-System auch in Form eines Regelkreises (Abb. 7.1) darstellen.

Unter dem Begriff Maschine sei hier ein technisches System jeglicher Art verstanden. In Abb. 7.1 ist der Mensch in einen Bereich für die Informationsaufnahme (Sensorik), für die Informationsverarbeitung (Nervensystem) und letztlich in den Teil, welcher für die Informationsausgabe (Motorik) zuständig ist, gegliedert. Eine Unterteilung der Maschine kann in ähnlicher Art und Weise vorgenommen werden: Eingabesystem für die Aufnahme von Daten durch den Menschen, den Abschnitt für die Informationsverarbeitung der ankommenden Werte eventuell unter zuhilfenahme von gespeicherten Daten und dem Anzeigesystem zur Ausgabe der für den Menschen wichtigen Informationen.

Nachfolgend seien hier einige Beispiele für die Wichtigkeit der Mensch-Maschine-Kommunikation in den verschiedenen Anwendungsgebieten des täglichen Lebens genannt.

- **Flugverkehr**: Ergonomische Gesichtspunkte bezüglich der Mensch-Maschine-Kommunikation waren bei der Konstruktion von Cockpits bei Flugzeugen immer schon ein wichtiges Anwendungsgebiet. Betrachtet man jedoch modernste Flugzeuge, so sieht man, daß der Mensch hauptsächlich nur noch überwachende Tätigkeiten auszuführen hat und nur noch in Ausnahmefällen eingreifen muß.
- **Medizintechnik**: In modernen Krankenhäusern wird versucht, die gesamte Patientenverwaltung - von der Diagnose über die Behandlungsmethode bis

hin zu Serviceeinrichtungen für Patienten (z.B. Essenauswahl, -transport und -bestellung) auf voll elektronischem Wege abzuwickeln,.

- **Prozeßleittechnik und Fertigung**: Bei modernen Industrieanlagen können gleichzeitig mehrere tausend Informationen von der Leitstelle zu bearbeiten sein. So ist es unmöglich, z.B. große zusammenhängende Fertigungsstraßen ohne die geeigneten informationsverarbeitenden Hilfsmittel zu betreiben.

- **Privater Bereich**: Zuletzt sei hier der nicht zu unterschätzende Anteil im privaten Bereich angeführt. Angefangen von Haushaltsgeräten wie z.B. vom Mikrowellenherd über Waschmaschinen bis hin zu Fernseher, Videorecorder und Spielcomputer für den Nachwuchs ergeben sich dauernd Situationen bei denen eine Mensch-Maschine-Kommunikation unabdingbar notwendig ist.

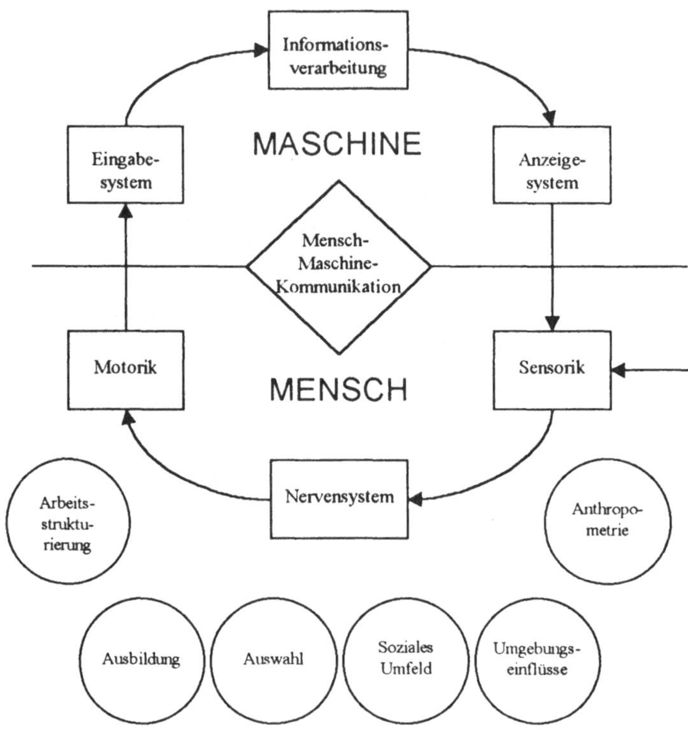

Abb. 7.1. Regelkreis Mensch-Maschine

Ob dieser Vielfalt der Anwendungsfälle ergeben sich natürlich verschiedenste Probleme bei der optimalen Gestaltung des Mensch-Maschine-Kommunikationsprozesses. So gilt es zu beachten, daß bei der Entwicklung neuer Systeme die Über- aber auch die Unterforderung des Menschen zu unterbleiben hat. Gerade in modernen automatisierten Anlagen kann es durch Unterforderung des Menschen vorkommen, daß im Falle einer Störung dieser aufgrund mangelnder Übung überfordert ist.

7.2 Informationseingabe durch den Menschen

Das Eingabesystem ist jene Schnittstelle der Maschine durch welche der Mensch der Maschine Informationen übermitteln kann. Menschen haben im wesentlichen vier Möglichkeiten Informationen weiterzugeben:

1. Körperbewegungen (Gestik, Mimik)
2. Sprache
3. Handschrift
4. Maschinenschrift.

Um diese Fähigkeiten zur Informationseingabe in einem technischen System verwenden zu können, sind verschiedene technische Einrichtungen notwendig:

1. Sensoren ("Virtual Reality")
2. Spracheingabe
3. Schreibeingabe
4. Tastatur.

Der Aufwand für die Erlernung (menschlicherseits) und Beherrschung (technischerseits) dieser vier Punkte verläuft indirekt proportional (Abb. 7.2).

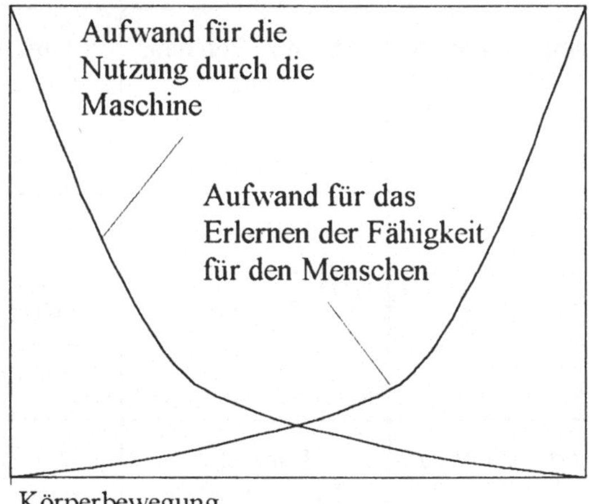

Abb. 7.2. Aufwand für den Einsatz der menschlichen Fähigkeiten

Die für die Eingabe verwendeten Sensoren lassen sich in fünf Gruppen einteilen:
• mechanische (z.B. Schalter),
• elektrische (z.B. Berührungseingabe),

- optische (z.B. Lichtgriffel),
- akustische Sensoren (z.B. Spracheingabe) und eine
- Kombination der angeführten Möglichkeiten (z.B. "Datenhandschuh" bei "Virtual Reality"-Aufgaben).

Eine weitere Unterscheidungsmöglichkeit ist die Art der Kodierung der eingegebenen Informationen (Tabelle 7.1).

Tabelle 7.1. Mögliche Eingabemethoden bei der
Mensch-Maschine-Kommunikation

Verfahren der Eingabe	Aktion	Kodierung	Eingabegeräte
Schalter	Drehen, Schalten, Schieben	Winkel, Strecke	Dreh-, Schieberegler, Dreh-, Kippschalter
Tastatur	Berühren, Drücken	Zeichen, Zeit	Sensor-, mechanische und virtuelle Tasten
Koordinateneingabe	Zeigen, Zeichnen	Graphik, Zeichen, Ort	Maus, Trackball, Steuerknüppel, Lichtgriffel, "touch screen"
Schreibeingabe	Schreiben	Schriftzeichen	Schreibtablett
Spracheingabe	Sprechen	Sprache	Mikrophon mit Spracherkennungssystem
Gestik- und Mimikeingabe	Körperbewegungen	Lage und Bewegung des Körpers	Messung von Bewegungen der Hand-, Augen- und/oder anderer Köperteile
Spezialcodeeingabe	Codeleser	Strich-, Magnetcode, eigene Chipkarten	Magnet-, Balkencodeleser, Chipkartenleser

7.3 Informationsdarstellung für den Menschen

Damit der Mensch Informationen der Maschine entnehmen kann, bedarf es entsprechender optischer und akustischer Anzeigemittel, deren Gestaltung im wesentlichen von folgenden Punkten abhängt:

- Eigenschaften der darzustellenden Nachricht
  Unter den Eigenschaften der darzustellenden Nachricht versteht man deren Codierung z.B. alphanumerische Zeichen, Analog- und Digitalwerte, Graphik, Sprache.
- Aufgabe des Menschen
  Menschen die mit modernen Maschinen kommunizieren müssen, haben vielseitige Aufgaben zu erfüllen. So muß z.B. ein Operator einer industriellen Prozeßleitwarte in der Lage sein, mehrere Tätigkeiten (Überwachen, Zählen, Messen, Klassifizieren, Planen, Entscheiden, Problemlösen, u.v.a.) auszuführen.
- Eigenschaften des Menschen
  Um die von der Maschine dargestellten Informationen verwerten zu können, benötigt der Mensch seine Sinnesorgane (z.B. Sehsinn, Hörsinn, Tastsinn, usw.).
- verfügbare Anzeigetechnologie
  Die verfügbaren Anzeigetechnologieen werden in Tabelle 7.2 angeführt.

Tabelle 7.2. Möglichkeiten der Anzeigeverfahren bei der
Mensch-Maschine-Kommunikation

Anzeigeverfahren	Kodierung	Anzeigegerät
Einzelinstrument	analog, digital, Bildzeichen	Digitalanzeige, Zeigerinstrument
Bildschirm	analog, digital, Text, Bildzeichen, Grafik	Kathodenstrahl-, LCD-Bildschirm
Großanzeige	analog, digital, Text, Bildzeichen, Grafik	Projektions-, LCD-Großbildschirme
3-D-Anzeige	Grafik, Animation	holografische Anzeigen
Head up-Anzeigen	analog, digital, Bildzeichen	Projektions- Helmanzeige
Sprachausgabe	Text	Vollsynthese
Haptische Anzeige	analog, digital	Blindenhilfsmittel

7.4 Dialog im Mensch-Maschine-Kommunikationssystem

Der wechselseitige Informationsaustausch zwischen Mensch und Maschine, mit dem Ziel eine bestimmte Aufgabe zu lösen, wird als Dialog bezeichnet. Die Anregung kommt dabei einmal von der Seite des Menschen und dann wieder von der Seite der Maschine. Folgende Ziele sind bei der Gestaltung eines guten Dialogs anzustreben:

-   Vermeidung von Über- bzw. Unterforderung des Menschen,
-   Leistungsfähigkeit des gesamten Mensch-Maschine-Systems möglichst hoch,
-   Benutzbarkeit ohne fremde menschliche Hilfe und möglichst ohne Studium umfangreicher Benutzerhandbücher,
-   Anpassung an die Fähigkeiten und Intentionen des Benutzers,
-   Akzeptanz des Systems durch den Benutzer.

Den Mensch-Maschine-Dialog kann man in folgende Hauptgruppen unterteilen:

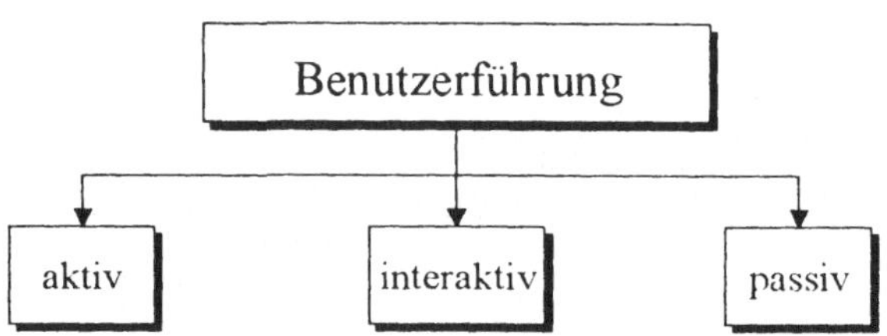

Abb. 7.3. Möglichkeiten der Benutzerführung

Bei den aktiven Verfahren (Abb. 7.3) erfolgt die Führung durch das technische System. Im Gegensatz zu den passiven Verfahren, wo die Führungsaufgabe nur durch den Benutzer wahrgenommen wird. Interaktive Verfahren sind auf die Mitarbeit beider Teilnehmer angewiesen.

Standen in der Vergangenheit hauptsächlich passive Verfahren in Anwendung, so ergeben sich mit der zunehmenden Verwendung von aktiven bzw. interaktiven Systemen folgende Anforderungen:

-   Geführter Dialog:
    Das technische System schlägt dem Benutzer die seiner Meinung nach günstigste Lösung vor, läßt aber optionale Lösungsmöglichkeiten zu.
-   Angepaßter Dialog:
    Um der oben angeführten Forderung bezüglich Unter- bzw. Überforderung gerecht zu werden, sollte der Dialog dem Benutzer angepaßt werden können. So macht es wenig Sinn, einem nicht geübten Anwender alle Funktionen zur Verfügung zu stellen, denn er wird meistens mit den wichtigsten Grundfunktionen das Auslangen finden.

- Einheitlicher Dialog:
  Damit der Aufwand für das Erlernen minimal bleibt, ist es von großem Vorteil, wenn auch verschiedene technische Systeme mit einem einheitlichen Dialog ausgestattet sind.

- Anwendungsunabhängiger Dialog:
  Für die Entwicklung moderner Dialoge in technischen Systemen stehen heutzutage universell einsetzbare Werkzeuge zur Verfügung, die es ermöglichen, einheitliche und anwendungsunabhängige Dialoge zu entwerfen.

- Objektorientierter Dialog:
  In Anlehnung an die objektorientierte Programmierung versucht die objektorientierte Interaktion die realen Welt nachzubilden. Die sinnvollerweise graphisch dargestellten Objekte sind Grundlage für die Interaktion des Benutzers. Dabei sind die Objekte sowohl Datenstrukturen (z.B. Dokumente) als auch Interaktionskomponenten (z.B. Ein- / Ausgabegeräte).

- Direkte Manipulation:
  Durch die direkte Manipulation hat der Benutzer die Möglichkeit durch eine physische Aktion einzugreifen z.B. Zeigen auf graphisch dargestellte Objekte am Bildschirm, wobei die Reaktion des Systems unmittelbar angezeigt wird.

7.5 Benutzeroberflächen

Die Mensch-Maschine-Kommunikation, das heißt die Kommunikationsmöglichkeiten des Menschen mit dem Rechner stellt seit Jahrzehnten ein intensives Forschungsgebiet dar. Vor der Einführung der Bildschirme spielte die Mensch-Maschine-Kommunikation eine untergeordnete Rolle. Die Kommunikation von Benutzer und Maschine beschränkte sich darauf, daß der Benutzer die von ihm in Lochkarten gestanzten Eingabedaten in den Lochkartenleser legte, wo sie die Maschine las, und daß er sich die am Drucker ausgegebenen Ergebnisse abholte. Die Kommunikation war deshalb unbefriedigend, weil sie üblicherweise nur aus Zahlen und Texten bestand und der Benutzer keine Möglichkeit hatte, in den Programmablauf einzugreifen. Mit dem Aufkommen des Teilnehmerbetriebes verbesserte sich diese Kommunikation insofern als jeder Benutzer seine eigene Tastatur hatte, über die er mit seinem laufenden Programm kommunizieren konnte. Mensch und Maschine konnten einen geschriebenen Dialog führen, der allerdings auch nur aus fortlaufendem Text bestand.

Dies änderte sich rapid, als die ersten Bildschirme zur Verfügung standen. Der Rechner konnte ab nun seine Ergebnisse nicht nur als Zahlenkolonnen, sondern auch als Bilder, Grafiken usw. ausgeben und die Eingaben des Benutzers über Cursor und Tastatur entgegennehmen. Somit war eine neue Benutzungsart geboren, die auf einen intensiven Dialog von Mensch und Maschine aufbaute. Dadurch war es erst möglich, beispielsweise CAD einzuführen.

Durch den interaktiven Dialog zwischen Mensch und Rechner konnte eine Zeichnung entwickelt, verändert und modifiziert werden. Dies wurde unter anderem durch die sogenannten Bildschirmeditoren ermöglicht. Es sind dies Programme, welche den Inhalt einer Datei oder Teile davon auf dem Bildschirm darstellen und es dem Benutzer gestatten, beliebige Teile davon zu ändern, zu ergänzen oder zu löschen. Dadurch war es möglich, auf jedes Zeichen einer Datei zuzugreifen, an beliebiger Stelle einen neuen Text einzuschieben, Absätze mit anderen zu vertauschen und vieles andere mehr, was heute jedem Rechnerbenutzer selbstverständlich ist. Hand in Hand damit ging die Entwicklung von Bildschirmmasken. Diese stellen ein vorgefertigtes Schirmbild mit leeren Stellen dar, welches der Benutzer ausfüllen kann, einem Vordruck oder Fragebogen vergleichbar. Die Eingabe mit Hilfe von Bildschirmmasken stellte einen großen Fortschritt dar und ist auch bis heute noch überwiegend in der kommerziellen Datenverarbeitung weit verbreitet.

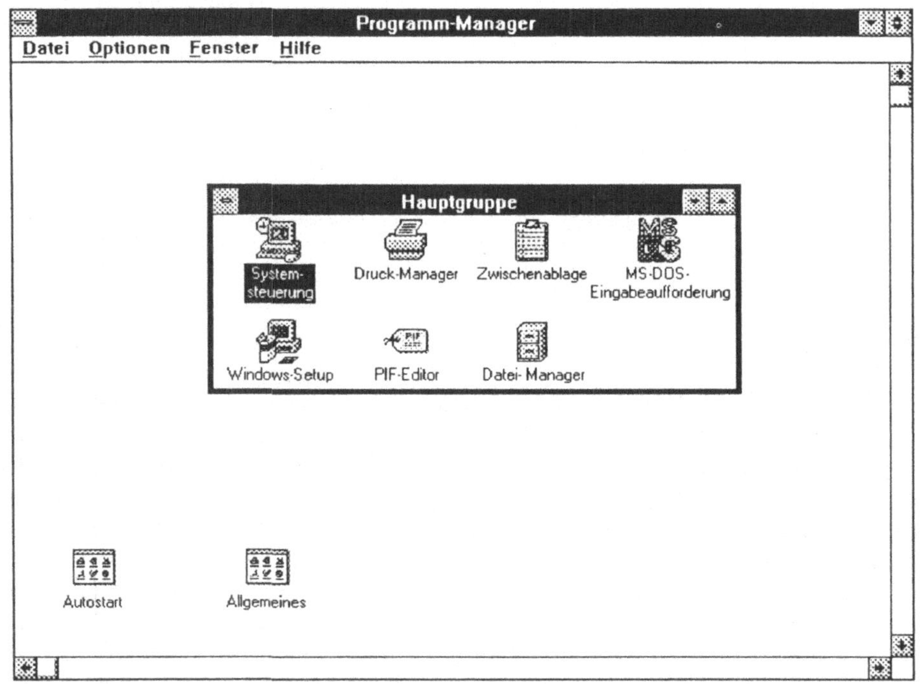

Abb. 7.4. Fenster und seine Bestandteile

In den frühen 80er Jahren trat abermals eine neue Art der Mensch-Maschine-Kommunikation ihren Siegeszug an. Der Bildschirm wird in mehrere Bereiche, sogenannte Fenster (Windows), aufgeteilt. Jedes Fenster (Abb. 7.4) ist ein Bildschirm für sich, welcher unabhängig von den anderen benutzt werden kann. Dadurch war es möglich, mehrere Dateien gleichzeitig auf einem Bildschirm darzustellen. Die Fenster sind in ihrer Lage und Größe nicht starr vorgegeben, sondern lassen sich vom Benutzer öffnen (worauf sie erscheinen), vergrößern und verkleinern, auf dem Bildschirm hin- und herschieben und schließen (worauf sie verschwinden). Fenster bieten die Möglichkeit, mit der Maus den Fensterinhalt wie eine Schriftrolle vorwärts und rückwärts sowie nach links und rechts zu bewegen ("Rollbalken").

Diese Technik kann mit mehreren Dokumenten, welche auf einem Schreibtisch liegen, verglichen werden. Jedes Fenster entspricht einem Dokument auf der Arbeitsfläche des Schreibtisches, welche wiederum dem Bildschirm entspricht. Das Schließen eines Fensters auf dem Bildschirm entspricht dem Schließen eines Dokumentes auf dem Schreibtisch. Genauso wie eine geschlossene Akte vom Schreibtisch nicht verschwindet bleibt das Dokument in Form eines Piktogrammes - Symbol oder ICON (Abb. 7.5) - am Bildschirm stehen.

Abb. 7.5. Beispiele für ICONS

ICONS kann man mit der Maus wie Dokumente auf einem Schreibtisch verschieben, um sie geeignet anzuordnen. Man kann aber auch durch Anklicken eines Symbols mit der Maus das zugehörige Fenster wieder öffnen.

Die Menütechnik (Abb. 7.6) erlaubt es darüber hinaus, durch Anklicken eines Begriffes im oberen Balken des Bildschirmes ein Menü einzublenden. Es ist dies eine Liste, die wie eine Speisekarte eine Auswahl von Aktionen enthält, die der Rechner zu diesem Zeitpunkt ausführen kann. Ausführbare Aktionen sind meistens fett gedruckt, während aus logischen Gründen derzeit nicht ausführbare schwächer unterlegt sind.

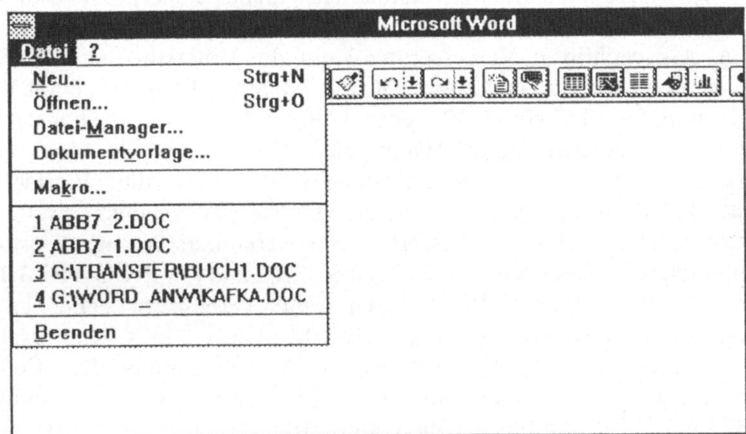

Abb. 7.6. Beispiel für ein Menü

Die Führung eines Mensch-Maschine-Dialoges über Menüs ist von sehr großer Flexibilität. Die Mensch-Maschine-Kommunikation ist zu einem wichtigen Teilgebiet der Informatik geworden, das mit der Computergrafik eng zusammenhängt. Die Forschung bleibt auch hier nicht stehen, und neuere

Entwicklungen gehen dahin, die gesprochene Sprache und den Tastsinn zur Mensch-Maschine-Kommunikation einzusetzen.

7.6 Die Benutzeroberfläche WINDOWS

Microsoft WINDOWS ist eine grafische Erweiterung des Betriebssystems MS-DOS. WINDOWS unterstützt im Gegensatz zu DOS das gleichzeitige Ausführen mehrerer Programme. Während unter DOS jedes Programm eine eigene Benutzerschnittstelle bereitstellen muß, ist dies bei WINDOWS Programmen nicht der Fall. Diese Standardschnittstelle erlaubt es dem Benutzer, WINDOWS-Programme mit minimaler Anlernzeit einzusetzen. Dafür stellt WINDOWS eine Standardmenge von Benutzerschnittstellenobjekten (z.B.: Fenster, Menü, ICONs...) zur Verfügung. Hierdurch ergibt sich ein konsistentes Erscheinungsbild aller WINDOWS-Programme und das Erlernen und Anwenden eines WINDOWS-Programmes wird wesentlich erleichtert.

Die erste lauffähige Version von WINDOWS erschien im November 1985. Sie ermöglichte lediglich eine automatische Aufteilung der Programmfenster. Diese Version WINDOWS 1 benötigte an Hardwarevoraussetzungen einen Rechner der Kapazität eines IBM-PCs mit 256 KB RAM mit einer CPU des Types 8088 und 2 Diskettenlaufwerke. Im September 1987 erschien die Version WINDOWS 2. Sie wies Ähnlichkeiten mit der Oberfläche von OS/2 auf, ermöglichte überlappende Fenster und gewährleistete eine bessere Ausnützung des Hauptspeichers durch Unterstützung von Extended Memory. Dadurch war es möglich mehr WINDOWS-Programme gleichzeitig in den Speicher zu laden. Da WINDOWS 2 ebenfalls noch immer vom Real-Mode aus arbeitete, konnte das Hauptspeicherproblem nicht völlig gelöst werden. Dies blieb WINDOWS 3, welches im Mai 1990 am Markt erschien, vorbehalten. Als wichtigste Verbesserung kann die Unterstützung des Extended Memory angesehen werden. Unter WINDOWS 3 können Programme auf bis zu 16 MB RAM zugreifen. Ist ein 80386 oder höherer Prozessor verfügbar, so setzt WINDOWS die bausteineigene Hauptspeicherverwaltung für den virtuellen Hauptspeicher ein, was eine Kapazitätssteigerung bis zum Vierfachen des tatsächlichen RAMs bringt. Daneben ermöglicht WINDOWS 3 eine Erweiterung der Benutzerschnittstelle, eine verbesserte Netzwerkunterstützung, sowie eine hypertextähnliches Hilfesystem. WINDOWS 3.1 und WINDOWS 3.11 oder WINDOWS for Workgroups (WfW) waren weiter verbesserte Versionen. Wobei WfW erstmals eine Netzwerkversion darstellte. Mitte des Jahres 1995 erschien das vollkommen neue Betriebssystem WINDOWS 95. Dieses unter dem Codenamen "Chicago" integrierte Betriebssystem ist die innovative Weiterentwicklung von WINDOWS und WfW und bietet höhere Nutzbarkeit, mehr Power und erweiterten Zugriff auf PC-Ressourcen. Die neu gestaltete einfache grafische Benutzeroberfläche ist frei definierbar und unterstützt die sog. "Plug and Play"-Technologie. Diese neue Technologie erlaubt es CD-ROM-Laufwerke, Modems und weitere Peripheriegeräte einfach an den PC anzuschließen, wobei sich das System (Software und Hardware) danach von selbst konfiguriert. Dieses 32-Bit-Betriebssystem läuft ab PC mit einem 386SX Prozessor und 4 MB Arbeitsspeicher, wobei vom Hersteller aber mindestens ein 386DX Prozessor mit 8 MB Arbeitsspeicher empfohlen wird. Die volle Leistung des Betriebssystems kann allerdings nur in Verbindung mit einem 486er oder Pentium Prozessor ausgeschöpft werden. Um eine bestehenden MS-DOS und WINDOWS Konfiguration upzudaten benötigt man mindestens 15 MB freien Festplattenspeicher.

7.6.1 Grundelemente von WINDOWS

Alle WINDOWS-Operationen werden im Rahmen des Desktop ausgeführt und man kann diese Benutzeroberfläche mit der eines wirklichen Schreibtisches vergleichen.

Bei WINDOWS werden zwei Arten von Fenstern unterschieden, den Anwendungs- und den Dokumentfenstern:

- Anwendungsfenster enthalten die laufenden Anwendungen. Sie können innerhalb der Desktop-Ränder beliebig verschoben werden.
- Dokumentfenster erscheinen bei Anwendungen, in denen zwei oder mehrere Dokumente innerhalb desselben Arbeitsbereiches geöffnet werden können. Sie sind nur innerhalb des Arbeitsbereiches des Anwendungsfensters verschiebbar.

7.6.1.1 Elemente und Aufbau eines Fensters:

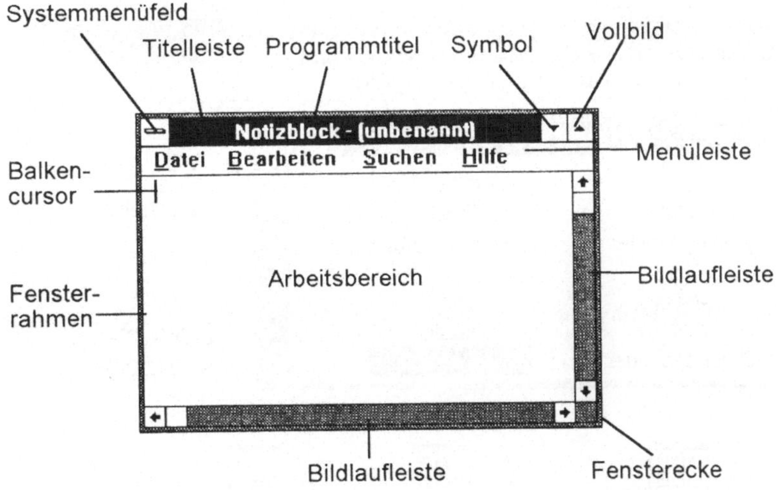

Abb. 7.7. Elemente und Aufbau eines Fensters

- Systemmenüfeld: Mit den Befehlen des Systemmenüs können Fenster verschoben, geschlossen, auf Vollbild vergrößert und auf Symbolgröße verkleinert, sowie deren Größe geändert und auf die Taskliste umgeschaltet werden.

- Titelleiste: zeigt den Namen des Anwendungsprogrammes oder des Dokumentes. Sind mehrere Fenster offen, so wird die Titelleiste des aktiven Fensters in einer anderen Farbe dargestellt.
- Programmtitel: Name des Anwendungsprogrammes oder des Dokumentes.
- Menüleiste: Hier werden die verfügbaren Menüs aufgelistet.
- Bildlaufleisten: ermöglichen es, Teile des Dokuments, welche angesehen werden sollen, durch Verschieben auf den Bildschirm zu bringen, falls das Dokument zu umfangreich ist, um vollständig im entsprechenden Fenster dargestellt zu werden.
- Schaltfläche Vollbild: das aktive Programmfenster wird so vergrößert, daß es den gesamten Desktop ausfüllt. Dokumentfenster werden nur soweit vergrößert, daß sie den gesamten Programmarbeitsbereich ausfüllen. Nach Vergrößern des Fensters kann die Schaltfläche "Wiederherstellen" dazu verwendet werden, um das Fenster wieder auf seine vorherige Größe zu bringen.
- Schaltfläche Symbol: das aktive Fenster wird auf Symbolgröße verkleinert.
- Fensterrahmen: ist die äußere Begrenzung eines Fensters. Mit dem Fensterrahmen können die einzelnen Seiten eines Fensters beliebig vergrößert und verkleinert werden.
- Fensterecken: dienen zum gleichzeitigen Ändern zweier Seiten eines Fensterrahmens.
- Balkencursor: zeigt den Standort im jeweiligen Dokument an.
- Mauszeiger: erscheint, wenn im System eine Maus installiert ist.

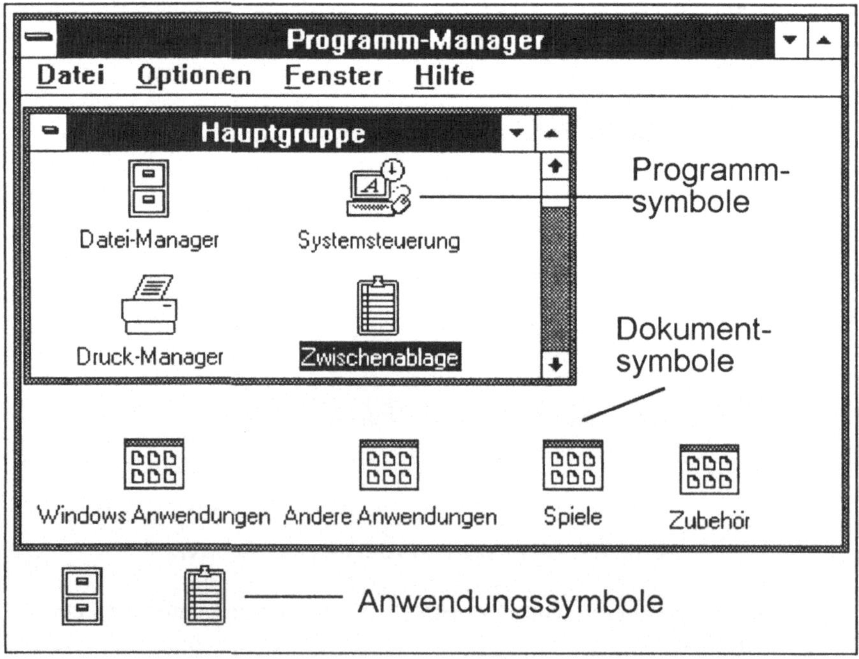

Abb. 7.8. Die Symbole

- Arbeitsbereich: Der Großteil der Arbeitsoperationen eines Anwendungsprogrammes wird im Arbeitsbereich durchgeführt. Manche Anwendungsprogamme ermöglichen es, mehrere Fenster innerhalb eines Arbeitsbereiches zu öffnen.

Ein Fenster muß nicht alle der hier beschriebenen Elemente enthalten.

Der Aufbau des Fensters entspricht im wesentlichen dem vorher Gezeigten. Es sollen jedoch anhand dieses speziellen Fensters (Abb. 7.8) die wichtigsten Funktionen erläutert werden. Mit den Befehlen des Systemmenüfeldes können Fenster verschoben, geschlossen, auf Vollbild vergrößert, auf Symbolgröße verkleinert sowie deren Größe auf die Taskliste umgeschaltet werden. Die Titelleiste zeigt den Namen des Anwendungsprogrammes oder des Dokumentes. In der Menüleiste werden alle verfügbaren Menüs aufgelistet. Bildlaufleisten ermöglichen Teile des Dokumentes durch Verschieben auf den Bildschirm zu bringen. Falls das Dokument zu umfangreich ist, um vollständig im entsprechenden Fenster dargestellt zu werden. Mit der Schaltfläche Vollbild kann das aktive Programmfenster so vergrößert werden, daß es den gesamten Schirm ausfüllt. Mit der Schaltfläche Symbol wird das aktive Fenster auf Symbolgröße verkleinert.

Symbole (Abb. 7.8) dienen zur Kennzeichnung von laufenden Dokument- oder Anwendungsfenstern.

- Dokumentsymbole stehen für auf Symbolgröße verkleinerte Dokumentfenster, Sie erscheinen am unteren Rand des Programmarbeitsbereiches und können innerhalb dieses beliebig verschoben werden.
- Anwendungssymbole erscheinen dann, wenn ein Anwendungsprogramm gestartet und der Befehl Symbol gewählt wurde. Das Anwendungsprogramm wird als Symbol am unteren Fensterrand abgelegt. Anwendungssymbole sind die einzigen Symbole, die außerhalb der Fensterrahmen am Desktop erscheinen. Anwendungssymbole können beliebig am Desktop verschoben werden.
- Programmsymbole stehen für Anwendungsprogramme, die vom Programm-Manager gestartet werden können. Sie sind in besonderen Dokumentfenstern (Gruppenfenstern) enthalten. Diese Symbole können innerhalb von Gruppenfenstern, zwischen Gruppenfenstern und von Gruppenfenstern auf Gruppensymbole verschoben werden.

In WINDOWS erfolgt der Informationsaustausch zwischen Benutzer- und Anwendungsprogramm über Dialogfelder. Benötigt WINDOWS zusätzliche Informationen, so werden diese in einem Dialogfeld abgefragt. Diese fehlenden Informationen müssen eingegeben werden und durch eine Befehlsschaltfläche (Abb. 7.9) aktiviert werden.

Abb. 7.9. Befehlsschaltflächen

Durch Befehlsschaltflächen wird eine Aktion unmittelbar eingeleitet. Es werden die ausgewählten Befehle ausgeführt. (z.B. OK).

Schaltflächen mit Auslassungszeichen (...) eröffnen ein weiteres Dialogfeld, um zusätzliche Informationen abzufragen. Schaltflächen mit zwei Größer-Zeichen erweitern das Dialogfeld und stellen neue Optionen zur Verfügung.

In einem Listenfeld werden die verfügbaren Auswahlmöglichkeiten in einer Spalte angezeigt. Stehen mehr Auswahlmöglichkeiten zur Verfügung, so können diese mit Hilfe der Bildlaufleisten angewählt werden. Einzeilige Listenfelder erscheinen zunächst als rechteckiges Feld, welches mit dem Pfeilsymbol am rechten Rand zu einer Liste der verfügbaren Auswahlmöglichkeiten erweitert werden kann. Optionsschaltflächen erscheinen in einem Dialogfeld als eine Liste sich gegenseitig ausschließender Elemente. Kontrollfelder enthalten Optionen, die ein- oder ausgeschaltet werden können. Angewählte Optionen sind durch ein X gekennzeichnet.

7.6.2 WINDOWS-Dienstprogramme

Der Programmanager wird normalerweise automatisch mit WINDOWS gestartet. Seine Hauptaufgabe besteht im Starten von Anwendungsprogrammen. Er kann auch dazu verwendet werden, die Anwendungsprogramme in sinnvolle Gruppen zu gliedern. Jede Gruppe enthält eine Sammlung von Programmsymbolen, von denen jedes ein Anwendungsprogramm darstellt. WINDOWS wird mit vordefinierten Gruppen (Hauptgruppe, Zubehör, Spiele, WINDOWS-Anwendungen, Andere Anwendungen, ...) geliefert. Der Benutzer kann aber nach Belieben eigene Gruppen erzeugen und in diesen Programmsymbole zusammenfassen. Alle WINDOWS-Programme, die zusätzlich installiert werden, erstellen daher auch bei der Installation eine eigene Gruppe mit den entsprechenden Symbolen.

Der Dateimanager ist ein Hilfsmittel zur Organisation von Dateien und Verzeichnissen. Er kann dazu verwendet werden, alle auf der Festplatte gespeicherten Daten und Verzeichnisse in verschiedenen Fenstern anzuzeigen, zwischen diesen Dateien oder ganze Strukturen zu kopieren zu verschieben oder zu löschen. Die Anzeige der einzelnen Dateien kann dabei in sehr vielfältiger und flexibler Weise erfolgen. So existieren z.B. Möglichkeiten, nach dem Dateinamen, der Dateigröße, dem Datum oder der Dateierweiterung zu sortieren.

Mit der Systemsteuerung kann die Systemkonfiguration von WINDOWS bestimmt werden. Das Fenster Systemsteuerung enthält eine Reihe von Programmen, die die Einstellung für Farben, Schriften, Datum, länderspezifische Einstellungen, die angeschlossenen Drucker, und zusätzlicher Hardwarekomponenten (Soundkarten) ermöglichen.

Das Symbol für die DOS-Eingabeaufforderung startet bei Aktivierung eine Kopie des DOS-Befehlsinterpreters, der es dann ermöglicht normale DOS-Befehle einzugeben.

Sobald von einer WINDOWS-Anwendung eine allgemeine Druckdatei erstellt ist, übernimmt der Druckmanager das Drucken dieser Datei, indem er die darin enthaltenen allgemeinen Druckkommandos in die jeweils dem angeschlossenen Drucker entsprechenden umwandelt. Der Druckmanager arbeitet im Hintergrund, während er die Dateien an den Drucker sendet. Die gesendeten Dateien werden in einer Druckerwarteschlange angeordnet. Dabei gibt es zwei Arten von Druckerwarteschlangen: Lokale Warteschlangen und Netzwerkwarteschlangen.

7.7 Zusammenfassung

In diesem Kapitel wurden die Grundlagen der Kommunikation zwischen Mensch und Maschine bzw. im Speziellen zwischen Mensch und Computer erklärt. Es wurden die grundsätzlichen Möglichkeiten der Informationseingabe durch den Menschen und der Informationsdarstellung für den Menschen besprochen. Der Unterschied zwischen aktiven, interaktiven und passiven Dialog ist im Abschnitt Dialog dieses Kapitels ausgearbeitet worden. Der letzte Abschnitt widmete sich der Beschreibungen von Benutzeroberflächen im allgemeinen und im speziellen der Benutzeroberfläche WINDOWS.

8 Anwenderprogramme

In diesem Abschnitt des Buches wird der Begriff der Anwendersoftware oder Anwenderprogramme erklärt. Dazu wurde das Kapitel in die Untergruppen Textverarbeitung, Tabellenkalkulation, Datenbanken, Grafikprogramme und Toolsprogramme eingeteilt. Jede dieser Gruppen wird unter Zuhilfenahme eines eigenen Beispielprogrammes kurz erklärt und dargestellt. Es sei ausdrücklich darauf hingewiesen, daß es für jede dieser hier angeführten Programmarten mehrere Produzenten gibt und die in diesem Buch aufgezählten Beispiele sich nur zufällig ergaben.

8.1 Einleitung

Mit der Einführung des PCs Anfang der 80er Jahre wurde der Computer zu einem preisgünstigen Massenartikel, dessen Einsatz auch in Klein- und Mittelbetrieben rentabel war. Parallel mit der Verbreitung von Personalcomputern im Bürobetrieb entwickelte sich auch das Angebot an Programmen. Waren es anfangs hauptsächlich noch Systemprogramme, mit denen sich Anwender ihre eigene Software schrieben, verlangte der Markt bald standardisierte Anwenderprogramme, deren Benützung einfach und ohne große Computerkenntnisse erfolgen konnte.

Mit dem Preisverfall der Hardware zu Beginn dieses Jahrzehnts eroberte der PC auch den privaten Markt. Aus dieser Tatsache heraus entstand die bis dahin völlig neue Philosophie, den Rechner auszupacken, zusammenzubauen - wobei sich dies auf ein Zusammenstecken von Kabeln reduzierte - einzuschalten und direkt mit dem Arbeiten zu beginnen.

Moderne Anwenderprogramme, die auch unter dem Begriff Benutzer- oder Arbeitsprogramme bekannt sind, helfen dem Anwender seine jeweiligen Probleme zu lösen. Sie lassen sich in die fünf große Gruppen Textverarbeitung, Tabellenkalkulation, Datenbanksysteme, Grafik und Utilitysoftware (wie z.B. Kommunikationssoftware zum Anschluß an den Datenhighway) unterteilen, wobei es durch sogenannte integrierte Programmpakete auch eine Kombination aus den bestehenden Gruppen gibt. Diese Programme können mittlerweile in den verschiedensten Varianten und von zahlreichen Softwareherstellern bezogen werden. Derzeit werden Personalcomputer fast ausschließlich mit vorkonfigurierter Anwendersoftware verkauft und ausgeliefert.

8.2 Textverarbeitung

Die Textverarbeitungssoftware hat sich aus den zeilenorientierten und bildschirmorientierten Editoren entwickelt. Wie bei Datenbanken wird auch bei der Textverarbeitung blockweise bzw. sektorweise auf die abgelegten Textdateien zugegriffen. Die Organisation der Dateien im Hauptspeicher bzw. RAM-Bereich ist nach der Hierarchie "Zeichen-Wort-Zeile-Absatz-Bereich-Text" angeordnet. Diesen Dateien werden dann die Attribute zur Bildschirmdarstellung, Druckformatierung usw. zugeordnet.

Die Einteilung der Dateneinheiten ist bei der Textverarbeitungssoftware mehr oder weniger gleich. Bei der Zuordnung von Attributen und Auszeichnungen hingegen unterscheiden sich die Tools teilweise sehr stark. Aus diesem Grunde können Textverarbeitungsdateien meist nur über reine ASCII-Dateien konvertiert werden - also ohne Attribute und Auszeichnungen.

Man unterscheidet bei der Textverarbeitung die Abläufe Erfassung, Bearbeitung und programmierte Verarbeitung von Texten als wichtigste Tätigkeiten.

- **Texterfassung:** Dazu zählt die Eingabe von Fließtexten, Sofortkorrektur, Textformatierung, Text auf einem externen Speicher sicherstellen.
- **Textbearbeitung:** In der Textbearbeitung sind folgende Aufgaben durchzuführen: Text nachträglich überarbeiten (Löschen, Einfügen, Versetzen, Suchen, Ersetzen, Kopieren, Umformatieren), Texttabellen erstellen, Druckformatvorlagen erstellen und einsetzen, Druckausgabe durchführen.
- **Textverarbeitung:** Mischen von Textdateien, Erstellen von Textbausteinen, Anfertigung von Serienbriefen sowie Stammdatenverarbeitung.

Die ursprüngliche Idee bei der Entwicklung von Textverarbeitungsprogrammen war lediglich, die Schreibmaschine zu ersetzen. Der Rechner sollte eingegebene Texte speichern und bei Bedarf gegebenenfalls formatiert wieder ausgeben. Die Vorteile von Textverarbeitungsprogrammen gegenüber mit Schreibmaschine geschriebenen Texten lagen darin, daß Korrekturen sehr einfach durchzuführen waren. Ein geschriebener oder/und abgespeicherter Text konnte vor seiner Ausgabe noch mehrmals redigiert und editiert werden. Ein weiterer Vorteil war die Möglichkeit, Serienbriefe zu schreiben. Das heißt, denselben Text mit unterschiedlicher Adresse und unterschiedlicher Anrede sowie gegebenenfalls unterschiedlichen Textbausteinen und mit automatischem Randausgleich (Absatzformate) zu schreiben. Dieser Vorteil wurde aber in den Anfangszeiten der Textverarbeitung dadurch aufgehoben, daß keine Drucker vorhanden waren, die eine der Schreibmaschine äquivalente Schriftqualität zustande brachten. Heute führt die Verfügbarkeit von Laserdruckern sowie von komfortabel zu bedienenden Textverarbeitungsprogrammen bereits dazu, daß die Textverarbeitung - wie bei diesem Buch - den Buchdruck abzulösen beginnt.

Mit modernen Textverarbeitungsprogrammen sind beispielsweise folgende Möglichkeiten gegeben:

- verschiedene Schriftarten,
- verschiedene Schriftgrößen (9, 12, 18 Punkt und beliebige Zwischenwerte),
- verschiedenste Schriftformen,
- griechische Buchstaben, mathematische Formelzeichen und andere Sonderzeichen.

Mit der Schreibmaschine konnte man lediglich eine Nichtproportionalschrift herstellen, das heißt, jeder Buchstabe nimmt den gleichen Platz ein. Bei der Textverarbeitung können Proportionalschriften verwendet werden, in denen beispielsweise 10 i weniger Platz einnehmen als 10 w. Darüber hinaus verwenden Proportionalschriften auch schmale Leerzeichen zwischen den Wörtern und ermöglichen damit einen wesentlich flexibleren Randausgleich als Nicht-proportionalschriften. Textverarbeitungsprogramme bieten darüber hinaus die Möglichkeit, daß Zeichnungen und Grafiken in den laufenden Text aufgenommen werden können, Seitennumerierungen und Fußnoten automatisch eingefügt werden können, der Text auf Rechtschreibfehler sowie bei fremdsprachigen Texten auf Vokabelfehler überprüft und sogar das mehrspaltige Ausdrucken von Schriftstücken ermöglicht wird.

Jeder, der heute einen PC, einen Drucker sowie ein modernes Textverarbeitungs-programm besitzt, ist in der Lage, Texte zu erstellen, die wie gedruckt aussehen. Man nennt dies "Desktop-Publishing", was mit "Drucken und Gestalten auf dem Schreibtisch" übersetzt werden kann. So ist beispielsweise dieses Buch mit einem Textverarbeitungsprogramm erstellt und auf einem Laserdrucker ausgedruckt worden.

Die Verwendung von Textverarbeitungsprogrammen erfordert einen anderen Arbeitsstil als das Arbeiten mit der Schreibmaschine. Es ist nicht mehr erforderlich, einen ganzen Satz bis zum Ende durchzudenken, da man die Möglichkeit hat, jederzeit Änderungen vorzunehmen. (Das heißt Notizen vor Abfassung eines Textes können entfallen.)

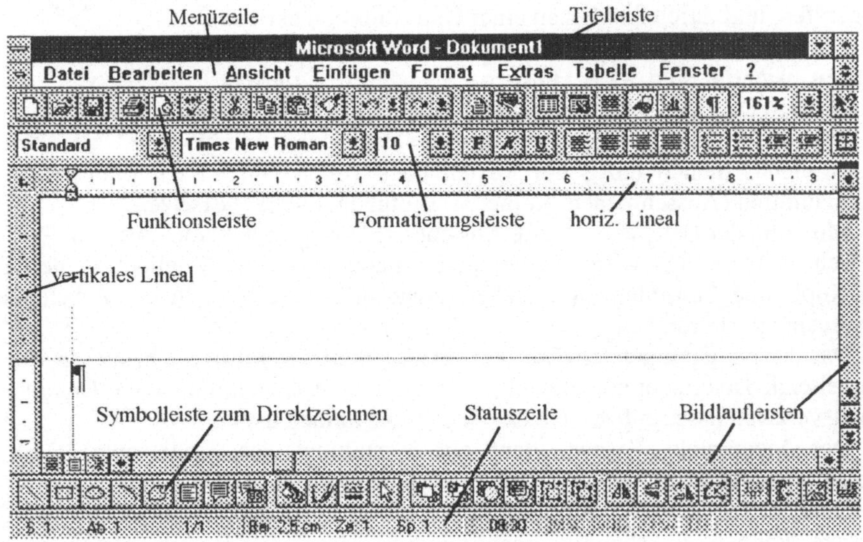

Abb. 8.1. Startbildschirm von WINWORD

Die Anzahl der derzeit verfügbaren Textverarbeitungsprogramme ist sehr groß. Für den Maschinenbauer ist es wichtig zu entscheiden, ob seine Texte sehr viele Grafiken und Abbildungen oder sehr viele Formeln enthalten, oder ob es sich überwiegend um normale Texte handelt. Jedes verfügbare Textverarbeitungsprogramm bietet hinsichtlich dieser Optionen Vorteile. Eine Sonderstellung nehmen dabei Textverarbeitungsprogramme ein, die es gestatten, auch komplizierte, mathematische Formeln in relativ einfacher Art und Weise darzustellen. Ein wichtiges Einsatzkriterium ist die Benutzerfreundlichkeit.

Im folgenden soll das Textverarbeitungsprogramm WINWORD (Word für WINDOWS) kurz erläutert werden, welches überwiegend für die Abfassung von Texten unter Einbindung von Grafiken entwickelt wurde. Da es unter der Benutzeroberfläche WINDOWS arbeitet, zeichnet es sich durch besondere Benutzerfreundlichkeit aus.

8.3 Das Textverarbeitungsprogramm MS-WORD für WINDOWS

Word für WINDOWS (landläufig auch WINWORD genannt) wird zweckmäßigerweise aus der Benutzeroberfläche WINDOWS gestartet. Durch einen Doppelklick auf das Programmsymbol WINWORD erscheint der in Abb. 8.1 gezeigte Bildschirm. Dieser kann in die Titelleiste, die Menüzeile, die Funktionsleiste, die Formatierungsleiste, das Lineal, die Bildlaufleisten, die Statuszeile sowie die Arbeitsfläche unterteilt werden.

Am oberen Bildschirmrand befindet sich die für alle unter WINDOWS laufenden Programme typische Titelleiste. Sie enthält den Namen der Anwendung und den Namen der geladenen Datei. Unterhalb der Titelleiste befindet sich die Menüleiste mit den Namen der Funktionsmenüs. Diese werden durch Anklicken aufgerufen, und durch Anklicken einer Unterfunktion aktiviert.

Das Menü Datei enthält sämtliche Funktionen, die für das Bearbeiten von Dateien wichtig sind (z.B. Öffnen, Speichern, Drucken ...). Die vier zuletzt bearbeiteten Dateien können aus diesem Menü direkt aufgerufen werden.

Das Menü Bearbeiten ist in vier Befehlsgruppen untergliedert. Alle Befehle dieses Menüs dienen dazu, mit Texten oder Teilen von Texten Manipulationen durchzuführen (Ausschneiden, Kopieren, Einfügen, Suchen, Ersetzen, ...).

Mit Hilfe der Befehle im Menü Ansicht kann festgelegt werden, wie ein Text am Bildschirm dargestellt wird. Weiters bietet dieses Menü die Möglichkeit, den Text mit Kopf- und Fußzeilen zu versehen sowie den Ausschnitt in der Arbeitsfläche entsprechend zu gestalten.

Das Menü Einfügen eröffnet die Möglichkeit, bestimmte Objekte in das zu bearbeitende Dokument einzufügen (z.B. Grafiken, Tabellen, Fußnoten, Dokumente, Inhaltsverzeichnisse, Indizes, Objekte, Positionsrahmen usw.).

Der Menüpunkt Format dient zur Gestaltung des Textlayouts (Desktop-Publishing). Zeichen können auf verschiedenste Art (wie fett, kursiv, mit verschiedenen Abständen, auf verschiedenste Art unterstrichen) dargestellt werden. Absätze können linksbündig, rechtsbündig, zentriert oder als Block in den verschiedensten Zeilenabständen, einspaltig oder zweispaltig formatiert werden. Alle die Optionen in diesem Menüpunkt sind in Form von Untermenüs aufrufbar.

Das Menü Extras enthält Befehle, die über das bloße Gestalten von Texten hinausgehen (Rechtschreibprüfung, Silbentrennung, Numerierung und Sortierung von Absätzen, Arbeiten mit Makros, Programmeinstellungen, ...).

Das Menü <u>Tabelle</u> ermöglicht, eine Tabelle in das zu bearbeitende Dokument einzufügen und bietet weiters eine Reihe von Funktionen zum Arbeiten mit und Bearbeiten von Tabellen.

Befehle zum Anordnen und Aktivieren von Dokumentfenstern enthält das Menü <u>Fenster</u>. In diesem Menü werden alle geöffneten Dokumentfenster aufgelistet.

Durch Anklicken des Fragezeichens in der Menüleiste kommt man ins <u>Hilfe-Menü</u>, welches Befehle beinhaltet, mit denen Hilfe-Funktionen von Word genützt werden können oder das Lernprogramm gestartet werden kann (Hypertextsuche).

In der <u>Statuszeile</u> gibt WORD dem Benutzer laufend wichtige Informationen über den gerade bearbeiteten Text, wie beispielsweise Nummer der angezeigten Seite, Abschnitt des Dokumentes, aktuelle Seite, Position der Einfügemarke, Zeilenposition der Einfügemarke, Spaltenposition .

Die <u>Funktionsleiste</u> bietet unter der Verwendung der Maus einen schnellen Zugriff zu häufig verwendeten Wordbefehlen. Die Funktionsleiste kann mit dem Befehl Funktionsleiste aus dem Menü Ansicht ein- oder ausgeschaltet werden. Alle in der Funktionsleiste enthaltenen Funktionen können auch über die Dateien der Menüleiste angewählt werden. Da die Symbole üblicherweise selbsterklärend sind, sei hier auf eine Auflistung verzichtet.

Die <u>Formatierungsleiste</u> (Abb. 8.2) ermöglicht ein einfaches und rasches Formatieren der Texte. Durch Anklicken des entsprechenden Symbols können die wichtigsten Optionen des Menüpunktes Format direkt aufgerufen werden.

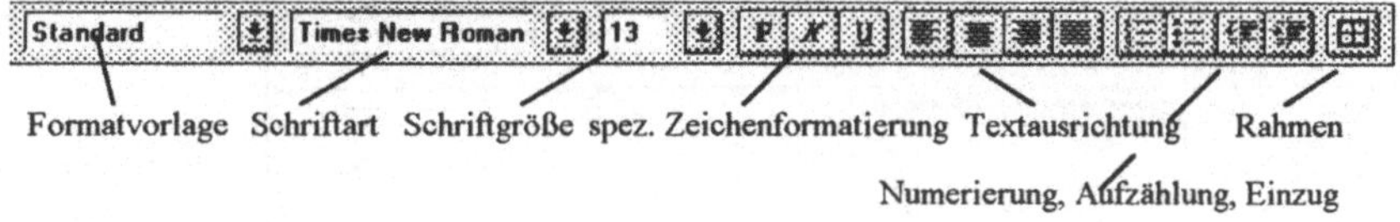

Formatvorlage   Schriftart   Schriftgröße   spez. Zeichenformatierung   Textausrichtung   Rahmen

Numerierung, Aufzählung, Einzug

Abb. 8.2. Formatierungsleiste

8.4 Tabellenkalkulation

Ausgehend von dem Gedanken immer wiederkehrende Berechnungen einfach, schnell und nur mittels Eingabe der geänderten Daten ausführen zu können wurden diese Programme entwickeltet. Der Benutzer kann sich ein oder mehrere Arbeitsblätter in Form von Tabellen erstellen. In die einzelnen Tabellenzeilen und Tabellenspalten lassen sich numerische aber auch Textwerte eintragen und durch eine Vielzahl von Formeln verknüpfen. Moderne Tabellenkalkulationsprogramme stellen alle bekannten mathematischen Operationen zur Verfügung. Weiters können mit ihnen ohne großen Aufwand direkt aus den Tabellen Diagramme erzeugt werden, die eine grafische Auswertung der Lösung erlauben. Durch eine "Zweckentfremdung", in dem man Text anstelle von Zahlen in die Tabelle einträgt, ist es jedoch auch leicht möglich, sich ein kleines Informationssystem aufzubauen. So läßt sich mittels dieser Programme ohne Probleme z.B. sein eigenes kleines Bestellprogramm für den Einkauf aufbauen. Es sei hier aber erwähnt, daß für solche

Probleme der Einsatz von Datenbanksystemen sinnvoller erscheint und mit Tabellenkalkulationsprogrammen hauptsächlich Berechnungen und deren Auswertung erfolgen sollten.

8.5 Das Tabellenkalkulationsprogramm MS-EXCEL

MS-EXCEL ist ein Tabellenkalkulationsprogramm mit integrierter Datenbank und integriertem Grafikprogramm. Durch die Möglichkeit zur strukturierten Programmierung mit Makros können in EXCEL eigene Anwendungen geschrieben werden, die den gleichen Bedienkomfort aufweisen wie EXCEL selbst.

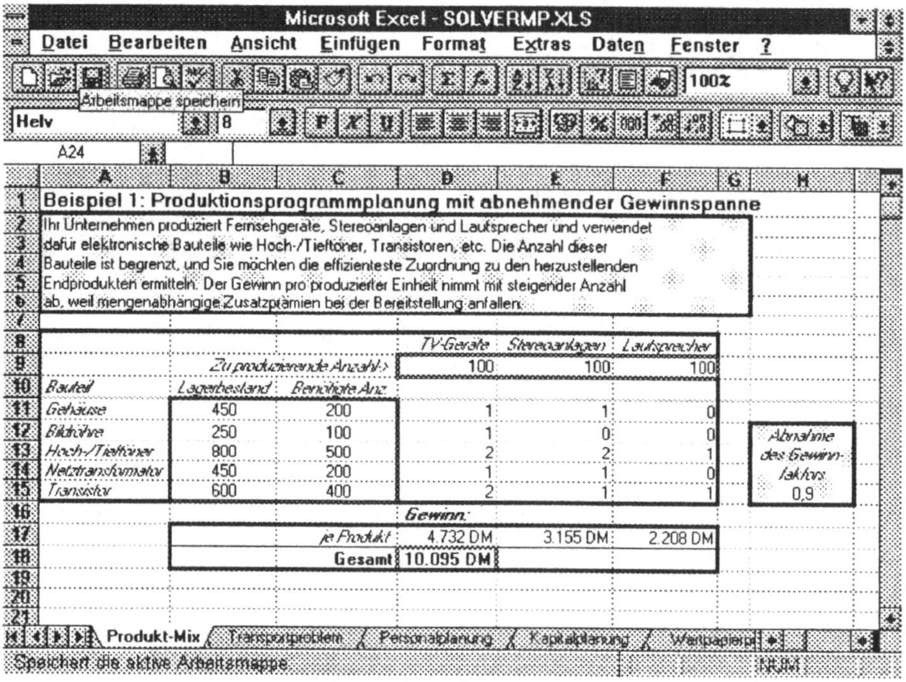

Abb. 8.3. Beispiel einer Tabelle in EXCEL

Wie bei WINDOWS-Anwendungen üblich, befinden sich alle Befehle in Pulldown-Menüs, die sowohl über die Maus als auch über die Tastatur bedient werden können. Die zur Verfügung stehende Online-Hilfe ist auf Wunsch kontextsensitiv, d.h. der Mauszeiger verwandelt sich daraufhin in ein Fragezeichen, mit dem nur ein Befehl anklickt werden muß, um den entsprechenden Hilfe-Text auf den Bildschirm zu rufen. Für Anfänger stellt EXCEL ein ausführliches Lernprogramm bereit.

Ein wichtiger Punkt, der bei Tabellenkalkulationsprogrammen jedoch oft zu kurz kommt, ist die Ausgabe der auf dem Bildschirm dargestellten Daten.

"Spreadsheet Publishing" im Zusammenhang mit Tabellenkalkulationen, ist die Ausgabe von am Bildschirm erstellten Arbeitsblättern und Grafiken in nahezu publikationsreifer Qualität. Mit EXCEL sind Ausgaben, die diesen Anspruch entsprechen, möglich. Sämtliche Einträge in einem EXCEL-Arbeitsblatt können in allen Schriftarten von WINDOWS dargestellt werden. Auch die entsprechenden Zeichenformate wie fett, kursiv, durch- und unterstrichen, sowie verschiedene Schriftgrößen sind wählbar.

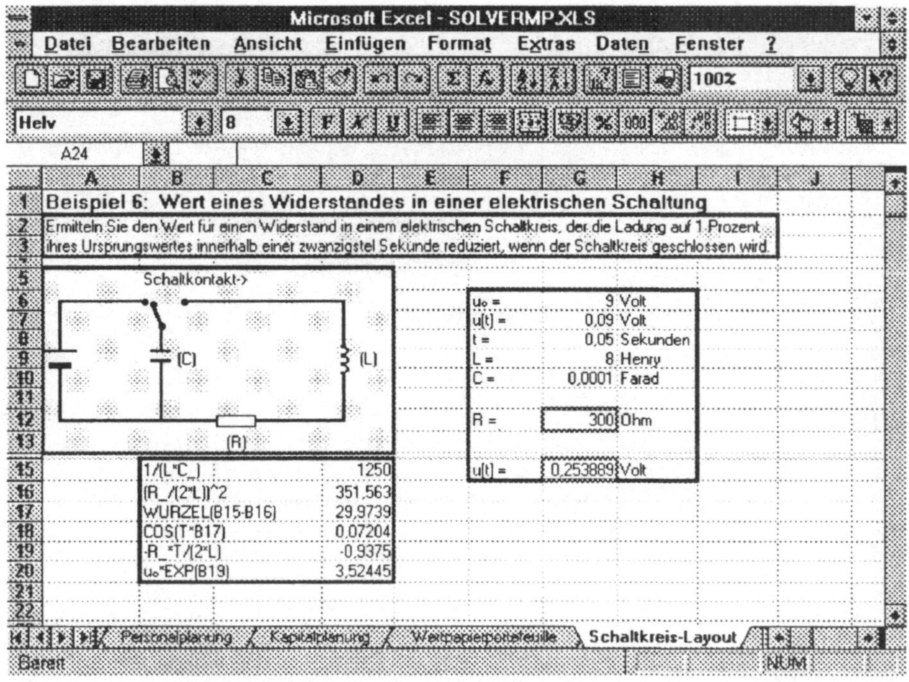

Abb. 8.4. Beispiel einer Zeichnung in EXCEL

Mittels des inkludierten Grafikprogramms können Werte aus Tabellen markiert und direkt in einer anschaulichen Grafik dargestellt werden. Dabei stehen mehrere Grafikmuster zur Verfügung: Balken-, Säulen-, Flächen-, Kreise-, Linien-, Punkt-, Verbunddiagramme in ein- oder mehrdimensionaler Ausführung. Diese Diagramme werden bei einer Änderung der Daten in der Tabelle automatisch mitverändert, so daß immer der neueste Stand der Tabelle grafisch dargestellt wird. Auch in einer Grafik gibt es die Möglichkeit mittels eigener Funktionen auf die Gestaltung Einfluß zu nehmen. So können Texte, Legenden, Rahmen mit verschiedenem Aussehen und Formaten eingefügt werden (Abb. 8.4).

Wie in jeder Tabellenkalkulation kann auch mit EXCEL eine Datenbank erstellt werden, denn letztendlich sind Datensätze lediglich Einträge in Tabellenfelder eines bestimmten Bereichs, der als Datenbank gekennzeichnet ist. Im Prinzip unterstützt EXCEL alle in einer Datenbank benötigten Befehle.

Das Programm EXCEL ermöglicht auch eine sehr komplexe Makro-programmierung, wobei zwei Arten von Makros unterschieden werden: Befehlsmakros und Funktionsmakros. Befehlsmakros bestehen aus einer Reihe von Anweisungen. Dadurch können genau wie bei einer Programmiersprache strukturierte Programme geschrieben werden. Im Gegensatz dazu stehen die Funktionsmakros, welche vom Anwender frei definiert werden können. Ein Funktionsmakro kann nach seiner Fertigstellung, wie jede andere Funktion, aus dem Listenfeld der Tabellenfunktionen und in ein Tabellenfeld eingefügt werden.

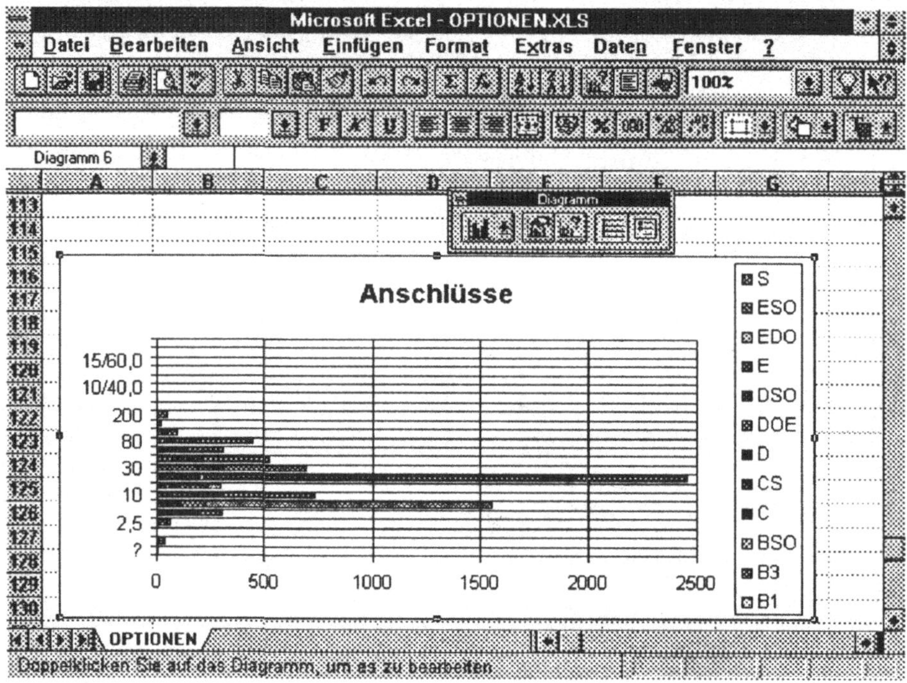

Abb. 8.5. Beispiel eines EXCEL-Diagramms

Eine weitere Option von EXCEL ist, daß ein bestimmtes Makro um eine vorher genau festgelegte Zeit gestartet wird. Um alle Bedienungselemente der Benutzeroberfläche von WINDOWS auch in selbstgeschriebenen EXCEL-Anwendungen zur Verfügung zu stellen, verfügt EXCEL über eine große Anzahl von vordefinierten Makrofunktionen. Dadurch können Schaltflächen, Dialogfelder, Listenfelder und alle typischen WINDOWS-Bedienungselemente erzeugt werden. Es ist weiters auch möglich, aus EXCEL heraus mit einer Makrofunktion andere Anwendungen zu starten und an diese anderen WINDOWS-Anwendungen Zeichen zu senden, die dann ein Makro darstellen. Mittels des dynamischen Datenaustausches (DDE) können direkt aus dem Hautspeicher Daten in ein anderes WINDOWS-Programm importiert werden, ohne dabei die Zwischenablage zu verwenden.

8.6 Datenbanken

Neben dem Schreiben von Texten und Berechnen von Zahlen ist wohl die wichtigste Aufgabe eines Personalcomputers das Verwalten und Speichern von Daten in den verschiedensten Formen. Die trivialste Form einer Datenbank ist der Ersatz für den althergebrachten Karteikasten oder das gewöhnliche Telefonregister. Das heißt das Speichern von personen- oder objektorientierten Daten und deren Auffindung nach einem Kriterium. Moderne Datenbanksysteme erlauben auf Grund ihrer Struktur, jedoch viel komplexere Abfragen. Das Kernstück jeder gut aufgebauten Softwarelösung für einen Betrieb stellt heutzutage eine Datenbank dar. In dieser werden alle in einem EDV-Konzept benötigten Daten, die sogenannten Stammdaten, gespeichert. Die je nach Anforderungsprofil eingesetzten Module (Finanzbuchhaltung, Lohnverrechnung, Lagerverwaltung, Bestellwesen, CIM, CAM u.v.a.m.) einer EDV-Lösung nutzen diese für alle zur Verfügung stehenden Stammdaten und verändern bzw. ergänzen sie nötigenfalls. Der prinzipielle Aufbau sowie genauere Erklärungen von Datenbanken sind in Kapitel 6 enthalten.

8.7 Grafikprogramme

Unter Computergrafik versteht man die Eingabe, die Konstruktion, das Abspeichern, das Neuzeichnen, das Manipulieren, das Wechseln und das Analysieren von Objekten und deren bildliche Darstellung. Im allgemeinen beinhaltet die Computergrafik das Eingeben und das Ausgeben von Grafiken. Ersteres erfolgt mittels verschiedener Techniken, angefangen vom direkten Zeichnen mittels Software über das Digitalisieren mittels Scanner bis hin zur Übernahme von Bildern aus an den Rechner angeschlossenen Kameras. Die Ausgabe der Grafik erfolgt über Bildschirm, (Farb-)Drucker, Plotter oder über Bildschirme von TV-Geräten.

Der Einsatz von Computergrafik wächst rapid, da die Prozessoren immer leistungsfähiger werden und gleichzeitig diese Rechner immer billiger werden.

In der Vergangenheit wurde Computergrafik hauptsächlich dafür verwendet, wissenschaftliche und wirtschaftliche Daten grafisch aufzubereiten. Dieses noch immer sehr wichtige Einsatzgebiet wurde in letzter Zeit durch mehrere neue Anwendungsgebiete erweitert. Man denke nur an die moderne Zeichentrickfilmindustrie, wo der Einsatz von modernsten und schnellsten Grafikcomputern heutzutage nicht mehr wegzudenken ist. Aber auch die gesamte Werbewirtschaft könnte ohne entsprechende Grafikcomputer nicht existieren.

Ein weiteres Anwendungsgebiet für Computergrafik findet man in der modernen Medienlandschaft. Hier werden vor allem Fotobearbeitung oder grafische Darstellungen und Animationen wie z.B. für die Wetterprognose benötigt.

Für die Präsentation von Ablaufplänen, Organigrammen oder ähnlichen Bildern gibt es eigene Grafikprogramme, in denen von unterschiedlichsten Kästchenformen bis hin zu den verschiedensten Pfeilen und Verbindungslinien alles angeboten wird was zur optimalen Darstellung benötigt werden könnte.

Sind die entsprechenden Kästchen mit den Verbindungslinien bzw. Pfeilen richtig verbunden, so kann man einzelne Positionen verschieben und das Bild mit seinen Verbindungen verändert sich automatisch, ohne seine eigentliche Form zu verlieren.

Auch CAD-Anwendungen sind ein nicht unwesentliches Einsatzgebiet von Grafikapplikationen im Computer. Sie werden aber in diesem Buch in Kapitel 10 näher besprochen.

Abb. 8.6 zeigt ein Beispiel aus dem Programm "ABC Flowcharter™" der Firma MICROGRAFX®.

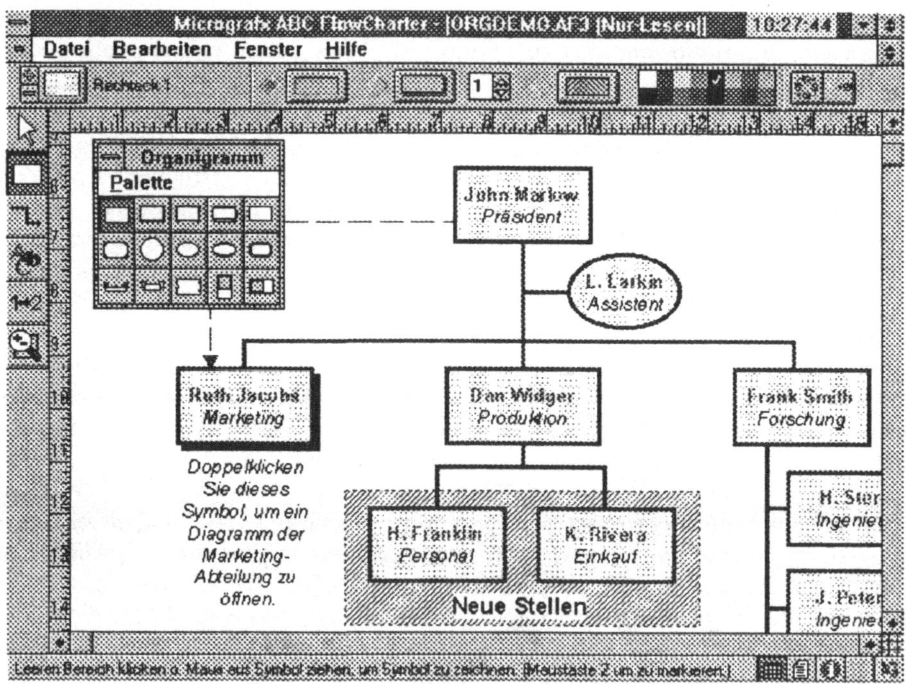

Abb. 8.6. Organigramme mittels ABC Flowcharter™

8.8 Das Grafikprogramm COREL DRAW

COREL DRAW ist ein Zeichenprogramm welches unter der Benutzeroberfläche WINDOWS läuft. Mit diesem Grafikprogramm können Dateiformate anderer Programme wie z.B. PIC-, TIF-, BMP-, WMF-, GIF-, PCC-, PCX-, EPS-Format gelesen und gespeichert werden. Dadurch können Grafiken von anderen Programmen bearbeitet und danach verändert wieder an das Ursprungsprogramm zurückgegeben werden. Weiters stellt das Programm fertige Grafiken zur Verfügung, welche auf Grund des objektorientierten Aufbaus dieser Software auf einfachste Art und Weise an jeder Stelle einer Zeichnung in jeder beliebigen Größe angeordnet werden können.

Selbstgezeichnete Bilder setzen sich oft aus vielen Strichen, Rechtecken, Quadraten oder Kreisen zusammen. Um ein so gezeichnetes Bild handhaben zu können, bietet COREL DRAW die sogenannte Gruppierungsfunktion an. Diese ermöglicht ein Zusammenfassen aller gezeichneten Elemente zu einer Gruppe (zu einem Objekt), die danach z.B. gemeinsam verschoben oder vergrößert werden kann.

Neben dem für ein Zeichenprogramm selbstverständlichen Funktionen wie Drehen, Spiegeln, Verzerren, Verkleinern und Vergrößern kann mit dem Befehl Edit-Text in COREL DRAW auch ganz einfach Text formatiert werden. Das Programm stellt eine Vielzahl von verschiedenen Schriftarten und -größen zur Verfügung, deren Schriftattribute mittels Auswahl von Optionsfeldern geändert werden können. Diese Textblöcke stellen wiederum eigene Objekte dar, welche dementsprechend zu bearbeiten sind.

8.9 Tools- oder Utilityprogramme

Unter den Begriff Tools werden alle Programme zusammengefaßt, die das sogenannte "Handling" des Computers vereinfachen. D.h. diese "Werkzeuge" (Tools) sind Hilfsprogramme - mit je nach Programm unterschiedlichen Programmoberflächen - um gewisse routinemäßige Aufgaben einfacher und schneller erledigen zu können, als dies nur mit dem Betriebssystem möglich wäre.

Das Spektrum der angebotenen Software reicht von einfachen Kopierprogrammen über Komprimierprogramme für Dateien oder die gesamte Festplatte bis zu komplexen Virensuch- und Virenentseuchungsprogrammen (Abb. 8.7).

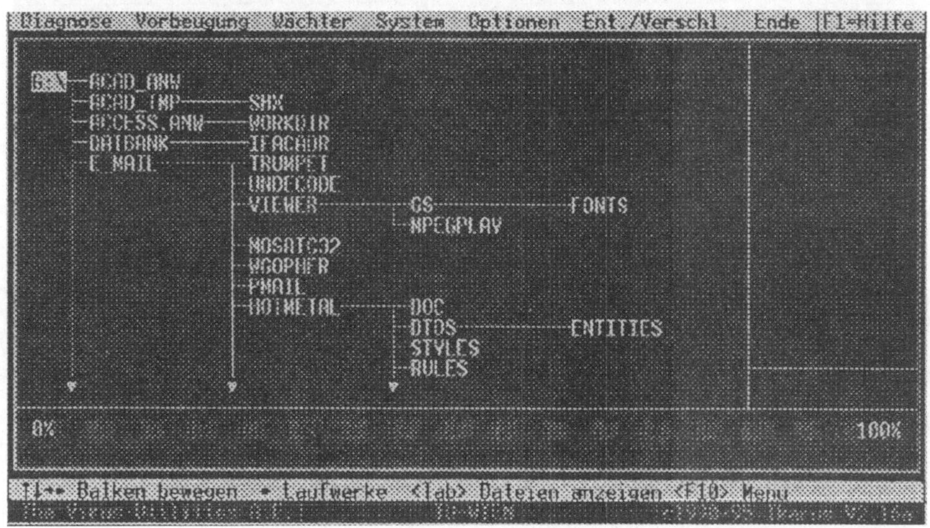

Abb. 8.7. The Virus-Utilities A.E. der Fa. Ikarus

Mit diesem Programm kann der Rechner auf eventuellen Virenbefall untersucht werden. Es wird zuerst der Arbeitsspeicher und danach das angegebene Laufwerk d.h. die Festplatte oder ein Diskettenlaufwerk nach vorhandenen und bekannten Viren durchgesucht. Sollte das Programm einen Virenbefall feststellen, wird dieser gemeldet und danach eine Entseuchung vorgenommen. Dieses Programm bietet auch die Möglichkeit einer sogenannten Wächterfunktion, in dem es speicherresident geladen wird. Dadurch werden alle gestarteten Programme auf Virenbefall untersucht.

Sehr weitverbreitete Programme dieser Spezies sind der "Norton Commander" und die "Norton Utilities". Der "Norton Commander" entstand in einer Zeit, wo grafische Benutzeroberflächen für DOS noch nicht bekannt waren. Mit dem "Norton Commander" können Programme direkt durch einfaches Anwählen gestartet werden. Weiters sind Aktionen wie z.B. Kopieren, Löschen und Verschieben mittels vorbelegter Funktionstasten einfach und schnell durchzuführen.

Die "Norton Utilities" erlauben unter anderem das "Reparieren" von Disketten und Festplatten. Dieses Programm bietet aber auch die Möglichkeit Festplatten zu defragmentieren. Durch oftmaliges Löschen von Daten auf einer Festplatte entstehen Leerräume, die bei neuen Speicheraktionen wieder belegt werden. Dadurch sind aber zusammenhängende Daten oft über die ganze Festplatte verstreut und es kommt zu einer Verlangsamung des Plattenzugriffs. Werden nun alle Daten dateienmäßig zusammengefaßt, d.h. die Festplatte defragmentiert, beschleunigt sich der Plattenzugriff wieder. Eine weitere Funktion dieses Programmes ist das Ermitteln der bestehenden Systemkonfiguration und das Testen einzelner Hardwarekomponenten. Abb. 8.8. zeigt das Ergebnis einer Geschwindigkeitsuntersuchung der installierten Festplatte.

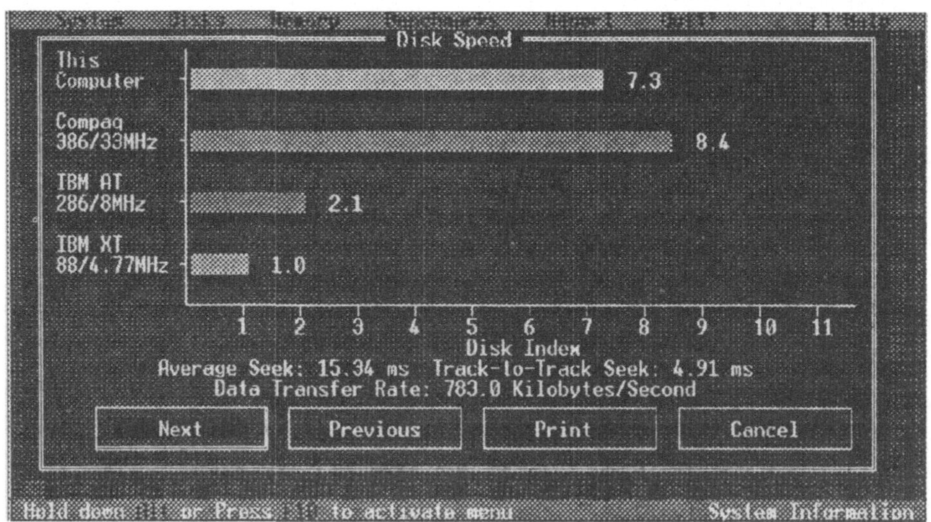

Abb. 8.8. "Disk Speed"-Tester von Norton Utilities

9 Lokale Netze

In den letzten Jahren geht in der EDV der Trend eindeutig weg von einem zentralen Rechner mit unintelligenten Terminals zu PCs (intelligente Terminals), die untereinander verbunden sind. Als Verbindung zwischen diesen PCs dient ein lokales Netzwerk (Local Area Network - LAN). Ein LAN baut die Verbindungen zwischen den im Netz eingebundenen Systemeinheiten (Rechnern, Druckern, Speichern, ...) auf, steuert und sichert die Datenübertragung zwischen diesen Einheiten und sorgt so für eine reibungslose Abwicklung der Kommunikation.

LANs ermöglichen einen Rechnerverbund in räumlich begrenzten Bereichen, z.B. in Räumen, in einem Bürohaus, in einem Universitätsgelände oder in einem ganzen Produktionsbetrieb. So ist beispielsweise die bedienerarme, hochautomatisierte Fabrik der Zukunft ohne Datenverbunde mittels lokaler Rechnernetze nicht denkbar. Außer der Datenkommunikation sind mit lokalen Netzen auch die Sprach- und Bildkommunikation möglich.

Als lokales Netz bezeichnet man ein Informationsübertragungssystem, das in territorial begrenzten Bereichen den Informationsaustausch zwischen zahlreichen unabhängigen Kommunikationspartnern ermöglicht. Es besitzt im allgemeinen einen einzigen Kommunikationskanal hoher Bandbreite und niedriger Fehlerrate, der von allen Teilnehmern gemeinsam genutzt wird.

Laut ISO/TC97/SC1 ist ein

"Local Area Network, ein auf dem Grundstück des Anwenders befindliches Datennetz, in welchem serielle Übertragung zur direkten Datenkommunikation zwischen Datenstationen verwendet wird".

Als Informationsübertragungssystem - das heißt als Kommunikationssystem im engeren Sinne - ermöglicht ein lokales Netz die Kommunikation beispielsweise zwischen Maschinen mit Mikrorechnersteuerungen (speicherprogrammierbaren Steuerungen - SPS), Industrierobotern, Bürocomputern, Bild- oder Textverarbeitungssystemen oder elektronischen Datenverarbeitungsanlagen. Das lokale Netz dient hier lediglich dazu, kodierte Nachrichten, Daten, Texte in Form von Sprach- oder Bildsignalen möglichst rasch und sicher zu übermitteln.

Als Rechnerverbundsystem enthält das Rechnernetzwerk stets ein Informationsübermittlungssystem als integralen Bestandteil. Die Kommunikation zwischen den im Netz befindlichen Rechnersystemen erfolgt im allgemeinen automatisiert. Kommunikationsprotokolle für die Steuerung der Kommunikationsabläufe sind als Softwaremodule vorhanden. Dies entbindet den Netzwerkbenutzer weitgehend von den Aufgaben der Kommunikationssteuerung.

9.1 Aufbau und Eigenschaften lokaler Netze

Ein LAN (Abb. 9.1) - als einadriges Netzwerk - dient überwiegend dazu, viele gleichberechtigte Einzelkomponenten (beispielsweise PCs, Drucker, Plotter,

Streamer, ...) telefonnetzähnlich, seriell miteinander zu verbinden. Einer der Hauptvorteile von LANs ist die gemeinsame Nutzung peripherer Geräte. So ist es beispielsweise möglich, von mehreren Rechnern auf dieselben Drucker, Plotter, externe Speicher usw. zuzugreifen. Speicherplatzintensive Programme können entweder auf einem PC oder auf einem Hostrechner gespeichert und von jedem PC im Netz abgerufen werden.

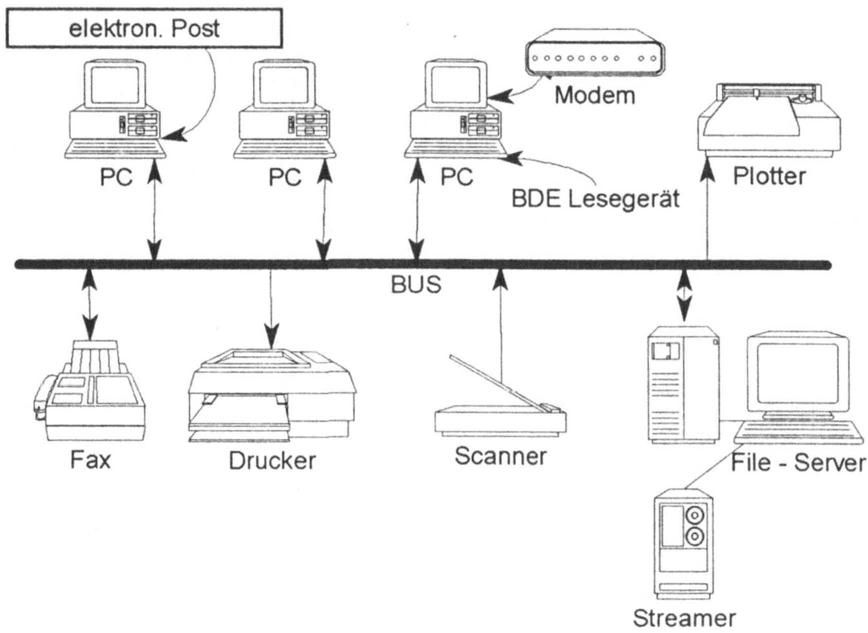

Abb. 9.1. Struktur eines LANs

Ein LAN ist daher dadurch gekennzeichnet, daß:

- die Entfernung zwischen den Datenstationen begrenzt ist (üblicherweise einige bis einige hundert Meter),
- zu jeder Zeit zwischen allen Stationen eine physikalische Verbindung besteht. Jede Station kann jederzeit mit einer anderen verkehren, ohne daß dazu Leitungen geschaltet oder vermittelt werden müssen,
- die Datenübertragungsgeschwindigkeit sehr hoch ist,
- die Datenübertragung paketorientiert erfolgt,
- die Zugriffsteuerung dezentral erfolgt,
- teure Übertragungsleitungen, z.B. Lichtleiterkabel Verwendung finden,

Hinsichtlich der Datenspeicherung kann zwischen LANs mit **dezentraler** und solchen mit **zentraler** Datenspeicherung unterschieden werden.

Bei dezentraler Datenspeicherung wird diese bei den einzelnen PCs autonom durchgeführt. Vorteilhaft dabei ist, daß der Ausfall eines Rechners keine Auswirkungen auf die anderen hat, das System multiuserfähig ist und die Motivation der Mitarbeiter durch eigene PCs gesteigert wird. Als Nachteile können gesehen werden, daß die Datenspeicherung redundant (gleiche Daten sind auf mehreren PCs vorhanden) und die Funktion "Änderung von Daten" sehr aufwendig ist, da meist bei mehreren Stationen die gleichen Daten geändert werden müssen. Für die Pflege der redundant gespeicherten Daten werden bereits auf dem Markt verschiedene Softwarepackages angeboten. Eine Änderung in einem Datenbestand eines bestimmten PCs wird automatisch auch in den Datenbeständen der anderen PCs durchgeführt.

In einem LAN mit zentraler Datenspeicherung wird diese auf einem Host-Rechner (Server) durchgeführt. Diese Anordnung vereinigt die Vorteile der Lösung mit dezentraler Speicherung, wobei zusätzlich der Vorteil der nichtredundanten Speicherung hinzukommt. Nachteile ergeben sich bei gleichzeitigem Zugriff mehrerer PCs auf zentral im Server gespeicherte Daten. Weiters ist das Ausfallsrisiko des Servers, insbesonders bei Controller und Platte einzukalkulieren. Die zentrale Datenhaltung bewirkt eine Sicherung der Datenkonsistenz und Datenintegrität und somit einen aktuellen und redundanzfreien Datenbestand.

Durch LANs haben sich einige neue Begriffe gebildet:

- Einen normalen PC als LAN-Teilnehmer nennt man **"Consumer"** oder **"Workstation"** oder **"Messenger"**.
- Der Rechner über den die normalen PCs Zugriff auf Drucker, Platte oder Band haben, wird **"Server"** genannt.
- Die Verbindung zweier selbständiger LANs, welche getrennt aber gleichartig sein müssen, erfolgt über eine **"Bridge"** (Brücke).
- Die Verbindung zweier selbständiger, getrennter und verschiedenartiger LANs erfolgt über ein **"Gateway"** (Tor).

9.2 Schnittstellen - Ankopplung von Geräten an LANs

Unter einer Schnittstelle versteht man die (physikalische) Verbindung zwischen Rechner und Umwelt - im speziellen die Kopplung mit einem anderen Rechner. Sie besteht im wesentlichen aus der hardwaremäßigen (Netzwerkadapter, allgemein auch Interface genannt) und der softwaremäßigen Anpassung (Umsetzung der Datenpakete in den einzelenen Schichten gemäß Protokoll durch entsprechende Treiberprogramme).

Vom Aufbau her unterscheidet man LANs bei denen der jeweilige PC über eine in ihm integrierte Interfacekarte an das Netz angeschlossen ist (Coprocessordesign) und solche, bei denen ein separates Gerät als Netzwerk-Interface dient und der Rechner über eine genormte Schnittstelle mit diesem Gerät verbunden ist. Die Vorteile des Coprocessordesigns liegen in dem vergleichsweise niederen finanziellen Aufwand und in der höheren Übertragungsgeschwindigkeit. Demgegenüber bieten selbständige Interfacegeräte den Vorteil, daß sie vollkommen unabhängig vom PC-Typ arbeiten und keiner der Arbeitsspeicher im PC durch die Netzwerksoftware belegt wird.

9.3 Übertragungsmedien in lokalen Netzen

Die Art des Übertragungsmediums in einem lokalen Netz richtet sich nach den Anforderungen. Aufgrund der Hauptkriterien Kapazität der Übertragung, Störanfälligkeit und Kosten kann die Art der Leitung, die Art der Übertragung (digital/analog), die Datenübertragungsgeschwindigkeit sowie die Länge der Übertragungsleitung festgelegt werden. Es werden in LANs einige der üblichen in der Kommunikation eingesetzten Übertragungsmedien verwendet. Es sind dies:

a) Mehrfachdraht,
b) Koaxialdraht,
c) Lichtleiter,
d) Funkverbindung.

zu a) <u>Mehrfachdraht:</u> Ähnlich der Übermittlung von Nachrichten mittels Telefon werden mehrere Drähte parallel verlegt. Ihre Anzahl ist vom Typ der Verbindung (zwei, vier, sechs oder mehr) abhängig. Die Kapazität ist mit maximal 500 kHz begrenzt.

zu b) <u>Koaxialkabel:</u> Nach dem physikalischen Prinzip des Faraday'schen Käfigs wird ein Kabel von einem Drahtgeflecht umgeben. Dies bewirkt einen Schutz des inneren Drahtes gegen hochfrequente Umwelteinflüsse. Die Kanalkapazität geht bis 60 Mhz.

zu c) <u>Lichtleiter:</u> Dieses Übertragungsmedium arbeitet nach einer optischen Methode. Beim Sender überträgt ein Laserstrahl die Information in ein Glasfaserkabel, ein lichtempfindlicher Detektor beim Empfänger übersetzt die Signale wieder in eine für den Rechner verständliche Form. Die Übertragungskapazität erreicht bis zu 10 GHz, wobei Lichtleiter extrem störungsunempfindlich sind.

zu d) <u>Funkverbindung:</u> Diese Technik arbeitet nach dem bekannten Prinzip der Rundfunksender, wobei allerdings durch Verwendung geeigneter Antennen ("Richtfunkantennen") eine genaue Abstrahlrichtung des Funksignals erreicht wird. Die Übertragungskapazität beträgt ebenfalls bis zu 10 GHz.

9.4 Übertragungsverfahren in lokalen Netzen

Die Daten werden in Paketen übertragen. Jedes Paket enthält außer den Daten die Zieladresse und die Quelladresse. Bei der Zieladresse ist zwischen Einzeladressierung (eine Station ist der Empfänger), Gruppenadressierung (eine bestimmte Gruppe von Empfängern wird angesprochen) sowie Rundspruch (sämtliche Stationen außer der Sendestation sind Empfangsstationen) zu unterscheiden. Es können Basisband- und Breitbandübertragungssysteme verwendet werden.

Beim <u>Basisbandverfahren</u> (Abb. 9.2) findet zu jedem Zeitpunkt auf dem Übertragungsmedium nur eine Datenübertragung statt. Die Signale werden ohne jegliche Modulation übertragen, was zur Einsparung von teuren Modems führt. Müssen mehrere Verbindungen gleichzeitig hergestellt werden, ist dies nur mittels Zeitmultiplexverfahren mit festen oder variablen Zeitabschnitten möglich.

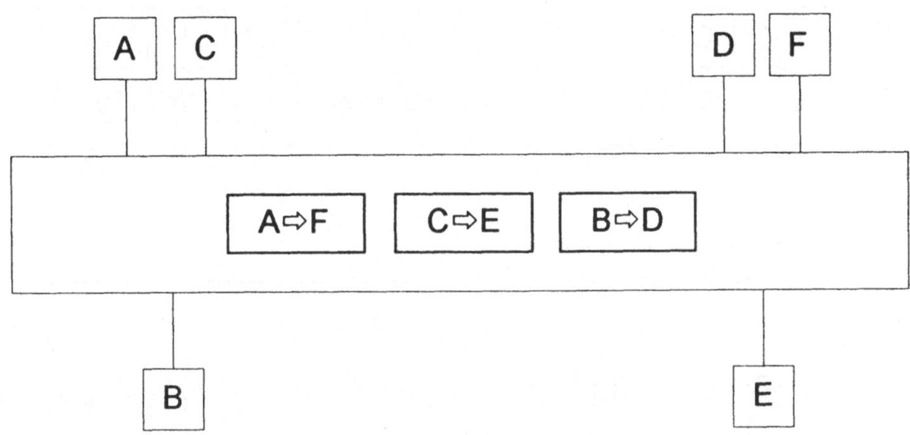

Abb. 9.2. Basisbandverfahren

Die Vorteile dieses Übertragungsverfahrens liegen darin, daß es sich um ein vollständig passives Medium handelt, in dem Geräte einfach zugeschalten oder abgeklemmt werden können. Alle Netzwerkskomponenten sind ständig erreichbar und die Installation gestaltet sich sehr einfach. Nachteilig ist, daß die Möglichkeit des Abhörens ohne Gefahr des Erkanntwerdens und ohne Unterbrechung des normalen Betriebes gegeben ist. Der Netzanschluß gewöhnlicher Terminals ist nur über aufwendige Interfaces möglich. Zwischen den verschiedenen Nachrichten können Interferenzen auftreten. Es fehlt ein automatischer Quittierungs-mechanismus.

<u>Breitbandnetze</u> (Abb. 9.3) stellen auf einem Kabel (Koaxialkabel) mehrere parallele Nachrichtenkanäle zur Verfügung.

Sie erfüllen nicht nur die Hochgeschwindigkeitsanforderung bei LANs (bis 500 MHz), sondern ermöglichen auch die gleichzeitige Übertragung von Ton- und Bildsignalen. Dies ist etwa bei Überwachungssystemen notwendig.

Bei dieser Technik lassen sich getrennte Übertragungskanäle durch Aufteilung des Frequenzbereichs in einzelne Frequenzbänder (FDM, Frequenzmulitplex) bilden. Dadurch können mehrere unabhängige Informationsströme gleichzeitig über dasselbe Kabel übertragen werden. Es finden dabei Komponenten der Kabelfernsehtechnik (CATV) Verwendung. Während Basisbandnetze auf eine Entfernung von ein bis zwei Kilometer beschränkt sind, können hier durch den Einsatz von Verstärkern größere Entfernungen - bis ca. 10 km - überbrückt werden.

Nachteile sind,

- daß kostspielige Modems erforderlich sind,
- die Verlegung und Installation des Kabels nach den Richtlinien der Hochfrequenztechnik erfolgen muß,
- eine regelmäßige Justierung und Wartung des Netzes erforderlich ist und
- eine zuverlässige Stromversorgung für Leistungsverstärker und Repeater sichergestellt sein muß.

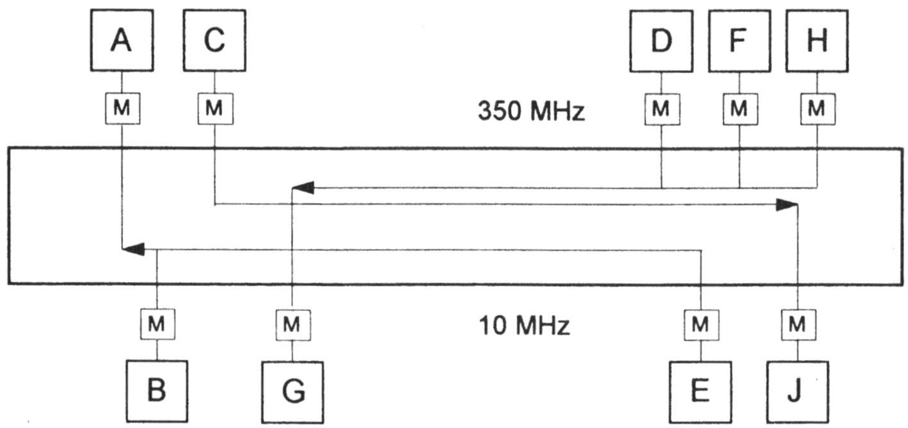

Abb. 9.3. Breitbandverfahren

9.5 Übertragungsprotokolle

Für eine Übertragung von Informationen sind neben dem Übertragungsmedium noch Vereinbarungen über Bedeutungen erforderlich. Diese Übereinkünfte nennt man Protokoll. Beispiele für Protokolle stellen das Handshaking und das PAR-Protokoll dar. Beim Handshaking werden in definierter Reihenfolge spezielle Zeichen ausgetauscht, die dem Kommunikationspartner mitteilen, ob die übertragenen Daten in Ordnung waren oder nicht. Eine weitere Information, die über Handshaking ausgetauscht werden kann, ist z.B. eine Anforderung von Daten, wenn ein Puffer bereit ist, oder eine Unterbrechungsanforderung, wenn der Puffer voll ist. Manche Handshakingprozeduren werden über gesondert geführte Leitungen abgewickelt, andere verwenden die Datenleitungen und senden dort spezielle Zeichen.

Die Abkürzung PAR steht für "**P**ositive **A**cknowledgement or **R**etransmission". War kein Übertragungsfehler feststellbar, wird der Transfer zur Kenntnis genommen. Bei einem Fehler werden die Daten noch einmal angefordert.

Bisher war es üblich, daß Hersteller von Rechnern, speicherprogrammierbaren Steuerungen usw. ihre eigenen Protokolle definierten und verwendeten. Dies bewirkte, daß nur Geräte des gleichen Herstellers untereinander kommunizieren konnten und dabei nur diese in einem LAN Verwendung finden konnten (homogene Kommunikationen). Im Gegensatz dazu bedient sich die offene Kommunikation eines genormten Protokolles, wodurch Geräte verschiedenster Hersteller uneingeschränkt miteinander zusammenarbeiten können. Daraus resultiert häufig ein teurer Zusatzaufwand an Kommunikationssoftware, da die Schnittstellen bilateral festgelegt und realisiert werden müssen. Dies bedeutet eine weltweite Zusammenarbeit zwischen Herstellern und Anwendern.

Eine erste Initiative in dieser Richtung setzte die Internationl Organisation for Standardisation (ISO), die das sogenannte Siebenschichtmodell (Tabelle 9.1) entworfen hat. Hier wird eine klare Trennung zwischen "physikalischer Verbindung" und "Bedeutung der Signale" angestrebt. Dies führt zu einer firmenneutralen Normung von Rechnerverbindungen. Es ist ein offenes Modell, das heißt herstellerunabhängig und wird daher auch als OSI-Norm bezeichnet (OSI: Open System Interconnected).

Tabelle 9.1. Schichten des OSI-Modells der ISO

Nr. der Schicht	Bezeichnung	Erläuterung
7	Verarbeitungsschicht *(Application Layer)*	*stellt die auf dem Netzwerk basierenden Dienste für die Programme des Endanwenders bereit (Datenübertragung, elektronische Post, usw.)*
6	Darstellungsschicht *(Presentation Layer)*	*legt die Anwenderdaten-Strukturen fest, wie sie dann zur Kommunikationsschicht gegeben werden (Formatierung, Verschlüsselung)*
5	Kommunikationsschicht *(Session Layer)*	*definiert das Interface zwischen Endanwender und Netzwerk, baut die Kommunikationsdialoge auf und managt sie*
4	Transportschicht *(Transport Layer)*	*stellt den Datentransport zwischen den Teilnehmern sicher (Fehlererkennung und -behandlung)*
3	Vermittlungsschicht *(Network Layer)*	*legt die Wege der Daten und ihr Rangieren zwischen Netzen fest*
2	Sicherungsschicht *(Data Link Layer)*	*legt die Datenformatierung für die Übertragung fest und definiert die Zugriffsart zum Netzwerk (CSMA/CD oder Token). Man unterteilt noch in "Mediumzugriffsteuerung" und "Logische Ankopplungssteuerung"*
1	*Bitübertragungsschicht (Physical Layer)*	*definiert die elektrischen und mechanischen Eigenschaften der Leitung, Pegeldefinition*

In dieser Standardisierung werden die Bezeichnungen Schicht und Ebene(Layer) synonym verwendet.

Die physikalische Ebene: Diese stellt die unterste Schicht des Modells dar und beschreibt die physikalische Verbindung. In dieser Beschreibung sind Übertragungsmedium, Spannungspegel und mechanische Vereinbarungen definiert. Ein Beispiel dafür ist die V24-Norm - auch RS 232 genannt, wie sie heute bei den meisten

Rechnern unter anderem zum Anschluß für Bildschirmterminals verwendet wird. V-24 verwendet als Steckernorm einen 25poligen Stecker, wobei die Belegung jedes PINs festgelegt ist (z.B. PIN1 Schutzerde, PIN7, Signalerde, PIN2 Sendedaten, PIN3 Empfangsdaten).

Sicherungsebene: Diese verwaltet die physikalische Schicht, indem sie Nachrichten aus der dritten (also über ihr liegenden) Schicht übernimmt, diese mit Kontrollsummen versieht und anschließend an die physikalische Schicht zum Transfer übergibt. Die Aufgabe der Sicherungsebene ist es auch, bei Fehlern in der Übertragung die Nachricht noch einmal aufzubereiten und für einen weiteren Übertragungsversuch zu sorgen.

Vermittlungsebene: Diese Schicht erkennt, ob eine ankommende Nachricht für den Rechner bestimmt ist, oder wieder an einen anderen Rechner im Netzwerk weitergesendet werden muß. Falls die ankommende Nachricht, die in der darunterliegenden Schicht von unnötigen Kontrollbits befreit worden ist, an den Rechner adressiert war, wird diese Nachricht an die vierte Schicht weitergereicht.

Transportebene: Die Vermittlungsschicht hat für die logische Verbindung gesorgt und alle Sicherungs- und Verwaltungsaufgaben übernommen. Die Transportschicht bereitet die übertragene Nachricht für die Verwendung im eigenen Rechner vor.

Kommunikationsebene: In der fünften Schicht erfolgt die Intertask Communication. Das Betriebssystem und einzelne Programme auf Betriebssystem-ebene setzen sich mit den eingelangten Daten auseinander.

Präsentationsebene: In dieser Schicht werden die Daten für den Gebrauch im Rechner formatiert und eventuell passende Steuerzeichen durch die in diesem Rechner notwendige ersetzt (z.B. Bildschirm löschen).

Verarbeitungsebene: Diese Ebene arbeitet als Benutzerinterface zu den unteren Schichten und erlaubt dem Anwender in einer genormten Form Datennetze zu bedienen.

Dieses 7-Schichtenmodell beginnt sich insbesonders für technische Anwendungen durchzusetzen.

9.6 Netzwerktopologien

Um Rechner miteinander zu vernetzen, sind diese zunächst physikalisch zu verbinden. Dazu werden diese vorerst mit einer Netzwerkkarte (PC-Einschubkarte) ausgestattet. Die Netzwerkskarten haben Ausgänge, an welche die Netzwerkskabel angeschlossen werden. Je nachdem, wie diese Verkabelung realisiert wird und wie das Netzwerkbetriebssystem den Zugriff auf das Netz durchführt, unterscheidet man verschiedene Netzwerktopologien. Typische Netzwerktopologien sind:

a) Baumstruktur,
b) Sternstruktur,
c) Ringstruktur,
d) Maschenstruktur,
e) Busstruktur.

zu a) Baumstruktur: Diese Struktur (Abb. 9.4) wird auch als "hierarchische Topologie" bezeichnet. Der oberste Knoten heißt Wurzel.

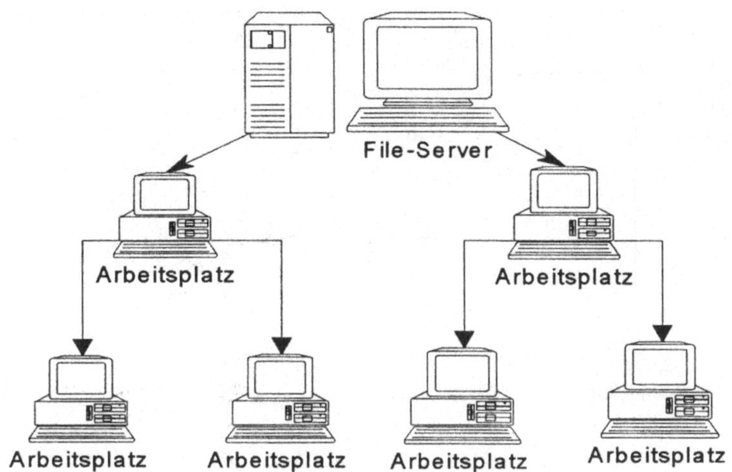

Abb. 9.4. Baumstruktur

Die Schwachstelle dieser Struktur ist der oberste Rechner. Fällt er aus, zerfällt der Baum in zwei Teilbäume. Die Rechner eines Teilbaumes können dann zwar noch untereinander Daten austauschen, der Datentransfer zu den Rechnern des anderen Teilbaumes ist allerdings nicht mehr möglich.

zu b) Sterntopologie: Der Vorteil der Sternstruktur (Abb. 9.5) liegt darin, daß wichtige Daten auf einen Rechner zentral abgespeichert werden können und dann allen anderen Rechnern zur Verfügung stehen. Der größte Nachteil der Sterntopologie ist die Gefahr des Ausfalles des zentralen Rechners. In diesem Fall ist keinerlei Kommunikation zwischen den verbliebenen Rechnern mehr möglich.

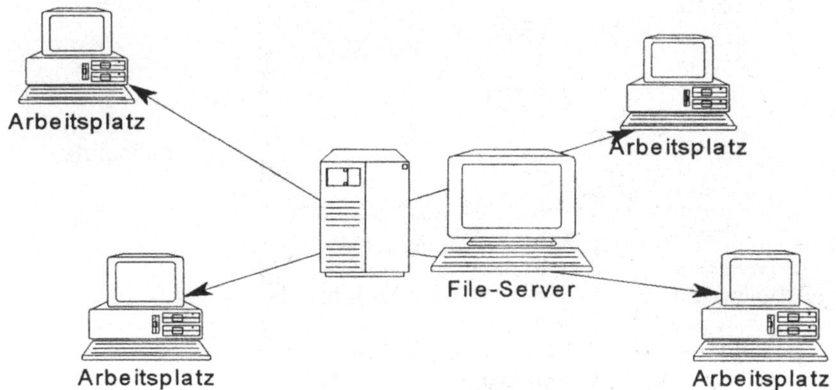

Abb. 9.5. Sternstruktur

zu c) Ringstruktur: Sie ist die modernste Topologie in Bezug auf Rechnernetze (Abb. 9.6) und ist billiger zu realisieren als die Sternanordnung, doch auch hier führt der Ausfall einer Station zum Ausfall des gesamten Netzes.

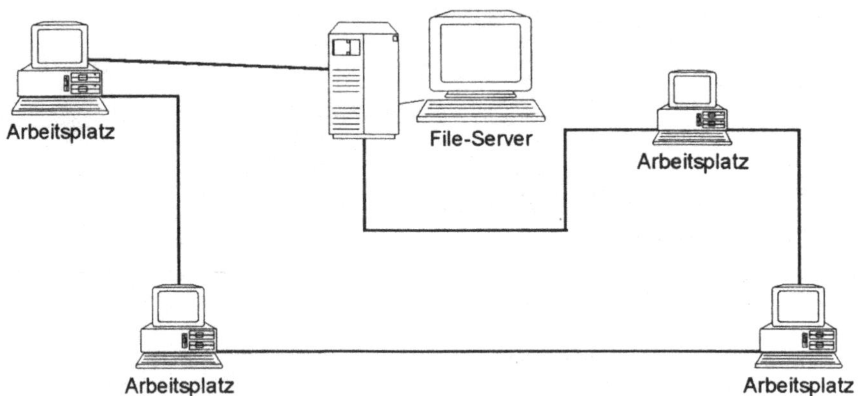

Abb. 9.6. Ringstruktur

zu d) Maschenstruktur: Bei dieser Topologie (Abb. 9.7) handelt es sich um eine kombinierte Form der vorigen Topologien. Es gibt hier mehrere Wege von einem Computer zu einem anderen. Daher gibt es in dieser Topologie bei eventuellen Leitungsausfällen redundante Pfade über die eine Kommunikation weiterhin möglich ist.

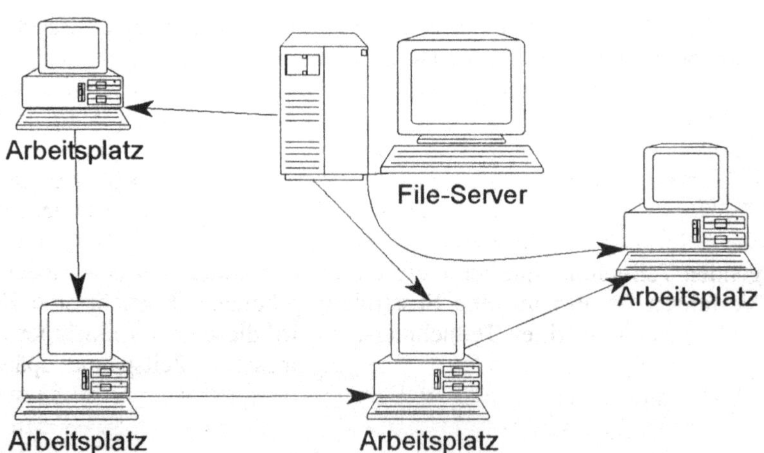

Abb. 9.7. Maschenstruktur

zu e) Busstruktur: Ein Bus (Abb. 9.8) besteht aus mehreren parallelen Leitungen auf die alle angeschlossenen Geräte gleichberechtigt Zugriff haben. Der Ausfall eines Rechners hat keinen Einfluß auf die Funktionsfähigkeit des Gesamtnetzes. Diese Topologie wird besonders dort eingesetzt, wo es auf eine schnelle Datenübertragung ankommt.

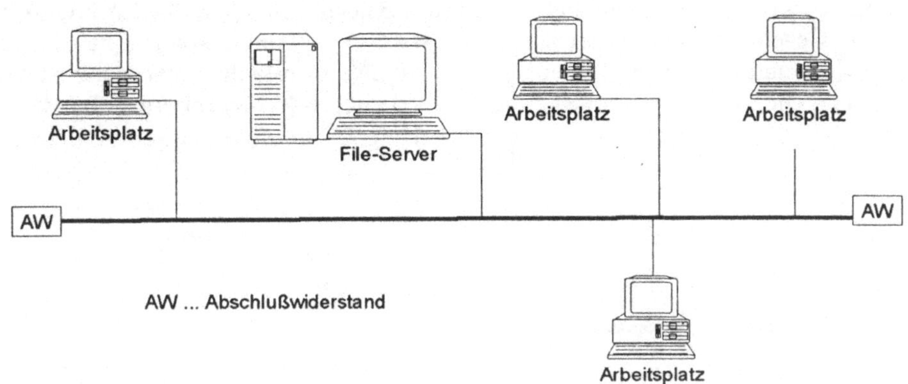

Abb. 9.8. Busstruktur

9.7 Zugriffsverfahren auf lokale Netze

Für den Zugriff eines Einzelrechners auf das Netzwerk - das Senden und Empfangen von Informationen - gibt es prinzipiell zwei Möglichkeiten. Hat jede Station grundsätzlich die gleiche Möglichkeit das Senderecht zu erhalten, spricht man von fairen Netzwerken. Bei hierarchischen Netzwerken ist es jedoch so, daß bestimmte Stationen prioritär das Senderecht erhalten.

Das am häufigsten benutzte Zugriffsverfahren sind das CSMA/CD-Verfahren (Carrier Sense Multiple Access/Collision Detection), der Tokenbus sowie der Tokenring.

Das CSMA/CD-Verfahren (Abb. 9.9a): Teilnehmer A prüft beispielsweise ob der Bus frei ist. Ist dies gegeben, sendet Teilnehmer A, welcher entweder nur einen oder mehrere Teilnehmer gleichzeitig adressieren kann. Der empfangende oder die empfangenden Teilnehmer quittieren die Botschaft, wodurch der Bus wieder frei ist. Dieses Verfahren ist also an eine Busstruktur gebunden. Entsteht eine Kollision durch Sendungen eines dritten Teilnehmers, so wird diese vom Teilnehmer entdeckt und er wiederholt seine Sendung eine angemessene Zeitspanne später. Der wichtigste Vertreter dieser Netzes ist ISA-Net. Dieses besteht physikalisch aus einem 50 Ohm Koaxialkabel, mit dem bis zu 100 PCs miteinander verbunden werden können. Die Übertragungsrate beträgt 10 Megabit pro Sekunde. Untersuchungen ergaben, daß im ungünstigsten Fall von drei Sendeversuchen zwei erfolgreich sind.

Tokenring (Abb. 9.9b): Dieses Zugriffsverfahren ist an eine Ringstruktur gebunden. Ein "Token" (Zeichen oder Bitmuster) wird von Teilnehmer zu

Teilnehmer weitergegeben. Solange kein Teilnehmer senden will, ist es ein Freitoken. Im Falle, daß ein Teilnehmer senden will, fängt er sich das Freitoken und
wandelt es durch seine Nachricht in ein Belegttoken um. Diese Belegung enthält
sowohl die zu übertragende Nachricht, als auch die Adresse des Empfängers. Das
Belegttoken wird nun im Ring weitergegeben, bis es beim Empfänger anlangt,
welcher sich die Nachricht kopiert und mit einem Quittierungszeichen versehen
wieder zum sendenden Teilnehmer zurückschickt. Der sendende Teilnehmer prüft
nun die Richtigkeit der Kopie und wandelt das Belegttoken wieder in ein Freitoken
um. Im Gegensatz zum vorerwähnten CSMA/CD-Verfahren können hier keine
Kollisionen auftreten. Der Tokenring ist - infolge konstanter Transportzeiten -
langsamer. Die Übertragungsrate beträgt hier lediglich 4-40 Megabit pro Sekunde.

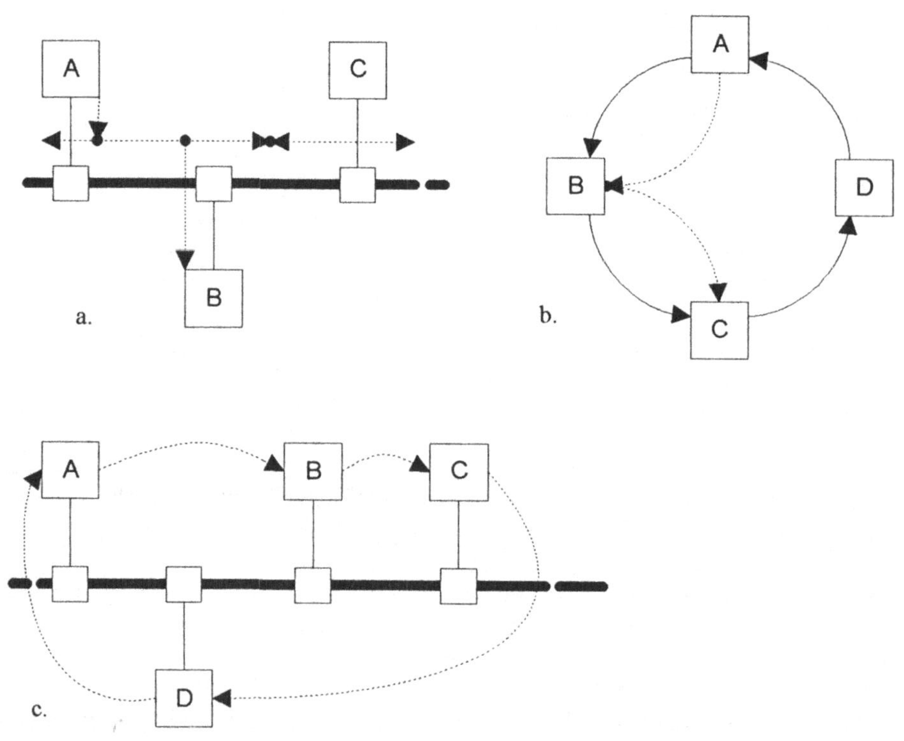

Abb. 9.9. Die drei LAN-Zugriffsverfahren

Tokenbus (Abb. 9.9c): Zum Unterschied vom Tokenring wird bei diesem
Zugriffsverfahren die Reihenfolge der Teilnahme nicht durch die Topologie des
Netzes festgelegt, sondern durch eine Hierarchie der Teilnehmeradressen. Der
Tokenbus verbindet die Idee des leicht erweiterbaren Busses mit der Idee der
Tokenweitergabe. Voraussichtlich ist der Tokenbus jene Struktur, die in Zukunft
einen verstärkten Einsatz im Bereich der Fertigungsautomatisierung erfahren wird.

Tabelle 9.2. Eigenschaften von WANs und LANs

Wide Area Networks (WAN)	*Local Area Networks (LAN)*
Entfernung:	
bis zu 1000 km	bis zu 2 km
Übertragungsrate:	
bis zu 100KBits/s	bis zu 1MBit/s
Protokolle:	
komplex	einfach
Anwendungen:	
Verbindung autonomer Computersysteme (mehrere Großrechner in verschiedenen Ländern)	Verbindung zusammenarbeitender Computer in verteilten Anwendungsprozessen
Betreiber:	
Organisationen unabhängig von den Anwendern	Computeranwender
Übertragungsmedien:	
häufig analoge Kreise des Telefonsystems	digitale Signale mit privaten Kabeln
Fehlerrate:	
hoch (1 in 10^5)	gering (1 in 10^9)
Empfänger:	
einer, häufig Punkt für Punkt Verbindung (Telefon, Telex)	mehrere, eine Nachricht kann für viele Empfänger bestimmt sein
Topologie:	
vermaschtes Netz oder Stern	Bus oder Ring
Netzkopplung:	
Zwischenpufferung in jedem Knoten	Kopplung über Satelliten

9.8 Klassen von Rechnernetzwerken

Nach der mit Netzen überbrückbaren Entfernung kann man LANs bis zu einer Größe von zwei Kilometern definieren, darüber hinaus für Entfernungen bis zu 1000 km sind sogenannte Wide Area Networks (WANs) als flächendeckende Netzwerke üblich. Eine Gegenüberstellung der Charakteristika zwischen LANs und WANs zeigt Tabelle 9.2.

Weiters können Rechnernetze in private und öffentliche eingeteilt werden. Private Rechnernetze sind aufgrund der gesetzlichen Voraussetzungen meist auf sehr engen Raum beschränkt und treten praktisch nur als lokale Netzwerke LANs auf.

Öffentliche Rechnernetze werden üblicherweise von der Post bereitgestellt. Sie werden in das ISDN (Intergrated Services Digital Network) integriert, das Daten, Text, Standbilder wie auch Sprache übermittelt. Das ISDN-Netz bedient sich des Telefonnetzes, das dazu für digitale Informationsübertragung geeignet sein muß. Mit solchen Netzen können Rechner verschiedener Hersteller national und international verbunden werden. Dabei werden Datenpakete fester Länge mittels geeigneter Vermittlungsrechner von einem Senderechner bis zu dem gewünschten Empfangsrechner weitervermittelt. Die Kosten werden ähnlich der Telefongebühr errechnet: Ein fester Anteil für jedes übertragene Datenpaket und ein variabler Kostenanteil abhängig von der Distanz, die es zurücklegt. Vertreter dieser Netze sind Datex P, Datex L, Telex, Teletex und BTX.

9.9 Netzwerkbetrieb

Da ein Netzwerk analog zum Einzelrechner viele Funktionen zur Verfügung stellt, ist auch hier ein Betriebssystem notwendig, das alle Netzwerkbefehle interpretieren kann. Dazu wird aufbauend beispielsweise auf das Betriebssystem MS-DOS am PC zusätzlich eine Netzwerkbetriebssystemumgebung installiert. Dieses Netzwerkbetriebssystem ist für die Durchführung der Netzwerkbefehle und der Erhaltung der Datenkonsistenz und Datenintegrität verantwortlich.

Um einen Netzwerkbetrieb durchzuführen, steht üblicherweise ein Netzwerkserver zur Verfügung. Dieser Server hat die Aufgabe, alle Anwendungsprogramme und Datenbestände zu speichern. Ein Netzwerkserver kann autonom auf einen Rechner laufen oder im Hintergrund auf einem Anwendungs-PC. Aus Gründen der Ausfallsicherheit ist es jeoch auf jeden Fall empfehlenswert, als Netzwerkserver einen eigenen PC einzusetzen.

Der Anwender merkt bei seiner Arbeit keinen Unterschied, ob er beim Programm- und Datenzugriff den Server beansprucht oder nur auf seinem PC arbeitet. Das Netzwerkbetriebssystem sichert durch Passwortberechtigungen und Zugriffsrechte den Schutz vor unautorisierten Daten- und Programmzugriffen im Netzwerk. Dabei ist jedoch zu beachten, daß die Sicherheit des Netzwerkes nicht hundertprozentig ist. Die größten Fehlerquellen liegen darin, daß Bediener die ihnen zugeteilten Passwörter weitergeben oder bei Verlassen des Arbeitsplatzes nicht aus dem Netzwerkbetrieb aussteigen.

9.10 Internet

Online Daten- und Informationsdienste beginnen unsere Gesellschaft zu verändern. In Form von E-Mail über Compuserve oder Internet schaffen sie die Möglichkeit der interpersonellen Kommunikation über alle globalen Zeitzonen hinweg. Ohne die Einschränkungen politischer Grenzen oder die Unzulänglichkeiten nationaler Postdienste.

Das Internet ist ein weltweites Netzwerk, das heute ca. 5 Millionen Hosts und 50.000 Computernetze miteinander verbindet. Die genauen Zahlen kennt derzeit niemand. Die einzige Gemeinsamkeit ist das einheitliche Netzprotokoll TCP/IP. Diesen Netzwerk-Cluster nutzen derzeit bereits über 30 Millionen Teilnehmer aus dem akademischen, staatlichen, kommerziellen und privaten Bereich.

Das weltweit verzweigte Internet wird von keiner zentralen Stelle überwacht. Weil jeweils nur der eigene Host gewartet wird, ist für das gesamte Internet niemand verantwortlich. Genau genommen gehört es ja niemandem und wuchert daher ohne Kontrolle. Jeder kann seinen Rechner oder sein komplettes Netzwerk an das internationale Datenaustauschsystem anschließen. Um im internationalen Netz für jeden erreichbar zu sein, muß ein Internet-Anbieter den Namen seines Rechners oder Netzwerks (Domain) beim Internic, dem Name Information Center (NIC), anmelden. Falls der gewünschte Name noch nicht vergeben ist, quittiert Internic die Anmeldung mit einem Eintrag ins Namensregister. Derzeit werden im Schnitt monatlich 2000 Domains registriert.

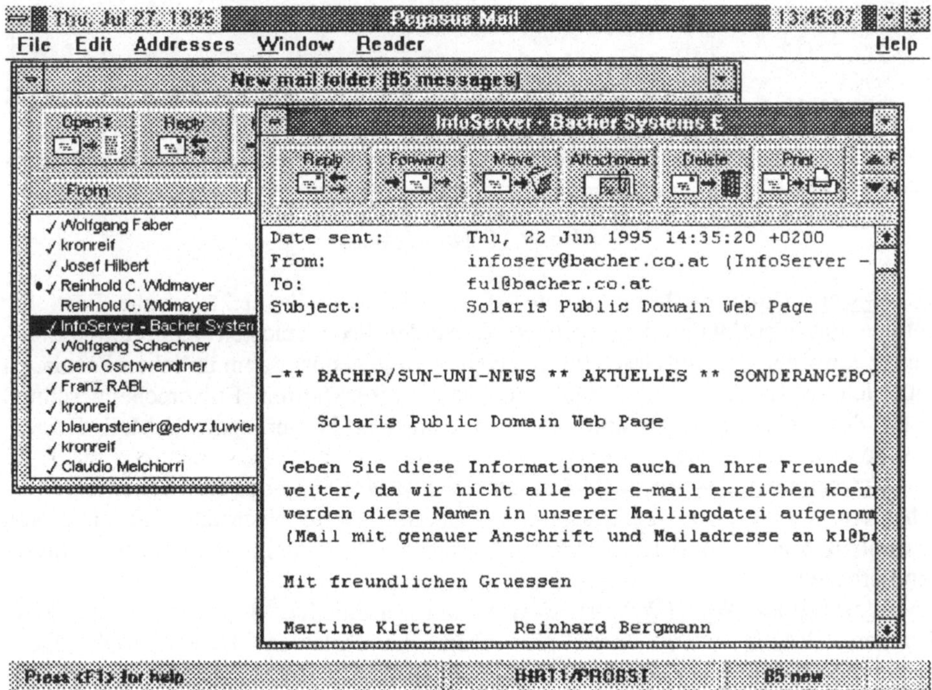

Abb. 9.10. E-Mail

Internet bietet das größte Datenangebot, das es bislang gab und wohl auch das unübersichtlichste. Das Informationsvolumen ist nicht mehr überschaubar. Dieses planlos wuchernde Netz von zigtausenden FTP(File Transfer Protokoll)-Servern, wissenschaftlichen Datenbanken und Diskussionsforen ist so unübersichtlich geworden, daß es bereits eigene Computer (Archies) im Internet gibt, die nur Auskunft geben, wo man etwas findet. Um das Internet richtig benutzen zu können muß man zuerst verstehen, was das Netz eigentlich so interessant macht und welche Dienste überhaupt angeboten werden.

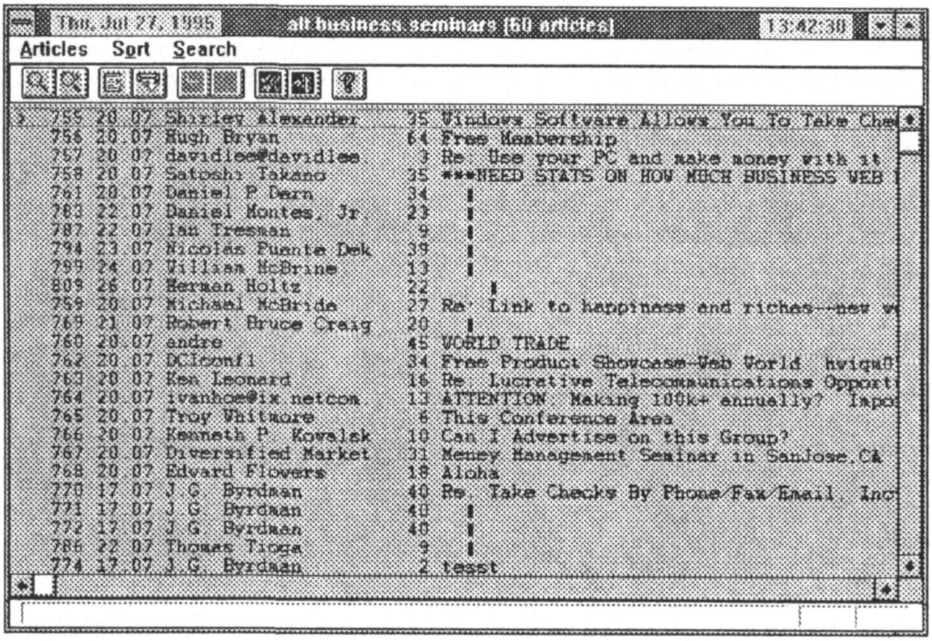

Abb. 9.11. Newsgroups

E-Mail: Unter E-Mail (Abb. 9.10) versteht man die elektronische Post, die infolge des Geschwindigkeitsvorteils, eines der bedeutendsten Kommunikationsmittel geworden ist. Der Geschwindigkeitsvorteil gegenüber dem üblichen Postdienst läßt sich auf die kurze Sendedauer der Daten zurückführen. Entsprechend schnell kann der Absender auch eine Antwort erwarten. Ferner spart E-Mail Kosten, besonders nach Übersee.

Newsgroups: Das sind Diskussionsbretter (Abb. 9.11) des weltweiten Internet. Theoretisch kann jede an eine Newsgroup adressierte Nachricht von mehreren Millionen Menschen gelesen werden. Insgesamt existieren viele tausend dieser Konferenzen.

World Wide Web (WWW): WWW faßt verschiedene Internet-Dienste (FTP, Gopher, WAIS) unter einer grafischen, komfortablen Hypertext-Oberfläche zusammen (Abb. 9.12). Zusätzlich unterstützt WWW die integrierte Übertragung von Grafik und Sound. Im Web finden sich auch Internet-Neulinge auf Anhieb zurecht.

Archie: Archie ist ein Inhaltsverzeichnis, welches das Auffinden von Dateien in tausenden FTP-Servern ermöglicht. Fast jeder größere Host (in der Internet-Sprache "Site" genannt) betreibt parallel zum FTP-Server auch einen Archie-Server.

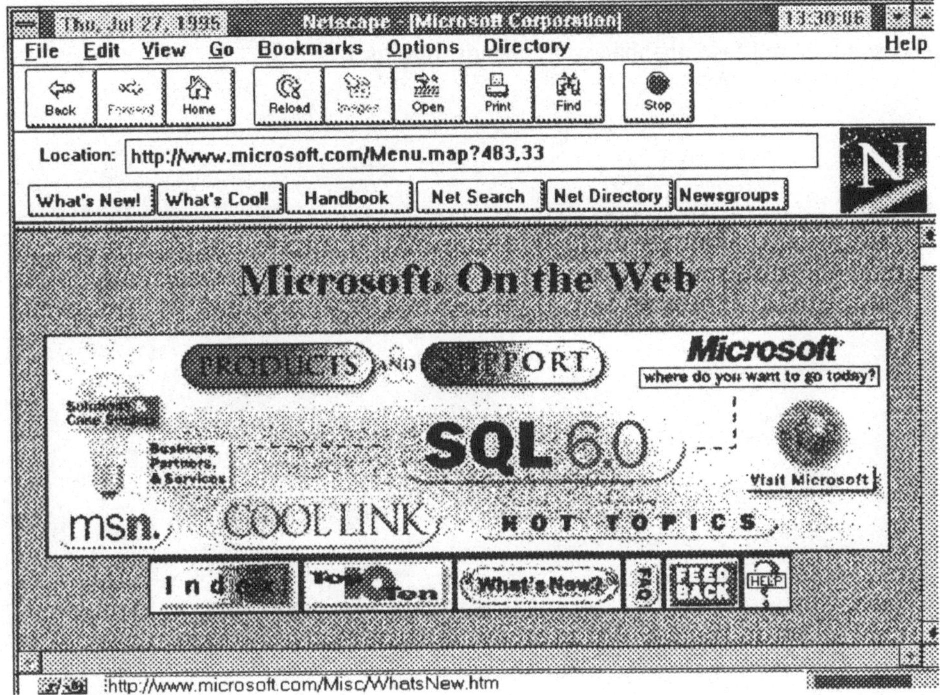

Abb. 9.12. WWW-Seite

Der Betrieb von Internet erfordert neben einem Rechner sowie einem Modem die entsprechende Software, die im allgemeinen gemeinsam mit dem Internet-Anschluß bei den entsprechenden Anbietern (Internet-Access-Provider) erworben wird.

9.11 Zusammenfassung

Lokale Netze sind eine Verbindung von mehreren PCs, peripheren Geräten sowie üblicherweise eines oder mehrerer Server über physikalische Leitungen. Ein lokales Netz ist in seiner Entfernung beschränkt. Es kann Rechner in mehreren Räumen, in einem ganzen Stockwerk, in einem ganzen Gebäude oder in einem Betrieb verbinden.

Der Unterschied zu bisher verwendeten Rechnersystemen der mittleren EDV, die aus einer einzigen Zentraleinheit mit mehreren unintelligenten Terminals - ohne eigene Rechen- und Verarbeitungskapazität - bestand, handelt es sich bei einem LAN um ein System miteinander vernetzter, intelligenter Arbeitsplatzabteilungs- und Bereichsrechner mit jeweils eigener Verarbeitungskapazität. Einer der Hauptvorteile der LANs ist die gemeinsame Nutzung teurer peripherer Geräte. Die einzelnen PCs müssen nicht mit so viel Speicherkapazität ausgerüstet sein, da speicherplatzintensive Programme vom Hostrechner oder Server abgerufen werden können.

Für den Netzwerkbetrieb sind verschiedene Netzwerktopologien sowie Übertragungsverfahren und physikalische Verbindungen erforderlich.

Lokale Netze werden sich zukünftig für technische Anwendungen und hier insbesondere im Maschinenbau weitgehendst durchsetzen.

10 Rechner im Maschinenbau

Der Rechnereinsatz im Maschinenbau erfolgte verglichen mit anderen technischen Disziplinen - wie beispielsweise der Elektro- und Nachrichtentechnik - relativ spät. Den Anfang bildeten hier Rechner für aufwendige Berechnungen - z.B. Finite Elemente - , Rechner zum Entwurf und zum Erstellen von Zeichnungen - CAD-Systeme - , sowie Rechner in der Produktions- und Fertigungsautomatisierung. Ungefähr in den 70er Jahren begann der Boom der Rechneranwendung im Maschinenbau, sodaß heute aus keiner Produktionsstätte wie auch aus dem Konstruktionsbüro und dem kommerziellen Bereich eines Betriebes der Rechner und hier insbesonders der PC nicht mehr wegzudenken ist.

Der Maschinenbau hat sich mit dieser Technologie tiefgehendst auseinanderzusetzen, weshalb in diesem Kapitel versucht wird, einen Überblick über den derzeitigen Stand der Technik, welche keinen Anspruch auf Vollständigkeit erhebt und naturgemäß bei Drucklegung bereits teilweise überholt ist, zu geben.

10.1 Künstliche Intelligenz und Expertensysteme im Maschinenbau

Methoden der künstlichen Intelligenz sowie Expertensysteme sind an leistungsfähige Rechner gebunden. Sie werden im Maschinenbau überwiegend dort eingesetzt, wo diese Rechner bereits vorhanden sind. Dies ist im wesentlichen der Komplex der Fertigungsautomatisierung (CIM) und teilweise auch der Prozeßautomatisierung.

"Intelligente" Systeme entstehen durch die Anwendung von Methoden der künstlichen Intelligenz. Der Begriff "künstliche Intelligenz" ist nicht exakt definiert. Vereinfacht kann man sagen, daß ein mit künstlicher Intelligenz ausgestatteter Computer in der Lage ist, "intelligente" Aufgaben auszuführen. Dazu gehören Hören, Verstehen, Begründen und Vorschlagen. Intelligente Rechner können also beispielsweise in der Lage sein, das gesprochene Wort zu verstehen, in Sätzen zu antworten, mit geeigneten Fernsehkameras gekoppelt zu "sehen", Fotos zu interpretieren, Bilder zu verstehen sowie Übersetzungsarbeiten durchzuführen.

Ein einfaches Beispiel wäre ein im Rechner gespeichertes Telefonbuch. Derzeit müßten bei einem unintelligenten Rechner zur Abfrage der Telefonnummer von Herrn Mayer spezielle Befehle eingetippt werden. Ist der Rechner mit "künstlicher Intelligenz" ausgestattet, könnte man zum Beispiel "Telefonnummer Mayer" eintippen. Sind mehrere Mayers eingespeichert, würde der Rechner fragen: "Welchen Mayer meinen Sie?" Hinter dieser Prozedur stehen sehr aufwendige Software-Pakete, die die eingetippten oder gesprochenen Sätze für den Computer verständlich machen.

Ist ein Industrieroboter mit einem intelligenten Steuerrechner ausgestattet, könnte er beispielsweise auf unvorhergesehene Ereignisse reagieren und nicht nur vorher genau festgelegte Bewegungsabläufe durchführen. Dadurch ergäbe sich beispielsweise die Möglichkeit, beim Betreten des Arbeitsraumes des Roboters während des Betriebes durch eine Person den Roboter selbständig zum Ausweichen zu veranlassen. Allerdings müßte der Industrieroboter mit optischen Sensoren ausgerüstet sein, die in der Lage sind, Gegenstände in seinem Arbeitsraum zu erfassen.

Die "künstliche Intelligenz" ist ein Schwerpunktgebiet der derzeitigen Forschung und es ist nur mehr eine Frage der Zeit, bis Computer wirklich intelligent werden. Derzeit sind sie nur in der Lage, einfache Sätze zu verstehen und einfache logische Schlüsse zu ziehen. Durch die Lernfähigkeit erweitern sie laufend ihre Wissensbasis und werden bald in der Lage sein, eigene Vorschläge zur Problemlösung anzubieten.

Jeder Konstruktions- und Entwurfsprozeß ist eine kreative, innovative Tätigkeit und läßt sich schwer durch Rechner automatisieren. Ein Hauptgrund ist darin zu suchen, daß sich die Gedankengänge des Technikers nicht in Gleichungen oder Regeln fassen lassen. Beispiele sind die Ableitung von Kräfte- und Schwingungsmodellen für Belastungsrechnungen aus der geometrisch spezifizierten Konstruktion und die Prüfung der Kollisionsfreiheit beispielsweise bei Roboteranwendungen durch Simulationen. Sollen diese Softwarepackages einen rechnergestützten Entwurfsprozeß nicht belasten, müssen sie automatisch im Hintergrund ablaufen und sich nur bei Unverträglichkeiten - möglichst gleich mit Alternativlösungen - melden. Dieser Automatisierungsgrad ist nur durch den Einsatz wissensbasierter Methoden zu erreichen. Das Computer-Aided-Engineering (CAE) wird dadurch zum "Expert System Integrated Engineering" und CIM zum "Intelligent-CIM (ICIM) ".

Die rechnergestützte Fertigung bietet in fast allen ihren Details und deren sukzessiver Integration Ansatzpunkte für Expertensystemunterstützungen. Echte CIM-Lösungen sind letztlich ohne Expertensysteme nicht realisierbar. In der Praxis konzentrieren sich diese Versuche jedoch zunächst auf einzelne Insellösungen. Durchgängige Konzepte für globalen und punktuellen Einsatz von Expertensystemen im Maschinenbau sind nur in Ansätzen sichtbar. Auf dem Gebiet der rechner-gestützten Fertigung (Computer Aided Manufacturing - CAM) werden zukünftig in verstärktem Maße Methoden der "Künstlichen Intelligenz" eingesetzt werden. Die CAM-Systeme werden dann zu "Intelligent Manufacturing Systems - IMS".

Zu den bekannt gewordenen Insellösungen für den Einsatz von Expertensystemen im Maschinenbau gehört der Entwurf von Maschinenbauteilen, der Entwurf von Pneumatikelementen, Belastungsrechnungen, Erstellung von Reparaturanleitungen, Planung großer Projekte, Transport- und Lagerhaltungs-planung, Modellierung und Simulation in der Fertigungsplanung und Steuerung, Prozeßführung in dezentralen Automatisierungsanlagen, Echtzeit-Störungsdiagnose in Fertigungsprozessen, automatische Störungserkennung und -beseitigung bei Fertigungsmaschinen und Fehlerdia-gnose automatisierter Getriebe.

Einer der Gründe für den nicht durchgängigen Einsatz von Expertensystemen in CIM-Konzepten ist darin zu suchen, daß noch sehr wenige durchgängige CIM-Konzepte realisiert sind. Die im Rahmen des Fachgebietes der "künstlichen Intelligenz" entwickelten Expertensysteme sind wissensbasierte Systeme, mit deren Hilfe sich im Rahmen der komplexen Automatisierung erfolgreich Probleme behandeln lassen, bei denen konventionelle Softwarelösungen versagen oder zumindest nicht effizient sind. Sowie die Integration von Methoden der "Künstlichen Intelligenz" die Grundlagen für die Schaffung flexibel einsetzbarer Roboter gelegt hat, werden wissensbasierte Systeme die durchgängige Informationsverarbeitung in der Fabrik der Zukunft tragen müssen.

Tabelle 10.1 zeigt eine Reihe von Anwendungsmöglichkeiten von KI-Methoden bzw. entsprechender Systeme im Maschinenbau.

Tabelle 10.1. Anwendungen der KI

Fachrichtungen der KI	Anwendungsbeispiele im Maschinenbau	Einsatzbereiche
Expertensysteme	- für die Konstruktion, u.a. auch für die Ableitung standardgerechter Werkstatteinrichtungen aus rechnerinternen 3-D-Modellen bzw. für deren Erzeugung aus Ansichten	rechnergestützte Konstruktion (CAD), rechnergestützte Dokumentation
	- für die Vorbereitung der Fertigung (Auswahl) von Werkzeugen, Vorrichtungen; Planung von Fertigungsabläufen)	rechnergestützte Fertigungsvorbereitung
	- für die Planung von Bearbeitungs- und Montagefolgen sowie von Roboterbewegungen	rechnergestützte Produktions- vorbereitung und rechnerge- stützte Produktion
	- für die Steuerung und Überwachung komplexer Fertigungssysteme (z.B. für das Scheduling)	rechnergestützte Fertigung (CAM)
Bildverarbeitung Bilderkennung	- Robotersehen	umgebungsadaptive Industrie- roboter
	- Erkennen von Oberflächendefekten an Werkstücken	
	- visuelle Inspektion von Werkzeugen (insbesondere Schneidkanten- kontrolle)	
	- Identifikation von Teilen	rechnergestützte Qualitätsprüfung
	- visuelle Bestimmung der Lage von Teilen	
	- Erkennen von grafischen Strukturen (insbesondere Symbolen) in Werk- stattzeichnungen oder Handskizzen	im Rahmen von CAM- Lösungen
	- Ableitung von 3-D-Modellen aus zweidimensionalen Körper- ansichten (s. auch "Expertensysteme")	
	- Interpretation handgeschriebener Befehlseingaben in rechnergestützte Systeme	im Rahmen von CAD- bzw. CAD/CAM-Lösungen
Natürlich- sprachliches Interface	- für CAD-, CAD/CAM- und CAM- Systeme	Mensch-System-Interface für rechnergestützte Systeme (CAD, CAD/CAM bzw. CIM)
	- für Daten- und Wissensbanken	
	- für die Kommunikation mit Industrierobotern (insbesondere Teach-In)	

10.2 Computergraphik

Ein Bild, eine Skizze, eine Zeichnung, eine technische Dokumentation usw. spielen als Kommunikationsmittel zwischen Konstrukteuren, Fertigungsvorbereitern, Technologen und Produzenten eine entscheidende Rolle. Durch Rechner erhalten Sie als neues Unterstützungs- und Arbeitsmittel im Gesamtprozeß der technischen Vorbereitung einen qualitativ neuen Stellenwert. Dazu muß der Rechner mit entsprechender Peripherie und Software ausgerüstet sein, sowohl im Hinblick auf die Arbeit mit Bildern und Zeichnungen als auch in bezug auf die konkrete Anwendung. Dabei übernimmt die graphische Darstellung, insbesondere das Bild, immer stärker die Rolle eines Mittlers zwischen Mensch und den auf den Rechner ablaufenden Prozessen.

Durch den Einsatz der rechnergestützten Fertigung und der Robotertechnik verliert die technische Zeichnung sowohl in der technischen Vorbereitung als auch in der Produktion an Bedeutung. Dafür sind die im Rechner gespeicherten Informationen zur Steuerung der Fertigung bedeutend besser geeignet. Jedes moderne Rechnersystem bietet graphische Unterstützungsmittel an. Die dabei in gleichrangigen Rechnersystemen noch bestehenden Unterschiede in der Leistungsfähigkeit, im Umfang und in der Handhabbarkeit werden durch die Schaffung internationaler Standards auf diesem Gebiet abgebaut bzw. beseitigt.

10.2.1 Definition und Arbeitsprinzipien

Die Computergraphik (auch als Digitalgraphik oder Graphik - Computer Graphics) beschäftigt sich mit der Erzeugung von Bildern am Rechner, aus gespeicherten Beschreibungen oder aus den Eingabekommandos des Benutzers und der Veränderung schon vorhandener Bilder (Ergänzung, Umzeichnung, Vergrößerung, Rotation).

Auf Grund dieser Definition werden sowohl die digitale Signal- und Bildverarbeitung als auch die Mustererkennung nicht zur Computergraphik sondern zur "graphischen Datenverarbeitung" gezählt. Bei der digitalen Signal- und Bildverarbeitung werden unvollkommene Bilder (z.B. Röntgenbilder oder aus dem Weltraum übermittelte Fotos) durch Beseitigung von Unreinheiten, Kontrastverstärkung, Färbung usw. verbessert. In der Mustererkennung werden Bilder, die als strukturlose Folge von Punkten vorliegen, daraufhin analysiert, was sie darstellen.

Für die Methoden und Verfahren der Computergraphik muß der Rechner mit:
- graphischen Ein- und oder Ausgabegeräten sowie
- Funktionen zum Ansprechen der vorhandenen graphischen Gerätetechnik ausgerüstet sein.

Die Menge dieser Funktionen ist die graphische Basissoftware (Computer Graphic Support Package). Die Gesamtheit von graphischen Ein- und Ausgabegeräten sowie der Grundsoftware bildet das graphische System des Rechners (Computer Graphics Environment).

Computergraphik kann für drei Haupteinsatzbereiche im Maschinenbau genutzt werden:

"digitalisieren": (oft auch als "graphische Eingabe" bezeichnet). Damit können umfangreiche graphische Informationen in den Rechner eingegeben werden.

"hardkopieren": Dies ist eine der wichtigsten Arten der Ausgabe von graphischen Informationen in Form von dauerhaften Darstellungen (Hardcopies), wie Zeichnungen auf unterschiedlichem Material (Transparentpapier, Folie, Filme, Videos, Graphikfiles auf Speichermedien) wird oft auch als "passive graphische Ausgabe" bezeichnet.

"manipulieren": Dabei ist nach einer graphischen Ausgabe eines Bildes seine sofortige Änderung mittels Eingabegerät möglich - oft auch als "interaktive graphische Aus- und Eingabe" bezeichnet.

Vom Standpunkt der Arbeitsprinzipien kann man unterscheiden.

Vektorprinzip: Die Darstellungen und Bilder werden als eine Folge von Strecken aufgebaut und aus- oder eingegeben.

Rasterprinzip: Die Darstellungen und Bilder werden als eine Folge von Punkten aufgebaut und geordnet (z.B. zeilenweise) aus- oder eingegeben.

10.2.2 Ein- und Ausgabegeräte

Unter den beiden Gesichtspunkten Vektor- und Rasterprinzip sind in Tabelle **10.2** einige typische Geräte angegeben, wobei jedoch bemerkt werden muß, daß sich nicht alle Geräte einordnen lassen (z.B. Tablett, Rollkugel, Maus).

Tabelle 10.2. Einteilung für graphische Geräte

	Digitalisieren	Hardcopieren	Manipulieren
Vektorprinzip	Digitalisiergerät (manuell, halbautomatisch, automatisch)	Zeichenstiftplotter Mikrofilmausgabegerät	Vektorbildschirm Speicherbildschirm
Rasterprinzip	Punktabtastsystem Fernsehkamera	Matrix- bzw. Graphik-drucker, Tintenstrahl-plotter, Elektrosta-tische Plotter, Thermo-plotter, Kamera-systeme, Mikrofilm-ausgabegerät	Rasterbildschirm Plasmabildschirm

Im folgenden sollen nun die wichtigsten Ein- und Ausgabegeräte für die Computergraphik kurz erläutert werden, soweit sie nicht im Kapitel 2 Hardware enthalten sind bzw. im Kapitel 10.3.3 CAD beschrieben werden.

10.2.2.1 Eingabegeräte

Digitalisiergeräte (Digitizer): Sie erzeugen durch Messen der Koordinatenwerte aus Vorlagen, wie Zeichnungen, Karten, Modellen, realen Objekten und Fotografien Folgen von zwei- oder dreidimensionalen

Punktkoordinaten. Diese Folgen können als Streckenzüge interpretiert werden. Ein Digitalisiergerät besteht aus einer ebenen Fläche mit einem über diese frei beweglichen Positionierwerkzeug. Auf der Fläche wird die zu digitalisierende Vorlage befestigt. Mit dem Positionierwerkzeug werden bestimmte Punkte, z.B. mit einem Stift oder Fadenkreuzlupe eingestellt und mit einer Taste der Meßprozeß für die eingestellte Position ausgelöst.

Lichtstift (light pen): Die wichtigste Aufgabe des Lichtstiftes oder auch Lichtgriffel genannt, ist das Reagieren auf Helligkeitsunterschiede eines Bildes auf dem Bildschirm. Der Lichtgriffel reagiert durch Betätigung eines Schalters auf Helligkeitsunterschiede.

Rollkugel (track ball), Steuerknüppel (joy stick) und Regler (dial): Die wesentliche Aufgabe dieser Geräte ist die Steuerung eines Cursors (z.B. Zeiger, Fadenkreuz) auf dem Bildschirm und das Fixieren der x- und y-Koordinate der Zeigerposition. Die Positionskoordinaten werden von diesen Geräten als Analogsignale oder als Inkrementalzahl geliefert. Sie unterscheiden sich durch das Bedienelement. Die Rollkugel hat als Bedienelement eine Kugel, die in einem Gehäuse auf Rollen gelagert ist. Der Steuerknüppel hat als Bedienelement einen 3-10 cm hohen, in einem Kugelgelenk gelagerten Stift, der in eine beliebige Richtung gedrückt oder gekippt werden kann. Der Regler hat als Bedienelement einen Dreh- oder Schiebeknopf, dessen Bedienung z.B. in einer Bewegung des Cursors auf der Achse dargestellt wird.

Maus: Sie hat sich als ein universelles, durch den Bediener leicht zuhandhabendes Gerät eingeführt. In ihr befindet sich eine Kugel, deren Bewegungen von Digitalzählern in der x- und y-Richtung erfaßt werden. Durch Bewegen der Maus auf einer ebenen Fläche kann die Position des Cursors am Bildschirm verändert werden. Sie enthält üblicherweise zwei bis drei Tasten, mit denen unterschiedliche Funktionen ausgelöst werden können. Die Maus hat sich für die Arbeit als außerordentlich ergonomisch erwiesen. Sie wird an vielen Bildschirmsystemen neben der Tastatur noch als einzige weitere Eingabeeinheit verwendet.

10.2.2.2 Ausgabegeräte

Hardkopiegeräte: Sie dienen zum Erzeugen von dauerhaften graphischen Darstellungen sowie von Bildschirmkopien und können in graphischen Systemen im on-line oder off-line Betrieb eingesetzt werden.

Zeichenstiftplotter: Auf ihm werden die Zeichnungen auf Papier oder ähnlichem Material durch Bewegung eines Zeichenwerkzeuges (Faserstifte, Kugelschreiber, Tusche) erzeugt. Beim *Flachbettplotter* wird das Zeichenmaterial durch Ankleben oder elektrostatische Aufladung auf einer ebenen Fläche befestigt und durch Bewegen des Zeichenwerkzeuges in x- und y-Richtung entsprechend gezeichnet. Dies entspricht im wesentlichen der Vorgangsweise beim Zeichnen auf dem Zeichenbrett. Beim *Trommelplotter* bewegt sich das Papier über eine Walze (ähnlich einer Schreibmaschine) vor- und rückwärts (y-Richtung) und das Zeichenwerkzeug auf der Walze parallel auf der Walzenachse hin und her (x-Richtung). Gegenüber einem Flachbettplotter benötigt ein Trommelplotter von etwa gleicher Leistungsfähigkeit wesentlich weniger Aufstellungsplatz.

Elektrostatische Plotter: Die Hardkopie wird durch Aufbringen elektrostatischer Ladungen und anschließender Tuner- und Trocknungsbehandlung erzeugt. Es wird dabei zwischen der Matrizen- und der fotomechanischen Technik unterschieden. Mit der Matrizentechnik können scharfe Schwarzweißbilder mit der fotomechanischen Technik auch farbige Bilder erzeugt werden.

Tabelle 10.3. Vor- und Nachteile von Bildwiederholungsmaschinen aus Nutzersicht

Art des Bildschirms	Vorteile	Nachteile
Rasterschirm	- Graustufen und Farben - Gute Helligkeit und guter Kontrast zur Umgebung - Selektives Ändern von Bildelementen - Rücklesen der Daten durch den Rechner - Flächenfüllen und Schattierung (Flächengraphik) - Interaktionsmöglichkeiten - Dynamische Zoom- und Scroll-Funktionen - Darstellung dynamischer Vorgänge - Flackerfrei bei komplexen Bildern	- Mittlere bis hohe Anschaffungskosten (abhängig von Auflösung und Farben) - Großer Bildschirmspeicher bei hoher Auflösung - Hohe Qualitätsanforderungen an Bildschirm - Sichtbarer Rastereffekt bei Linien (Aliasing)
Vektorschirm	- Hohe Auflösung (oft 4096*4096) - Guter Kontrast - Selektives Löschen und Blinken - Gute Darstellung von Liniengraphik - Rücklesen der Daten durch den Rechner - Sehr gute Interaktionsmöglichkeiten - Darstellung dynamischer Vorgänge	- Hohe bis sehr hohe Anschaffungskosten - Keine Flächengraphik - Begrenzte Darstellungskapazität durch maximale Anzahl von Vektoren - Flackereffekt bei hoher Anzahl von Vektoren (auch Interferenzflackern durch Zimmerbeleuchtung) - "Geistereffekt" bei schnellem Darstellungswechsel

Tintenstrahlplotter: Es werden aus feinen Düsen Tintenpunkte auf das Papier gespritzt. Bei Benützung farbiger Tinte können auch gute Farbbilder erzeugt werden.

Thermoplotter: Sie zeichnen auf temperaturempfindlichem Papier, benötigen wenig Platz und werden zunehmend für Microcomputersysteme eingesetzt.

Kamerasystem: Eine eher ungebräuchliche Form der Ausgabe ist das Fotografieren eines Bildes vom Bildschirm.

Mikrofilmausgabegeräte: Sind Kamerasysteme für höchste Ansprüche in Bezug auf die Bildqualität.

10.2.2.3 Graphische Bildschirmgeräte

Sie unterscheiden sich von den bisher beschriebenen Bildschirmen dadurch, daß sie meistens größer und qualitativ hochwertiger, d.h. flimmerfrei sind. Es sind sowohl Speicherbildschirme als auch Bildwiederholsysteme verfügbar. Letztere arbeiten nach den Vektor- oder nach dem Rasterprinzip. Tabelle 10.3 stellt die Eigenschaften des Rasterschirmes und des Vektorschirmes gegenüber.

10.2.3 Softwareprobleme

Die einfachsten Graphiken, die man mit dem Rechner erzeugt, sind zweidimensionale Darstellungen aus Punkten und Linien; man spricht deshalb von der 2-D-Liniengraphik. Ein breites Anwendungsgebiet bietet die sogenannte Präsentationsgraphik. Zu ihr gehören die Darstellung von Funktionsverläufen in einem Koordinatensystem, Balkendiagramme, Tortendiagramme u.ä. Kompliziertere Beispiele sind Konstruktionszeichnungen (siehe CAD) und kartographische Pläne wie beispielsweise Kataster. Ihnen allen ist gemeinsam, daß sie neben den Linien auch Text enthalten und daß der Text sehr variabel in verschiedenen Größen und Schreibrichtungen erscheinen kann.

Zur realistischen Darstellung von Körpern, räumlichen Flächen und Kurven hat man die dreidimensionale Computergraphik entwickelt, die natürlich auf dem zweidimensionalen Bildschirm die Dreidimensionalität nur vortäuschen kann. Das geschieht meist durch perspektivische Darstellung, ist aber prinzipiell auch durch andere Mittel (Helligkeitsunterschiede, Schattierung, Darstellung in mehreren Rissen) möglich. Man unterscheidet dabei das Draht-, Flächen- und Volumenmodell. (Abb. 10.1)

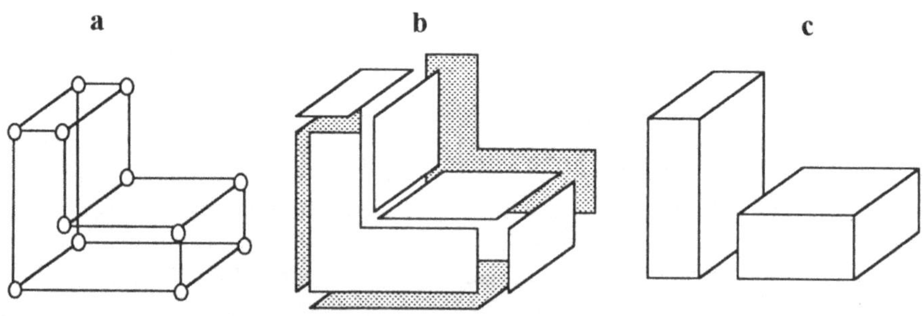

Abb. 10.1. Draht-, Flächen- und Volumenmodell (Rechenberg)

Alle diese Darstellungen sind auch unter Benutzung von Farben noch weit von der Qualität einer Fotografie entfernt. Es fehlt die Auswirkung des Lichtes, das von den verschiedenen Flächen verschieden stark reflektiert wird. Auch Schatten und Spiegelungen fehlen meistens. Es sind jedoch bereits Programme verfügbar, welche rechnerisch den Verlauf der Lichtstrahlen von den Lichtquellen über die dargestellten Gegenstände bis zum Auge des Betrachters zurückrechnen und das durch Reflexion und Steuerung auf den Oberflächen erzeugte sekundäre Licht ebenfalls berücksichtigen. Auf diesem Gebiet wird mit komplizierten und rechenintensiven Verfahren experimentiert. Diese liefern Bilder, die der Fotografie schon sehr nahe kommen. Die Rechenzeit für ein solches Bild ist jedoch unverhältnismäßig hoch.

Die Computergraphik stellt die Programmierung vor neue Aufgaben. Theoretisch könnten die Bilder durch das Setzen und Löschen einzelner Bildpunkte (pixels) am Schirm erzeugt werden, was außerordentlich mühsam wäre. Daher gibt es vorgefertigte Prozeduren, die das Zeichnen von Punkten, Geraden und Kreisen und anderen elementaren geometrischen Gebilden sowie von Schriften erlauben. Dazu betrachtet man den Bildschirm als Quadranten eines kartesischen x-y-Koordinatensystems, dessen Ursprung meistens links oben liegt. Dabei sind x und y positive ganze Zahlen und entsprechen den Spalten und Zeilen des Pixel-Rasters. Die Abmessungen von darzustellenden Gegenständen sind in Längeneinheiten angegeben, welche man auf Anzahl von Pixeln umrechnen muß. Dies ist bei zweidimensionalen Objekten relativ einfach, bei dreidimensionalen Objekten muß jedoch die Perspektive berücksichtigt werden. Ferner soll man die Gegenstände auf dem Bildschirm verschieben, vergrößern, verkleinern, drehen und an ihrer Achse spiegeln können. Das erfordert weitere Transformationen, die - besonders bei dreidimensionalen Objekten - sehr rechenintensiv sein können. Bei dreidimensionalen Darstellungen ergibt sich das Problem, welche Kanten oder Flächen eines Körpers unsichtbar sind und deshalb unterdrückt werden müssen (Visibilitätsproblem). Dies beschäftigt die Informatik seit mehr als 20 Jahren. Es ist eine Fülle von Algorithmen angegeben worden, die alle einen hohen Rechenaufwand erfordern und ihre Vor- und Nachteile aufweisen.

Ein weiteres Problem der Computergrafik ist die Modellierung von Kurven und räumlichen Flächen. Relativ einfach sind Kurven und Flächen darzustellen, die mathematisch durch eine geschlossenen Formel beschreibbar sind (Ellipsen, Paraboloide, Schraubflächen). Für viele Anwendungen im Maschinenbau besonders im Automobil-, Schiffs- und Flugzeugbau braucht man Freiformflächen, welche nicht durch geschlossene mathematische Formeln darstellbar sind. Sie werden vom Konstrukteur punktweise festgelegt und müssen durch glatte Verbindungen zwischen den Punkten approximiert werden. Hierfür sind neue mathematische Verfahren entstanden, die durch den französischen Mathematiker BEZIER und den Amerikaner CONES entwickelt wurden. Sie sind jedoch ebenfalls sehr rechenzeitintensiv.

10.3 Rechnergestützte Produktion (CIM)

Betrachtet man die Entstehung eines technischen Produktes von der ersten Produktidee bis zur Auslieferung, so stehen am Anfang verschiedene Entwürfe. Aus ihnen werden dann einer oder zwei ausgewählt, welche detaillierter durchkonstruiert

werden. Ergebnisse dieses Konstruktionsprozesses sind Zusammenstellungs-
zeichnungen, Detailzeichnungen, Werkstattzeichnungen, Stücklisten sowie
technische Beschreibungen. Mit diesen Unterlagen ist die Arbeitsvorbereitung in der
Lage, die erforderlichen Produktionsmaschinen auszuwählen, gegebenenfalls für
diese die Programme zu erstellen (NC-Programmierung). Die Stücklisten dienen
dazu, das Rohmaterial bzw. die Halbfertigteile bereitzustellen. Schließlich erfolgt in
der Arbeitsvorbereitung noch eine Terminplanung für den Einsatz der Maschinen
und die Bereitstellung der Rohmaterialien. Aufgrund dieser Vorarbeiten kann nun
die Produktion erfolgen. Angefangen von spanabhebender und spanloser
Bearbeitung über die Montage entsteht ein fertiges Produkt. Nach einer eventuellen
Qualitätskontrolle erfolgt die Auslieferung des Produktes, wobei gleichzeitig
bestimmte Produktionsdaten an das Management zur Nachkalkulation rückgemeldet
werden.

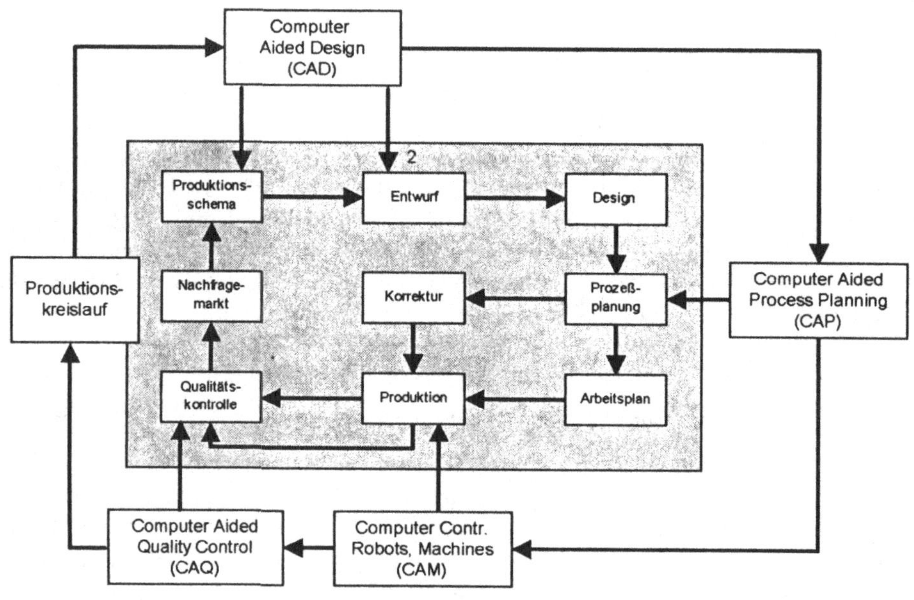

Abb. 10.2. Produktionsregelkreis

10.3.1 Komponenten von CIM

Es lag daher relativ frühzeitig der Gedanke nahe, diesen Produktionsprozeß
vollkommen rechnergestützt durchzuführen. Unter der Bezeichnung "Computer
Integrated Manufacturing - CIM" oder rechnergestützte Produktion werden daher
alle Verfahren zusammengefaßt, die eine vollständig rechnergestützte Abwicklung
aller betriebswirtschaftlichen und technischen Aufgaben eines Industriebetriebes
ermöglichen. Produktentwurf, Konstruktion, NC-Programmierung, Transport-,
Lager- und Montagesteuerung sowie Qualitätssicherung sind dabei technische
Aufgaben, während die Produktionsplanung und Steuerung (PPS) mit den
Teilbereichen Auftragssteuerung, Kalkulation, Materialwirtschaft, Kapazitäts-

terminierung, Fertigungssteuerung, Betriebsdatenerfassung sowie Kontrolle und Versand die betriebswirtschaftlichen Aspekte von CIM umfassen. Den beschriebenen Teilaufgaben in einem Produktionsprozeß entsprechen in der CIM-Philosophie die Komponenten die in Abb. 10.2 angegeben sind.

10.3.1.1 Rechnergestützte Konstruktion - CAD

Für die rechnergestützte Konstruktion hat sich der Begriff "Computer Aided Design - CAD" durchgesetzt. Die Konstruktionsaufgabe wird in einer interaktiven Arbeitsweise mit Hilfe eines Rechners und spezieller Ein- und Ausgabegeräte gelöst. CAD ist das derzeit am weitesten entwickelte Teilgebiet von CIM. Kommerziell verfügbare CAD-Systeme ermöglichen die Lösung fast aller konstruktiver Aufgaben in 2D- oder 3D-Darstellung (vergleiche Kapitel 10.2). Derzeit beinhalten sie nur in manchen Fällen Berechnungsfunktionen.

10.3.1.2 Rechnergestützte Planung - CAP

Unter dem Begriff "Computer Aided Planning - CAP" werden alle rechnergestützten, auf die Herstellung eines Produktes bzw. einer Produktkomponente bezogenen Planungsaufgaben zusammengefaßt. Es handelt sich im wesentlichen um die rechnergestützte Ausführung der Tätigkeiten der Arbeitsvorbereitung. Als Ergebnisse erhält man Pläne und Steuerinformationen für Fertigung und Montage, in denen die Abläufe für Formgebungs- und Montageprozesse beschrieben sind. Für diese Aufgaben stehen derzeit kommerziell Softwarepackages zur Verfügung, die aber nur Teilbereiche abdecken.

10.3.1.3 Rechnergestützte Fertigung - CAM

Der Begriff "Computer Aided Manufacturing - CAM" ist im Zusammenhang mit der NC-Technik entstanden, wobei sowohl die NC-Maschinen, als auch deren Programmierung einbezogen werden. Im Sinne einer funktionsorientierten Betrachtungsweise werden unter CAM die durch Rechnereinsatz automatisierten Prozesse zusammengefaßt. Durch sie werden Material und Fertigungshilfsmittel gehandhabt, transportiert und gelagert, die Formgebung von Werkstücken (Teilefertigung), sowie der Zusammenbau von Komponenten und Enderzeugnissen (Montage) bewerkstelligt. Es handelt sich also hier um die rechnermäßige Verknüpfung von Maschinen für die spanabhebende (Drehmaschinen, Fräsmaschinen, Bohrmaschinen, Bearbeitungszentren), und die spanlose (Pressen., Walzstraßen, Schweißmaschinen) Verformung, der Zufuhr durch Transportsysteme, Zuführeinrichtungen (Industrieroboter), Lagersysteme für Werkstücke und Werkzeuge, Montagemaschinen und ähnliches. Alle diese Maschinen und Einrichtungen sind üblicherweise mit Mikroprozessorsteuerungen (speicherprogrammierbaren Steuerungen) ausgerüstet. CAM bedeutet daher im wesentlichen eine Verknüpfung all dieser Steuerungen und deren Einbindung in eine hierarchische Rechnerstruktur.

10.3.1.4 Rechnergestützte Qualitätssicherung - CAQ

"**C**omputer **A**ided **Q**uality Assurance - CAQ" umfaßt alle rechnergestützt ausgeführten Maßnahmen zur Erzielung der geforderten Qualität eines Produktes. Sie begleitet deshalb den gesamten Produktprozeß von der Produktentwicklung bis zum Versand. CAQ besteht daher im wesentlichen aus der Entwicklung rechnergesteuerter Meß- und Prüfeinrichtungen wie z.B. Koordinatenmeßmaschinen sowie deren Integration in ein Rechnersystem.

10.3.1.5 Produktionsplanung und Steuerung - PPS

Aufgabe eines "Production Planning System - PPS" ist die rechnergestützte Planung und Koordination aller Produktionsabläufe. Die Hauptfunktionen der Produktionsplanung sind die Produktionsprogrammplanung, die Mengenplanung, die Termin- und Kapazitätsplanung sowie die Auftragsveranlassung und Auftrags- überwachung.

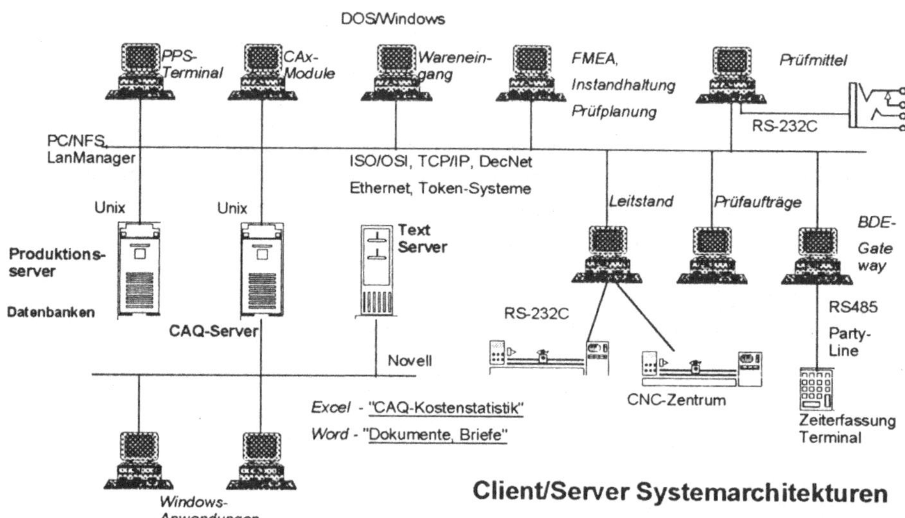

Abb. 10.3. "Low-cost" CIM Konzept

10.3.2 CIM-Konzepte

Bisher waren diese einzelnen Komponenten nur teilweise, meist als Insellösungen, in einem Produktionsbetrieb realisiert. Der Rationalisierungseffekt dieser Insellösungen kann jedoch wesentlich erhöht werden, wenn diese in ein Gesamt-CIM-Konzept (Abb. 10.3) integriert werden. Charakteristisch für dieses Gesamtkonzept ist eine gemeinsame Datenbank, die die verschiedensten Teilbereiche untereinander verbindet.

Anhand einer ausgeführten Installation soll ein "Low-cost" CIM-Konzept erläutert werden. Es besteht aus Hostrechnern (Servern) für Datenbankaufgaben. Diese sind über ein LAN mit den restlichen PCs verbunden. Die

Maschinenleitstände (PCs) sind ebenfalls über Ethernet miteinander verbunden. Je Maschinenleitstand können maximal 4 NC-Maschinen über RS-232C Schnittstellen angesteuert werden. Die CAD-Zeichnungen und NC-Programme werden physisch auf einem Fileserver gespeichert, der ebenfalls im Ethernet-Netzwerk installiert ist. Die BDE-Terminals liefern Personalanwesenheitszeit- und auftragsbezogene Buchungen über eine Party-Line (RS-485) an einen BDE-Sammelrechner, der die Buchungen über das Ethernet-Netzwerk an den CIM- und CAQ-Host weiterleitet. Die rechnergestützten Module des Qualitätswesens laufen auf PCs unter MS-DOS und greifen auf die CIM- und CAQ-Datenbank über Ethernet-Netzwerke zu.

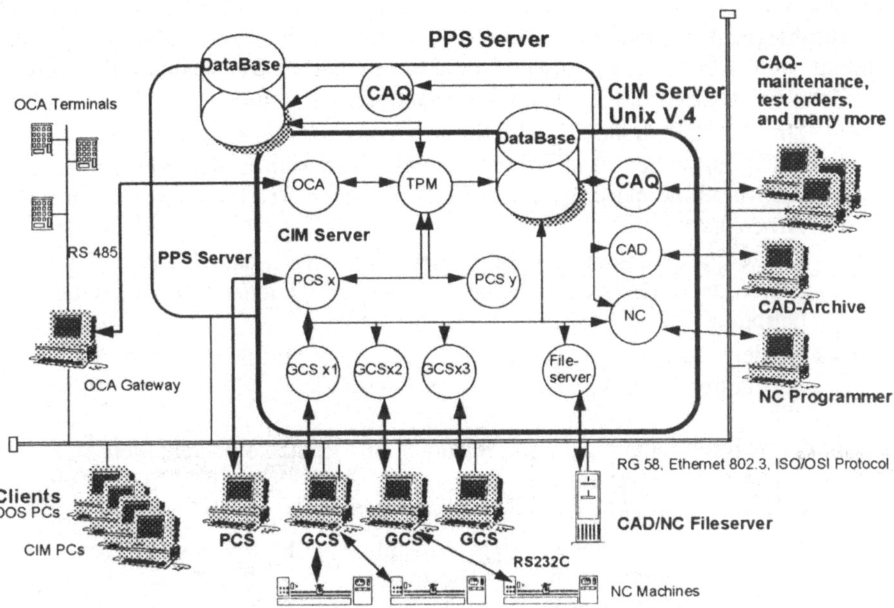

Abb. 10.4. Offene, modulare CIM-Realisierung

Das eigentliche Herz des CIM-Konzeptes (Abb. 10.4) ist eine zentrale Datenbasis DB, die als relationale Datenbank unter SQL ausgelegt wurde. Diese Datenbank enthält alle wichtigen Informationen aus den Bereichen Entwicklung und Fertigung sowie Betriebsdaten. Das sind:

- Archiv der CAD-Zeichnung,
- Archiv der NC-Programme,
- Archiv der Werkzeugverwaltung,
- Änderungsverwaltung der CAD- und NC-Daten,
- Arbeitsvorrat für die Fertigung (geplante, gerade bearbeitete und fertige Aufträge),
- Daten aus der Personal- und Betriebsdatenerfassung.

In der zweiten Stufe des CIM-Konzeptes wurde diese CIM-Datenbank um eine CAQ-Datenbank erweitert und umfaßt nun auch die CIM/CAQ-Daten.

Über diese Datenbank erfolgt ein Großteil der Kommunikation im CIM-System. Jedes Modul, das neue Daten erzeugt oder von anderen Systemen erhält, bereitet diese Daten auf und stellt sie in die Datenbank. Die Nutzer dieser Daten prüfen laufend, ob für sie neue Daten zur Verfügung stehen. Wenn ja, werden diese Daten aus der Datenbank übernommen.

Der CAD-Arbeitsplatz dient zur Entwicklung oder Änderung von CAD-Zeichnungen in den Bereichen Elektronik (Leiterplattenentwicklung) und mechanische Konstruktion. Auf diesem CAD-Arbeitsplatz kann ein beliebiges CAD-System installiert sein. Die Ausgangssituation in Klein- und Mittelbetrieben ist meist dadurch gekennzeichnet, daß die Betriebe als erstes CAD-Systeme als "stand-alone"-Lösungen anschaffen. Diese vorhandenen CAD-Systeme müssen dann in ein CIM-Konzept integriert werden.

Vorteile von CIM-Systemen sind unter anderem:
- Durch die hohe Produktivität von Bearbeitungszentren, flexiblen Fertigungszellen- und -systemen verkleinert sich in der Werkstattfertigung der Maschinenpark. Dadurch ergibt sich eine Verringerung der Anzahl der Arbeitsgänge.
- Kurze Durchlaufzeiten ermöglichen eine zuverlässige Terminplanung und führen dazu, daß sich weniger Aufträge zur gleichen Zeit in der Fertigung befinden.
- Niedere Losgrößen verbessern die Dispositionsmöglichkeiten für die Fertigungssteuerung.

Auf der anderen Seite ergeben sich jedoch eine Reihe von Nachteilen:
- Die Marktanforderungen führen zu einer Erhöhung der Anzahl an Produktvarianten und daher zu einer Verkürzung der Produktlebensdauer.
- Kleine Lose erhöhen die Anzahl an Fertigungsaufträgen. Kurze Durchlaufzeiten und niedere Bestände engen die Dispositionsspielräume ein. Die Verfügbarkeit von Lager- und Pufferplätzen, Werkzeugen, Paletten, Vorrichtungen und Meßmitteln ist zu prüfen.
- Eine durchgehende Fertigungs- und Montageautomatisierung läßt keine wie immer geartete Improvisation zu.

Zukünftig wird der Gesamtkomplex der rechnergestützten Fertigung neue Impulse durch die Methoden und Verfahren der künstlichen Intelligenz (siehe Kap. 10.1) erfahren.

10.3.3 Rechnergestützter Entwurf

10.3.3.1 Der Entwurfsprozeß

Bevor auf die rechnergestützte Konstruktion selbst eingegangen wird, soll kurz der maschinenbauliche Entwurfs- und Konstruktionsprozeß beschrieben werden. Er kann als iterative Prozedur bestehend aus sechs Schritten (Abb. 10.5) aufgefaßt werden:

- Festlegung der Anforderungen,
- Problemdefinition,
- Synthese,
- Analyse und Optimierung,
- Evaluierung,
- Darstellung.

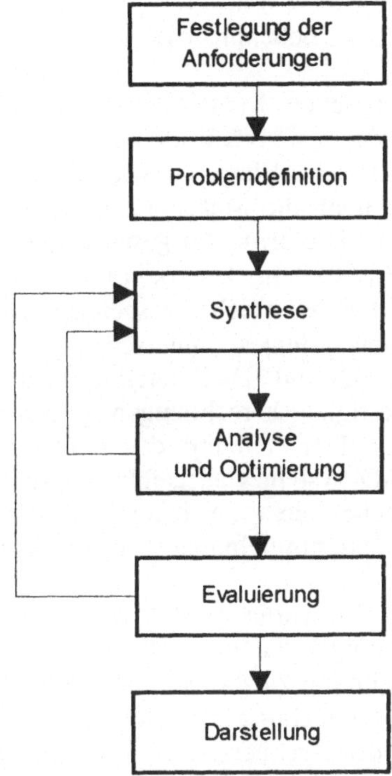

Abb. 10.5. Der Entwurfs- und Konstruktionsprozeß

Die Problemdefinition enthält alle erforderlichen Spezifikationen, wie beispielsweise physikalische und funktionelle Anforderungen, Kosten, Qualität und Arbeitsbedingungen. Die Synthese und Analyse können nur iterativ in Wechselwirkung zueinander im Entwurfsprozeß ausgeführt werden. Ein bestimmter Bauteil oder eine Baugruppe eines Gesamtproduktes wird durch den Konstrukteur unter Berücksichtigung gewisser Anforderungen entworfen. Nach Analyse der Anforderungen werden üblicherweise Konstruktionsänderungen vorgenommen. Dieser Prozeß wird so lange wiederholt, bis der Bauteil optimiert ist, also die Anforderungen möglichst gut erfüllt. Bei der anschließenden Evaluierung wird festgestellt, ob der Bauteil den gestellten Anforderungen genügt. Möglicherweise sind hier wieder Konstruktionsänderungen erforderlich.

Alle diese Tätigkeiten wurden bisher auf Zeichenbrettern oder Zeichenmaschinen mit Lineal, Bleistift, Zirkel und Radiergummi vorgenommen.

10.3.3.2   Aufgaben von CAD

Bei der rechnergestützten Konstruktion werden die Aufgaben interaktiv mit Hilfe eines Rechners und spezieller Ein- und Ausgabegeräte gelöst. Die Rechnerunterstützung kann in 4 Bereiche eingeteilt werden:

* geometrische Modellierung,
* ingenieurmäßige Analyse - Berechnungen,
* Überprüfen des Entwurfes hinsichtlich der Anforderungen,
* Automatisierung des Zeichenprozesses.

Mit Hilfe der geometrischen Modellierung entwirft der Konstrukteur den Bauteil. Auf einem CAD-System sind dafür drei Typen von Befehlen vorhanden. Der erste Typ generiert geometrische Elemente wie Punkte, Linien und Kreise. Die zweite Art von Befehlen dient für Maßstabänderungen, Drehungen und Transformationen dieser Elemente. Die dritte Art gestattet die Anordnung am Bildschirm relativ zu einem Bauteil. Alle Befehle bewirken im Rechner die Generierung eines internen mathematischen Modells, welches gespeichert wird. Je nach Kapazität des interaktiven Rechnergraphiksystemes unterscheidet man Drahtmodelle und Flächenmodelle in 2D-, 2 1/2D- und 3D- Darstellung (vgl. Abb. 10.1).

Berechnungen wie Festigkeitsberechnungen, Wärmeübergangsvorgänge oder Differentialgleichungen zur Beschreibung des dynamischen Verhaltens können ebenfalls mit Hilfe des CAD-Systemes ausgeführt werden. Beispiele dafür sind die Bestimmung der Oberfläche, des Gewichtes, des Volumens des Trägheitsmittelpunktes und des Massenmittelpunktes eines Körpers, sowie die "Finite Elemente Methode".

Zur Überarbeitung des Entwurfes gehört die Bemaßung, die Festlegung von Toleranzen, Oberflächenrauhigkeiten usw. Die meisten CAD-Systeme bieten die Möglichkeit, Teile der Zeichnung zu zoomen, das heißt Ausschnitte zu vergrößern. Die automatische Zeichnungserstellung erfolgt durch den Ausdruck der Zeichnungen direkt von der Datenbank des Rechners, was unter Umständen fünfmal so schnell wie von Hand erfolgen kann.

Das rechnergestützte Konstruieren kann unterschiedlich große Abschnitte des Konstruktionsprozesses umfassen und muß nicht immer so vollständig wie hier beschrieben durchgeführt werden. Wird beispielsweise mittels eines Rechners nur eine Berechnung ausgeführt, so ist dies, bezogen auf den gesamten Konstruktionsablauf, ein sehr begrenzter Abschnitt. Wird hingegen die Bearbeitung größerer Abschnitte des Ablaufes der konstruktiven Entwicklungsarbeit zusammenhängend ermöglicht, dann werden die Lösungen als durchgängig bezeichnet. Bezieht man die rechnergestützten Fertigungsvorbereitung und Fertigung mit ein, so liegt eine CAD/CAM-Lösung vor.

In Konstruktionsprozessen treten bestimmte Handlungen wiederholt auf. Das sind z.B.:

* Lösungssuche (Lösung suchen, Lösung verarbeiten, Lösung erarbeiten),
* Variantenbildung (Varianten bilden, Varianten bewerten, Varianten auswählen),

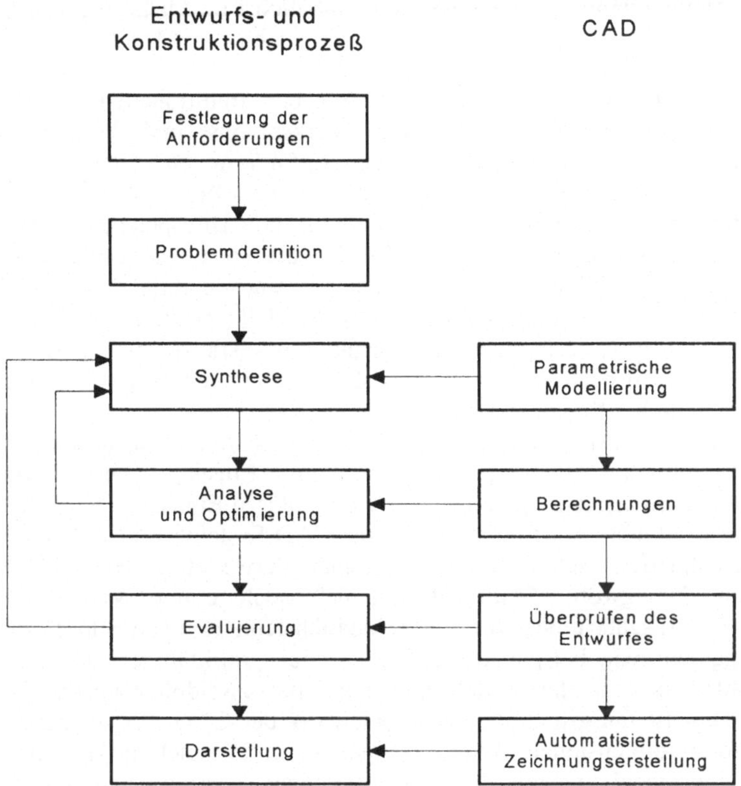

Abb. 10.6. Rechner für den Entwurfs- und Konstruktionsprozeß

- Entwerfen (Abmessungen überschlägig berechnen, Bauteil darstellen und nachrechnen).

Diese immer wiederkehrenden Handlungsfolgen sind daher am besten geeignet, um rechnergestützt durchgeführt zu werden.

10.3.3.3 CAD-Hardware

Als CAD-Arbeitsplatz dient im allgemeinen ein intelligentes Terminal oder ein autonomer Rechner (PC). Dieser verfügt über ein Betriebssystem und über Dienstprogramme. Die Dialogführung zwischen Bedienendem und Rechner erfolgt über die alphanumerische und die Funktionstastatur. Erstere dient dabei zum Editieren von Programmen sowie der Befehlseingabe. Den Tasten der Funktionstastatur können ganz bestimmte Funktionen, das heißt Befehle oder Befehlsfolgen zugeordnet werden. Zur Manipulation von Bildern ist ein grafikfähiger Bildschirm unbedingt erforderlich. Die Steuerung des Cursors dieser Bildschirmeinheit erfolgt mit Hilfe einer Maus, einer Rollkugel, eines Leuchtstiftes, eines Steuerknüppels usw. Vorteilhaft erweist sich die Verwendung von zwei graphischen Bildschirmen, wobei einer der maßstäblich verkleinerten Darstellung des zu bearbeitenden Objektes in seiner Gesamtheit dient, während der zweite möglichst im Maßstab 1:1 das in Arbeit befindliche Detail abbildet. Zur graphischen Übernahme von Daten aus vorhandenen Zeichnungen sind Digitalisiergeräte erforderlich.

Als Rechner finden in CAD-Systemen neben traditionellen Mainframe und Minirechnern in zunehmendem Maße Workstations und PCs Verwendung. Workstations decken heute wesentliche Anforderungen eines CAD-Systems hinreichend gut ab. Ihre Grafik ist funktionell eng dem Prozessor zugeordnet, indem sie die Buskopplung oder die Direktverbindung zum Bildspeicher oft mit eigenen Grafikprozessoren realisieren. Auch PCs der oberen Leistungsklasse - ab dem Prozessor INTEL 80386 und ähnlichem - sind durchaus für nicht allzu anspruchsvolle CAD-Systeme (2 1/2D, Drahtmodell) geeignet. An und für sich wären für CAD-Systeme Parallelrechnerstrukturen - Transputer - prädestiniert. Sie werden aber derzeit noch nicht eingesetzt, da es an leistungsfähiger Software und an benutzerfreundlicher Bedienung mangelt.

Als Ein- und Ausgabegeräte für CAD-Systeme kommen im wesentlichen heute am Markt übliche Standardgrafikgeräte zum Einsatz. Diese haben einen Leistungsstandard erreicht, der einen fast problemlosen Einsatz zu wirtschaftlichsten Bedingungen erlaubt. Als Eingabegeräte für CAD-Systeme finden Tastatur, Maus, Joystik, Lichtgriffel, Meßgeräte sowie Scanner Verwendung. Hier sind zukünftig unter dem Schlagwort "Multimediasysteme" noch einige Verbesserungen zu erwarten. Zur Ausgabe dienen die unterschiedlichsten Arten von Bildschirmen sowie Hardcopygeräten wie beispielsweise Plotter oder grafikfähige Laserdrucker. Der Hauptnachteil besteht darin, daß alle nur eine zweidimensionale Darstellung erlauben. Dies ist die grundsätzliche Problematik der CAD-Ausgabegeräte. Es gibt Geräte, die dreidimensionale Bilder erzeugen - zum Beispiel ein virtuelles 3D-Bild über Schwingspiegel oder mit Hilfe von rotierenden, transparenten Schraubflächen. Ein weiteres Mittel ist die Computergrafik. Sie gestattet zum Beispiel mit Projektionen, Gestaltung des visuellen Eindruckes von Oberflächen bzw. ganzen Szenen durch Ausblenden verdeckter Kanten, Farbe, Spiegelung, Transparenz, Schattierung und ähnlichem scheinbare 3D-Bilder zu erzeugen.

10.3.3.4 CAD-Software

Eine optimale Nutzung eines CAD-Systems ist nur dann möglich, wenn geeignete Software zur Verfügung steht. Diese steuert in Form von Programmsystemen, Programmen und Unterprogrammen den Ablauf und die Verkettung der Befehle bzw. Befehlsfolgen im Rechner. Die Software unterteilt sich in die Systemsoftware und in die Anwendersoftware.

Die Systemsoftware umfaßt das Betriebssystem und die Dienstprogramme. Sie bildet mit der Hardware das Rechnersystem. Die Anwendersoftware besteht aus einer anwendungsspezifischen Grundsoftware (z.B. zur Geometrieverarbeitung, grafischen Darstellung und Datenverwaltung) und einer speziell zugeschnittenen Fachsoftware.

Jede CAD-Software besteht aus Programmteilen für
- die Eingabe und Manipulation von graphischen Daten,
- die Speicherung der eingegebenen Daten und
- die anwendungsbezogene Ausgabeverarbeitung der gespeicherten Daten

und kann als Schichtenmodell dargestellt werden (Abb. 10.7)

Da CAD sowohl bei der Eingabe- als auch bei der Ausgabeverarbeitung im allgemeinen äußerst dialogorientiert ist, enthält nicht nur der Eingabeteil, sondern auch die jeweiligen problemabhängigen Ausgabemodule eines CAD-Systems einen spezifischen Dialogteil. Mit ihm kann der Benutzer grafische und nicht grafische Daten interaktiv editieren, also eingeben, verändern, auf dem Bildschirm darstellen und auch über Plotter und Drucker ausgeben lassen.

Um mit einem CAD-Programm im Dialog arbeiten zu können, muß eine einheitliche Kommunikationsart festgelegt werden. Man unterscheidet

- Eingabesprachen (imperative Systembedienung) und
- geführter Dialog (selektive Systembedienung).

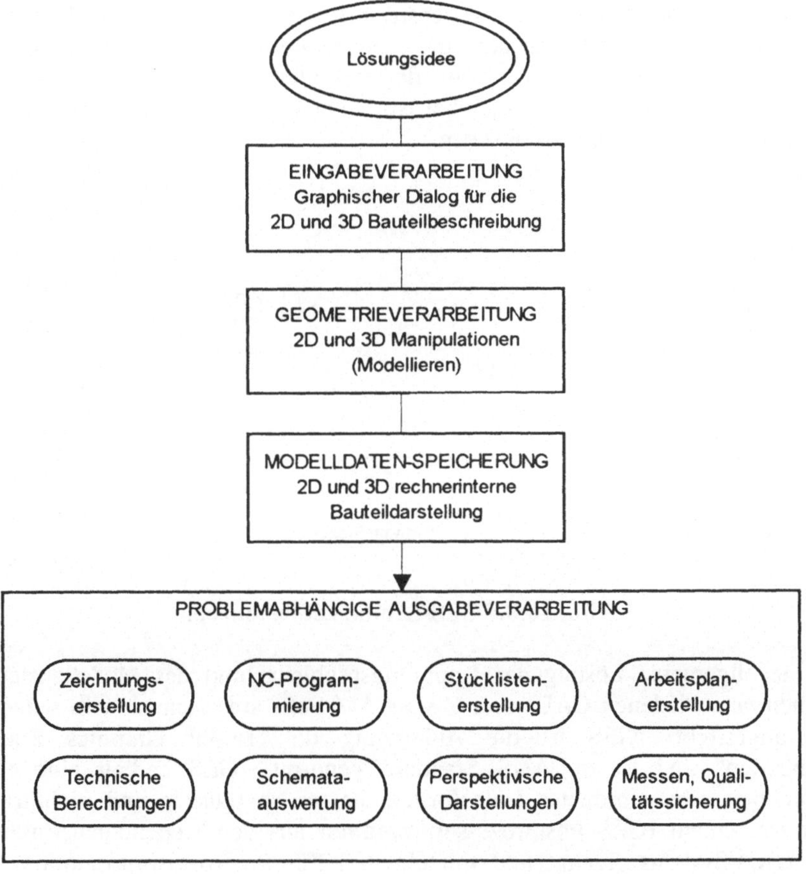

Abb. 10.7. Schichtenmodell einer CAD-Anwendungssoftware

Bei einer Eingabesprache gibt der Benutzer Befehle an das System. Der Befehlsvorrat ist Bestandteil einer Sprache, die der Benutzer beherrschen muß. Die Semantik einer formalen Sprache legt die Bedeutung der einzelnen Sprachelemente fest. Sie sagt aus, welche Operanden, wie z.B. Punkte, Linien, Kreise, Polygone, Bemaßung usw. und welche Operatoren wie z.B. Einfügen, Löschen, Ändern, Gruppenbildung usw. innerhalb des Sprachvorrates vorhanden sind und welche Bedeutung sie haben. Die Sprachelemente werden häufig durch mnemotechnische Abkürzungen dargestellt.

Eine andere Art der Kommunikation mit einem CAD-System sind meist hierarchisch aufgebaute Funktions- oder Menübäume. Es handelt sich hiebei nicht um formale Eingabesprachen im zuvor genannten Sinne, sondern um eine Systembedienung mittels eines vom System mit dem Benützer geführten Dialoges.

Die Bauteilgeometrie, die der Bediener am CAD-Arbeitsplatz eingibt, wird durch entsprechende Verarbeitungsprogramme in eine digitale, rechnerinterne Darstellungsform umgesetzt. Man nennt diese Datenmenge das rechnerinterne Modell und unterscheidet zwischen zweidimensionalen (2D) und dreidimensionalen (3D) Modellen. Die geometrische Datenstruktur des rechnerinternen Modells ist in der Regel bei CAD-Systemen fest und unveränderbar vorgegeben. Jedes CAD-System hat seine eigene Datenstruktur, die normalerweise mit den Datenstrukturen anderer CAD-Systeme nicht kompatibel ist. Unterschiedliche CAD-Systeme können damit a priori keine Daten austauschen.

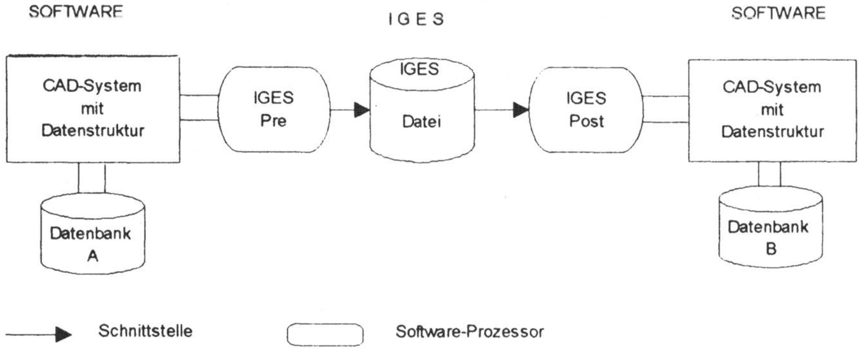

Abb. 10.8. IGES-Schnittstellenkonzept

Eine allgemeine Lösung des Kopplungsproblems und des Modellaustausches zwischen verschiedenen CAD- und CAD-CAM-Softwaresystemen wird derzeit mit IGES angestrebt. IGES ist die Abkürzung für "**I**nitial **G**raphics **E**xchange **S**pecification" und ist im ANSI-Standard genormt. IGES enthält eine eigenes vereinfachtes, übergeordnetes Datenformat, dessen graphische und nichtgrafische Daten von einem IGES Postprozessorprogramm aus der Modelldatenstruktur des einen CAD-Systems erzeugt und mit einem IGES Preprozessorprogramm in die Datenstruktur des anderen CAD-Systems zurückgewandelt werden. (Abb. 10.8)

10.3.3.5 Einsatzkriterien für CAD-Systeme

Jedes CAD-System ist sowohl auf eine bestimmte Klasse technischer Gebilde, als auch auf eine Anzahl möglicher Operationen mit diesen Gebilden ausgerichtet.

Derzeit sind spezielle CAD-Systeme für Maschinenbau, Elektronik, Hochbau, u.ä. im Einsatz. Die Flexibilität eines CAD-Systems kennzeichnet vor allem die Möglichkeiten, neue Problemstellungen durch Erweiterung des Systems bzw. vielfältige Kombinationsmöglichkeiten der Systemkomponenten zu lösen. Voraussetzungen dafür ist die Integrierbarkeit fremder bzw. neu erzeugter Programme in das bestehende System. Dazu sind Zugriffs- und Manipulationsmöglichkeiten zu den Daten der rechnerinternen Darstellung, Schnittstellenbeschreibung des Datenbank- und des Grafiksystems unbedingt erforderlich. Vorteilhaft erweisen sich standardisierte Schnittstellen, wie beispielsweise IGES für das Produktmodell und GKS (**G**raphical **K**ernel System) für die Grafik. Erst durch die Möglichkeit, fremde Programme in das bestehende CAD-System einzubeziehen, ist die Flexibilität solcher Systeme gewährleistet.

Die Qualität eines CAD-Systems hängt davon ab, ob die Konstruktionsgänge, Berechnungen, Rechenarbeiten, Entwurfsarbeiten und die Dokumentation einfach zu bewerkstelligen sind. Hauptansatzpunkte für den Rechnereinsatz waren bisher die routineintensiven Arbeiten, wie das Berechnen nach vorgegebenen Algorithmen oder das automatische Anfertigen von Zeichnungen. In Zukunft wird naturgemäß verstärkt auf kreative Entwurfsarbeiten Rücksicht zu nehmen sein.

Die Frage der Akzeptanz - und somit der Verwendung eines CAD-Systems - ist im Konstruktionsbereich von besonderer Bedeutung. In konventionellen Strukturen verhaftete Konstrukteure sind sehr schwer die Vorteile eines Rechnereinsatzes klar zu machen.

Zukünftig werden auch in CAD-Systemen die Methoden der künstlichen Intelligenz in Form von Expertensystemen eingebunden werden. Dadurch ist ein CAD-System in der Lage nicht nur die Routinetätigkeiten, sondern auch eigenständig kreativ schöpferische Tätigkeiten zu übernehmen.

10.3.4 Künstliche Intelligenz in CIM-Systemen

Der vor fünf Jahren in Japan und in den Vereinigten Staaten begonnene Trend zur Einführung von Methoden der Künstlichen Intelligenz in die Automatisierungstechnik und hier insbesonders in die Fertigungsautomatisierung führte zu intelligenten CIM-Systemen (Intelligent CIM Systems - ICIM) bzw. zu den intelligenten Fertigungssystemen (Intelligent **M**anufacturing Systems - IMS). Methoden der künstlichen Intelligenz werden heute überwiegend in CAD-Systemen, PPS-Systemen sowie Fertigungsleitständen eingesetzt. Sie entlasten den Nutzer solcher Systeme von kritischen Entscheidungen, indem sie ihm Lösungsvorschläge anbieten. IMS-Systeme sind derzeit international noch nicht eingeführt, scheinen aber in näherer Zukunft die "unintelligenten" CIM-Systeme abzulösen (Abb. 10.9).

Die eine Entwicklungsrichtung von IMS besteht darin, in die fünf CIM-Komponenten CAD, CAP CAM, CAQ sowie PPS oder in Teile von ihnen Methoden der künstlichen Intelligenz in Form von Expertensystemen zu implementieren. Es entstehen dann sogenannte intelligente CIM-Komponenten (ICAD, ICAP, ICAM, ICAQ, IPPS), wobei die Durchdringungstiefe der einzelnen Komponenten mit künstlicher Intelligenz von deren Aufgabenbereichen abhängt. Ein Expertensystem kann als Softwaresystem zur Bereitstellung und Verarbeitung von Wissen zur Lösung konkreter Problemstellungen eines bestimmten Aufgabenbereiches aus einem speziellen Fachgebiet definiert werden. Das Wissen besteht dabei nicht nur aus

Fakten; es umfaßt darüber hinaus Informationen über deren Verknüpfungsmöglichkeit zu schlüssigen Argumentations- und Begründungsketten oder Handlungsplänen, wobei die Verknüpfungen oft heuristischer Natur sind oder auf Erfahrungen beruhen. Konkrete Expertensysteme werden heute fast ausschließlich mit Hilfe von speziellen Tools realisiert. Hierbei zeichnet sich klar eine Tendenz zu Hybridtools ab, wobei hybrid die Möglichkeit zur Verwendung verschiedenartiger Wissensrepräsentationsformalismen in demselben Anwendungssystem meint.

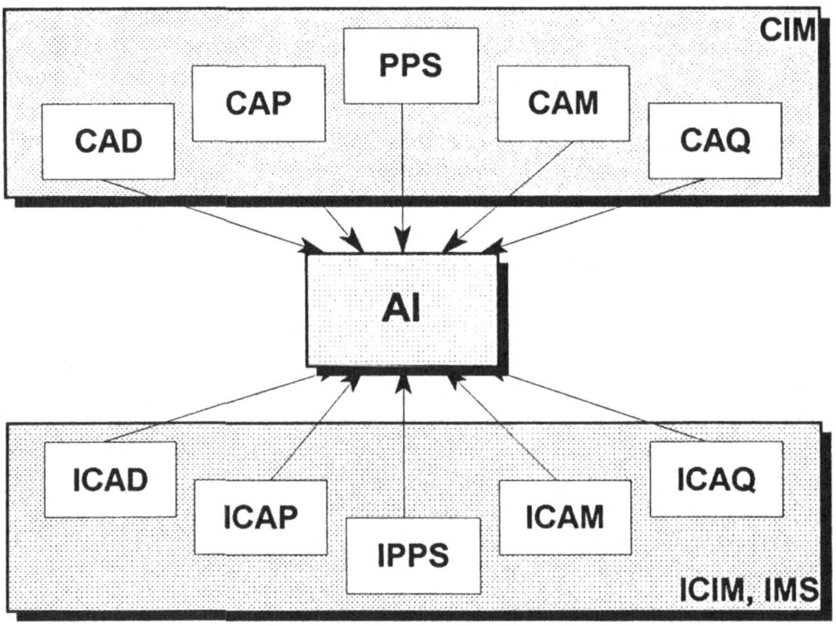

Abb. 10.9. Intelligente CIM-Komponenten

Der erfahrene Ingenieur ist für viele Firmen unter anderem deshalb wertvoll, weil er sich an vergangene Probleme und ihre Lösungen erinnern kann und die Unterlagen wieder findet. Dies ist ein typisches Einsatzgebiet für derzeit verfügbare Expertensysteme. Sie sind in der Lage, vergangene Probleme zu suchen, die Ähnlichkeit mit den gegenwärtigen haben, und sind auch in der Lage, mögliche Lösungen für die Anpassung an das neue Problem vorzuschlagen. Expertensysteme können als "Assistent des Ingenieurs" betrachtet werden und überwachen verschiedene, auf niederer Ebene ablaufende Aufgaben, die bei der Entwicklung von Entwurfs- und Fertigungslösungen anfallen. Dadurch ermöglichen sie dem Ingenieur, sich auf "intelligentere" Aufgaben zu konzentrieren.

Es ist nur mehr eine Frage der Zeit bis Expertensysteme in größerem Maße in CIM-Komponenten Eingang finden. Hinsichtlich von CIM-Komponenten in Klein- und Mittelbetrieben bleibt abzuwarten, wann Expertensysteme, welche auf PCs lauffähig sind, zur Verfügung stehen werden. Im CIM-Bereich ergeben sich Einsatzmöglichkeiten für Expertensysteme als individuelle, firmenspezifische Kopplungsbausteine zwischen vorhandenen Insellösungen. Einsatzmöglichkeiten können sich aber auch ganz allgemein als software-technische Hilfsmittel zur Unterstützung des Menschen bei der Lösung von

- Planungsproblemen,
- Reihenfolgeplanungen, Konfigurationsaufgaben (z.B. in der Konstruktion), Prozeßgestaltung, Auswahl von Fertigungsverfahren, Fertigungsmittel, Bearbeitungsbedingungen,
- Diagnoseaufgaben,
- Überwachung von Prozessen und Maschinen, Meßdatenanalyse, Qualitätssicherung,
- Schulung,
- Wissenssicherung, Wissensvermittlung

angesetzt werden.

10.3.4.1 CAD

Expertensysteme können konventionelle CAD-Techniken auf unterschiedlichen Ebenen ergänzen. Einsatzschwerpunkte in der Konstruktion können in folgenden Bereichen gesehen werden:

- **Kommunikationsunterstützung:** Abbildung individueller Arbeitstechniken und konstruktionsadäquater Kommunikationsfunktionen zur Erweiterung der Interaktionsmöglichkeiten zwischen Rechner und Konstrukteur.
- **Informationsunterstützung:** Abbildung von Auswahl, Bewertungslogiken unter Einbeziehung von individuellem Anwenderwissen.
- **Prozeßunterstützung:** Erweiterung eines konstruktiven Lösungsraumes durch Abbildung von Entscheidungs- und Konstruktionslogiken.

Bei den intelligenten CAD-Systemen können drei Entwicklungsstufen unterschieden werden:

- Kopplung von wissensbasierten Systemkomponenten mit vorhandenen CAD-Systemen,
- Integration von wissensbasierten Systemkomponenten mit vorhandenen CAD-Systemen und in einem Systemkonzept,
- ein einheitliches Systemkonzept.

Die Voraussetzung für eine Integration ist eine gemeinsame Basis, die eine Verbindung zwischen Wissensverarbeitung und Geometrieverarbeitung zuläßt. Konstruktionsparameter lassen sich im Rahmen der Variantenkonstruktion definieren und können in geometrische und funktionale Parameter aufgeteilt werden. Geometrieparameter beschreiben geometrische Abmessungen, funktionale Parameter drücken Größen aus, die direkt mit der Funktion des Bauteiles zusammenhängen.

10.3.4.2 Expertensysteme im CAP/PPS-Bereich

Produktionsplanung wird normalerweise von einem sachkundigen Planer aufgrund jahre- oder jahrzehntelanger Erfahrung durchgeführt. Seine Aufgaben

bestehen darin, Konstruktionszeichnungen zu interpretieren, das vernünftige
Überdenken von Geometrie und Qualität eines Teiles und schließlich die
Entscheidung darüber, wie der Teil am besten gefertigt werden kann. Das geschieht
durch Kennzeichnung von Schneideprioritäten, Auswahl von Prozessen, Maschinen,
Schneidewerkzeugen, Aufspannvorrichtungen und aller Meßgeräte, die benutzt
werden sollen. Diese Aufgaben werden auf nicht klar definierte Art von den Planern
ausgeführt, die sich bei ihrer Aufgabe auf subjektive Meinungen und Erfahrungen
aus der Vergangenheit verlassen müssen. Selbst bei Vorhandensein eines Rechners
ist dies teilweise noch erforderlich, da diese Aufgaben selbst für einen modernen
Rechner übermäßig viel Rechenaufwand bedeuten.

10.3.4.3   Expertensysteme im CAM-Bereich

Auf der Produktionsebene werden Expertensysteme überwiegend bei der
Montage und zur Instandhaltung eingesetzt. In der Montage ergeben sich
unterschiedliche Einsatzfelder für wissensbasierte Systeme. Zu ihnen gehören
demontagegerechte Produktkonstruktion, die Auswahl einer geeigneten
Montagetechnologie, die Baugruppenauswahl, die Erstellung des Montageplanes, die
Betriebsmittelauswahl, die Layoutplanung sowie die Wirtschaftlichkeitsbewertung
von Montagesystemen.

Ausgangspunkt für den Einsatz von Expertensystemen im Bereich der
Instandhaltung ist die Unterstützung von Aufgaben bei der Überwachung und
Diagnose, sowie bei der Instandhaltungsplanung und -steuerung. Hier sind zur Zeit
nur wenige Expertensysteme im Einsatz. Dies liegt einerseits an der vergleichsweise
geringen Durchdringung der Instandhaltung der EDV-Systeme an sich, und
andererseits an der relativ hohen Anzahl nicht planbarer Aufträge. Erste Ansätze für
Expertensysteme liegen im Bereich der Ersatzteilplanung.

10.3.4.4   Expertensysteme in der Qualitätssicherung (CAQ)

Die Einsatzmöglichkeiten von Expertensystemen in der Qualitätssicherung
liegen in der Qualitätsplanung, der Qualitätslenkung und der Qualitätsprüfung. Das
an vielen Entscheidungsschnittstellen benötigte abteilungsübergreifende Wissen ist
meist auf wenige Mitarbeiter konzentriert und das Ergebnis jahrelanger Erfahrung.
Um dieses Erfahrungswissen in einem integrierten Qualitätssicherungskonzept
nutzbar zu machen, besteht die Notwendigkeit, wissensbasierte Systeme einzusetzen.
Voraussetzung für den Einsatz von Expertensystemen in der Qualitätssicherung ist
daher die Aktualität und Exaktheit des bereitgestellten Wissens. Diese wird durch
Rückmeldung von den Stellen im Betrieb, die ständig die neuesten Kenntnisse über
Qualitätsmängel und über deren Ursachen besitzen, erreicht. Die Aktualität des
Wissens erfordert eine direkte Kopplung der Qualitätsdatenerfassungsstellen mit der
Planungsebene. Damit wird deutlich, daß ein solches Qualitätssicherungssystem,
nicht nur bedingt durch den Expertensystemeinsatz, nur durch die Integration in
einem durchgängigen Informationsfluß möglich ist.

Die Problematik bei der Integration von Expertensystemen in CIM-Konzepte
hängt von der Einführung neuer Technologien, insbesondere einer
Softwaretechnologie, ab. Dies führt fast immer, sowohl in technischer als auch in
organisatorischer Hinsicht zu Problemen bei der Eingliederung in vorhandene

Strukturen. Die Planung und Entwicklung von Expertensystemen für CIM stellt sich als sehr schwierig heraus, da aufgrund der geringen bisherigen Erfahrungen mit wissensbasierten Systemen die notwendigen Methoden, Richtlinien und Bewertungskriterien für ein entsprechendes Projektmanagement fehlen.

Wichtige softwaretechnische Voraussetzungen für einen erfolgreichen Einsatz wissensbasierter Systeme in einer bereits existierenden EDV-Umgebung in der Produktion werden von den zur Zeit verfügbaren nur bedingt erfüllt. Die Kopplung von Expertensystemen und Datenbanken ist in einem CIM-Konzept notwendig. Weiters muß die Möglichkeit der Portierung der abgeschlossenen Expertensystementwicklung von speziellen Workstations auf übliche kostengünstige Betriebshardware ermöglicht werden. Derzeit verhindert die dargestellte Schnittstellenproblematik den Wunsch nach einem Standardsystem mit dem alle im Betrieb zu entwickelnden Expertensysteme realisierbar sind.

10.4 Robotik

Als Paradebeispiele für moderne Automatisierungstechnik dienen Industrieroboter. Am Anfang der Industrieentwicklung stand eine am Ausgang des Mittelalters hochentwickelte Uhrmacherkunst. Zeugnisse davon sind die mechanische Ente von Vaucanson und der Klavierspieler von Droz, der mit den Augen den Händen beim Klavierspielen nachschaut. Beim Kempelschen Schachautomaten war man sich nicht einig, ob es sich um eine Maschine oder einen primitiven Trick handelte. In der Folge wurden mechanische Menschen oder Maschinenmenschen im 18. und 19. Jahrhundert entwickelt. Diese Maschinen konnten menschliche Bewegungen mehr oder weniger gut nachahmen. Als Geburtsstunde des modernen Industrieroboters wird üblicherweise das Bühnenstück des tschechoslowakischen Autors Karel Capek, "Rossums Universal Robots", angesehen. Seither gibt es den Begriff Roboter.

Die Roboter des 20. Jahrhunderts unterscheiden sich jedoch grundsätzlich von den Maschinenmenschen vergangener Tage. Sie sind nicht mehr menschenähnlich, sondern dienen dazu, die menschliche Bewegung möglichst gut nachzuahmen. Am Anfang der Industrieroboterentwicklung standen einfache Teleoperatoren, die es beispielsweise den Menschen gestatten, in "heißen" Bereichen von Kernkraftwerken strahlende Substanzen zu handhaben. Der Bedienende konnte durch ein dickes Fenster in den heißen Bereich die Bewegungen mechanischer Arme steuern.

Die ersten Industrieroboter wurden Mitte der sechziger Jahre in den USA eingesetzt. Es handelt sich um sogenannte "unintelligente Roboter", die überwiegend dazu dienten, den Menschen von schwerer körperlicher Arbeit zu entlasten, ihm immerwiederkehrende monotone Arbeiten abzunehmen und dies in besonders umweltgefährdeter Atmosphäre. Die Anzahl der eingesetzten Industrieroboter stieg seither dramatisch an und dürfte derzeit weltweit ungefähr eine halbe Million betragen. Diese Ziffer ist aber, wie alle Statistiken über Industrieroboter, mit Vorsicht zu genießen, da es keine einheitliche Abgrenzung zwischen einfachen Handhabungsgeräten und Industrierobotern gibt.

Die heute verwendeten Industrieroboter bestehen aus einer mechanischen Konstruktion, die mindestens so viele Bewegungsmöglichkeiten wie die menschliche

Hand aufweist. Anstatt der menschlichen Finger trägt der Roboter eine meist speziell auf das zu greifende Objekt zugeschnittene Greifeinheit. Die Bewegungen des Roboters erfolgen durch Antriebe, welche von einem Computer gesteuert werden. Industrieroboter sind daher ein Paradebeispiel für die Anwendung von Digitalrechnern zur Automatisierung.

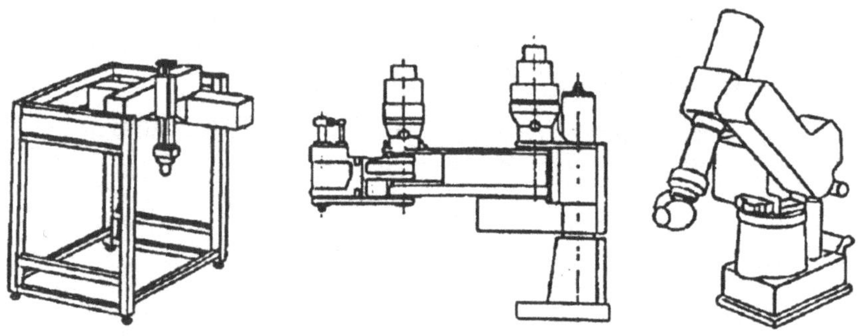

Abb. 10.10. Bauformen von Industrierobotern

Da erst ab 1975 leistungsfähige und preiswerte Computer zur Steuerung verfügbar waren, kann dieses Jahr auch als die angebliche Geburtsstunde der Robotertechnik angesehen werden. Die derzeitigen unintelligenten Industrieroboter werden vom Menschen programmiert, indem beispielsweise die Bedienungsperson den Roboter zu bestimmten Positionen oder längs bestimmter Bahnen bewegt. Diese Bewegungen werden vom Steuerrechner des Roboters gespeichert und dieser kann die vorgegebenen Bahnen beliebig oft hintereinander abfahren. Die manuelle Programmierung ist allerdings nur bei sehr kleinen Robotern möglich. Für größere Roboter findet üblicherweise die Programmierung mit einer speziellen Tastatur statt, von der aus die Roboteantriebsmotoren betätigt werden können.

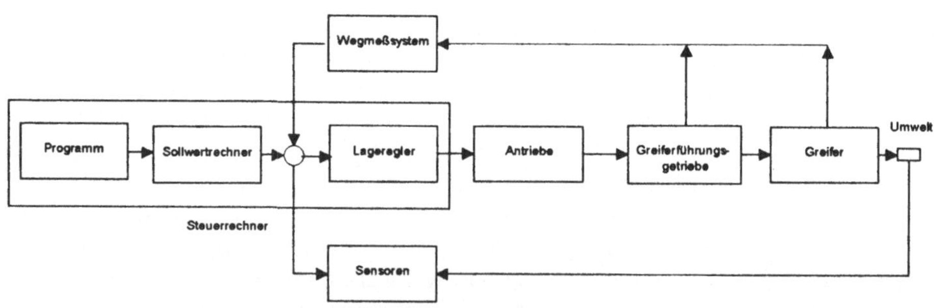

Abb. 10.11. Blockschaltbild

Ein Industrieroboter besteht aus dem in Abb. 10.11 Blockschaltbild dargestellten Baugruppen. Wie die menschliche Hand hat ein Roboter üblicherweise 6 Bewegungsmöglichkeiten - Freiheitsgrade. Mit diesen 6 Freiheitsgraden ist er in der Lage jeden Punkt im Raum in jeder beliebigen Richtung anzufahren. Von diesen 6 Freiheitsgraden werden 3 im sogenannten Greiferführungsgetriebe und 3 im Greifer realisiert. Die Freiheitsgrade können entweder Drehfreiheitsgrade (rotatorisch) oder Schubfreiheitsgrade (translatorisch) sein. In Abb. 10.10a hätte das Greiferführungsgetriebe drei translatorische Freiheitsgrade (kartesischer Roboter); in Teilbild c drei Drehfreiheitsgrade (sphärischer Roboter). Der Greifer, welcher die sogenannte Greifeinheit trägt, sitzt am letzten Glied des Greiferführungsgetriebes und realisiert üblicherweise ebenfalls drei Freiheitsgrade. Diese insgesamt 6 Freiheitsgrade werden durch 6 Antriebe meist mit elektrischer Hilfsenergie durch Lageregler, üblicherweise Mikroprozessoren, betätigt. Ist vom Roboter ein neuer Punkt im Raum anzufahren, bekommt der Lageregler vom Sollwertrechner die dazu erforderlichen Gelenkstellungen. Das Wegmeßsystem liefert die Istpositionen der Gelenkstellungen und der Lageregler subtrahiert von der Sollposition die Istposition und bildet die Regeldifferenz. Die Lageregler betätigen nun die Antriebe derart, daß die einzelnen Regeldifferenzen, in diesem Fall 3, zum Verschwinden gebracht werden. Der Sollwertrechner bekommt von einem Man-Machine-Interface die Sollwerte mitgeteilt. Hardwaremäßig ist der Steuerrechner eines Industrieroboters - bestehend aus Lageregler, Sollwertrechner und Programmgeber - hierarchisch strukturiert. Die 6 Lageregler sind wie bereits ausgeführt Mikroprozessoren, die vom Sollwertrechner - üblicherweise ein Minirechner - koordiniert werden und von diesem die Befehle bekommen.

Da üblicherweise jeder Roboter in der Lage ist, zwischen zwei Punkten im Raum eine Gerade zu interpolieren, muß der Sollwertrechner in der Lage sein, in möglichst kurzer Zeit möglichst viele Zwischenpunkte, die auf der Geraden zwischen den beiden gegebenen Punkten liegen, zu berechnen. Es müssen in diesen Zwischenpunkten nicht nur die Positionen, sondern auch die Geschwindigkeiten und die Beschleunigungen berechnet werden.

Industrieroboter sind heute in verschiedensten Größen und Ausführungsformen verfügbar. Beginnend mit den Kleinstrobotern, mit einem Arbeitsbereich von wenigen Zentimetern und einer Tragkraft von einigen Gramm, bis zu "Roboterriesen" mit Tragkräften bis zu zwei Tonnen. Punkte werden von Robotern, abhängig von der Größe, mit einer Genauigkeit von tausendstel Millimetern mit sehr hohen Geschwindigkeiten von bis zu zwei bis drei Metern pro Sekunde angefahren. Das Haupteinsatzgebiet im technischen Bereich ist die Karosseriefertigung von Pkws. Von den mehreren hundert Schweißpunkten auf einer Pkw-Karosserie werden heute bereits bis zu 95% durch Industrieroboter hergestellt. Roboter sind auch in der Lage, komplizierte Bahnschweißoperationen mit Zehntelmillimeter-Genauigkeit 24 Stunden pro Tag auszuführen. Weitere Anwendungsgebiete sind Montage-operationen, z.B. von Uhren oder Taschenrechnern sowie Lackieren.

Montageoperationen erfordern allerdings bereits ein gewisses Maß an Intelligenz. Ein klassisches Beispiel hierfür ist die Robotertätigkeit "Griff in die Kiste". Analysiert man diesen Bewegungsvorgang näher, so kommt man rasch zu der Erkenntnis, daß im menschlichen Unterbewußtsein laufend recht komplexe Automatisierungs- und Optimierungsvorgänge ablaufen. Liegen eine Reihe von

Teilen ungeordnet in einer Kiste, nimmt der Mensch intuitiv jenen Teil heraus, der an der Oberfläche liegt, sodaß er möglichst einfach für eine lagerichtige Positionierung greifbar ist. Dieser Vorgang dauert beim Menschen nur wenige Sekunden. Roboter sind bereits fähig, diesen Griff in die Kiste zu beherrschen, wobei Teilprobleme bereits zufriedenstellend gelöst sind. Zunächst muß für geeignete Beleuchtung gesorgt werden, damit der mit einer Fernsehkamera ausgestattete Roboter ein Bild über die Verteilung der Teile in der Kiste erhält. Sodann läuft im Steuerrechner des Roboters ein komplizierter Auswahlprozeß (Bildverarbeitungsprozeß) ab, als dessen Ergebnis ein Teil ausgewählt wird, der als nächster aus der Kiste zu nehmen ist. Da es sich hier um komplizierte Programmpakete zur Optimierung handelt, sind die meisten derzeit verfügbaren Rechner mit diesen Aufgaben "überfordert", sodaß der Griff in die Kiste zwar möglich ist, aber sehr langsam erfolgt. Es wird jedoch nicht mehr lange dauern, bis die Rechner genügend schnell sind.

Diesen intelligenten Robotern eröffnet sich ein weites Gebiet von Anwendungen, nicht nur klassisch-technischer Art. Beispiele hierfür sind Roboter, die komplizierte Operationen am Meeresboden in hunderten Metern Tiefe oder im Weltraum auf fremden Planeten ausführen. Anwendungen in der Forstindustrie zum Bäumefällen, Entrinden und selbsttätigen Ablängen, wobei die Holzausbeute selbsttätig optimiert wird, über Anwendungen in der Landwirtschaft, beispielsweise zur Obsternte oder zur Schafschur, bis hin zu medizinischen Anwendungen, beispielsweise zur Krankenbetreuung oder als "Blindenhund" sind bereits Realität.

Die Intelligenz der Roboter kommt von sogenannten Sensoren, welche dem Roboter Informationen über die Umwelt liefern. Fühlende Roboter sind mit taktilen Sensoren und bilderkennende mit visuellen Sensoren und sprachverstehende mit auditiven Sensoren ausgestattet. Zarte Umarmungen mit programmierter Greifkraft, ein Roboter, der sich selbsttätig seinen Weg durch ein Labyrinth sucht, und einer, mit dem man sich von Mann zu Mann oder Frau zu Frau unterhalten kann, sind bereits im Labor verwirklicht. Dies geht soweit, daß Roboter bereits zum Haareschneiden eingesetzt werden. Aufgrund von zwei Fernsehbildern ist der Steuerrechner des Roboters in der Lage, die Position des Kopfes und seine Konturen zu erkennen. Man braucht nur mehr eine passende Frisur auszuwählen, diese dem Steuerrechner eingeben, und der roboterisierte Haarschnitt kann beginnen. Allerdings mit der Einschränkung, daß man sich vom Zeitpunkt der Fernsehaufnahmen bis zum Ende der Prozedur nicht bewegen sollte.

Die Weiterentwicklung der Industrieroboter wird hauptsächlich durch die verfügbare Rechnerleistung bestimmt. Leistungsfähigere Rechner der sogenannten "nächsten" Generation gestatten, unter Zuhilfenahme der Mittel der Künstlichen Intelligenz, den Roboter nicht nur "intelligent" sondern auch "selbstdenkend" auszuführen. Serviceroboter wie der Haushaltsroboter aus dem Supermarkt, welcher am Morgen oder tagsüber per Telefon seine Befehle entgegennimmt, sich seine Arbeiten optimal einteilt und abends auf weitere Anordnung wartet, ist sicher keine Utopie mehr. Es bleibt allerdings die Horrorvision, daß, wie vor Jahrzehnten beschrieben, infolge eines defekten Steuerrechners der Roboter ein intelligentes und selbstdenkendes Eigenleben entwickelt.

10.5 Digitalrechner in der Automatisierungstechnik

Die Verwendung von Digitalrechnern in der Automatisierungstechnik und insbesondere in der Prozeßautomatisierung geht auf die Mitte der 60er Jahre zurück. Zu dieser Zeit erschienen die ersten Bücher über "Digitale Regelung" ("Digital Control"). Seither haben Digitalrechner zuerst als Groß-Prozeßrechner, später als Mini- oder Mikrorechner ihren Siegeszug in der Automatisierungstechnik angetreten. Seither ist Rechentechnik und im Gefolge Informationstechnik zu einem bedeutenden Teilgebiet der Automatisierungstechnik geworden.

10.5.1 Digitalrechner zur Prozeßautomatisierung

Für verschiedene Anforderungen und Aufgabenstellungen sind von Baugliedern einer Automatisierungseinrichtung auch Rechenoperationen auszuführen. Jede digitale Steuerung "berechnet" im Grunde genommen zu jeder Eingangssignalkombination einen Wert des Ausgangssignals - jeder Regler "berechnet" aus Meßwerten der Regelgröße eine Stellgröße. Zusätzlich ergibt sich in Regelkreisen oft die Notwendigkeit, einfache Rechenoperationen auszuführen. Beispiele hiefür sind Wirkungsgradrechner für einen Dampfkessel, Rechner für die Zuordnung von Außentemperatur und Mischventilstellung bei Heizungsregelungen, Dichtekorrektur bei flüssigen und gasförmigen Medien usw.

Bisher wurden dafür überwiegend analog arbeitende "Betriebsrechner" eingesetzt. Die Erfolge von Digitalrechnern auf dem kommerziellen Sektor führten in den späten 60er Jahren zu Überlegungen, wie solche Rechenanlagen auch zur Automatisierung von Produktionsprozessen eingesetzt werden können. Prinzipiell ist jeder Digitalrechner geeignet, neben den Aufgaben von Betriebsrechnern auch Steuerungs- und Regelaufgaben zu übernehmen. Man spricht dann von einem Prozeßrechner.

In der Prozeßautomatisierung sind die Eingangs- und Ausgangssignale der zu automatisierenden Prozesse überwiegend zeitkontinuierlich und analog. Diese Signale müssen daher durch Zeit- und Amplitudenquantisierung in zeitdiskrete Digitalsignale (Zahlenfolgen zu äquidistanten Zeiten) für die Verarbeitung in Digitalrechnern umgeformt werden.

Da in der Fertigungsautomatisierung zeitdiskrete digitale Signale überwiegen, hat sich dort die Digitaltechnik wesentlich früher durchgesetzt.

Digitalrechner in der Prozeßautomatisierung werden meist in Form von Prozeßleitsystemen eingesetzt. Prozeßleitsysteme sind aufeinander abgestimmte Gerätefamilien im weitesten Sinne, die die Aufgaben der Informationsgewinnung, Informationsübertragung, Informationsverarbeitung und Informationsnutzung ermöglichen. Sie gestatten darüber hinaus das Steuern von Prozeßabläufen, Protokollieren, gezielte Informationsdarstellung und Auswertung sowie die Ausführung übergeordneter Aufgaben wie das Berechnen von Prozeßparametern, Produkteigenschaften und Prozeßabläufen, das Regeln nach berechneten Führungsgrößen und Modellen sowie Leitfunktionen wie Anfahren, Abfahren, Produktwechsel, Störungsbehandlung und Prozeßoptimierung.

Die am Markt befindlichen Prozeßleitsysteme können in zwei große Gruppen eingeteilt werden. Die eine Gruppe besteht aus analog oder digital arbeitenden Einzelreglern und einem überlagerten Prozeßrechner (zentrale Prozeßleitsysteme) -

bei dem System der anderen Gruppe übernehmen multiplex arbeitende Subeinheiten
die Aufgaben des Steuerns und Regelns (verteilte oder dezentrale Prozeßleitsysteme).
Beide Grundkonzeptionen sind in Abb. 10.12 einander gegenübergestellt.

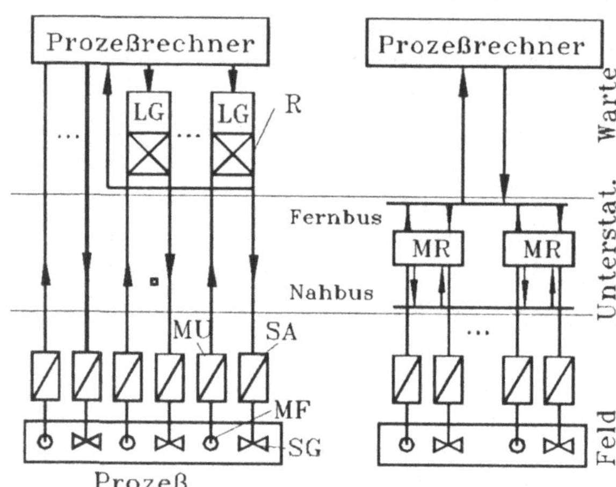

Abb. 10.12. Grundkonzeptionen von Prozeßleitsystemen

Schematisch ist der Prozeß, die Meßfühler (MF), die Meßumformer (MU), die
Regler (R), die Stellantriebe (SA), die Stellglieder (SG) und die Leitgeräte (LG)
dargestellt. Links die mit Einzelreglern arbeitenden Prozeßleitsysteme, bei denen der
Prozeßrechner auch die Steuerungsaufgaben übernehmen muß und rechts die mit
dezentralen Unterstationen. Der Prozeßrechner übernimmt hier hauptsächlich
Bedienfunktionen und höherwertige Aufgaben, wie übergeordnete Prozeßführung,
und ist über ein Bussystem (Fernbus) mit den Mikrorechnern verbunden. Diese
Substationen können über den Nahbus untereinander kommunizieren. Vorteile
dieser Systeme sind infolge der übersichtlichen Strukturierung einfache
Projektierung und Inbetriebnahme sowie höhere Verfügbarkeit. Die Programmierung
reduziert sich auf Funktionswahl und Parametereingabe.

Verbindet man SPS und Mikrorechnereinzelregler durch ein Bussystem,
überlagert einen PC und versieht diese Konfiguration mit entsprechenden
Peripheriegeräten wie Bedientastatur, alphanumerische Tastatur, Monitore, serielle
Drucker, Zeilendrucker, dann kann bereits von einem Kleinprozeßleitsystem
gesprochen werden.

Die Grundgedanken bei der Entwicklung von verteilten Prozeßleitsystemen
können in fünf Punkten zusammengefaßt werden:

- die Datenverarbeitung für MSR-Aufgaben findet in dezentralen
  Mikrorechnern statt,
- Einführung des Bildschirmes für die Prozeßbeobachtung und Bedienung,
- modulare Standardsoftware für sämtliche Aufgaben,
- redundante (back-up) Systeme,
- Unterstützung der Wartung durch Selbstdiagnosefunktionen.

Die Vorteile von verteilten Prozeßleitsystemen, welche auch der Grund für ihre rasche Verbreitung waren, sind:

- die Möglichkeit, die Struktur des Automatisierungssystems leicht an die Struktur des Prozesses anzupassen,
- Prozeßführung über Bildschirme mit teilweise bedienerfreundlichen Tastaturen,
- Kopplungsmöglichkeiten zu anderen hierarchisch über- oder untergeordneten Systemen,
- aufrüstbare Redundanz,
- Informationsübertragung mittels Busverbindungen,
- gleichartige Bedien-, Konfigurier- und Strukturkonzepte für Regelungen und Steuerungen.

10.5.2 Entwicklungstendenzen

Bei Produktionsleitsystemen wird sich in Zukunft eine verstärkte Anpassung an den CAD-Standard mit erhöhter Graphikfähigkeit, mehr Fenstertechnik, Vollgraphik (3D) und beispielsweise die Verwendung der Maus durchsetzen.

Diskutiert werden derzeit unterschiedliche Bussysteme. In der Fertigungsautomatisierung erfolgt eine Standardisierung - überwiegend mit dem "**M**anufacturing **A**utomation **P**rotocol (MAP)" von General Motors. Es sind jedoch in Mitteleuropa verstärkt Bestrebungen im Gange, dieses Protokoll auch für Prozeßleitsysteme verfügbar und anwendbar zu machen. Weitere Systeme sind der "FIP-Bus" oder der "Profi-Bus". Bisher stiefmütterlich wird das Feld der rechnergestützten Planung und Instandhaltung von Prozeß- und Produktionsleitsystemen behandelt. Zukünftige Produktionsleitsysteme werden voraussichtlich folgende Verbesserungen beinhalten:

- Kompatibilität mit Systemen unterschiedlicher Hersteller (Vernetzung),
- benutzerfreundliche Bedienoberfläche,
- Ergänzung der Leitsysteme durch Eigendiagnosesysteme,
- günstige Einstiegsversionen und aufrüstbare Modularität,
- wissensverarbeitende Komponenten in Form von Expertensystemen.

10.5.2.1 Prozeßautomatisierung

Hier beginnt sich der Einfachsensor vom Mehrwertaufnehmer zum mikroprozessorgesteuerten Sensorsystem zu entwickeln. Auf die Stellseite werden in zunehmendem Maße Mikroprozessoren in Stellgeräte integriert, um sie "intelligenter" zu machen.

Die Weiterentwicklung der dezentralen Prozeßleitsysteme kann zum gegenwärtigen Zeitpunkt nur sehr schwer abgeschätzt werden. Eine mögliche Weiterentwicklung wären sogenannte "feldnahe" Systeme, deren Struktur in Abb. **10.13** dargestellt ist. Durch die Implementierung von extrem miniaturisierten Mikrorechnern (Einchiprechnern) in Meß- und Stellglieder, werden diese zu

intelligenten Geräten, die dann selbständig die Meßwertverarbeitung und
Steuerungs- und Regelungsaufgaben übernehmen könnten. Über einen Feldbus wäre
dann ein sehr kurzer Signalfluß zwischen Meß- und Stelleinrichtungen möglich. Der
hier über einen Fernbus angekoppelte Prozeßrechner erfüllt ausschließlich
übergeordnete Funktionen der Prozeßkoordinierung.

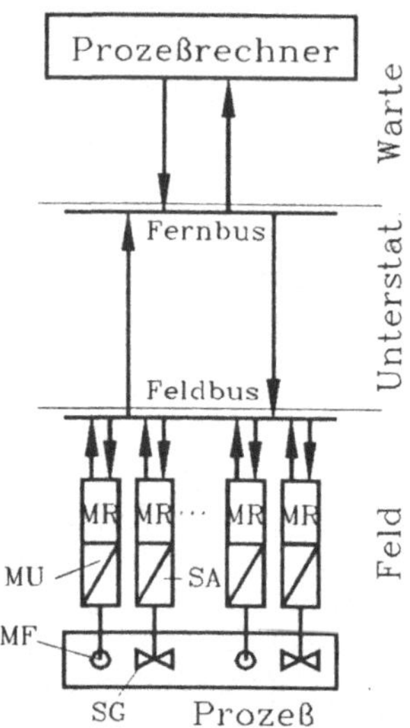

Abb. 10.13. Struktur feldnaher Systeme

Generell ist festzustellen, daß die heute verfügbaren speicherprogrammierbaren
Steuerungen bereits in hohem Maße Regelfunktionen beinhalten. Sie sind in den
verschiedenen bereits beschriebenen Programmierphilosophien - meist von einem PC
aus - programmierbar. Die Funktionen der Mikrorechnerregler werden immer
komplexer. Diese Regler bedingen allerdings eine freie Programmierbarkeit in einer
höheren Programmiersprache, z. B. in C.

In nächster Zeit werden sich neben Prozeßleitsystemrechnern Rechner für die
Implementierung von Expertensystemen etablieren. Sie sind häufig als
Spezialrechner für die Prozeßführung, basierend auf den Mitteln und Methoden der
Künstlichen Intelligenz, vorgesehen.

In Abb. 10.14 ist das Prozeßleitsystem mit überlagerndem Expertensystem
dargestellt. Verarbeitung von Wissen setzt einerseits voraus, das vorhandene Wissen
über den Prozeß in Form von Erfahrungen des Anlagenfahrers oder in Form von
Regeln implementieren zu können. Die Wissensverarbeitung wird deshalb in zwei
Richtungen in der Prozeßautomatisierung wirksam:

- beim Entwurf von Automatisierungssystemen (Entwurf, Projektierung,
  Dimensionierung, Parametrisierung usw.),
- in der Prozeßsteuerung und -sicherung (Expertensysteme für die Unterstützung von Entscheidungen des Anlagenfahrers).

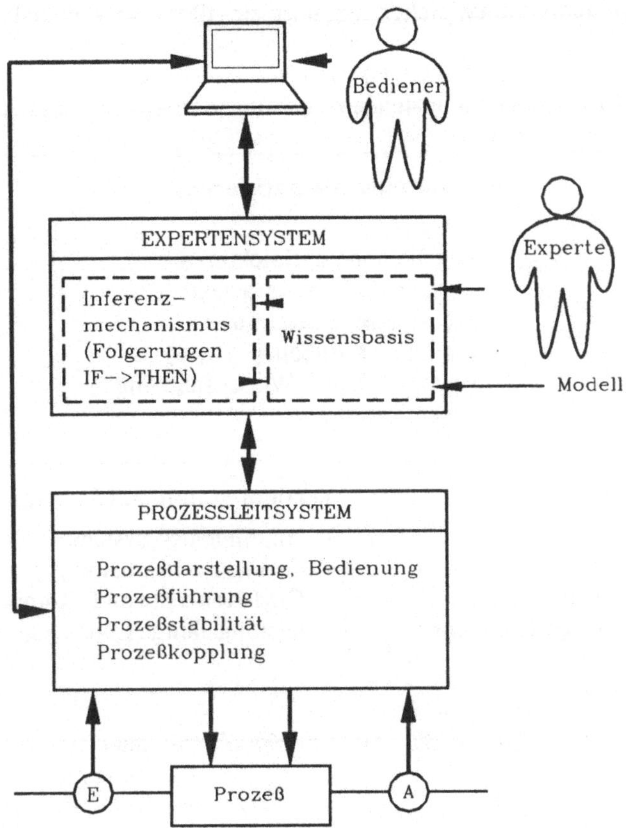

Abb. 10.14. Expertensysteme in der Automatisierungstechnik

Während beim ersten Einsatzgebiet keine Echtzeitanforderungen gestellt werden, sind diese Anforderungen beim zweiten Einsatzgebiet unabdingbar.

10.5.2.2 Fertigungsautomatisierung

Derzeit sind taktile, visuelle sowie auditive Sensoren, beispielsweise für Industrieroboter, mit einem mehr oder weniger großen Rechnersystem gekoppelt, bereits Realität geworden. Hier dominieren nach wie vor als Maschinensteuerung die NC-/CNC- sowie DNC-Steuerungen. Bezüglich der Regelung konzentriert man sich überwiegend auf Antriebs- und Lageregelungen, die bereits seit längerer Zeit mit Mikroprozessoren ausgeführt werden. Bei den Industrierobotern wird zukünftig eine Verschiebung zugunsten der Montage erfolgen.

Der Koordinierungsrechner in einer Fertigungszelle hat die Produktions- und Fertigungsabläufe in dieser Zelle aufeinander abzustimmen. Er hat auf die Maschinensteuerungen, Robotersteuerungen und die Steuerungen der Transport- und Werkzeugwechselsysteme einzuwirken. Die Einbeziehung aller Teile des Produktionsprozesses von der Auftragsannahme bis zur Auslieferung einschließlich der rechnergestützten Qualitätssicherung führt zur flexiblen Automatisierung oder Automatisierungskonzepten.

Tabelle 10.4. Entwicklungstendenzen in der Automatisierungstechnik

Produktionsautomatisierung

- LAN
- neue Rechnerarchitekturen
- portable Echtzeitsprachen
- hierarchische Strukturen
- modularer Aufbau
- Leitsysteme mit Wissensnutzung
- große Systeme

Prozeßautomatisierung	**Fertigungsautomatisierung**
- Feldbussysteme	- "intelligente" Systeme
- "intelligente" Meß- und Stelleinrichtungen	- Geometrieverarbeitung
- verbesserte Nutzoberfläche für Prozeßleitsysteme	- CIM-Konzepte und -Komponenten
- Steuerungssysteme	- leistungsfähige CNC-Systeme

10.6 Simulationstechnik

10.6.1 Grundlagen

Das Wort Simulation leitet sich vom lateinischen "simulare", d.h. nachbilden, nachahmen, vortäuschen, ab. Die Definition laut VDI-Richtlinie 3633 lautet:

Simulation ist die Nachbildung eines dynamischen Prozesses, um zu Erkenntnissen zu gelangen, die auf die Wirklichkeit übertragbar sind.

Simulation wird sinnvoll eingesetzt, falls
- Neuland beschritten werden soll,
- die Grenzen analytischer Methoden erreicht sind,
- Versuche nicht möglich, zu teuer und zu zeitaufwendig sind.

Die Anwendungsgebiete erstrecken sich auf fast alle Bereiche der Technik. Einige wenige Beispiele dafür sind:

- Fahrzeugentwicklung (Zusammenwirken Fahrzeug-Fahrbahn, Dynamik bei Unfällen, Antriebsstränge, Hydraulik und Elektrik, Prüfstände),

- Energieerzeugung und Verteilung (Kraftwerke, Störfälle, Ausbildung von Bedienpersonal, Ventile und Wärmetauscher, Rohrleitungssysteme),
- Luftfahrt (Flugbahnsimulation, Trainingssimulation, Regelung und Steuerung),
- Rechnerherstellung (Entwicklung von mechatronischen Systemen wie z.B. Schnelldruckern, Magnetbandlesegeräten, Plattenlaufwerken),
- Chemie (Wachstumsprozesse, Diffusionsvorgänge, Prozeßsteuerung),
- Medizin (Medikamenteneinfluß auf den menschlichen Körper, Tumorwachstum, Herzschrittmacher, Simulation des Blutkreislaufes),
- Umwelt (Schadstoffeinflüsse auf Pflanzen und Tiere, Wachstumsuntersuchungen, Diffusionsvorgänge).

Simulation ist die Untersuchung von Systemen an Hand eines Modells - des sogenannten Simulators. Ein Simulator (Abb. 10.15) sollte alle Eigenschaften des Originalsystems möglichst gut nachbilden. Beispielsweise für die Lageregelung eines Flugzeuges bietet ein Simulator die zeit- und kostengünstigste Möglichkeit zum Studium aller Betriebszustände, unter Umständen bereits im Projektierungsstadium.

Ein Simulator muß nicht unbedingt ein Rechner sein.

In der Luftfahrt ist es beispielsweise üblich, ein maßstäblich verkleinertes Modell im Windkanal zu untersuchen. Dieses auf der physikalischen Ähnlichkeit beruhende Simulationsprinzip, bei dem der Simulator (Modell) noch Ähnlichkeit mit dem Original aufweist, wird nicht nur in der Luftfahrt, sondern auch in der Fahrzeug- und Schiffstechnik, in der Antriebs- und in der Verfahrenstechnik vor dem Aufbau von Großanlagen angewandt.

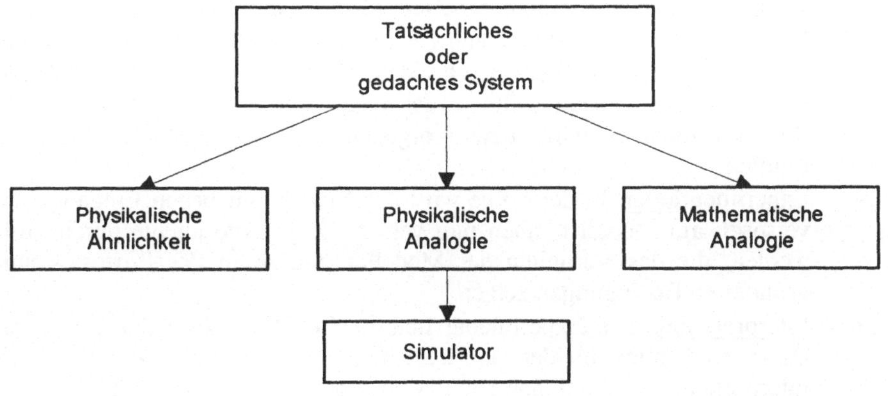

Abb. 10.15. Simulation

Eine weitere Möglichkeit der Simulation basiert auf der physikalischen Analogie. So kann beispielsweise das dynamische Verhalten eines pneumatischen Drosselspeichergliedes durch ein elektrisches RC-Glied nachgebildet werden. Beides sind näherungsweise Verzögerungsglieder erster Ordnung. Dieses Simulationsprinzip wurde u.a. bei der Simulation elektrischer Energieverteilungsnetze sowie Gasverteilungsnetze durch Nachbildung mittels elektrischer R-, L-, C-Netzwerke angewandt. Es erwies sich als unwirtschaftlich und wird daher heute fast nicht mehr verwendet.

Heute wird überwiegend die mathematische Analogie zur Simulation benutzt. Sie beruht darauf, daß das Verhalten des Originalsystems durch mathematische Gleichungen (mathematisches Modell) beschrieben werden kann. Auf dieser abstrakten Beziehung zwischen Original und Modell bauen alle Verfahren der Rechnersimulation auf.

Die bisherigen Beispiele gehörten zur Kategorie der zeitkontinuierlichen Systeme - kontinuierliche Simulation. Prozesse der Fertigungsautomatisierung (Stückgutprozesse) sind jedoch durch zeit- oder ereignisabhängige zeitdiskrete Veränderungen der Variablen gekennzeichnet - diskrete Simulation. Ein typisches Beispiel sind sogenannte Warteschlangenprobleme, wie sie u.a. in der Fertigungstechnik oder bei Transportsystemen oder bei der Abfertigung von "Kunden" vor einer "Bedienstation" entstehen.

10.6.2 Simulationsverfahren und ihr Einsatz

Bei Anwendung der Simulation sollte man sich immer vergegenwärtigen:

- Simulation ist kein Ersatz für die Planung,
- jedes Modell ist nur ein vereinfachtes Abbild der Realität,
- eine Validierung (Überprüfung) ist unbedingt erforderlich,
- Experimentieren ist mehr als Probieren,
- Bilder und Graphiken allein sind keine Ergebnisse.

Die Durchführung einer Simulation besteht grob aus drei Teilen:
- Modellierung: Mit vorhandenen Daten, die den Ist- und den Sollzustand eines geplanten Prozesses beschreiben, wird ein mathematisches Modell erstellt. Dieses Modell sollte in der Lage sein, Vorgänge im wirklichen Prozeß nachzuvollziehen bzw. Vorgaben für einen geplanten Prozeß zu erfüllen.
- Experimentieren: In der Folge wird das Modell mit neuen Eingangsdaten versorgt, am Modell können nun verschiedene Experimente durchgeführt werden, die das Verhalten des Modelles und somit des Prozesses unter geänderten Bedingungen zeigen.
- Interpretation: Die Experimente liefern eine Reihe formaler Ergebnisse. Diese sind nun für den tatsächlichen Prozeß - zu übertragen - zu interpretieren, wodurch das Simulationsproblem gelöst sein sollte.

In Übereinstimmung mit analoger und digitaler Signalverarbeitung ist auch bei der Simulation zwischen diesen beiden zu unterscheiden. Während beim Analogrechner das Modell durch entsprechene Be- und Verschaltung von Operationsverstärkern - also hardwaremäßig - festgelegt wird, wird es bei digitalen Simulatoren (Digitalrechner) durch Programme - softwaremäßig - bestimmt. Die Verbindung von Analog- und Digitalrechner durch ein Steuer- und Datenkoppelwerk führt schließlich zum Hybridrechner oder -simulator.

In Tabelle 10.5. sind Analog- und Digitalrechner hinsichtlich der Simulation einander gegenübergestellt. Naturgemäß ist der Digitalrechner dem Analogrechner hinsichtlich Genauigkeit und Wertebereich der Zahlen überlegen. Aufgrund der parallelen Arbeitsweise ist der Analogrechner wesentlich schneller.

Eine Zwischenstufe zwischen beiden Rechnern stellt der Hybridrechner - hybrider Analogrechner - dar. Analog- und Digitalteil sind durch ein Koppelwerk zur Steuerung und Datenwandlung miteinander verbunden. Auf diesem Analogrechner können einfache logische Entscheidungen programmiert sowie einzelne Zahlenwerte abgespeichert werden.

Tabelle 10.5. Simulation mit Analog- und Digitalrechnern

	Digitalrechner	Analogrechner
Arbeitsweise	seriell ohne physikal. Zusammenhang mit dem Problem	parallel starker physikal. Zusammenhang (Parametereinfluß, Stabilität, ...)
Zahlendarstellung	ziffernmäßig diskret	elektr. Spannung (Winkel ...) kontinuierlich
Zahlenbereich	$10^{-N} \dots 10^{N}$ (N = 38, 64, ...)	$10^{-4} \dots 1.0$
Genauigkeit	theoretisch unbegrenzt meist 6-20 Stellen	beschränkt meist 3-3.5 Stellen
Einsatzmöglich-keiten	universell bei der Simulation dynamischer Systeme relativ langsam	speziell bei der Simulation dynamischer Systeme meist sehr kurze Rechenzeiten interaktives Arbeiten leicht und rasch möglich

Für die Rechnersimulation eines dynamischen Prozesses sind folgende Schritte (Tabelle 10.6.) notwendig, die eine Verfeinerung der vorgenannten drei Teile Modellbildung, Experimentieren und Interpretieren darstellen.

Das Erstellen einer Simulation läuft in einer Schleife ab. Wird bei der Validierung festgestellt, daß das Modellverhalten nicht mit dem Prozeßverhalten übereinstimmt, so muß das Modell überarbeitet werden.

Heute dominiert zur Simulation von automatisierungstechnischen Systemen der Digitalrechner. Der Analogrechner als physikalisches Abbild des Prozesses wird vielfach am Digitalrechner simuliert. Die Programmierung erfolgt mittels spezieller Simulationssprachen. Die bekanntesten für zeitkontinuierliche Systeme sind CSSL, ACSL, HYBSYS, SIMON und für zeitdiskrete Systeme GPSS, SIMAN, SIMPLEX.

In letzter Zeit werden verstärkt Sprachen eingesetzt, die eine Modellbeschreibung in graphischer Form als Blockschaltbilder erlauben (ISIM, XANALOG). Diese kommen der regelungstechnischen Denkweise sehr entgegen.

Tabelle 10.6. Ablauf einer Simulation

Problemformulierung	Eine klare, präzise, aber nicht notwendigerweise quantitative Beschreibung dessen, was gegeben und was gesucht wird
Mathematische Modellbildung	Umsetzen des Problems in mathematische Ausdrücke (zumeist Gleichungen)
Mathematische Umformungen	Transformation der mathematischen Problemstellung in "computergerechte" Form
Numerische Analyse	Auswahl eines geeigneten numerischen Algorithmus nach numerischer Analyse als Kompromiß zwischen Genauigkeit und Rechenaufwand
Implementation des Modells	Implementation des Algorithmus durch ein Computerprogramm und Debuggen des Programms
Verifikation des Programms	Überprüfen der Korrektheit der Computerlösungen bezüglich des mathematischen Modells (bez. der Gleichungen)
Validierung des Modells	Überprüfen, ob das implementierte mathematische Modell sich ebenso verhält wie der mit diesem Modell nachgebildete Prozeß
Identifikation des Modells	Bestimmen von Modellparametern unter Zuhilfenahme von Meßdaten
Simulation des Modells	Eine Folge von Experimenten mit dem implementierten Modell zur Beantwortung der zu lösenden Fragen
Interpretation der Ergebnisse	Übertragung der am Modell gewonnenen Erkenntnisse auf den (nachgebildeten) Prozeß

Simulationssprachen für kontinuierliche Systeme sind heute hochentwickelte Modellier- und Programmiersprachen. Sie sollen dem Anwender, d.h. dem Ingenieur und Naturwissenschafter, ermöglichen, ohne viel Programmieraufwand seine Modelle auf dem Digitalrechner zu untersuchen. Dem Anwender soll die Entwicklung, Untersuchung und Auswertung seines Modells ohne den ständigen Zwang zum Programmieren mit zugehöriger Fehlersuche ermöglicht werden.

Zum rechnergestützten Entwurf von Steuerungen und Regelungen bieten sich zwei Zugänge an. Auf der einen Seite stehen Simulationssprachen für die kontinuierliche Simulation zur Verfügung, auf der anderen Seite gibt es eine Vielzahl von CADCS (**C**omputer **A**ided **D**esign of **C**ontrol **S**ystems) Packages.

Die Haupteinsatzgebiete der diskreten Simulation - Simulation zeitdiskreter Prozesse - sind:

- Fertigungssysteme,
- Materialflußsysteme,
- Werkstattsteuerung,
- Transportprozesse.

Eine Simulation kann nicht alle Probleme lösen. Generell können aber folgende Problemkreise mit Hilfe der diskreten Simulation unterstützt werden:

- Dimensionierung der Produktionsmittel,
- Steuerung der Produktionsmittel,
- effiziente Planung,
- intensive Personalschulungen,
- erhöhte Problemeinsicht.

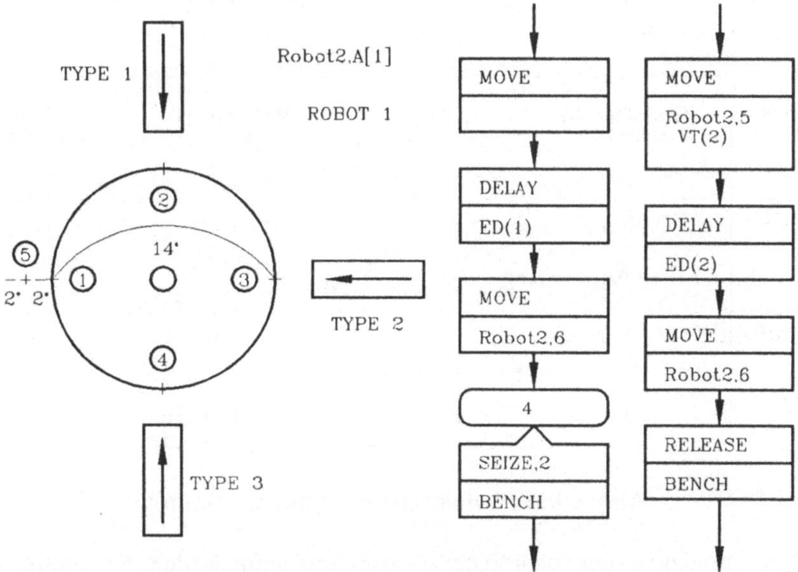

Abb. 10.16. Diskrete Simulation in SIMAN

Die diskrete Simulation ist heute zu einem unentbehrlichen Hilfsmittel bei der Planung von Fertigungssystemen - CAM-Systemen - im Rahmen von CIM-Systemen geworden. Die Auslegung von komplexen Fertigungsstraßen - beispielsweise in der Automobilindustrie - von roboterbestückten Montagezellen, von fahrerlosen Transportsystemen ist effizient nur mit Hilfe der diskreten Simulation möglich.

Als Beispiel für eine diskrete Simulation dient eine Roboterzelle, in der drei verschiedene Werkstücke (Type 1,2,3) zugeliefert werden (Abb. 10.16.). Der Roboter montiert die Teile und gibt sie einem Roboter in der Nachbarzelle weiter. Ein Listing des semigraphischen Editors demonstriert einen Teil der Modellierung dieser Aufgabe in SIMAN.

10.7 Neuronale Netze

Künstliche neuronale Netze (KNN), deren Grundlagen vor etwa 50 Jahren gelegt wurden, haben in den letzten Jahren durch die angestiegenen Rechnerkapazitäten und durch die Entwicklung neuer Modelle starkes theoretisches und industrielles Interesse gefunden. Hinsichtlich der Industrieautomatisierung unter dem Einsatz von KNN eröffnet sich jetzt die Möglichkeit, die Denkfähigkeit des Menschen wesentlich zu unterstützen, wenn nicht sogar teilweise zu ersetzen. Künstliche neuronale Netze eröffnen die Möglichkeit, sich in einer nicht vollständig beschreibbaren Welt zu bewegen. Der Begriff Netware, wie biologische neuronale Netze oft in Analogie zur Hard- und Software genannt werden, würde eine Kopie des menschlichen Gehirns bedeuten. Da dies nicht möglich ist, muß man sich mit Strategien begnügen, welche hardwaremäßig derzeit implementierbar sind. KNNs beschäftigen sich im wesentlichen damit, eine Hardwarebasis zu finden, welche die Umsetzung von Strategien erlaubt, die in biologischen Systemen implementiert sind.

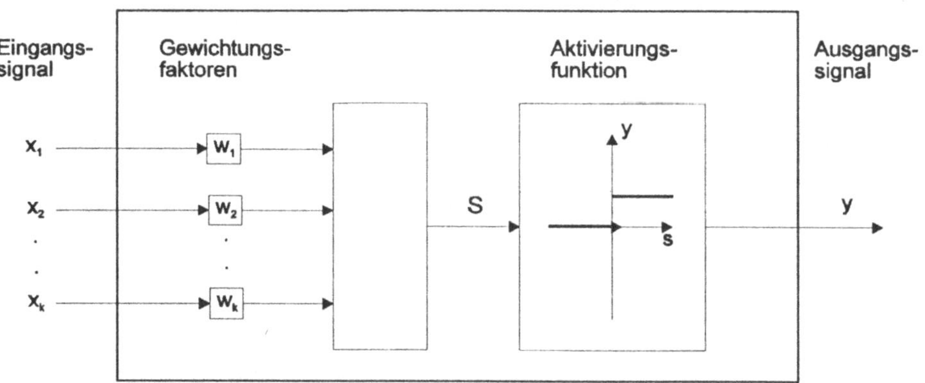

Abb. 10.17. Aufbau eines künstlichen Neurons

Die Grundzüge der neuronalen Netze entstammen den Erkenntnissen der Hirnforschung. Die menschliche Informationsverarbeitung ist danach im wesentlichen auf die Übertragung von Erregungen zwischen Neuronen (Nervenzellen) zurückzuführen. Das Zentralnervensystem besteht aus mehreren Milliarden von Neuronen, die netzartig miteinander verbunden sind. Jedes Neuron kann somit direkt mit bis zu zehntausend anderen Neuronen kommunizieren. Das Modell eines Neurons - als Prozeßeinheit bezeichnet - hat die Eingangssignale x_1 ...., x_k. Diese werden bei jeder Prozeßeinheit individuell gewichtet, wodurch sich die Möglichkeit ergibt, Änderungen im biologischen Modell wiederzugeben (Abb. 10.17). Das Netz lernt, indem diese Gewichtungen nach vorgegebenen Mustern und einem Lerngesetz modifiziert werden.

Das Ausgangssignal y der Prozeßeinheit berechnet sich als Funktion der Summe aus den Produkten der Gewichte w mit dem Eingangssignal x. Bei diesem Modell eines KNN ist die Prozeßeinheit ein Baustein eines umfangreichen Netzes aus meist völlig gleichartigen Elementen. Da die Anzahl der Verbindungen gewöhnlich sehr groß ist, erfolgt fast zwangsläufig eine systematische Beschreibung der Vernetzung. Man betrachtet Prozeßeinheiten als Schichten. Die Eingabeschicht ist jene, auf die Eingangsgrößen wirken; äquivalent bilden alle Prozeßeinheiten, an denen Ergebnisse abgegriffen werden, die Ausgabeschicht. Die dazwischen liegenden Schichten der Prozeßeinheiten sind demnach Zwischen- oder verdeckte Schichten. Die Schichten können vorwärts gekoppelt, lateral und rückgekoppelt gekoppelt sein. (Abb. 10.18).

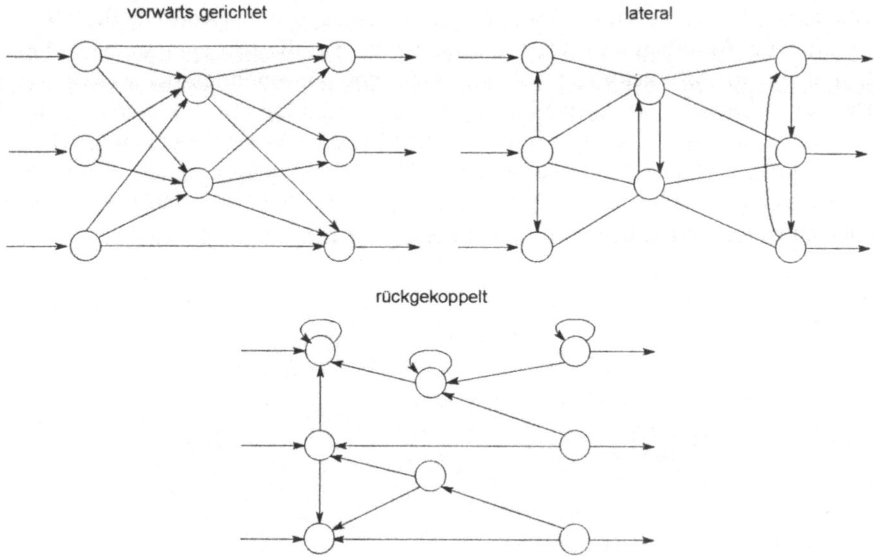

Abb. 10.18. Verbindungsstrukturen künstlicher neuronalen Netzen

Um eine Aufgabenstellung zu lösen muß das KNN in einer Trainingsphase dazu trainiert werden. Im biologischen Modell wird durch Veränderungen der Synapsen, den Verbindungsstärken zwischen den einzelnen Neuronen gelernt. Analog erfolgt das Trainieren des künstlichen neuronalen Netzes durch die Veränderung der Gewichtungsfaktoren, also der Verbindungsstärken zwischen den Prozeßeinheiten. Für diesen Vorgang sind eine Vielzahl von Lernverfahren bekannt geworden und in Verwendung von KNNs gibt es sehr unterschiedliche Modelle. Am gebräuchlichsten ist das Multilayer Perceptron und das Modell mit selbstorganisierenden Lernverfahren der Self Organizing Feature Map.

KNNs haben viele charakteristische Merkmale, die sie gegenüber klassischen Methoden mehr oder weniger stark abgrenzen. Es gibt aber zwei Haupteigenschaften:

- die Fähigkeit zur Selbstorganisation und
- die Fähigkeit mit unscharfem Wissen zu operieren.

Die Realisierung von KNNs in Hardware stellt bereits heute aufgrund der Entwicklungen der Mikroelektronik kein prinzipielles Problem mehr dar. Fast alle namhaften Chiphersteller zeigen Aktivitäten auf dem Gebiet der Hardwareentwicklung von KNN. Dies führt dazu, daß sich die Anzahl der kommerziell verfügbaren Neurocomputer und neuronalen ASICs (Application Specific Integrated Circuits) in Zukunft noch steigen wird. Die Realisierungsalternativen für Neurocomputer aus heutiger Sicht sind in Abb. 10.19. dargestellt.

Die beiden Ansätze lassen sich grob in zwei Gruppen einteilen. Einmal in Architekturen auf der Basis von handlichen, handelsüblichen Standard VLSI-Bausteinen, die sich noch weiter in Zusatzkarten (Add-On-Boards) für konventionelle Arbeitsplatzrechner und spezielle Parallelrechnersysteme aufteilen. Zum anderen in Architekturen auf der Basis von anwendungsspezifischen VLSI-Bausteinen (ASICs) die entweder digital oder analog sein können. Auf der Softwareseite gibt es bereits eine Vielzahl von Programmpaketen, die auf handelsüblichen MS-DOS PCs oder auf UNIX-Workstations laufen. Viele dieser Software Packages laufen zwar auf 80386 kompatiblen PCs, aber selbst bei einfachen Testnetzen werden diese Programme auf dieser Hardware sehr langsam.

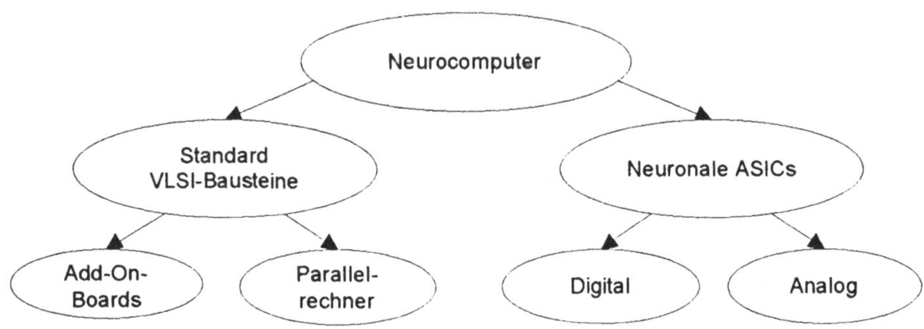

Abb. 10.19. Realisierungsalternative für Neurocomputer

KNNs bieten eine Reihe von Eigenschaften, die sie für Aufgaben auf dem Gebiet der Regelungs- und Systemtechnik als eine sehr geeignete Technik erscheinen lassen. KNNs sind in der Lage, allein aus Beobachtungen des Prozesses, dessen Verhalten anzunehmen indem sie das Ein-/ Ausgangsverhalten kopieren. Die Vorteile der neuronalen Modellierungstechnik können in Verbindung mit modellbasierten Reglerstrukturen auch für die Prozeßregelung ausgenutzt werden. Die Lernfähigkeit dieser Netze bietet die Grundlage für adaptive Regelsysteme. Die Anwendung neuronaler Netze auf diesem Gebiet ist gemessen an der Anzahl der möglichen Anwendungen noch relativ am Anfang. Erste Applikationen aus den Bereichen Modellierung und Regelung erscheinen jedoch so vielversprechend, daß in Zukunft mit einer weiteren Verbreitung zu rechnen ist. Es ist zu erwarten, daß die Praxis der modellierungs- und regelungstechnischen Anwendungen künftig durch die neuronalen Netze stark beeinflußt wird. Angestoßen durch die neuronalen Techniken haben Ideen und Impulse aus verschiedenen Richtungen etwa der Variationsrechnung, Approximationstechnik, Künstlichen Intelligenz oder der Biologie in das Gedankengut der Regelungstechnik Einzug gehalten. In diesem

Zusammenhang ist auch die Kombination von KNNs und Fuzzy Control zu sehen. Durch die Lernfähigkeit der neuronalen Netze kann beim Entwurf und im Betrieb von Fuzzy-Reglern eine erweiterte Funktionalität erzielt werden.

Entwicklungen die den Einsatz neuronaler Netze im Bereich der Robotertechnik behandeln, befinden sich zumeist noch im Forschungs- und Entwicklungsstadium. Gearbeitet wird mit Hilfe von Simulationen und mit realen Prototypen, welche in Laborumgebungen getestet werden. Typische Bereiche für die ersten Anwendungen sind Lösungen zu den Problemen der inversen Kinematik und der inversen Dynamik. Hier nutzt man die Eigenschaft von KNNs, mathematische Funktionen anhand von Beispieldaten lernen zu können. Ein großes Anwendungsfeld ist die Regelung von Industrierobotern, da diese ja ein sehr komplexes System darstellen. Hier nutzt man die Fähigkeit der Netze, durch einen Lernprozeß aufbauen zu können. Weitere Bereiche sind die Bahngenerierung und die Sensordatenverarbeitung. Hier werden Eigenschaften der neuronalen Netze zur Optimierung und zur Musterverarbeitung genutzt. Sensordaten werden als Muster aufgefaßt und durch das Netz verarbeitet. Eine völlig neue Ebene des Einsatzes neuronaler Netze in der Robotik ist der Versuch die Eigenschaften biologischer Systeme zu kopieren. Dies ist der große Bereich der Entwicklung von autonomen, mobilen Robotern.

Auf dem Gebiet der Bildverarbeitung bietet sich die Anwendung von KNNs geradezu an. Erste erfolgreiche Laborexperimente zeigen, daß einzelne bekannte Eigenschaften des menschlichen Sehsinns durch Sensoren und KNNs nachbildbar sind. Am Markt sind bereits Bildverarbeitungssysteme verfügbar, die sich bei kommerziellen Aufgabenstellungen, wie der automatischen optischen Qualitätskontrolle erfolgreich der neuen Technik bedienen. Aufgrund des notwendigen Simulationsaufwandes sind die heute für technische Anwendungen untersuchten Netzmodelle jedoch äußerst einfach im Vergleich zu biologischen Vorbildern. Zukünftig werden komplexere neuronale Netzmodelle, die sich nicht mehr den klassischen Ansatz der Mustererkennung bedienen, sondern sich eher an biologischen Vorbildern, wie beispielsweise Auge, Sehsinn, neurophysiologische Mechanismen orientieren, entwickelt werden. Diese Konzepte sind zur Zeit noch im Entwicklungsstadium und werden wohl aufgrund ihrer Komplexität und ihrer äußerst rechenintensiven Silmulation erst mit neuartiger neuronaler Hardware (Neurocomputer) anwendbar werden.

Einen breiteren industriellen Einsatz von neuronalen Netzen stehen noch einige Probleme gegenüber. Diese sind im wesentlichen der Aufbau eines neuronalen Netzes und dessen Training. "Ein neuronales Netz sollte immer wissen, was es noch nicht weiß". Probleme bereiten derzeit generell die Extraktion von gelerntem Wissen aus dem Netz und die Überführung in eine dem Menschen verständliche Form. Hier sind intensive Arbeiten erforderlich um diese Netze in der Startsituation bereits geeignet vorkonfigurieren zu können und die Einbindung neuronaler Netze in Expertensystemen Fuzzy-Logic Komponenten.

10.8 Mikro- und Nanosysteme

Die Mikrosystemtechnik kann als eine natürliche Erweiterung der Mikroelektronik angesehen werden. Ihr Gegenstand sind die Entwicklung von

Mikrosystemen und deren technische Realisierung. Während die Mikroelektronik traditionell die Entwicklung und Fertigung elektronischer Bauelemente (z.B. Halbleitersensoren) und Bausteine (z.B. Speicher, Mikroprozessoren, Signalprozessoren) und deren Verschaltung in diskreter Bauweise zu mikroelektronische Systemen zum Ziel hat, strebt die Mikrosystemtechnik die Bereitstellung ganzer Systeme in Mikrotechnik an. Dazu ist es allerdings erforderlich, zusätzlich zur Halbleitertechnologie neue Technologien wie Mikromechanik, integrierte Optik, Schichttechnologie, Faseroptik, Keramiktechnologien, Piezzomaterialtechnologien oder Technologien für magneto-striktive Materialien zu verwenden.

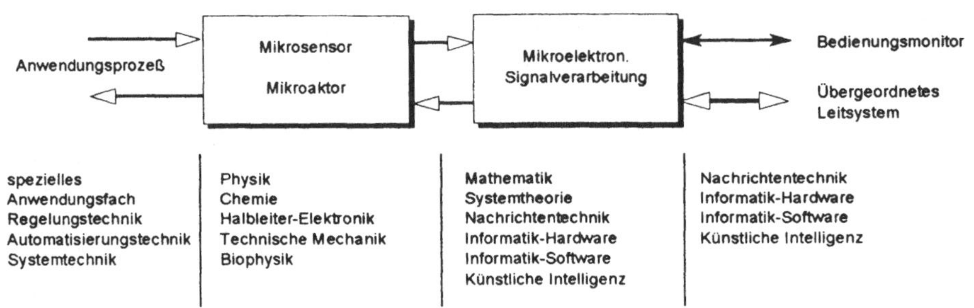

Abb. 10.20. Basisfächer für Mikrosysteme

Ein Mikrosystem besteht aus einem Signalwandlerblock, welcher Mikrosensor und Mikroaktor enthält. Der an den Signalwandlerblock anschließende Signalverarbei-tungsblock besorgt die Berechnung des Ansteuersystems für den Mikroaktor, aufgrund des vom Mikrosensor empfangenen Signals und den Dialog mit einem Monitor und einem übergeordneten Leitsystem. Für die Entwicklung der Sensoren und Aktoren sind die Materialeigenschaften ganz wesentlich. Der Entwurf und die Realisierung der Signalverarbeitung kann dagegen mit bereits vorhandenen Werkzeugen und Techniken der Informationstechnik und Mikroelektronik geschehen. Hier sind besonders die für den ASIC-Schaltungsentwurf bereits existierenden, leistungsfähigen CAD-Werkzeuge zu erwähnen. Der Signalverarbeitungsblock hat die Aufgabe, das vom Sensor gelieferte elektrische analoge oder digitale Signal in geeigneter Weise zu verarbeiten und daraus Signale zu bilden, die einerseits an den Bedienungsmonitor oder an ein übergeordnetes Leitsystem weitergegeben werden bzw. die Aktoren ansteuern. Der Signalverarbeitungsblock eines Mikrosystems besteht im wesentlichen aus einem extrem miniaturisierten Rechner mit der erforderlichen Peripherie. Zur Realisierung des Signalverarbeitungsblocks können folgende Konzepte eingesetzt werden:

- **Signalverarbeitung:** analog-digital Umsetzung, digital-analog Umsetzung, Modulation, Kodierung, Verschlüsselung.
- **Konzepte der Rechnerarchitektur:** von Neumann Architektur, Parallelarchitekturen, RISC-Architektur, LANs, neuronale Netze.
- **Schaltungsentwurf:** Gate-Arrayentwurf, zellenorientierter Entwurf.
- **Algorithmen und Softwareentwurf:** Symbolic Computation, Programm testen, automatisches Programmieren.

Im allgemeinen wird dieser Signalverarbeitungsblock kundenspezifisch als ASIC realisiert. Die Entwicklung geht hier in die Richtung, daß ein 64MB-Chip mit einer Größe von 2cm^2 ca. 140 Mio. Transistoren und Kondensatoren konzentriert sind. Die Kanäle in den Speicherzellen sind 350nm lang, 20mal kürzer als der Durchmesser eines roten Blutkörperchens. Solche Superchips mit mechanischen, hydraulischen und sensorischen Bauteilen zu koppeln ist das Ziel der Mikromechanik. Bisher erzielte Laborergebnisse sind:

- Eine Pumpe mit 100µm Durchmesser und einem Volumen von 3·10^{-6} l. Innerhalb von 10 min kann das Gerät den Inhalt einer Kaffeetasse ansaugen. Ein Zahnrad aus Nickel mit einem Durchmesser von 130µm mit einer Drehzahl von 100 000 U/min.

- Ein Siliziumsieb, dessen Gitterabstände so eng sind, daß sich darin Bakterien verfangen würden.

- Eine Glühbirne, die dünner ist als ein Haar.

In Abb. 10.20 wird versucht, einzelne Basisfächer, die für die Mikrosystemtechnik von Bedeutung sind, einzuordnen.

Absehbare Hauptanwendungsgebiete für Mikrosysteme sind Medizintechnik, Nachrichtentechnik, Verkehrstechnik, Transporttechnik, Automatisierungstechnik, Regelungstechnik, Fertigungstechnik, Fahrzeugelektronik, Umwelttechnik, Gebäudeleittechnik und Sicherheitstechnik.

Zum Abschluß für diese zukunftsträchtige Rechneranwendung im Maschinenbau und in den anderen Disziplinen soll ein Beispiel aus der Sicherheitstechnik näher beleuchtet werden. Die Identifikation durch das Schriftbild einer Unterschrift stellt ein kostspieliges Verfahren dar und ist nicht sicher. Wer von uns hat nicht schon ein oder mehrere Male die Unterschrift der Eltern, beispielsweise auf einer Entschuldigung, gefälscht. Mittels eines Mikrosystems, welches im Schreibgerät (Kugelschreiber) untergebracht ist, kann die Identifikation dadurch verbessert werden, daß nicht nur Position sondern auch dynamische Größen, wie Geschwindigkeit und Beschleunigung während der Unterschrift in den Rechner eingespeichert werden. Ein solches Mikrosystem besteht aus einem mechanischen Beschleunigungsaufnehmer, welcher entsprechende Signale an einen anschließenden Signalprozessor zur Identifikation (Berechnung der personenspezifischen Parameter und Vergleich mit entsprechenden Daten wie Pin-Nummer, Berechtigungsklasse usw.) und einem Interfacesystem, das die gewünschten Daten in den Dialogputter (Bankschalter, Bankomat) sicher weitergegeben werden.

In der Mikrosystemforschung hat neben der Entwicklung von neuen Sensor- und Aktorlementen, die von den zum Material hin orientierten Wissenschaften (Physik, Chemie, Mikromechanik) geleistet werden muß, unter Bewältigung der Aufbau- und Verbindungstechnik auch die Forschung und Entwicklung im Gebiet der Signalverarbeitung eine entscheidende Bedeutung. Die neuen Mikrostrukturen ermöglichen die Realisierungen und deren Integration mit Mikrosensoren und Mikroaktoren und stellen dafür eine neue Herausforderung dar.

Literatur

Conrads, D.: Datenkommunikation; Verfahren - Netze - Dienste. Vieweg & Sohn, Braunschweig Wiesbaden, 1993

Desoyer, K., Kopacek, P. und Troch, I.: Industrieroboter. R. Oldenbourg, Wien München, 1985.

Giloi, W.K.: Rechnerarchitektur. Springer, Berlin Heidelberg New York Tokyo, 1993

Hering, E.: Software-Engineering. Vieweg & Sohn, Braunschweig Wiesbaden, 1992

Hitz, M.: C++, Grundlagen und Programmierung. Springer, Wien New York, 1992.

Johannsen, G.: Mensch-Maschine-Systeme. Springer, Berlin Heidelberg New York Tokyo, 1993

Kaier, E.: Informatik, PC-orientierte informationstechnische Grundbildung. Vieweg & Sohn, Braunschweig Wiesbaden, 1990.

Kaier, E.: PC-Datenverarbeitung, eine Einführung für die berufliche Bildung. Vieweg & Sohn, Braunschweig Wiesbaden, 1990.

Kopacek, P.: Einführung in die Automatisierungstechnik; Messen - Steuern - Regeln. R. Oldenbourg, Wien, 1993.

Matl, G. und Wörl, M.: Informatik für Technische Lehranstalten. R. Oldenbourg, Wien, 1988.

Philippow, E.: Taschenbuch Elektrotechnik, Band 2, Grundlagen der Informationsverarbeitung. VEB Verlag Technik, Berlin, 1987.

Rechenberg, P.: Was ist Informatik, eine allgemein verständliche Einführung. Carl Hanser Verlag, München Wien, 1991.

Schneider, H.J.: Lexikon der Informatik und Datenverarbeitung. R. Oldenbourg, München Wien, 1986.

Schumny, H.: Digitale Datenverarbeitung. Vieweg & Sohn, Braunschweig Wiesbaden, 1989

Stegemann, G.: Datenbanksysteme, Konzepte-Modelle-Netzanwendung. Vieweg & Sohn, Braunschweig Wiesbaden, 1993.

Zemanek, H.: Das geistige Umfeld der Informationstechnik Springer, Berlin Heidelberg New York Tokyo, 1992.

SpringerInformatik

Christoph Überhuber, Peter Meditz

Software-Entwicklung in Fortran 90

1993. 27 Abbildungen. XIV, 426 Seiten.
Broschiert DM 60,–, öS 420,–
ISBN 3-211-82450-2
Preisänderungen vorbehalten

Praktisch tätige und künftige Entwickler numerischer Software sollen mit den neuen Ansätzen und den mächtigen Konstrukten von Fortran 90 vertraut gemacht werden. Die Darstellung ist stark auf *Scientific Computing* (Numerische Datenverarbeitung) ausgerichtet.

SpringerTechnik

Erasmus Langer

Programmieren in Fortran

1993. XII, 320 Seiten.
Broschiert DM 45,–, öS 315,–
ISBN 3-211-82446-4
Preisänderungen vorbehalten

Das Werk beschreibt die Programmiersprache Fortran gemäß dem neuen Standard 90 (ANSI und ISO/IEC) und dient - grundlegende Programmierkenntnisse vorausgesetzt - sowohl als Einführung als auch als Nachschlagewerk. Da sämtliche Neuerungen gegenüber dem (in Fortran 90 vollständig enthaltenen) Standard 77 gekennzeichnet sind, ist es für beide Standards von Relevanz.

SpringerWienNewYork

P.O.Box 89, A-1201 Wien • New York, NY 10010, 175 Fifth Avenue
Heidelberger Platz 3, D-14197 Berlin • Tokyo 113, 3-13, Hongo 3-chome, Bunkyo-ku

SpringerTechnik

Peter Lugner, Kurt Desoyer, Anton Novak

Technische Mechanik

Aufgaben und Lösungen

Vierte, verbesserte Auflage
1992. 305 Abbildungen. VIII, 215 Seiten.
Broschiert DM 66,–, öS 460,–
ISBN 3-211-82332-8
Preisänderungen vorbehalten

Aus den Besprechungen:

„Das Buch gilt als eine ausgezeichnete Hilfe zur selbständigen Prüfungsvorbereitung für den Studierenden und kann auch als Repetitorium für Absolventen eines technischen Studiums dienen...Die graphischen Lösungen der Aufgaben der ebenen Kinematik veranschaulichen in hervorragender Weise den Lösungsweg der recht komplizierten Probleme ..."

VDI-Zeitschrift

„Die Aufgabensammlung zeichnet sich durch überdurchschnittliche Darstellungen aus, wobei durch Vernachlässigung unwesentlicher Details das charakteristische Modell deutlich herausgestellt wird. Zusammenfassend kann gesagt werden, daß die vorliegende Aufgabensammlung durch geschickte Auswahl der Aufgaben das Verständnis für die Technische Mechanik fördert und auch dem Lernenden mancherlei Anregungen bringt. Die Aufgabensammlung kann daher jedem zur Durcharbeitung empfohlen werden."

Technische Mechanik

SpringerWienNewYork

P.O.Box 89, A-1201 Wien • New York, NY 10010, 175 Fifth Avenue
Heidelberger Platz 3, D-14197 Berlin • Tokyo 113, 3-13, Hongo 3-chome, Bunkyo-ku

*Springer-Verlag
und Umwelt*